获北京大学光彩著作基金资助

空间天气学

焦维新　编著

内容简介

空间天气学是应用广泛的一门新兴交叉学科，本书系统地介绍了空间天气学研究的内容和最新进展。全书分五章，第一章是概论，主要介绍了空间天气学的基本概念。第二章是太阳大气与行星际天气，重点介绍太阳耀斑、日冕物质抛射、太阳能量粒子事件和行星际激波。第三章介绍地球空间的天气系统与天气过程以及太阳活动影响气象过程的可能机制。第四章介绍空间天气对各种技术系统的效应。第五章介绍了空间天气建模和预报的基本情况和典型模式及预报方法。

本书可作为高等院校空间物理学、空间环境学和大气环境学等相关专业本科生和研究生的教材，也可作为空间科学、大气科学、天文学、环境科学、航天、通讯、军事、国防等部门研究人员和业务人员的参考用书。

图书在版编目(CIP)数据

空间天气学/焦维新编著. —北京:气象出版社,2003.1(2009.12重印)

ISBN 978-7-5029-3519-1

Ⅰ. 空…　Ⅱ. 焦…　Ⅲ. 空间科学:天气学　Ⅳ. P4

中国版本图书馆CIP数据核字(2002)第105400号

空间天气学

焦维新　编著

出版发行：气象出版社

地　　址：北京市海淀区中关村南大街46号　　**邮政编码**：100081

总 编 室：010-68407112　　**发 行 部**：010-68409198

网　　址：http://www.cmp.cma.gov.cn　　**E-mail**：qxcbs@263.net

责任编辑：张锐锐　陶国庆　　**终　　审**：周诗健

封面设计：博雅思企划　　**责任技编**：王丽梅

责任校对：王丽梅

印　　刷：北京昌平环球印刷厂

开　　本：787 mm×960 mm　1/16　　**印　　张**：18.5

字　　数：372千字

版　　次：2003年1月第1版　　**印　　次**：2009年12月第2次印刷

定　　价：38.00元

前 言

空间天气学是研究各种空间天气现象发生、发展和变化规律,以及如何运用这些规律来进行空间天气预报的一门学科。同时,空间天气学还研究各种空间天气效应,以及避免和减轻空间天气灾害的方法和途径。

空间天气学是在太阳物理学、行星际物理学、磁层物理学、电离层物理学、高层大气物理学和气象学的基础上发展起来的一门新兴交叉学科,国外常用"science of space weather"来表示这门学科。一般认为,空间天气学是一门应用科学,但更确切地说,它是由纯粹科学和应用科学的交叉而形成的一门科学。

我是在1994年开始研究空间天气学的。使我对空间天气产生浓厚兴趣,并下决心钻研的是G. Soscoe 等发表在EOS Trans(1994年8月2日)上的一篇论文。这篇文章深入浅出地论述了开展空间天气研究的意义、方针和措施;从气象业务中可借鉴的经验;空间物理学与空间天气研究的关系等,整篇文章给人以耳目一新的感觉。正是在这篇文章的启发下,我开始收集有关空间天气的资料,并于1995年分别在北京大学地球物理学系学生会举办的"天·地·人文化月"报告会、北京市地球物理学会年会和中国地球物理学会年会上,做了关于空间天气的报告。1996年,北京大学空间物理学专业率先在国内为研究生开设了"空间天气学"课程。1998年初,北京大学使用了由我编写的讲义《空间天气学》。同年5月,国家基金委地学部和北京大学联合举办了空间天气学讲习班,这个讲义在讲习班中发挥了重要作用。由于空间天气学发展迅速,涉及的学科领域也不断扩大,许多部门希望能系统地了解空间天气学的内容,而北京大学发行的《空间天气学》讲义早已销售一空,况且内容也需要充实和更新。因此,在2001年全国第四次空间天气学研讨会期间,南京大学方成院士鼓励我正式出版《空间天气学》。在方院士的鼓励下,我开始修订原来的讲义。同年11月,我申请北京大学光彩出版基金,并获得批准，使正式出版《空间天气学》的愿望得以实现。

现在呈现给读者的《空间天气学》，比原讲义增加了许多新内容，反映了近年来国内外空间天气学研究的新进展。在体系上，借鉴现代天气学，围绕研究对象的空间天气系统和空间天气过程展开论述。

任何一门学科都有确定的研究对象和内容，有自己特有的研究方法。本书第一章首先介绍了空间天气的概念、典型的空间天气事件及其对人类的影响，进而论述了空间天气学研究的对象、内容、方法以及开展空间天气学研究的利益、当前空间天气学研究的特点和未来发展趋势。

与日常所说的天气不同，空间天气受太阳活动的直接影响和控制，因此，我们不仅要关心人类活动直接感知的空间天气变化，更要关心产生这些变化的源，即太阳的各种爆发性活动，这些活动伴随的粒子辐射在行星际空间传播时的特性及其衍生的天气系统。本书第二章介绍这方面内容。

地球空间是各种应用卫星运行的主要区域，也是载人飞船和空间站活动的场所。地球空间天气的变化不仅影响各类卫星的性能和可靠性，还会影响空间和地面一些技术系统的正常运行。本书第三章介绍地球空间的天气系统与天气过程。比较系统地描述了磁层环流、磁暴、磁层亚暴、动态辐射带和高能电子暴等磁层天气，突发电离层骚扰、电离层暴、传播的等离子体斑、太阳向极盖弧、散见Ｅ层、下降中间层、赤道异常、赤道扩展Ｆ和电离层不规则性等电离层与热层天气。同时介绍了太阳活动影响对流层天气过程的可能机制，这是目前在许多学科都比较关注的问题。

空间天气对各种技术系统的效应，是空间天气特有的问题，也是许多空间技术应用部门非常关心的问题。本书第四章专门论述空间天气效应，包括航天器表面和内部充电、单粒子事件、辐射效应、电离层天气对通讯、导航与定位的影响、地磁场变化对技术系统的效应、微流星体和空间碎片对航天器的影响、人工局部改变空间天气及其在军事上的应用等。

空间天气学区别于空间物理学的主要方面是其预报特征。因此，本书专门用一章的篇幅介绍空间天气建模与预报。包括当前空间天气建模情况、典型的空间天气模式、空间天气预报的主要方法，以及太阳活动预报、地磁活动预报、电离层活动预报、大气活动预报和相对论电子预报的主要方法和模式。

为了方便读者查阅，书后附有英文缩写与中文意义对照，以及主题词索引。

尽管人类对空间天气已经开展了大量的研究工作，但由于空间天气变化的复杂性和所涉及区域的广阔性，目前对许多空间天气现象的认识还是初步的。作为一门新学科，无论是学科体系，还是研究方法，都存在着诸多不完善的地方，需要不断地充实和提高。另外，作者本人对学科的认识和理解还有局限性，因此，书中的缺点甚至错误在所难免。请读者批评指正。

焦维新

2002年11月10日于北京大学

目　录

第一章　概　　论

§1.1　空间天气及其效应

1.1.1　什么是空间天气

传统“**天气**”的物理定义是：瞬时或较短时间内风、云、降水、温度、气压等气象要素综合显示的大气状态。日常所讲的天气，是指发生在对流层内、影响人类生活、生产的中性大气物理图像和物理状态，例如阴、晴、雨、雪、冷、暖、干、湿等。

对流层是大气紧贴地面的一层。它的下界是地面，上界因纬度和季节而不同。在低纬度地区其上界为17～18km；在中纬度地区为10～12km；在高纬度地区仅为8～9km。夏季的对流层厚度大于冬季。

对流层顶以上的大气处于什么样的状态，是否会影响人类的生存和发展？随着空间技术的发展，人类对从对流层顶一直到太阳大气表面这广阔空间区域的物理状态有了深入的了解。这一区域既含有中性气体，又有电离气体和高能带电粒子；既存在稳定的重力场，又有以各种时间尺度变化的电磁场。在大约60km以上，中性大气密度和温度、电离气体的电子密度等参数对太阳变化的响应极为敏感，幅度变化大。这些参数迅速而大幅度的变化还将进一步衍生出许多效应，对地面和空间的技术系统产生明显的影响，甚至使之失效。因此，人们需要像关心日常天气那样关心对流层以上的环境状态。这样，“天气”概念所涉及的空间范围自然要扩展。“空间天气”的概念就是在这一背景下产生的。

空间天气是一个比较新的概念，它的内容和含义仍在发展中，最普遍的一种理解是：空间天气是指瞬时或短时间内太阳表面、太阳风、磁层、电离层和热层的状态。它们的状态可影响空间和地面技术系统的性能和可靠性，危及人类的生命和健康。恶劣的空间天气可引起卫星运行、通信、导航以及电站输送网络的崩溃，造成各方面的社会经济损失。

与**对流层天气**的气象要素类似，空间天气也有相应的描述其状态的参数（也称为**空间天气要素**）。这些参数主要包括高层大气温度、压强、成分和风；电离层电子密度、离子密度和电场；辐射带中的高能电子通量、质子通量；磁层中的磁场、电场、带电粒子和电流；日地行星际空间的太阳风速度、成分、行星际磁场；太阳的电磁辐射和粒子辐射通量等。与气象要素对比，二者有许多不同。

在对流层天气中，降雨量是人们非常关心的气象要素之一。而在空间天气中，没有传统意义的降雨，但有类似的因素。如美丽的极光是由磁层沉降的带电粒子“雨”产生的。在太阳活动和地磁活动期间，会有大量的高能电子“雨”降到同步轨道高度的外辐射带。在空间天气中，人们更关心的风是太阳风。太阳风是高速运动的等离子体流，速度一般在 400km/s 左右，最高可达 2000km/s。尽管太阳风速度如此之高，但却不会刮掉人的帽子，因为太阳风的密度太小了。

上述空间天气定义强调了其消极的一面。实际上，与日常所说的天气一样，空间天气也有好、差和恶劣之分。所谓好的空间天气，指太阳表面、行星际空间、磁层、电离层、高层大气处于平静的状态，有利于运载火箭发射和卫星正常运行；所谓差的天气，是指上述区域具有不同程度的扰动；而恶劣的空间天气，就是各种“空间暴”，如强的日冕物质抛射、大耀斑、高速太阳风、磁暴、亚暴、突发电离层骚扰等。

与空间天气有关的一些物理现象也是特别有趣的，如在极区出现的绚丽多彩的极光、高层大气中出现的红闪与蓝急流。研究空间天气最重要的社会和经济方面效益，在于通过有效的警报和预报以及合理的系统设计，避免或减轻恶劣空间天气造成的不良后果。

从时间尺度的角度考虑，“天气”应是短期的空间环境状态变化。众所周知，11 年的太阳周期是最重要的**空间气候周期**，而太阳活动的 27 天重现性是空间天气最易预报的特征之一，不妨将其定为空间天气时间尺度的上限。

历史上，第一个有记载的空间天气损害技术系统的事件发生在 1847 年 3 月 19 日[1]，在英格兰观察到发报机的针自发地偏转。同年 9 月 24～25 日，最大的偏转发生在极光出现时。1859 年 8 月 28 日到 9 月 2 日，出现极光，在加拿大，电报站间的通信完全中断。在纽约、华盛顿等城市也出现类似现象。在法国，9 月 2 日一整天，所有的电报业务受到阻碍。1872 年 2 月 4 日，出现历史上所知最大范围的极光之一。在此期间，地电流极不寻常。在德国，所有的电报业务受到影响，科隆与伦敦间的通讯长时间不能进行。在英格兰、法国、澳大利亚、意大利等国也观测到地电流，用海底电缆进行通讯也受到阻碍，特别是从里斯本到直布罗陀、苏伊士到亚丁、亚丁到孟买的线路。第一个有记载的磁暴影响电力系统的事件发生在 1940 年 3 月 24 日，美国和加拿大的电力公司报告了磁暴期间的电压降、无功功率大的摆动等效应。第二次世界大战期间，英格兰的无线电操作员确信，他们的高频无线电通讯中断是由于敌人的干扰。上述这些事件都是**空间天气效应**的早期实例。

人类进入空间时代以后，对各种空间天气现象开始进行直接观测，因而对太阳表面的扰动、这些扰动在行星际空间的演变及其对地球空间的一系列效应，都有了深入的了解。然而，“空间天气”一词过去长时间没有被公众所了解，这一方面是由于当时空间技术主要用于军事，另一方面是由于空间技术仅最近十几年才普遍地进入老百姓的日常生活。具有广阔基础的国家空间天气服务的概念是由代表美国国家基金委、国防部、国家航空与航天局(NASA)、内务部、能源部及国家海洋与大气局(NOAA)的一个小组于1994年提出的。在此之前,包括中国在内的许多国家的有关研究部门在提供空间天气信息方面已做了大量工作,但这些工作没有组织到一个协调一致的计划里。

与空间天气直接有关的区域巨大而又复杂,空间科学所有传统领域都与空间天气的研究有关。例如,行星际大气和磁层的研究,在加深我们对支配地球环境的基本物理过程的理解方面是很重要的。类似的,等离子体和化学反应率的实验室研究,有助于提高我们观测和了解空间各种现象的能力。

空间天气变化开始在太阳表面。太阳是影响地球的电磁辐射和粒子辐射的能源。太阳活动性改变了太阳的辐射和粒子输出,在近地空间环境中以及地球表面产生相应的变化。就空间天气效应而言,最有影响的事件是太阳耀斑和日冕物质抛射。虽然太阳辐射的长期变化不会产生明显的空间天气效应,但它在帮助我们了解短期变化幕后的潜在效应方面是很重要的.太阳辐射输出的变化通过原子和分子的激发和电离直接影响高层大气和电离层的状态。太阳的粒子发射包括高能粒子和组成太阳风的低能粒子。粒子和场在从太阳外流时不断变化,特别是它们与行星际激波相互作用时。

太阳风从太阳向外流动并撞击地球。太阳风的等离子体和磁场与地球的大气层和地磁场相互作用产生泪珠状的、被称为**磁层**的区域。这个区域的表面,即**磁层顶**,在太阳向是5～10个地球半径,而在反太阳向扩展到月球轨道之外。磁层顶被认为是一个屏障,它防止除太阳风携带的一小部分能量之外的所有能量进入磁层。在正常条件下,这个能量以磁层粒子和场的形式存储,但在一定条件下,它脉动式地释放到地球的大气层。能量的脉动式释放归因于**磁层亚暴**。它表现为明亮的、变化的极光和强的电离层电流。在亚暴期间,磁层的磁场突然呈现新的位形,接着是长达许多小时的恢复时间。

亚暴描述了磁层对太阳风激励源相对短的响应,而**地磁暴**是对由强的、长时间(几天到几周)南向的行星际磁场的响应。这个状态产生相当大的环电流能量,因此,在低**地磁纬度**产生很大的地磁起伏。磁层粒子沉降到极盖,加热中性大气并激发电离层扰动。太阳风状态返回到未受扰动情况后,磁层和电离层需要几小时或几天才能恢复到原来状态。

由于地球的磁场穿过磁层,大多数磁层过程通过某种方式与**电离层**和**热层**性质的变化联系在一起。例如,电流、极光发射、摩擦加热、电离和闪烁。所有这些现象都是近地空间天气的组成单元。这些效应也受源于低高度的过程影响,例如重力波以及来自太阳辐射和宇宙线的直接能量沉降。空间天气效应也包括在地表面感应的电流,它是电离层电流变化的结果。

以上粗略地描绘了空间天气产生和变化的一般图像。归根结底,空间不是空的,太阳不是稳定的,空间环境对不断变化的太阳的响应就构成了空间天气。

图 1.1.1 给出了空间天气涉及的主要区域。

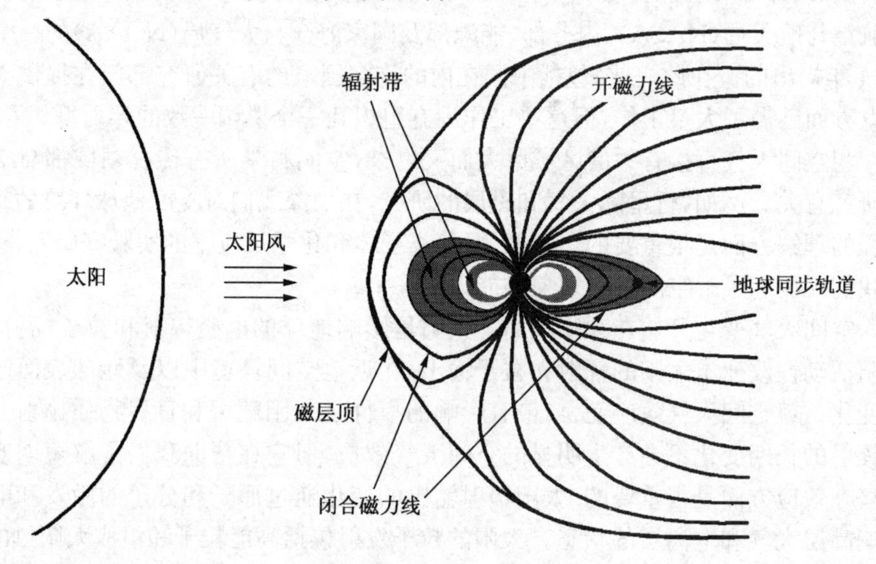

图 1.1.1　空间天气的主要物理区域

以上对空间天气系统的简要描述说明，空间天气确实包括了复杂的物理过程，而在这个复杂性上面，还要加上各区域之间的紧密耦合。因此，我们要强调将空间天气作为紧密联系的一个系统处理的重要性，如果没有关于整个系统的知识，对发生在一个区域的事件不可能单独透彻地了解。

1.1.2　典型的空间天气效应

空间天气与人类的生存和发展有密切的关系。随着社会的进步，人类越来越依靠高科技系统，特别是航天系统。为保证这些系统的正常运行，我们比以往更加注意空间天气的状态和预报，因为空间天气事件常常对这些系统产生严重的影响。本节只以典型事例介绍空间天气的一些效应，相关问题在第五章中详细描述。

描述空间天气状态变化的程度，对于不同的区域，都有相应的物理参数。例如，描述地磁场变化，有 K_p 指数，AE 指数，Dst 指数等。但概括说来，空间天气状态变化可分为周期性变化和非周期性变化，平静变化和激烈变化。我们将空间天气状态在短时间（几分钟到几天）内远远偏离正常值的现象称为**空间暴**。

从空间天气预报的角度来说，空间暴指所有的粒子和电磁场的强烈扰动，它们起因于太阳耀斑、日冕物质抛射（CME）、高速太阳风、磁层和电离层不稳定性。空间暴对地面和空间技术系统、航天安全、生产活动和生态环境有很大影响，因而它是空间天气预报的重点内容。

1.1.2.1 磁暴及其对输电系统的破坏作用[2]

太阳爆发时,高速太阳风等离子体流与磁层相互作用,使环电流及极光电集流强度大增,引起地磁场的强烈扰动——磁暴和亚暴。地磁场的剧烈变化在地表面感应一个电位差,称**地球表面电位**(ESP),这个电位差可达 20V/km。ESP 作为一个电压源加到电力系统 Y 型联接的接地中线之间,产生**地磁感应电流**(GIC)。与 50Hz 交流电相比,GIC 可看作是直流,这个直流电流作为变压器的偏置电流,使变压器产生所谓**"半波饱和"**,严重的半波饱和会产生很大的热量,使变压器受损甚至烧毁。近年来最引人注目的磁暴损坏输电系统的事件发生在 1989 年 3 月。一个强磁暴使加拿大魁北克的一个巨大电力系统损坏,6 百万居民停电达 9 小时,光是电力损失就达 2×10^{7}kW,直接经济损失约 5 亿美元。在这次事件中,美国的损失虽小,但亦达 2500 万美元。据美国科学家估计,此事件若发生在美国东北部,直接经济损失可达 30 亿~60 亿美元。

1.1.2.2 太阳高能粒子的效应

来自太阳的高能粒子不断地撞击卫星表面,高能粒子能穿透卫星的电子部件,引起电子信号电位翻转,在卫星中产生伪指令或在仪器中产生错误数据。这些伪指令会使卫星逻辑控制系统发生错误,轻则干扰卫星正常工作,重则可导致灾难性后果。低能粒子可以使卫星表面带电,特别是在磁暴、磁层亚暴和高地磁活动期间,情况更为严重。卫星表面充电时,卫星各个部件之间可能带有很高的电位差。大的电位差可使电子器件被击穿而造成永久性损坏。强粒子辐射使卫星出现故障的例子很多。例如,1994 年 1 月,一个高能电子暴使加拿大通讯卫星 Anik 失控,不得不启用备份系统,6 个月以后才完全恢复工作,损失达 2 亿美元。当时的一些报纸报道了 Anik E-1 和 Anik E-2 失效的消息。

太阳爆发产生的高能粒子辐射也会危及宇航员的生命安全。在太阳耀斑期间,空间粒子辐射通量可达到正常情况的上百倍。在美国 Atlantis 航天飞机发射 Galileo 卫星期间,宇航员眼睛感觉到高能粒子轰击所引起的闪光,这是由于能量粒子穿过视网神经造成的,直到质子事件过去,这种情况才减退。如果这期间在舱外活动,宇航员将受到致命的辐射剂量。

卫星在太阳爆发期间受影响的程度取决于其空间位置。如果卫星在此期间处于辐射带中,那么受影响的程度可能比较严重。

低轨卫星的"危险区"是南大西洋异常区。在那里,同一高度的粒子辐射通量比其它地区大得多,因此,卫星通过此区域时,发生的异常事件非常多。

1.1.2.3 高层大气密度变化对卫星轨道和寿命的影响

例如,美国 Colombia 航天飞机第一次飞行时,由于太阳爆发,造成高层大气密度大幅度上升,航天飞机遇到的阻力比以前增加 15%,幸亏带有充足的燃料,采取了应急措施，才避免了机毁人亡的事故。美国发射的 Skylab 卫星，由于没有充分估计到临近太阳活动峰年，大气阻力增加，以致提前 2 年坠毁。美国 SMM（太阳峰年）科学卫星，在一次强磁暴开始时高度下降了 0.5km，整个磁暴期间下降了 4.8km，从而提前陨落.美国空军和海军长期以来一直监视空间的 8000 多个目标。由于粒子沉降，高纬电离层加热增加，许多目标受到的拽力发生了变化，在经历了近年来几个大磁暴以后，不少目标由于轨道参数发生显著变化而消失。高层大气密度分布表明，在中等的磁暴期间，一些区域的大气密度增加了 20%以上。

1.1.2.4　电离层扰动对无线电通讯及导航系统的干扰和破坏

当强烈的太阳耀斑发生时，X 射线和紫外谱段的辐射强度在短时间内大大增加，X 射线甚至可增加好几个数量级。从太阳耀斑开始发生，在不到 10 分钟之内射线到达地球轨道，使电离层 D 层内电子密度剧增，短波无线电信号受到衰减，乃至通信中断。而在 D 层底部和地面之间以波导模传播的甚低频（10～100kHz）电波，由于 D 区电离突增，底高会突然降低，使用甚低频的导航系统的精度，取决于计算这个底高的精度，这个高度的快速变化，在确定物体的位置时可产生几千米的误差。

电离层扰动严重影响通讯的例子屡见不鲜。如在 1989 年 3 月的大磁暴其间，在低纬的无线电通讯几乎完全失效，轮船、飞机的导航系统失灵。

1.1.2.5　太阳强粒子辐射对人类生存环境的影响

1965 年 2 月和 1972 年 8 月曾发生过两次大的质子事件，前一次使地面的中子数约增加了 90 倍，大气中^{14}C 同位素增加了 10%，后一次使平流层中的臭氧长时期地减少 15%。美国 SAMPEX 卫星于 1994 年拍摄到的能量电子穿透大气层的图像表明，能量电子在中、低纬大气层的强度也很高。能量电子在大气层会产生氮的化合物，直接影响全球臭氧的分布。

臭氧对紫外线有很强的吸收作用，臭氧层的存在使不致有太多的太阳辐射的紫外线到达地面，对人类及生物起着重要保护作用。大气臭氧含量的减少，会引起海洋陆地生态系统的严重失调和恶性变化，会增加皮肤癌患者。长期以来，人们一直注意电冰箱的致冷物质氟里昂对大气臭氧含量的影响。SAMPEX 卫星的探测结果，为研究臭氧变化开辟了新的研究方向。

1.1.2.6　太阳耀斑对气候和天气过程的影响

强的太阳耀斑可引起中高纬大气环流的变化，耀斑的早期效应是在太阳耀斑爆发后不到 12 小时开始的，延续时间接近一天。早期效应表现为 45°～65°的纬度范围，等压面高度有增加的趋势；在 70°以上的纬度范围等压面的高度有减少的趋势，300hPa 等压面的效应最大，冬季效应最弱，在某些地理位置最显著。有的统计结果表明，在耀斑后第 3 天和第 4 天内的雷暴活动增加，在耀斑后 10 天内最频繁。

我国在太阳活动对气象影响的研究方面做了大量工作，有些成果已经用于地区的长期和超长期降雨量预报。

上述由于空间暴所造成的损失，如果对暴的发生能提前作出准确的预报，都可以使之避免或降低。例如，如果事先减少电力系统的负载，就可以避免磁暴对输电系统的破坏。在发射卫星时，选择合适的发射时间和轨道参数，也可以避免太阳爆发所造成的危害；对于已在轨道上的卫星，如果事先知道何时会发生空间暴，也可以通过地面控制系统密切监视卫星的所有指令，及时排除由于单粒子翻转所产生的伪指令。对于使用磁定位的卫星来说，在空间暴发生之前知道同步轨道的磁场分布是很重要的，因为在强磁暴期间，同步轨道卫星穿越磁层顶进入磁鞘时，磁场常常反转，因此，姿态控制可能出现方向性错误。

对空间暴的预报，是空间天气预报的重点，但不是全部。其它方面的预报工作也是很重要的，如太阳活动不同时间尺度的周期性变化、电离层特性的某些规则变化、中高层大气密度的长期变化、地磁场的周期性变化，特别是长周期和超长周期的变化等等，对人类的生存和发展都有重要意义。同样，对于磁静日的预报，也是很重要的。

1.1.3　空间天气业务

空间天气与对流层天气有许多类似，因此，**空间天气业务**活动在很大程度上要利用气象服务的经验。概括来说，主要的业务活动包括观测、数据传输和处理、研究、建摸和预报，最终向用户提供**空间天气产品**。

1.1.3.1　空间天气产品

空间天气业务向用户提供的产品主要有预报、警报、现报和**已往事件分析**服务。

空间天气预报——与大气层天气预报类似，覆盖各种时间尺度和准确度。长期范围的太阳活动周预报根据太阳活动的模式，但对现行事件的定时缺乏准确性。根据太阳和太阳风观测、实地磁层数据和模式的短期预报可覆盖几小时到几天。

警报——空间环境即将发生强烈扰动，可能对卫星、近地空间或地面的设备和人类产生危害，应引起有关方面的密切注意。根据对原因事件的观测（如太阳耀斑）、实际事件的观测（如磁暴起始）或趋势推断（如质子通量增加），警报一般提前 0～24 小时发出。类似于气象中的台风、暴雨等来临时发出的警报。

现报——准实时发布的空间天气状态，有时也包括警报（如果事件正在进行）。

已往事件分析——用于辨别空间天气因素，分析受空间天气影响的系统操作异常。当异常发生时，观测对于分析空间环境状态是关键因素。立即进行的已往事件分析，可以辨别卫星通讯故障是工程原因还是空间天气原因。

扩大空间天气产品的用户对发展空间天气业务是最关键的问题，因为社会需求是产品发展的基础和动力，而空间天气产品又没有明显的市场，所以，了解这些产品是否有用户是很重要的。也许潜在用户的意识是与空间天气产品的发展同时进行的。如果空间天气界对教育给以高度优先，双边，即产品和市场的发展都将增加。在这方面，美国的空间天气界走在前面，NOAA/SEC（空间环境中心）频繁地组织用户会议，讨论用户的需要和模式的发展。

1.1.3.2　空间天气用户需求

各种用户，包括实际用户和潜在用户的需求是高度变化的。从目前的情况看，空间天气产品的主要用户包括卫星工程师和卫星操作者、航天部门、卫星发射部门、卫星通讯与高频通讯部门、航空部门、电力部门、石油和天然气管线输送部门、铁路部门、空间业务保险公司和国防部门等。

(1)商业卫星设计和运行对空间天气业务的需求

①测量各种轨道的平均辐射环境，包括 MeV 电子、高能质子、重离子的峰值通量和在 11 年太阳活动周期间的发生几率；

②测量极端情况的辐射环境，包括时间变化性、事件的持续时间并确定其发生的控制因素；

③改进的辐射带模型，能计算平均和极端情况的峰值通量、能谱分布和在 11 年太阳活动周期间事件发生的几率、总剂量；

④制订防止卫星内部充电和表面充电的设计规范和标准；

⑤建立卫星异常数据库。收集和表征磁暴、亚暴、日冕物质抛射(CME)、太阳耀斑等空间天气事件数据，以便确定由空间天气引起的异常的数目和类型。

对卫星运行，还要求预报磁层顶压缩和磁场反转、预报增加的电子和离子通量、预报太阳能量粒子(SEP)事件和预报大气加热。

(2)载人航天对空间天气业务的需求

①SEP 事件的早期警报；

②分析在 11 年太阳活动周期间 SEP 事件发生的几率和峰值通量；

③发展能实时预报 SEP 强度和位置的模式；

④研究能进行早期警报的太阳的前兆。

(3)航天发射对空间天气业务的需求

①SEP 事件的早期警报；

②现报 SEP 事件和辐射带通量的增加；

③动态高层大气模式。

(4)地面一些技术系统对空间天气业务的需求

基本要求是预报和对已往事件的分析。具体要求包括：

①测量上游太阳风以提供磁层和电离层电流系变化的警报；

②对电离层电流系的变化进行现报；

③用于计算地磁感应电流的大地电导率模式；

④分析最大的事件、最大事件的持续时间并能够反馈给工程设计部门。

(5)军事部门对空间天气业务的需求

除了与卫星设计、卫星运行和卫星发射的要求相同外，还包括对突发电离层骚扰的警报、预报电子密度剖面、预报峰值密度、最大可用频率等。

对于所有的灾害，保险问题是很重要的。随着社会对空间技术的依赖性增加，保险事业变得越来越重要。不管是用户，还是保险公司，也都将越来越关注空间天气服务。

目前，已经存在覆盖世界大多数地区的国际组织——国际空间环境服务(ISES)，参见 http://www.sel.bldrodoc.gov/ises/ises.html。

现在，有 10 个区域警报中心(RWC)分布在全球。这些中心是：北京、Boulder (USA)、莫斯科、巴黎、新德里、渥太华、布拉格、东京、悉尼、华沙。

§1.2　新兴的交叉学科——空间天气学

1.2.1　空间天气学的基本概念

1.2.1.1　空间天气扰动

由于太阳电磁辐射或粒子辐射的突然变化，引起空间天气正常状态的破坏，或者说空间天气基本参数不同程度地偏离了平均值，这种现象称为**空间天气扰动**。

由扰动发生的区域，可将空间天气扰动分为**行星际扰动**、**磁层扰动**、**电离层扰动**和**高层大气扰动**等；根据扰动所反映的空间天气参数的变化，可分为**运动状态扰动**、**电磁场扰动**和**带电粒子通量变化**等三类。

各种扰动的程度可有很大差别，有轻微扰动、严重扰动和剧烈扰动等。另外，各种扰动的时间尺度和空间尺度也会有很大差别。可以是瞬时的，也可能持续几天。

几乎所有的空间天气扰动都是全球性的，这也是空间天气与地球表面天气的一个重要差别。

1.2.1.2　空间天气不均匀性

不均匀性(或不均匀结构)反映了某些空间天气参数空间分布的变化，可以有不同的空间尺度，大到几千千米，小到几十米(取决于仪器的辨别能力)。如在电离层中，这种不均匀性在 D 层、E 层和 F 层中都存在，它们对电磁波的传播有很大影响。

1.2.1.3　空间暴

空间天气基本参数在瞬时或短时间内严重偏离正常状态的现象称为空间暴。它是一种强烈的扰动。空间暴在不同的区域有不同的表现形式，如磁暴、电离层暴和突发电离层骚扰等。空间暴属于恶劣的空间天气现象，会对空间和地面的技术系统产生严重的干扰和破坏。是空间天气学研究和预报的重点。

1.2.1.4　空间天气系统

具有典型特征的空间天气扰动或空间天气不均匀性称为**空间天气系统**。各种空间天气系统的发生具有一定的频次，一定的空间范围，一定的新生、演变和消亡的过程；在发展的不同阶段有其相应的空间天气现象分布，主要特征具有重现性。例如，磁暴是起源于太阳强粒子辐射，直接由磁层环电流产生的全球性的地磁扰动。每个磁暴都经历起始、主相和恢复相三个基本过程。磁暴有 27 天的重现性，也有非重现性的。因此，磁暴是一种典型的空间天气系统。

各类空间天气系统具有一定的空间尺度和时间尺度。

1.2.1.5　空间天气过程

某种空间天气及其相应的空间天气系统发生发展的演变过程称为**空间天气过程**。了解各种空间天气过程的发展规律，揭示其发展的物理机制，对于作好空间天气预报有重要意义。

各种空间天气过程也具有一定的空间尺度和时间尺度。

1.2.1.6　空间天气尺度

所谓尺度，是表征空间天气过程在空间上的大小，或者时间上持续的长短。空间天气与地表面天气的一个重要差别表现在尺度上，许多空间天气过程的尺度是全球性的，即使比较小的尺度，如电离层中传播的等离子体斑，其水平尺度也在 200～1000km 之间。

为了更方便地描述空间天气的特征，我们把它划分为**行星尺度**、**大尺度**、**中尺度**、**小尺度**和**微尺度**等不同的尺度。大于 10000km 的尺度称为行星尺度；大于 1000km 而小于 10000km 的为大尺度；大于 100km 而小于 1000km 的称为中尺度；大于 10km 而小于 100km 的称为小尺度；小于 10km 的称为微尺度。每一个等级的大小均相差一个量级。

以上对不同尺度的定义是根据空间天气的实际情况确定的。例如突发电离层骚扰发生在地球的向阳面，尺度为万公里的量级，因此定义为行星尺度；

1.2.1.7　空间天气效应

空间天气变化对地面和空间的技术系统以及人类生存环境所造成的影响称为**空间天气效应**。如航天器表面充电和内部充电、航天器和飞机的单粒子反转、通讯和导航系统受到干扰甚至完全中断等。空间天气效应是空间天气研究的特殊问题，也是重要内容。空间天气效应研究包括效应的类型、发生机制、减轻或预防灾害性效应的措施等。

1.2.1.8 空间天气指数

在日常的天气预报中，我们常听到风力、大雨或小雨等描述天气变化程度的词。人们一听到几级风，就自然会联想到它的强度。由于空间天气现象的复杂性，描述其变化程度的量很多，最常用的词是“指数”，光是描述地磁活动的，就有 A_p、K_p 和 A_E 等许多指数，这些物理量都是从地球物理学和空间物理学研究中引入的。将这些指数完全套用到空间天气学中是不合适的，因为这类指数太多、太专业化，不易被普通老百姓所接受。为此，美国 NOAA 提出了三个空间天气指数：**G 指数、S 指数和 R 指数**。

G 指数是描述磁暴的指数，分为 5 级，每级的定义见表 1.2.1。S 指数和 R 指数每级的定义见表 1.2.2 和表 1.2.3。

表 1.2.1 G 指数的定义和效应

等级	程度	效应	相应的 K_p 指数	一个太阳周中发生的频率
G5	极端	电力系统：普遍发生电压控制问题，保护系统也会出现问题，某些电力系统可能崩溃，变压器可能受到危害； 卫星操作：卫星会严重地表面充电，难以定向和跟踪； 其它系统：管线电流可达到几百安培，许多区域的短波通讯中断 1～2 天，低频导航系统可能失灵几小时；在磁纬 40°左右就可看到极光	9	4
G4	严重	电力系统：出现比较普遍的电压控制问题，某些保护系统可能出现错误操作； 卫星操作：卫星表面充电，跟踪出现问题，需要对卫星的定向进行矫正； 其它系统：卫星导航、低频无线电导航和高频无线电传播会断断续续地出现问题，极光可出现在磁纬 45°左右	8 和 9－	100
G3	强	电力系统：需要对电压进行矫正； 卫星操作：可能发生卫星表面充电，低地球轨道卫星受到的拽力增加，需要对卫星的定向进行矫正； 其它系统：卫星导航、低频无线电导航和高频无线电传播可能会断断续续地出现问题，极光可出现在磁纬 50°左右	7	200
G2	中	电力系统：处于高纬地区的电力系统可能出现电压不稳，持续时间长的磁暴可能损坏变压器； 卫星操作：需要由地面发出指令对卫星的定向进行矫正；拽力的变化影响轨道预报； 其它系统：高纬无线电传播会受到衰减，极光可出现在磁纬 55°左右	6	600
G1	小	电力系统：可能出现弱的电网起伏； 卫星操作：对卫星操作可能有小的影响； 其它系统：迁移的动物此时可能受到影响，极光只出现在高纬	5	1700

表 1.2.2　太阳辐射暴(S)指数的定义和效应

等级	程度	效　应	≥10MeV 粒子通量	一个太阳周中发生的频率
S5	极端	生物效应：强紫外辐射对宇航员和高空飞行的旅客产生辐射伤害； 卫星操作：卫星可能失效，失控，成像数据出现严重噪音，卫星跟踪器不能锁定目标，太阳能帆板可能受到损害； 其它系统：通过极区的高频通讯完全中断，导航出现严重误差	10^5	小于 1
S4	严重	生物效应：对舱外活动的宇航员有不可避免的辐射损害；乘坐高空飞机旅客的辐射剂量相当于 X 射线透视的水平； 卫星操作：记忆装置可能出现问题，成像系统增大噪音；卫星跟踪器取向不准，太阳能帆板效率降低； 其它系统：通过极区的高频无线电通讯中断，增加导航系统的误差达几天	10^4	3
S3	强	生物效应：建议宇航员不要舱外活动，乘飞机的旅客受到低剂量的辐射； 卫星操作：单粒子反转，成像系统噪音增加，太阳能电池效率降低； 其它系统：通过极区的高频无线电通讯受到衰减，导航出现误差	10^3	10
S2	中	生物效应：无； 卫星操作：可能出现单粒子反转； 其它系统：对通过极区的高频无线电传播有小的影响，在极盖位置的导航可能受到影响	10^2	25
S1	小	生物效应：无； 卫星操作：无； 其它系统：对极区高频无线电通讯有小的影响	10	50

表 1.2.3　电波衰减(R)指数的定义和效应

等级	程度	效　应	X 射线峰值等级(和通量)	一个太阳周中发生的频率
R5	极端	高频无线电：地球整个日照边的高频通讯完全中断许多小时； 导航：地球日照边的低频导航信号中断许多小时，地球日照边卫星定位误差增加达几小时，可能扩展到夜间	X20(2×10^{-3})	小于 1
R4	严重	高频无线电：地球日照边大部分地区的高频无线电通讯中断1～2 小时，这期间的信号消失； 导航：低频导航信号中断 1～2 小时，对地球日照边的卫星导航产生小的干扰	X10(10^{-3})	8 次(8 天)
R3	强	高频无线电：高频无线电通讯大面积中断，地球日照边的信号损失大约 1 小时； 导航：低频无线电导航信号衰减约 1 小时	X1(10^{-4})	175 次(140 天)
R2	中	高频无线电：日照边的通讯有限地中断，信号损失几十分钟； 导航：低频导航信号衰减几十分钟	M5(5×10^{-5})	350 次(300 天)
R1	小	高频无线电：日照边的通讯受到小的衰减，偶然没有信号； 导航：低频导航信号短时间内衰减	M1(10^{-5})	2000 次(950 天)

1.2.2 空间天气学的研究对象

空间天气学是研究各种空间天气发生、发展和变化的规律，以及如何运用这些规律来进行空间天气预报的一门学科。同时，空间天气学还研究各种空间天气效应，以及避免和减轻空间天气灾害的方法和途径。

空间天气学是在太阳物理学、行星际物理学、磁层物理学和高层大气物理学的基础上发展起来的一门交叉学科。空间天气学与空间物理学研究的最主要区别是它的预报特征，因为“天气”这个词本身就决定了该学科的研究目的是预报。围绕着这个目的，空间天气学有选择地吸收了上述各学科的重要成果，并将其融为一体，逐步提高预报能力，特别是定量预报能力。一般认为，空间天气学是一门应用科学，但更确切地说，它是由纯粹科学和应用科学的交叉而形成的一门科学。

目前，空间天气学还处于形成和发展时期，学科体系还不够完整。但是，随着观测、研究、建摸和预报工作的深入开展，空间天气学将很快成为人类认识和利用自然的重要工具。

空间天气学的定义已经明确了其研究的主要对象，那就是空间天气的变化规律和利用这些规律进行预报。目前，研究的重点是**空间天气事件**，即某次太阳爆发活动与地球空间天气变化的关系。

人类对大自然的认识总是从具体到一般，空间天气也不例外。但如果长期停留在对具体事件的研究，而不从总体上看问题，就不会对空间天气过程有全面的认识。因此，从发展空间天气学的角度，应当在对具体事件研究的基础上，逐步完善空间天气学的基本理论和基本预报方法。

空间天气学虽然也强调研究物理机制，但其着眼点是为预报服务。空间天气预报方法，即怎样根据实时观测数据和预报模式，对未来的空间天气作出预报，是空间天气学研究的重要内容。

空间天气建模是进行广泛空间天气预报的基础。完善的模式对工程上避免空间天气事件带来的危害及所有类型的预报都是很关键的。建模的努力在规范和预报空间天气方面已进行几年了。

今后的任务除了继续建立和发展新模式之外，特别要保证模式的一致性和最佳运行。基本目标是发展有坚实物理基础的规范和预报模型，对太阳事件能提前 72 小时预报，对近地空间天气现象能提前 48 小时预报。这些模式的完善过程是与理论研究和观测努力紧密联系在一起的。

规范和预报服务既能体现空间天气学研究的价值，又是推动其发展的动力。可与传统的气象预报相比较的准确、可靠和实时的空间天气预报，是空间天气学研究的最终目的。

空间天气学研究的重点内容和要求概括在表 1.2.4 中。

表 1.2.4　空间天气参数和目标

空间天气范围	目　标
日冕物质抛射	规范和预报发生、大小和持续时间
太阳活动性/耀斑	规范和预报发生、大小和持续时间
太阳和宇宙高能粒子	规范和预报在什么样的卫星轨道上
太阳 UV/EUV/软 X 射线	规范和预报强度和变化
太阳射电噪音	规范和预报强度和变化
太阳风	规范和预报太阳风密度、速度、磁场强度和方向
磁层粒子和场	规范和预报全球磁场、磁层电子和离子、场向电流的强度和位置。规范和预报高纬电场和电急流位置
地磁扰动	规范和预报地磁指数及磁暴起始、强度和持续时间
辐射带	规范和预报从 1～12 R_E 的捕获离子和电子
极光	规范和预报极光的光学和 UV 背景、扰动发射、极光卵的赤道向边缘、总的极光能量沉降
电离层性质	规范和预报电子密度、等离子体温度、成分、在电离层中的漂移速度
电离层电场	规范和预报全球电场和电急流系统
电离层扰动	规范和预报突发的和行进的电离层扰动。规范和预报关键的传播参数
电离层闪烁	规范和预报 200km 和 600km 之间的闪烁
中性大气(热层和中间层)	规范和预报 80～1500km 间的密度、成分、温度和速度

空间天气效应问题也是空间天气学研究的重要内容，这是由空间天气的特殊性决定的。因为我们不仅对空间天气变化规律缺乏认识，而且对空间天气所产生的效应了解得也不深入。这也是空间天气研究与气象研究的不同点之一。

综上所述，空间天气学的研究对象是各种尺度的空间天气系统及其效应，其目的是了解这些系统的特征与发生、发展的规律和对人类的影响。由于不同空间天气系统产生的原因、影响的范围和形式都有很大差别，因而就构成了空间天气学不同的分支，如**太阳表面空间天气学**、**行星际空间天气学**、**地球空间天气学**等。本书将在以后各章中分别予以说明。

1.2.3　空间天气学的研究方法

空间天气学的最终目的是要正确地预报空间天气。所以，首先必须仔细分析观测资料，了解空间天气系统与空间天气状况分布与演变的特点；然后利用空间天气学原理，诊断与分析为什么在行星际空间、地球空间有这样的天气出现，为什么有这样的天气特点；最后，利用动力学和磁流体动力学原理，结合空间天气学模型或统计方法以及最新观测资料，进行未来的空间天气预报。这是空间天气预报的一般原理和方法。由于影响空间天气变化的因素是非常复杂的，除了上述一般原理之外，还须注意以下几点[3]。

1.2.3.1　源的变化与汇的扰动研究相结合

太阳的电磁辐射和粒子辐射变化是所有空间天气现象的源，地球空间是接收这些辐射的汇之一(还有其它行星)，各种尺度的扰动一般来说是太阳辐射变化的结果。但具体到每次事件，情况是非常复杂的，因果关系并不十分清楚。因此，必须将源及其在行星际空间的演变与地球空间各区域的扰动状况的观测和研究结合起来，这样才能逐步深入地了解灾害性空间天气发生和发展的规律，为准确预报打下基础。

1.2.3.2　分层研究与整体研究相结合

为了研究问题方便，我们把地球空间分为磁层、电离层和热层，进一步还将电离层分为D、E和F层。但空间天气是一个整体，各层之间没有一个截然不同的分界面，而是紧密地耦合在一起的。

例如，极区电离层对流图形是与磁层对流情况有密切联系的，不能离开磁层对流而孤立地研究电离层对流。因此，需要将不同层的特性与整体形态特性研究结合起来，并逐步建立一个统一的模式。

1.2.3.3　研究不同尺度空间天气系统的结构及其相互作用

不同尺度的空间天气系统有其独特的发生、发展规律，但是不同尺度系统之间又是相互联系的。因此，在研究不同尺度空间天气系统的结构和动力学性质的同时，还应特别注意各种尺度之间的相互作用与相互影响。只有这样，才能准确地了解主要空间天气系统的演变规律，最终作出正确的预报。

例如，磁暴和亚暴是不同尺度的系统，但二者是相互作用和相互影响的。所以，了解不同尺度空间天气系统的相互作用，是空间天气学中的一项重要内容。

1.2.3.4　研究不同纬度的空间天气特征与变化规律

对于同一个太阳爆发性活动，地球空间不同纬度的响应是不同的。对于不同纬度区的空间天气预报，要掌握不同纬度区空间天气特征与变化的规律。目前，我国正在实施地球空间环境监测子午链计划，即建立北起漠河，途经长春、北京、广州和海南岛，一直到南极中山站的地球物理综合观测网络。这项计划的实施将大大提高我国空间天气观测的能力。

1.2.4　空间天气学与对流层天气学比较

1.2.4.1　空间天气与气象业务的差别

(1)许多气象过程是局部的，可能做出好的、有限区域的气象预报，但许多重要的空间天气现象是全球性的，这是由于日地等离子体系统大的空间尺度和这些等离子体长的相关时间.太阳的各种爆发性事件可能扰动地球的等离子体环境,但磁层对这些扰动的响应总是全球性的。

(2)空间天气事件发生在宽的时间尺度范围:整个磁层对太阳活动的响应在几分钟的时间内,全球重构需几十分钟,有时极端的状态可能维持更长的时间。在最缓慢的情况,辐射带中增加的高能粒子通量以天、月甚至年的时间尺度衰减。

(3)监测空间天气的方法是很有限的,而气象观测手段繁多。

由于空间天气是几乎全球现象,所以,任何一个国家或地区的空间天气规划都必须拓宽以变成国际性的。

目前,大多数空间天气业务活动是由各种科学学会举行的,用户的意识仅开始考虑。

1.2.4.2 对流层天气学与空间天气学的理论基础

对流层天气学(以下简称天气学)中研究从地球表面到对流层顶这个区域内的大气环流、天气系统、天气过程等大气运动现象,其基础理论有**极锋学说**、**气团学说**和**行星波理论**。

极锋学说概括了典型的极锋气旋模型,在温带的移动性气旋内,有来自极地的冷空气和来自热带的暖空气形成的分界面,这种分界面称作极锋。

气团学说认为,中纬度的天气变化,是由于来自不同源地的气团相互作用的结果。当某地为某种气团控制时,往往出现某种典型的天气。而在两种气团交绥的地方,则天气变化往往非常激烈。

1939年,瑞典气象学家罗斯贝通过对大量高空天气图的分析,提出了长波(行星波)理论,并发现极锋气旋是在长波的特定位置上发展起来的,气旋的运动和发展,都和长波有密切的联系。

天气学研究已有100多年的历史,为人类认识自然积累了丰富的知识。尽管空间天气现象比对流层天气复杂,但天气学中的许多理论和概念都可以借鉴。

气团是天气学中非常重要的概念,气团学说是分析天气过程的重要理论。在空间天气中,也有与对流层气团类似的现象,如日冕物质抛射(CME)所抛出的物质,在行星际空间称为磁云,其实也就是一种气团,只不过它不是中性气体,而是携带着太阳磁场的等离子体。快速CME与慢速太阳风相遇处形成弓形激波,激波电场对带电粒子加速,使空间天气变化激烈,这同两种气团交绥的地方天气变化激烈类似。

在磁层中,当磁尾发生磁重联后,也会有等离子体团向远离磁尾方向抛射。这种等离子体团也是一种气团。

大气的对流运动是对流层最普遍的一种现象,在磁层和高纬电离层,对流运动也是一种重要的运动形式。

雨是对流层大气中的重要天气现象,也是难于准确预报。在空间天气中,与雨对应的是带电粒子,包括来自银河系、太阳的带电粒子和地球辐射带带电的粒子。一些粒子在极区沉降,产生了色彩绚丽的极光。与对流层天气一样,“粒子雨”也是难于准确预报的。

既然有相似的现象,我们在研究空间天气时,就可以借鉴天气学的理论、概念和方法。但是,空间天气毕竟与对流层天气不同,在借鉴天气学的理论与方法时,必须注意二者的差别,并结合空间天气的实际,加以继承和发展。

概括来说,空间天气学的主要理论基础是**空间物理学**、**太阳物理学**和**等离子体物理学**。由于空间天气的复杂性,不能用几个学说来概括空间天气学的基础理论。但对空间天气最有影响的理论包括:日冕加热和太阳风加速理论、磁重联理论、亚暴膨胀相触发理论、磁暴理论、磁层对流理论、电离层中的电波传播理论、热层和电离层发电机理论以及太阳风-磁层-电离层耦合理论等。

1.2.5 空间天气学研究的利益

1.2.5.1 战略利益

现代国防越来越依靠高技术,特别是空间技术。空间技术在军事领域中的应用最具有代表性的是军事卫星和战略导弹。

军事侦察卫星是透视高技术战争战场的最有力的工具,导航和通讯卫星是实现远距离精确打击目标的决定性因素,战略导弹则是维护国家尊严和安全的最具威慑的力量。

军事卫星和战略导弹在现代战争应用中的问题主要有两个,一是对目标的打击准确度,二是可靠性。而这两方面问题都与空间天气有密切关系(参见第五章)。

目前,一些发达国家正大力开展空间天气研究,并制订了空间天气探测与研究的战略规划。

我国作为全世界最大的发展中国家,同时也是空间大国之一,如果我们不在开始阶段就跟上发达国家的步伐,在国际空间天气研究中占有一席之地,势必影响我国的国际地位。

空间天气研究与对流层天气研究的不同之处在于空间天气系统的全球性。对许多重要的空间天气系统和天气过程的监测需要在地面、中层大气、高层大气、电离层、磁层、行星际空间以及太阳表面同时进行,光靠一个国家是不可能进行全面的实时监测的,这就需要国际合作和交流。

但这种交流与合作有一个前提,就是自己必须开展有特色的工作,否则难以进行国际间的交流和合作。相反,如果我们在观测和研究方面取得了有特色的成果,则我们会在合作与交流中得到实惠,从而加快我国发展的步伐。

1.2.5.2 技术利益

技术利益主要体现在两方面：

一是空间天气研究促进高技术的发展；

二是空间天气的研究成果可保护高技术系统免遭恶劣空间天气的危害。

(1)小卫星和微卫星的应用

为了开展实时的空间天气预报，需要在太空的许多点进行空间天气监测。低成本的小卫星和微卫星星座在实时空间天气监测方面具有很大优势和潜力。在发展小卫星和微卫星的同时，还要提高探测仪器的性能，使传感器小型化。这些都将扩大空间技术的应用，为空间技术的发展带来新的商机。

(2)纳米技术的应用

纳米技术是迅速发展的一个技术领域，太空应用是诱人的发展领域。为了满足空间天气监测的需要，卫星本身、卫星子系统和各种类型的探测器，都需要有纳米技术支持。

(3)促进地基信息技术的发展

空间天气的信息量是巨大的，因此，信息的传输和处理，给地面信息系统建设带来机遇和挑战。

(4)监视和控制人为因素对空间天气的影响

人类活动已经影响局部空间天气的状态，如高空核爆炸、卫星星载的核电源、人工甚低频发射、高功率发射机对电离层的局部加热、日益增加的空间碎片等。因此，空间天气业务应包括评估、监测和节制这些活动，这就为空间探测开拓了新的方向。

(5)提高现代技术的应变能力

现代微电子技术正朝着高集成化和小体积发展。这种发展趋势很容易受空间粒子辐射的影响，引起单粒子事件等效应。另外，随着人们对通讯和导航卫星依赖性的增大，如何增强这些系统对灾害性空间天气的应变能力，这无疑会给有关设计部门提出新的课题。

1.2.5.3 科学利益

(1)促进基础研究的发展

从科学上来讲，空间物理学要解决的问题是对空间状态和过程基本规律的认识，而空间天气学是在这一规律性认识的基础上，对具体的空间天气过程进行监测和预报，它既是对上述认识的运用和检验，又可对已有认识进行修正，使原来的认识进一步深化；另一方面，它必然会提出一些新的问题，从而丰富和推动空间物理学的研究。

当前突出的一些问题包括：日冕加热与太阳风加速、带电粒子在CME和行星际激波中的加速、太阳风-磁层耦合、辐射带的扩散和损失过程、地磁屏蔽和粒子进入磁层、极光电急流形成等。

这些问题都属于自然科学重要的前沿领域，对这些问题的深入研究，将极大地促进基础研究的发展。

(2)增强人类对自然灾害的预报能力

气象灾害和地质灾害是已经被人类认识到的最严重的两种灾害。灾害性空间天气是刚被人类了解的一种自然灾害。目前的研究结果表明，空间天气对气象状态也有直接的影响；利用空间天气某些参数的变化，可以预报地震。因此，提高空间天气建模和预报能力，不仅对预报灾害性空间天气有重要意义，而且对于人类提高对其它自然灾害的预报能力也有重要意义。

(3)促进新探测方法和技术的发展

空间天气探测的内容极为广阔，从粒子辐射到电磁辐射、从微观粒子到宏观磁层对流。因此，为了满足空间天气预报的需要，将不断地涌现出新的空间探测理念、新的方法和技术，对空间探测的发展起巨大推动作用。

(4)充实新学科

空间天气学本身就是一门新兴的交叉学科，通过观测、研究、建模、预报等环节，该学科将不断地得到充实和发展，不管是在基础理论方面，还是在预报方法方面。

1.2.5.4　经济利益

(1)卫星可靠性和使用寿命的增加

从空间天气的角度看，卫星运行的可靠性取决于两方面：

一是对空间天气变化规律的了解程度；

二是对空间天气与卫星相互作用机制的了解程度。

如果我们能对灾害性空间天气提供实时可靠的预报，并制订出避免和减轻灾害的措施，就可以大大地提高卫星运行的可靠性，进而增加使用寿命，从而提高卫星的经济效益。

(2)减少卫星发射时的环境风险

卫星发射失败所造成的社会影响、直接和间接经济损失是巨大的。随着空间天气预报水平的提高，卫星发射完全可以避开恶劣的空间天气，从而降低发射时的环境风险。

(3)降低载人航天的风险

严重的空间辐射环境，是在空间站工作的宇航员的大敌。为了保证他们安全生活和工作，需要对空间辐射环境进行实时、准确的预报。另外，为了减轻大气阻力对空间站轨道的影响，要根据空间天气的状况，及时改变空间站轨道高度。为了防止空间碎片可能对空间站的危害，也需要变更空间站的轨道。由此可看出，准确的空间天气预报对降低载人航天的风险有重要意义。

(4)增加导航系统的准确性和可靠性

当电离层总电子密度(TEC)变化时，单频导航卫星的定位误差可达35m。电离层闪烁也会对导航和定位的精度产生影响。目前美国的GPS系统估计价值120亿美元，地面接收系统的商业价值也达20亿美元。

对TEC和电离层闪烁的预报，可保证这些系统的准确性和可靠性，从而带来更大的经济效益。

(5)提高雷达的性能

目前，气象观测、空间环境观测、空间遥感、飞机与舰船的导航、军事侦察和预警等许多方面，都使用雷达。雷达系统极易受电离层天气的影响。如果能对电离层状态进行准确预报，则可避免和减轻电离层天气对雷达系统的影响。例如，知道了电子总含量的知识，就可以使用双频对雷达测距误差进行矫正。

(6)降低飞机的辐射危险

空间天气对飞机的辐射危害有两方面：一是由高能粒子产生的单粒子事件，二是高能粒子对机组人员的辐射危害。实时的太阳质子事件警报，将给机组带来福音。

(7)增大无线电通讯的可靠性

各种无线电通讯都受电离层状态的影响。因此，对电离层状态的各种预报，包括最大可用频率预报，都可增大无线电通讯的可靠性。

(8)提高保险业的竞争力

随着空间技术的发展，进入太空的卫星越来越多，因而也刺激了空间保险业的发展。

卫星在轨保险费是每年卫星总价值的1.2%～1.5%，而发射保险费典型值是12%～15%，每年保险费总额为8～10亿美元。但由于发射的不可靠性和在轨卫星频频失效，使保险业面临巨大困难。因此，准确而实时的空间天气预报，将空间保险业带来生机。

1.2.5.5 教育利益

空间天气学是一个新的知识领域，它包括两个方面：

(1)它密切地依赖于空间物理学对日地空间规律的认识；

(2)它又建立在航天、通信和空间探测等高技术基础之上，它的基础性和应用性极强。

有关空间天气知识的宣传教育，有利于提高国民的基本素质，有助于增强公众对空间天气及其影响的认识。尤其可以使青年学生认识和理解基础性研究和高科技在当今社会中的作用，激发和引导他们关心这一对人类和未来有重大影响的事业，为空间天气学领域不断补充高素质的科研和工程人员创造条件。

1.2.6 空间天气学当前的状况和展望

空间天气学研究起步晚，但发展快。前已叙及，国家空间天气服务的概念是1994年才提出来的，短短的几年，空间天气学的研究、作用和影响，超过了人们的预料。

概括来说，当前空间天气学研究具有以下特点：

①从部门行为发展为国家或区域性行为，美国、俄罗斯等国及欧洲空间局(ESA)都已制定并实施空间天气战略规划；

②从以研究为主的阶段逐渐向应用和服务阶段转化，从描述向预报转变，从定性向定量转变。

目前，已经建立并逐渐完善了各种空间天气模式，范围从空间天气的源——太阳、太阳风，一直到电离层和热层。典型的模式有日冕和内日球MHD模式、南向IMFBz预报模式、磁层规范与预报模式、内磁层电动力学模式、动力辐射带模式、磁层能量粒子输送模式、磁暴预报模式、磁层-电离层-热层耦合模式以及电离层闪烁预报模式等。

用太阳风实时数据作为输入条件的磁层模式，预报磁暴的起始和强度以及相对论“killer”电子发生的准确度达80%～90%。

在6年前，全球磁层磁流体力学(MHD)模式运行的速度慢于实时，而现在，给定上游太阳风条件后，计算磁层和地磁的状态可快于实时，这是成为预报模式的先决条件。我国对第23太阳活动周预报方面达到了国际先进水平；

③空间天气学正在逐步发展成一门新的交叉学科，美国和欧空局分别用“space weather science”和“science of space weather”来表示这门学科。空间天气学区别于空间物理学的主要方面是其预报特征。空间天气学研究已成为许多国家的空间科学计划的支柱；

④发射了一些新的空间天气探测卫星，如IMAGE，CLUSTER2等。这些卫星都采用了许多新技术，因而取得了一些新成果，使人们“看到”了用肉眼不能看见的磁层的状况；

⑤对空间天气效应研究越来越引起人们的重视，研究成果在工程设计中的地位加强，效应计算软件、设计标准规范等不断问世。欧空局对航天器内部充电研究开展较早，目前已建立了内部充电模式。我国也已开展这方面的工作，在内部充电机制、辐射感应的电导率、内部电荷积累等方面已取得可喜结果。2001年4月，在荷兰召开了国际第七届航天器充电技术会议，广泛地交流了航天器充电理论、防护技术等方面的研究成果；

⑥预报进入实施并广泛发布阶段，美国、英国、日本、加拿大、澳大利亚等国均已通过因特网、电话、传真、广播发布预报；对灾害性空间天气的事件的综合监测和预报能力有突破性进展，如1997年1月磁云事件、1998年5月以及2000年7月的CME和耀斑事件等；

⑦集约化趋势加强，出现空前规模的国际合作、大型数据库、各种模式集成；

⑧商业部门开始介入，出现商业行为。

参 考 文 献

[1] Boteler D. H., Pirjola R. J. and Nevanlinna, The effects of geomagnetic disturbances on electrical system at the Earth's surface, *Adv. Space Rev.*, **22**(1), 17－27, 1998.

[2] 焦维新、濮祖荫,地球空间环境预报,地球物理学报,**39**(6), 1996。

[3] 伍荣生,现代天气学原理,高等教育出版社,1999。

第二章 太阳大气与行星际天气

§2.1 概 述

2.1.1 太阳的结构与发电机理论

太阳是空间天气变化的源。具体来说，空间天气是由太阳变化的紫外(UV)、极紫外(EUV)和X射线辐射，连同来自耀斑和日冕物质抛射(CME)的高速带电粒子、具有方向不断变化的磁场的太阳风驱动的。所有这些因素对地球磁层和大气层的作用，产生了一系列复杂多变的空间天气现象。而太阳输出的各种变化，都与内部发电机作用有关。因此，我们首先介绍太阳的结构，进而介绍太阳内部发电机原理。

2.1.1.1 太阳的内部结构

根据在太阳内各部分发生的不同过程，可将太阳内部分成四个区域：**日核**、**辐射区**、**界面层**和**对流区**。

太阳的中心称**日核**，厚度约为太阳半径的四分之一。太阳能量在太阳的日核中产生。在那里，温度高达 1.56×10^7K，密度高达 151g/cm^3(大约是金的10倍)，因而发生核聚变反应($4^1H+2e\rightarrow{}^4He+2n+6\gamma$)。生成物比反应物的质量小3%，根据爱因斯坦方程 $E=mc^2$，这个差值转换为能量。产生的能量被带到太阳表面(光球层)，在那里以光和热释放出来。太阳的绝大多数能量以可见光的形式出现，它的变化率最小。太阳也产生紫外线、X射线、γ射线和射电发射，这些电磁辐射的变化率远比可见光的高。从中心往外，温度和密度逐渐降低，在日核的边缘(约距中心 1.75×10^5km)，温度仅为中心的一半，密度降到 20g/cm^3。

从日核往外是**辐射区**，其外半径约为太阳半径的0.86倍；在日核产生的能量以光子的形式向外传播。虽然光子以光速传播，但由于在辐射区的粒子太密，光子在传输过程中，在粒子之间要经过无数次弹跳，因此，光子要用大约100万年才能到达交界面。从辐射区底部到顶部，密度由 20g/cm^3 降低到 0.2g/cm^3(低于水的密度)，温度从 7×10^6K 降到 2×10^6K。

界面层位于辐射区与对流区之间。对流区的流动在其底部缓慢消失，以便与辐射区的状态匹配。这个薄层近年越来越引起人们的重视，因为目前普遍认为太阳磁场是由这个薄层中的磁发电机产生的。在这个层中流体流速的变化可拉伸磁力线，使磁场增强。

对流区是太阳内部的最外层，从大约 2×10^5km 的深度一直到可见的表面。在对流区底部，温度大约 2×10^6℃。这个温度对重离子(如碳、氮、氧、钙和铁)来说太"冷"了，足以保持它们的一些电子，这使得物质更不透明，难以通过辐射，这样就捕获了热量，最终使流体不稳定，开始"沸腾"和对流。这些对流运动携带热量相当快地到达表面。流体在上升时膨胀并变冷。在可见的表面，温度下降到 5700K，密度仅 $0.0000002\mathrm{g/cm^3}$(大约是海平面空气密度的 1/1000)。对流运动本身在表面以米粒和超米粒的形式表现出来。

2.1.1.2　太阳大气结构及日冕形态

太阳大气由**光球层**、**色球层**、**过渡区**和**日冕**组成。

光球层是太阳极薄的可见表面层，大约几百千米厚。当我们用肉眼观察太阳时，看到的明亮的日轮就是这个球层。太阳在可见光波段的辐射，几乎全部是光球发射的。

用简单的望远镜就可以观测到光球层的许多特性，如暗的黑子、亮的光斑和米粒。用多普勒效应可测量在光球层的物质流，这些测量可揭示超米粒组织、大尺度流以及波和震荡的图形。

太阳围绕其轴以 27 天为周期旋转，这种旋转最早是通过观测太阳黑子数探测到的。太阳自旋轴与地球轨道的轴倾斜 7.25°，因而我们在每年的 9 月可看到更多的太阳北极，在 3 月看到更多南极。

色球层是光球层上面的不规则层，大约 2500km 厚。在色球层中温度单调地升高，从 6000℃升到大约 20000℃。在这样的高温下，氢辐射的光发出红移颜色(H-α 发射)。这种带有颜色的发射可在日珥中看到。这就是为什么给这个层起名为色球层的原因。

色球层也是太阳活动的区域。耀斑、日珥、暗条喷发、耀斑环中的物质流等，都可以在色球层观测到。

过渡区是太阳大气很不规则的薄层，它将热日冕与冷的色球层分开。过渡区仅 30km 厚，温度从 2×10^4℃快速升高到 10×10^5℃ 。但目前人们对过渡区的了解甚少。于 1998 年 4 月 1 日发射的 TRACE(Transition Region And Coronal Explorer)飞船，专门研究过渡区的特征。太阳的结构如图 2.1.1 所示。

日冕是太阳的最外层大气。它在色球层以上，直至几个太阳半径甚至更远。日冕是温度为 10^8K 的较稀薄的等离子体，其电子数密度在底部约 $10^8\sim10^{10}\mathrm{cm^{-3}}$，向外密度减小。日冕辐射覆盖了从 X 射线到无线电波的整个电磁波谱段。在远紫外(FUV)和 X 光波段，日冕辐射则强于光球及色球，成为主要发射源。太阳的温度和密度随高度变化特性示于图 2.1.2。

地面与空间观测技术的发展，使我们观测到多种多样的日冕特征：

头盔形冕流：头盔形冕流是带有长尖峰的、大的帽状结构，通常位于太阳黑子和活动区的上面，常常发现日珥和暗条位于这些结构的底部。头盔形冕流是由连接到活动区黑子的磁环网络形成的，并帮助悬浮太阳表面以上的日珥物质。闭合磁力线捕获了带电的日冕气体,从而形成了这些相对稠密的结构。尖峰是由离开太阳的太阳风在冕流间的作用形成的。

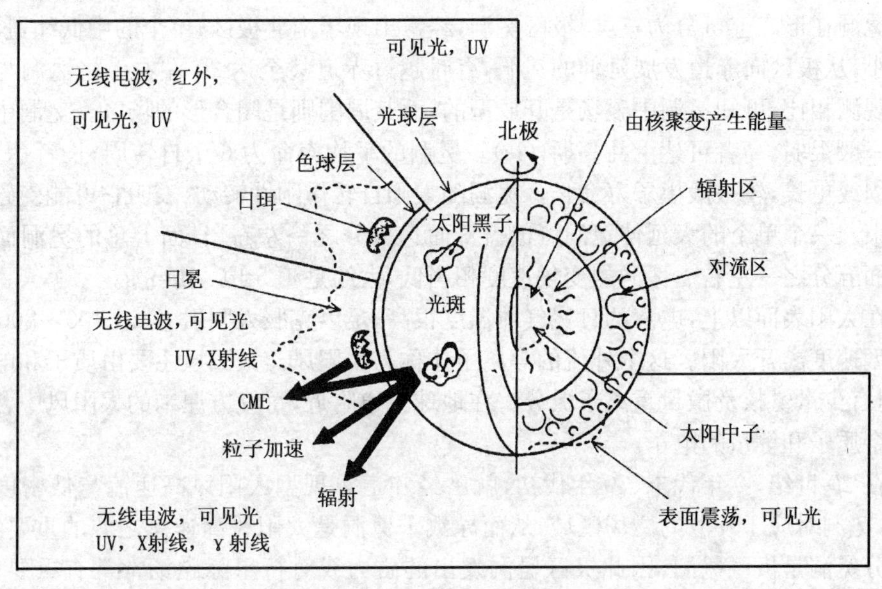

图 2.1.1　太阳结构示意图

极羽:极羽是从太阳南、北极向外抛射的长、薄的冕流。常常发现在这些特征根部的亮度区伴随着小的磁区。这些结构伴随太阳极区的开磁力线。极羽形成的机制与头盔形冕流的尖峰相同。

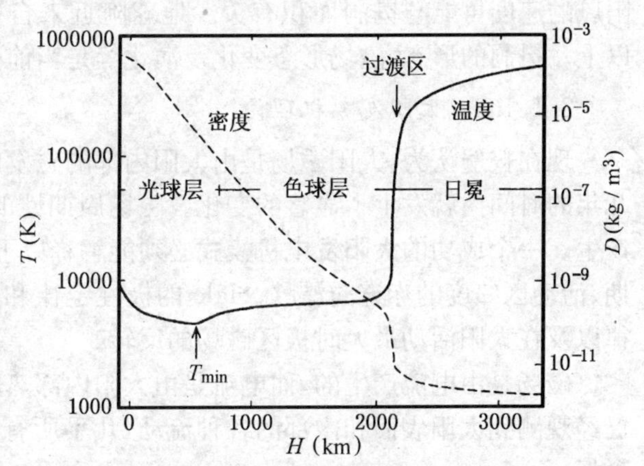

图 2.1.2　太阳的温度(T)和密度(D)随高度(H)变化特性

日冕环:日冕环围绕活动区的黑子,这些结构伴随着连接太阳表面磁区的闭合磁力线。许多日冕环持续几天到几周。伴随耀斑发生的某些日冕环持续较短的时间。这些环含有的物质比周围的稠密。日冕环的三维结构和动力学是当前很活跃的研究领域。

冕洞:日冕洞在 20 世际 50 年代后期就已经被观测到,对冕洞做较多观测是从 Skylab 开始的。冕洞在软 X 射线、白光观测下是黑暗部分,在射电波段观测是弱强度区,而用He Ⅰ λ10830A谱线观测则是亮的。冕洞是日冕的低温、低密度区。其温度与密度约为宁静日冕的几分之一。当用低温谱线观测时，冕洞变得愈加不清楚，这表明冕洞确实是日冕的结构。

冕洞在形态上可分为三类：极区冕洞，经常出现于南北极区；单个的中低纬冕洞，尺度较小；从极区向赤道发展延伸的冕洞，有时越过赤道甚至达 20°左右。将冕洞与地面磁场观测相比，可知冕洞中磁场是开放型的，而其周围则是闭合形的场区。冕洞中磁场强度一般很弱，高者可达十几高斯(Gs)。冕洞的平均寿命为 6 个自转周，长者达 10 个自转周或更长，较一般黑子寿命长。冕洞随太阳自转作刚性转动，表明它可能受磁场强烈约束。一个单个的大延伸冕洞可覆盖日面达十分之一左右，日面上总的冕洞面积可达日面五分之一左右。冕洞的变化速度相当低，大约是 1.5±0.5km/s。

在太阳表面以上，电离的日冕气体温度很高，足以克服太阳引力，以 400～800km/s 的典型速度离开太阳。这个外流的等离子体称为太阳风。太阳风主要由质子和电子组成，但有少量氦核及微量重离子成分。在地球轨道附近，每立方厘米的太阳风中含有大约 8 个质子和等量的电子。

在 20 世纪 60 年代末、70 年代初，就已经知道重现型太阳风高速流与低密度冕区有关，冕洞对应于发散的磁场区域，从而导致了冕洞是太阳风高速流之源的重要结论。大部分冕洞是极区冕洞，因此极区冕洞发出的磁力线对行星际磁场常常有重要贡献。极区冕洞能产生高速太阳风，但是这股风不一定能到达地球。低纬冕洞产生的高速太阳风的速度可能与冕洞面积有关。地球附近来自冕洞的高速太阳风速可达 500km/s 以上。冕洞的形态、磁场形态变化及演化等是当前冕洞研究的前沿课题。

2.1.1.3 太阳发电机理论

现在普遍认为，太阳磁场是由太阳内部的磁发电机产生的。事实上，太阳磁场仅在几年的时间内就发生了显著的变化。磁场周期性的变化结构表明，磁场连续地在内部产生。一个成功的**太阳发电机模式**必须能解释以下观测事实：太阳黑子活动的 11 年周期、活动区纬度的赤道向漂移、Hale 的极性定律和 22 年磁周期、黑子群倾斜的 Joy 定律以及在太阳活动最大时极区磁场的反转。

磁场是由电流产生的，而电流是由太阳内部热电离气体的流动产生的。目前，人们已经观测到太阳表面和内部的各种流动，几乎所有这些流动都以某种方式产生了太阳磁场。

磁场由连续的磁力线环构成，磁力线有张力和压力。磁场可以通过拉长、扭曲和折叠而增强。这种拉长、扭曲和折叠是太阳内部的流体流动实现的。

Ω 效应：太阳旋转率的变化是纬度和所在点半径的函数。赤道的旋转周期是 25 天，随着纬度的增加，旋转周期变长，在两极，周期约 35 天。太阳磁场因不同的旋转而被拉长和缠绕，这称为 Ω 效应，如图 2.1.3 所示。

α 效应：磁力线的扭曲是由太阳的旋转效应引起的，这叫做 **α 效应**，如图 2.1.4 所示,因为看上去像一个扭曲的环。太阳发电机的早期模式假定,扭曲是由携带热量到太阳表面的大对流流动的旋转效应产生的。这个假定存在的问题是预期的扭曲太大,产生的磁周期仅两年。新的发电机模式假定,扭曲是从太阳深处上升的磁力管的旋转效应。由 α 效应产生的扭曲使太阳黑子群遵循 Joy 定律,并使太阳磁场从一个黑子周期到另一个黑子周期反转。

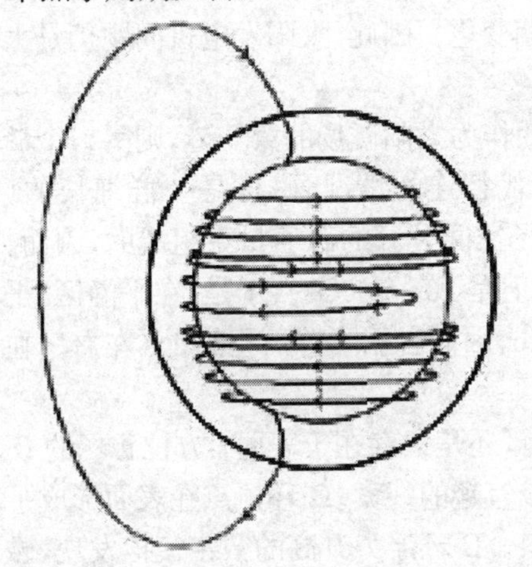

图 2.1.3 Ω 效应

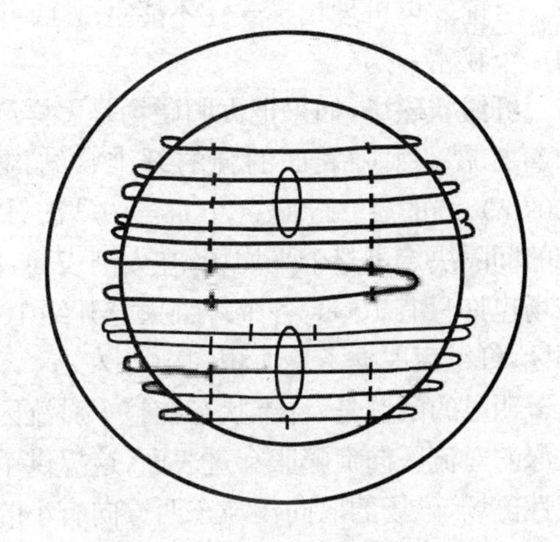

图 2.1.4 α 效应

界面发电机:早期的太阳磁发电机工作在理想情况,即发电机活动发生在整个对流区。后来认识到,对流区内的磁场将很快升高到表面,不会有经历 α 效应和 Ω 效应的时间。磁场对周围施加一个压力以后,磁场区将向侧面推动周围气体形成一个泡,这个泡继续上升一直到表面。这个浮力不是在对流区以下的稳定层产生的。在辐射区之内,磁泡在发现自己与周围一样稠密之前将升高一个短的距离。这导致一个概念,太阳磁场是在辐射区和对流区之间的界面层产生的。这个截面层也是旋转率快速变化的地方。

在磁流体动力学限制下,发电机过程是由感应方程描述的:

$$\frac{\partial \boldsymbol{B}}{\partial t} = \nabla \times (\boldsymbol{U} \times \boldsymbol{B}) - \nabla \times (\eta \nabla \times \boldsymbol{B}) \tag{2.1.1}$$

这里 $\boldsymbol{B}$ 是磁场,$\boldsymbol{U}$ 是流场,η 是磁粘性系数。在对于太阳情况,流场 $\boldsymbol{U}$ 是一个湍流。因此通常使用平均场处理发电机问题,即用大尺度的平均分量和小尺度的扰动分量来表示磁场和流场。跨过合适的尺度平均,产生一个支配平均场演变的的方程,它与初始感应方程是相同的,只是出现了平均电动力(EMF)项。在弱磁场限制下,如果知道了湍流的统计性质,这个平均 EMF 可用平均磁场表示。在一定的近似下,(2.1.1)式可写成

$$\frac{\partial \langle \boldsymbol{B} \rangle}{\partial t} = \nabla \times (\langle \boldsymbol{U} \rangle \times \langle \boldsymbol{B} \rangle) + \nabla \times (\langle \boldsymbol{B} \rangle) - \nabla \times [\langle \eta \rangle \nabla \times \langle \boldsymbol{B} \rangle] \tag{2.1.2}$$

EMF 项现在分为两部分：一个与平均场成正比的源项（α 效应），一个磁耗散项（湍流扩散）。

目前有三个不同的发电机模式：**极区界面模式**、**赤道截面模式**和**混合模式**。极区界面模式在界面层下面的高纬馈送负的径向剪切。赤道截面模式在界面层下面的低纬馈送正的径向剪切。混合模式在对流层和剪切层内（即界面层两边）馈送正的纬向剪切。

目前发电机理论模式还不能重现 11 年周期变化。因此，太阳发电机问题仍是太阳的一个秘密。

纤维状磁场：如果把太阳磁场是怎样产生的作为太阳磁场的第一谜，则另一个谜是一直扩展到太阳表面的强的纤维状结构[3]。代替连续情况，磁场是一群细长的（约 100km）、强的（约 1500Gs，$1\text{Gs}=10^{-4}\text{T}$）、由无场空间分开的磁通量束组成的，因而，纤维的间隔决定了整个平均场，在太阳表面，典型值是 10～100Gs。于是，在平静区，平均磁场也许只有 10Gs，各个纤维束分开约 1000km，因而占据了总面积的 1%左右。在活动区，纤维束占据了总面积的 10%左右。

明显的问题是，纤维状态在整个对流区都有，还是只存在于表面？方位磁场的 Ω 环从深的对流区向上膨胀穿过表面，这提供了一个有趣的线索。Ω 环顶点在表面形成了双极性磁场，磁场的取向仅与东西方向有小的倾斜。Ω 环浮力升高的数字模拟发现，磁场肯定是很强的，在对流区底部是 0.5×10^5～1.0×10^5Gs。因此，保守地假定，平均方位场也许是 3.0×10^3Gs，而 0.5×10^5～1.0×10^5Gs 是纤维场强度的指示。另一个假定，平均场是 0.5×10^5～1.0×10^5Gs，这要求非均匀旋转的时间太长，不能通过剪切极向场产生方位场和总通量。

第二个问题是，磁场为什么在整个对流区都是那样强的纤维状态？发电机的传统平均场理论没有指示那样的纤维状态。的确，对给定总磁通量的磁能增加了 $B_f/\langle \boldsymbol{B} \rangle$ 倍，这里 B_f 是特征纤维场，$\langle \boldsymbol{B} \rangle$ 表示平均场。另一方面，场的纤维状态与对流和对流加热有点冲突。如果场被扩展为连续状态，穿过所有的反转流，不久它将被卷入和被增强，以便阻止连续对流循环，阻尼热流和增加该下面区域的温度。

第三个难题，例如，普通的 11 年太阳黑子周期指示，环和极向场从一个周期到另一个周期时反转。这包含了太阳表面长度范围从 3×10^4km～3×10^5km 的双极磁场区。同时，太阳也显示了短暂的活动区，包含长度为 2×10^4km 的双极场，显示了 11 年周期的数量变化，而不是在大的双极磁场区域发现的极端的“断断续续”。这引起一个问题，太阳是否有两个不同的发电机在运行，也许不严格的耦合。或者，是否短暂的磁活动区表示了来自主场环状纤维的磁片？

最后，注意一个难以理解的事实，Ω 环通过太阳表面的合并产生了在特殊太阳经度的双极磁场活动区，它们从一个 11 年周期持续到另一个周期。这个现象告诉我们，一些问题我们还没有理解。空间天气在太阳的“迷雾”里开始。

2.1.1.4　太阳电磁辐射与粒子辐射

太阳辐射主要包括**电磁辐射**和**粒子辐射**，但绝大多数能量集中在电磁辐射，特别是在可见光波段。粒子辐射能量比电磁辐射能量小得多，但变化很大，对地球空间的状态有明显的影响，因此是日地物理学研究关注的重要问题。

太阳电磁辐射覆盖了从γ射线、X射线、紫外线、可见光、红外，直到射电波段的米波区，其波段划分见表2.1.1所示。

表2.1.1　电磁辐射频谱[1]

波　段	波长范围	能量范围	温度范围(K)
γ射线	$\lambda<2.5$pm	$E>500$keV	$T>5.8\times10^9$
硬X射线	$0.0025\text{nm}\leqslant\lambda<0.1\text{nm}$	$12.4\text{keV}<E\leqslant500\text{keV}$	$1.43\times10^8<T\leqslant0.8\times10^9$
软X射线	$1\text{nm}\leqslant\lambda<10\text{nm}$	$0.124\text{keV}<E\leqslant12.4\text{keV}$	$1.43\times10^6<T\leqslant1.43\times10^8$
极紫外(EUV)	$10\text{nm}\leqslant\lambda<150\text{nm}$	$8.24\text{eV}<E\leqslant124\text{eV}$	$9.56\times10^4<T\leqslant1.43\times10^6$
紫外(UV)	$150\text{nm}\leqslant\lambda<300\text{nm}$	$4.13\text{eV}<E\leqslant8.24\text{eV}$	$4.79\times10^4<T\leqslant9.56\times10^4$
可见光	$300\text{nm}\leqslant\lambda<750\text{nm}$	$1.65\text{eV}<E\leqslant4.13\text{eV}$	$1.91\times10^4<T\leqslant4.79\times10^4$
红外(IR)	$75\mu\text{m}\leqslant\lambda<1000\mu\text{m}$	$0.00124\text{eV}<E\leqslant1.65\text{eV}$	$1.43\times10^1<T\leqslant1.91\times10^4$
射电	$\lambda\geqslant1$mm	$E\leqslant0.00124$eV	$T\leqslant1.43\times10^1$

太阳风是稳定的粒子发射，离开太阳的典型速度是400～800km/s。在太阳耀斑期间，带电粒子被加速到至少100倍的太阳风速度，耀斑质子和电子的能量可分别达到1GeV和100MeV。在太阳能量粒子事件中，由太阳发出的质子的通量，比正常情况下增加几个量级。

2.1.2　太阳大气中的天气系统与天气过程

地球对流层中的天气过程本质上是冷暖气团相互作用的结果。在地球的大气科学中，一般将在热力学场和风场具有显著变化的狭窄倾斜带定义为**锋面**，它具有较大的水平温度梯度、绝对涡度以及垂直风速切变等特征。如果从**气团**概念来看锋面，锋面可以定义为冷、暖两种不同性质气团之间的过渡带。锋面是一个具有三维结构的天气系统。

对于太阳大气，基本的天气过程是属性不同的独立的磁通量系统之间的相互作用。由于太阳大气的**等离子体β值**(即等离子体的热压与磁压之比)远小于1，决定磁场演化的耗散项可以忽略，磁场和等离子体是“冻结”在一起的，因此可用磁力线和磁流管的概念描述磁场。

在太阳大气研究中，通常把一个独立的磁通量系统称为**磁环**。由于太阳大气中磁力线的联接性不随磁场演化而改变，即磁环的拓扑联接性是不变的。磁环可以在演化中积累大量的磁能。而磁环内的拓扑复杂性则规定了磁环在演化中的最低能量位型。超出这一位型最低能量的那部分磁能被称为**自由磁能**。在天气过程中释放的能量是由自由能提供的[2]。

观测证据和理论研究表明,尽管每个单独的磁环可积累自由磁能,可发展磁流体力学不稳定性,但大多数活动现象却发生在两个独立磁环系统的界面,又称**磁界面**。磁界面把独立的磁场拓扑分开,磁界面上和与磁界面相联系的磁力线系统中有大量的磁能积累。这些被积累的磁能可以通过一个被称为"**磁重联**"的过程,转化为热能、粒子被加速的能量、成团的等离子体的动能等形式。磁重联被认为是驱动太阳大气天气过程的能量来源。在太阳大气中,独立磁环的界面相当于地球大气中的锋面天气系统。

由于观测上的困难和问题本身的复杂性,目前,人们对于太阳大气中天气系统形成和演变的规律了解甚少。

太阳大气中最典型的天气过程是耀斑和CME。前者以局部区域等离子体被加热和相应的从γ射线到射电波的电磁辐射增长为特征;后者以大团等离子体整体被高速抛离太阳、磁能释放表现为磁化等离子体有序的动能为特征,这类扰动有CME和暗条爆发等。

太阳的所有扰动和爆发性活动都是与磁能的转换联系在一起的,因此磁场是太阳大气天气研究中最基本的参数。

§2.2 强电磁辐射型天气——耀斑

2.2.1 耀斑的基本形态

耀斑定义为太阳亮度突然的、快速和强烈的变化。当太阳大气中积累的磁能突然释放时,耀斑发生。强烈的辐射覆盖整个电磁波谱,包括γ射线、X射线、紫外线、可见光,直到射电波段各种电磁辐射,同时,电子、质子和重离子等粒子在太阳大气中被加热和加速。一个典型耀斑释放的能量为每秒10^{20}J的量级,大的耀斑可发射高达10^{25}J的能量,等效于同时爆炸几百万个亿吨级的氢弹。这个能量比火山爆发所释放的能量大10^{7}倍。另一方面,它小于太阳每秒钟所发射总能量的1/10。

一个典型的耀斑在时间上可分为预耀斑相、爆发相(或脉冲相)、渐变相,如图2.2.1所示。

预耀斑相:从13:50到13:56UT,在这期间软X射线波段的辐射逐渐增加。

爆发相(或脉冲相):硬X射线和γ射线的辐射脉动地升高,常常有短而强的尖峰,每个尖峰持续几秒到几十秒。软X射线通量上升更快。在耀斑总体爆发之前,已有少量的粒子能加速到很高的速度,这期间,软X谱线的蓝移和变宽显示出有物质以100km/s的速度上升。

渐变相或主相:在14:06UT以后渐变相开始,硬X射线和γ射线的通量以指数规

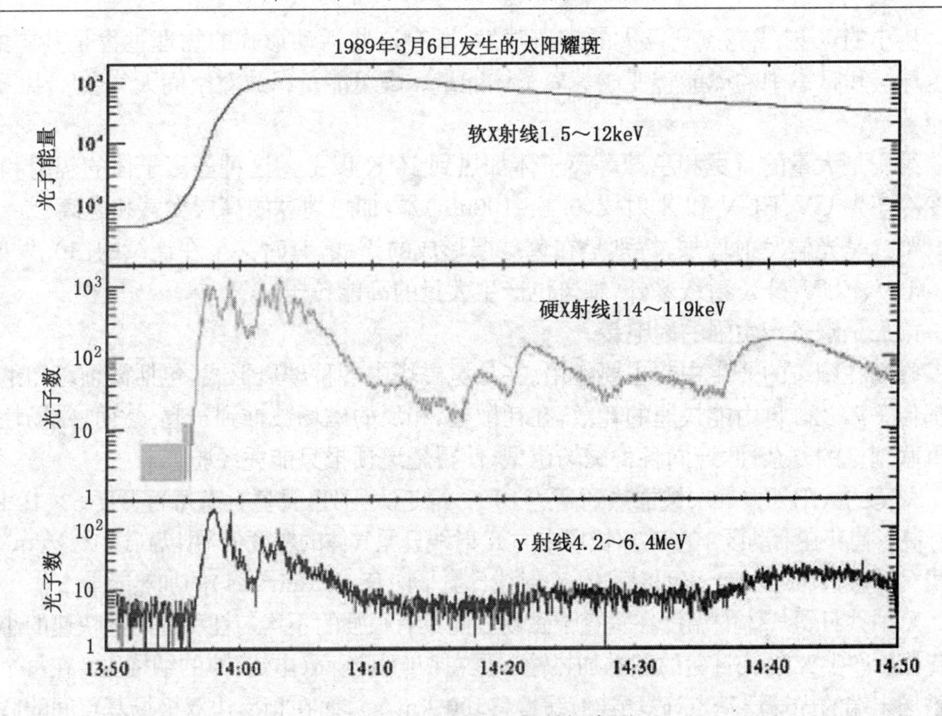

图 2.2.1　太阳耀斑的时间序列

律减小,时间常数约几分钟。软 X 射线通量继续上升,达到峰值以后以指数规律衰减,但时间常数比较长,有时长达几小时。这期间的耀斑以耗能为主,但也观测到一个大耀斑,它有长达 1000s 的大于 10MeV 的辐射,70%的 π 介子在这个位相中产生。整个耀斑的持续时间可以是几秒,也可能长达一个小时。

近 10 年来空间和地面对耀斑的多波段观测,彻底改变了人们关于耀斑的传统观念。现代耀斑概念认为,太阳耀斑是一个按一定时间次序辐射各种电磁波和粒子的三维爆发过程,在这个过程中所观测到光学现象只不过是耀斑的次级现象。

耀斑可将质子和电子加速,直接从太阳沿着行星际磁场(带电粒子的通道)到达地球。如果地球由行星际磁场磁联接到耀斑区,这些质子和电子将贡献到磁层附近的高能粒子环境。

从空间天气学的角度看,耀斑研究的主要课题是磁能在日冕积累的动力学、磁场形态和它们在耀斑发生中的作用。

电磁辐射从太阳到地球传播的时间尺度是几分钟,因此,对 UV、EUV 和 X 射线或微波暴的任何警报能力要求有先对耀斑进行预报的方法。而在目前,还没有一种完全可信的预报太阳耀斑发生的方法. 虽然已经知道耀斑是由于磁能的释放,但需要寻找磁能在太阳日冕中积累的特征以及导致耀斑发生的特殊磁场位形。

从小的 X 射线亮点到巨大的耀斑喷发，所有这些活动形式的物理过程是共同的，即色球层和日冕中的磁能转变成等离子体能量。耀斑能量释放对空间天气会产生三种效应：

第一是大量的日冕和色球等离子体加热到 10^7K 以上。这种等离子体的辐射和传导变冷产生 UV、EUV 和 X 射线(0.1～100nm)暴，加热地球的高层大气和电离层；

第二是光学发射增加，特别是在色球层形成的谱线，有时甚至在连续的白光发射。除了 UV、EUV 和 X 射线暴外，耀斑也产生大量的高能粒子；

第三是耀斑产生强的**射电暴**。

磁场在耀斑的产生中起主要作用。在日冕磁场中各种耀斑形式，包括微耀斑和纳耀斑都似乎涉及磁自由能快速的耗散，在耗散处，相反的磁场被推到一起。然而，磁场耗散和重联理论的复杂性，连同各种磁场位型，使得耀斑预报只能凭经验。

稀薄的太阳外大气层被加热到高达 10^6K，靠近太阳处，日冕具有每百万度 5×10^4km 的标高。捕获在活动区 10^2Gs 双极场中的 X 射线日冕气体的密度 N 可以高达 $10^{10}/\mathrm{cm}^3$，X 射线发射与 N^2 成正比，表明对亮的 X 射线日冕平均有 $1\mathrm{J}/(\mathrm{cm}^2\cdot\mathrm{s})$的加热能量。

X 射线日冕气体的温度在垂直于磁场方向具有很强的不均匀性和随时间快速的小尺度起伏。产生 X 射线日冕的基本加热输入是在切向间断面(电流片)的纳耀斑。在每个双极磁场末端的光球层基点，磁场连续缓慢移动(1km/s)，而在相反边双极场基点间的联结由接近于没有电阻的百万度日冕气体维持。场线变成交叉以后，在双极交叉拓扑中，静态平衡在整个磁场中自然产生了切向间断面。由于这个电阻不是理想的零，初始间断面受快速耗散和磁重联支配。重联推测发生在暴中，估计能量为 10^{15}～10^{17}J，即纳耀斑。

当太阳的 X 射线亮度在短时间内增加很大，日冕可由偶然发生的大耀斑、活动区的许多短暂微耀斑局地加热。然而，这些源似乎对活动 X 射线日冕只有小贡献。另一方面，日冕洞($N\sim10^8\mathrm{cm}^{-3}$，$B\sim10$Gs)的加热输入估计是 $5\mathrm{J}/(\mathrm{cm}^2\cdot\mathrm{s})$，可能基本上是由微耀斑加热的。问题是，是否有足够数量的微耀斑以供应平均 $5\mathrm{J}/(\mathrm{cm}^2\cdot\mathrm{s})$的能量。

输入到日冕洞的大多数能量在渐进的外流膨胀中被耗散，产生高速太阳风，因而，微耀斑似乎是太阳风直接的能源。与含有 X 射线日冕的强磁场对比，日冕膨胀是可能的，因为磁场太弱，不能限制日冕气体。

太阳风的缓慢分量伴随着太阳磁活动区。活动区的双极磁场太强，不能把日冕气体冲开，因而推测，慢太阳风仅源于活动区的边缘附近，那里磁场很弱，在离开太阳的某个距离处能被打开。

2.2.2 X 射线暴[4]

2.2.2.1 耀斑中的韧致辐射

当一个热电子在原子外面快速和自由地运动时，不可避免地接近周围气体的质子。

当自由电子与质子遭遇时，在库仑吸引力的作用下，它从其直线路径上偏转并改变速度，在这个过程中将发射电磁辐射，这种辐射称为**韧致辐射**。韧致辐射发生在电子最靠近质子的点，如图 2.2.2所示。

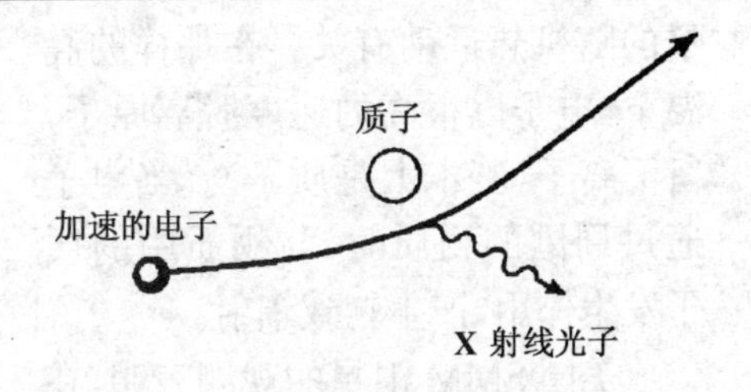

图 2.2.2　韧致辐射过程示意图

韧致辐射可以发射所有波长的辐射，从长的射电波到短的 X 射线，但在太阳耀斑期间，X 射线波长的辐射非常强。

电子的数目越大，韧致辐射越强。更准确地说，热韧致辐射的功率 P 与电子密度 N_e 的平方和辐射源的体积 V 成正比，也与电子温度 T_e 有关，韧致辐射的公式为

$$P = A \cdot N_e^2 V T_e^{1/2} \cdot G$$

这里 A 是常数，G 是与电子温度有关的一个因子。在耀斑期间，如果测量了 X 射线的功率，可用这个表达式确定参与辐射的电子密度。

耀斑期间，在 X 射线波长的韧致辐射有两种，分别称为**热韧致辐射**和**非热韧致辐射**，其区别在于电子加速的方法和 X 射线的能量。热的、软 X 射线韧致辐射是在电子被加热到大约 10^7K 的高温时，以大约 0.05 倍的光速与质子碰撞时产生的。当电子被加速到接近光速时，与周围的质子相互作用产生非热、硬 X 射线韧致辐射。热的软 X 射线比硬 X 射线、非热韧致辐射的波长长，能量低。

依照科学说法，热韧致辐射的谱呈指数形式，而非热硬 X 射线的谱随着能量增加以不太陡的幂级数下降。对幂级数情况，能量为 E 的非热电子的数目以 E^{-p} 的规律变化，这里 p 是小的正数。非热韧致辐射的观测提供了研究加速电子的方法并确定了这个指数 p。

2.2.2.2　耀斑期间的 X 射线暴

X 射线暴是耀斑最普遍的特征。耀斑期间 X 射线暴和其它波长的辐射的观测实例示于图 2.2.3。

耀斑期间发射的软 X 射线强度逐渐增加，峰值出现在脉动发射几分钟以后。因此，软 X 射线对大的耀斑爆发有的一个延迟效应。

耀斑软 X 射线环的温度是太阳平静时或非耀斑时的 10 倍。“空间实验室”曾探测到耀斑期间由铁原子的几乎 26 个剥离电子发射的谱线。那样的电离度只可能发生在大约 10^7K 的高温下，因此，X 射线耀斑大约与太阳中心一样热。

越热的气体在短波长辐射越强，准确的关系是维恩位移定律，根据这个定律，当气体被加热到 10^7K 时，在 X 射线波长(约 10^{-10}m)最亮。

在太阳耀斑期间发射的软 X 射线是热辐射，是由强的加热过程释放的，并与热电

子的随机热运动有关。在那样的高温下，电子以很高的速度脱离原子，留下离子(基本上是质子)。当电子通过周围的物质时，与物质中的质子发生作用，产生轫致辐射。

美国SMM卫星的观测表明，在太阳耀斑脉动相发射的硬X射线可以集中在由软X射线探测到的日冕环的根，而且硬X射线双源与色球中H-α发射接近于同一空间。

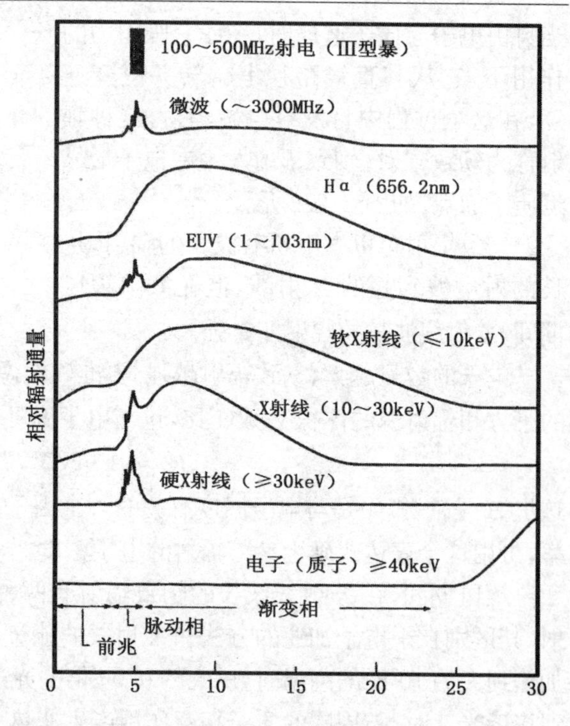

图 2.2.3　耀斑期间不同波长电磁辐射时间分布

硬X射线明显是由强能、非热电子产生的，这类电子向下冲入进到低日冕和色球层的日冕环的两个根部。硬X射线是由比发射软X射线能量更高的电子的轫致辐射产生的。这些强能、高速电子是在日冕环顶部以上加速的，当它们沿着环行磁通道引向低日冕和色球层时通过非热轫致辐射辐射能量。仅有大约10^{-4}或10^{-5}的电子的能量在轫致辐射过程中损失了，大多数能量是在与周围的非耀斑电子碰撞时损失的。

2.2.2.3　*磁场剪切*

图2.2.4所示的区域(活动区AR6659)在1991年6月10日产生很强的耀斑，该图也显示了磁场剪切(太阳磁场的扭曲)与耀斑的关系。

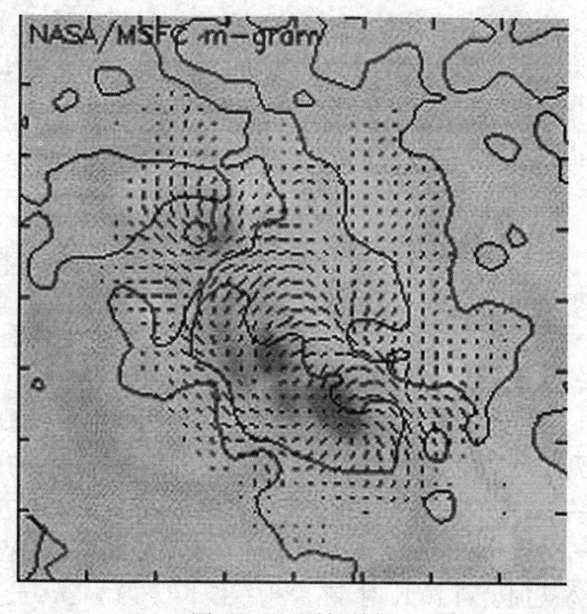

图 2.2.4　磁场剪切

图2.2.4显示的数据取自马塞尔空间飞行中心的矢量磁照图，实线是“中性线”，它将相反极性的区域分开。水平方向的标志点是磁场的横向分量。正常的横向场跨过(或垂直于)中性线指向，因而磁场线从

正极区移动到负极区。在这个例子中，可以看到标志点几乎平行于中性线的几个区域。磁场在这些区域是剪切的。目前，已经发现耀斑活动伴随着剪切磁场。在太阳黑子区附近磁场剪切的测量，可用于预报许多大耀斑的发生。

2.2.2.4　耀斑模式

Yohkoh 卫星观测证实，大约有一半的硬 X 射线发射具有双源、环根结构，另一半是单源，但很可能也是双源，只是因太小不能分辨。Yohkoh 还观测到在磁环顶有第三个硬 X 射线源，这个环顶区标志着基本的能量释放点和电子加速的位置。这些结果证实，在磁环顶存在强的电子加速，非热电子束以接近光速向下到环根，其模式如图 2.2.5所示。

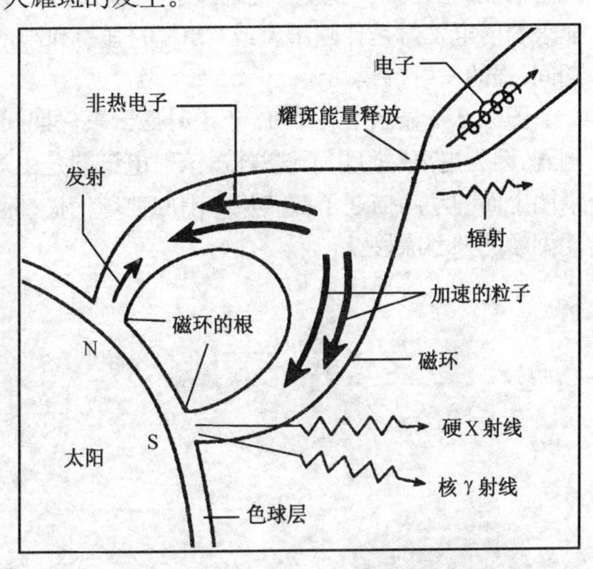

图 2.2.5　耀斑模式

太阳耀斑趋于发生在从光球层扩展到低日冕的集中磁环或在其之上。存储的磁能从环顶上的相互作用点释放。大量的电子被加速到很高速度，产生射电暴以及脉动环顶硬 X 射线。某些非热电子向下进入环，以接近的光速撞击色球，在环根产生由电子-离子轫致辐射的硬 X 射线。当加速的质子束进入稠密的低层大气时，它们也发生核作用，产生 γ 射线和能量中子。色球层的物质被很快加热和升高进入环，伴随着缓慢的、逐渐的软 γ 射线辐射的增加。这个加热物质的上涌称为色球升华。

2.2.3　射电暴

图 2.2.6 是与耀斑有关的太阳射电暴分类。对于太阳紫外和 X 射

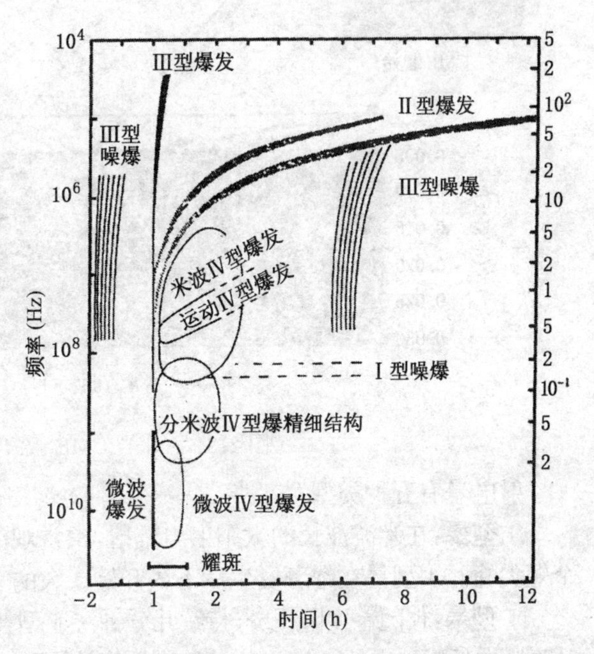

图 2.2.6　与耀斑有关的太阳射电暴分类

线辐射,我们知道了基本的发射过程,但对射电暴的源了解甚少。几乎所有太阳活动现象都有一些射电波的特征,射电暴本身在许多形式中出现。因此,虽然射电暴本身不会产生明显的空间天气效应,但通过射电暴的观测可预报耀斑等灾害性空间天气事件。最显著的射电发射是伴随耀斑或 CME 的强暴和与活动区有关的长寿命噪暴。在这些暴期间,强的发射持续几天。

图 2.2.7 显示了在 1997 年 1 月磁云事件期间的Ⅱ型射电暴(Ⅱ型暴不能在地面检测到,因为电离层阻止了这些波,该射电谱图是由 WIND 飞船的 WAVE 仪器获得的)。谱图上面的动画描述了激波从太阳向地球传播期间 3 个时刻的位置。图 2.2.8 描述了Ⅱ型暴的频率漂移。

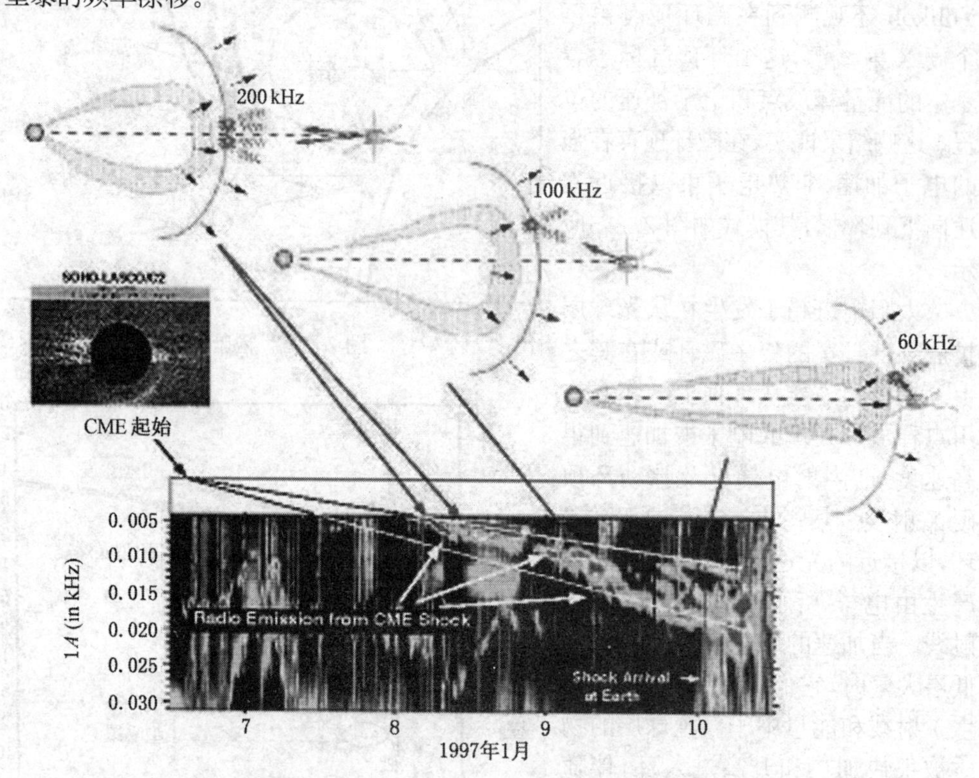

图 2.2.7　来自 CME 激波的射电发射

射电暴有五种类型[4]:

Ⅰ**型暴**:在米波波长的太阳射电辐射。常常观测到在缓慢变化的连续谱上叠加几千个短尖峰。Ⅰ型暴在耀斑发生后不久开始。大的事件可持续几小时或几天。

Ⅱ**型暴**:伴随着太阳耀斑,持续几分钟。Ⅱ型暴被称为“缓慢漂移暴”,因为其特性是从高频向低频以大约 200Hz/s 的速率缓慢地漂移。它们常常有双结构,显示出基频和二阶谐波发射。它们的频率漂移起因于同耀斑期间物质抛射有关的 MHD 激波向外运动。

Ⅲ型暴：以大约 20MHz/s 的速率快速地从高频向低频漂移，寿命只有几秒钟。常常以 10 个或 10 个以上的一组发生，与典型的Ⅱ型暴类似，它们可以有基本的谐波结构。一般来说，这些暴是日面存在活动区的指示。大而强的Ⅲ型暴组常常伴随大耀斑的闪烁相。

Ⅳ型暴：是与大耀斑共生的非常复杂的射电辐射，持续时间从几分钟到几小时。辐射源以大约 300～1500km/s 的速度在日冕中向外运动。频带宽，波长从 0.001～10m。

Ⅴ型暴：在Ⅲ型爆发之后发生的持续时间为 1～2 分钟的宽带连续辐射，在大约 20 到 100MHz 范围内最强。

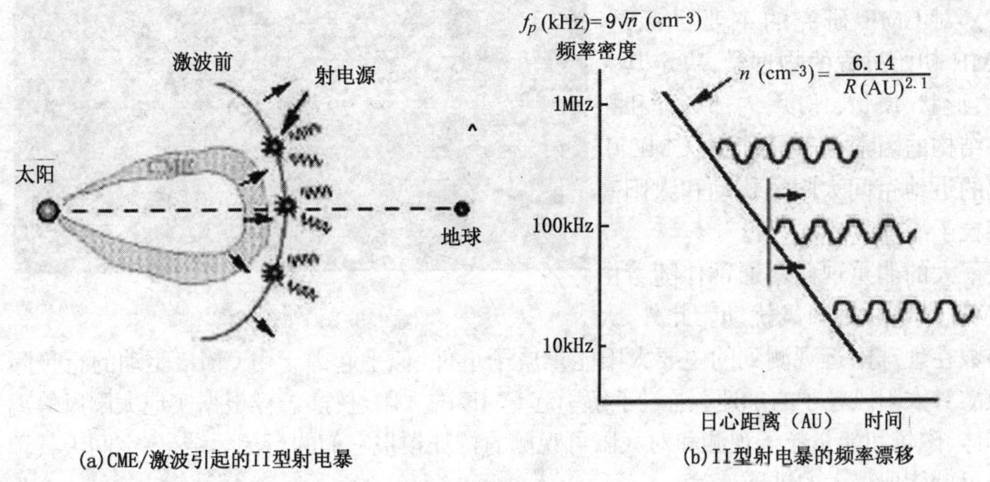

图 2.2.8　Ⅱ型暴的频率漂移

§2.3　强的物质喷发型天气——CME

2.3.1　CME 的形态特征

2.3.1.1　一般性质

CME 是太阳大气中最重要的一种天气过程，它是低日冕中日冕物质瞬时向外膨胀或向外喷射的现象。大的 CME 可含有 10^{10}t 等离子体，这些物质被加速到每秒几百甚至上千千米。图 2.3.1 给出 2001 年 2 月一个 CME 的实例。表 2.3.1 列出了 CME 的一些物理性质。

CME 通常呈曲线形膨胀，像是日冕环或泡的截面，这表明磁闭合区因喷发而突燃爆裂。磁环的上面部分有时携带高电离的物质，而其余部分接触和扎根于太阳。另外，被喷射的物质拉长了磁场，直到磁场折断，就像一个断线气球进入空间。在大的闭合磁环不能向下维持它时，CME 就发生了。

当快速 CME 穿过太阳风时会产生大的激波。一些太阳风离子被激波加热，然后变成强且持续时间长的高能粒子源。

对 CME 研究的主要目标是：CME 初始过程的物理学；决定其大小、形状、质量、速度、内部场强和拓朴结构的因素；怎样预报由 CME 引起的近地空间太阳风扰动和太阳高能粒子事件。

图 2.3.1　CME 的实例

大的非重现磁暴通常伴随着由 CME 产生的太阳风扰动。此外，大多数在地球附近观测到的主要太阳能量质子事件，似乎起因于由 CME 驱动的行星际激波对太阳风粒子的加速。通过了解引起 CME 的太阳过程、怎样根据实地太阳风等离子体、磁场和能量粒子观测和对太阳可观测的特征预报它们的行星际结果，空间天气预报可望能取得大的进展。

表 2.3.1　CME 的一些物理性质

特　　征	数　　值
平均角宽度(日球中心坐标系)	45°
最大抛射质量	$5\times10^{12}\sim5\times10^{13}$kg
发生的频率	每天 3.5 个事件(太阳活动最大)；每天 0.2 个事件(太阳活动最小)
质量外流率	2×10^{8}kg/s
前沿速度	50～1200km/s
平均前沿速度	400km/s
平均到达地球时间	100h
平均动能	$10^{23}\sim10^{24}$J

缓慢的 CME 最后远离太阳，达到可与慢太阳风相比较的速度，但不产生大的太阳风扰动、能量粒子事件或地磁扰动。另一方面，快的 CME 当它们超越、压缩和加速慢太阳风时将产生大的扰动。通常在大 CME 驱动的行星际扰动之前的强激波，是粒子的加速器和射电发射的源。在激波前、后以及 CME 本身常常发现强磁场。这些强磁场主要是由 CME 周围的风相互作用引起的压缩的结果。当周围的风中或在 CME 中压缩的场

有相当大的南向分量时，将产生大的地磁暴。

2.3.1.2　质量、质量通量和能量

CME 中的基本成分是质子和电子，由于质子的质量远大于电子质量，所以在考虑 CME 的质量时，主要计算质子的质量。设 CME 中质子密度为 N_p，质子的质量为 m_p，CME 的半径是 R，则总质量 M 为

$$M = \frac{4}{3}\pi R^3 N_p m_p \tag{2.3.1}$$

设质子密度 $m_p = 10^{13}/\mathrm{m}^3$，$R = 6.96 \times 10^8\mathrm{m}$，则 $M = 10^{13}\mathrm{kg} = 10^{10}\mathrm{t}$。如果 CME 的发生率为每天一次，则质量通量为 10^8kg/s。

在地球轨道观测到的太阳风通量大约是 $5\times10^{12}/(\mathrm{m}^2\cdot\mathrm{s})$，或者 $8.3\times10^{-15}\mathrm{kg}/(\mathrm{m}^2\cdot\mathrm{s})$。如果这个通量是整个日心球的典型值，球的半径是日地平均距离 D，$D=1.5\times10^{11}\mathrm{m}$，则可得到太阳风的质量通量为 2×10^9kg/s。于是，CME 对太阳风质量通量的贡献是 5%。

CME 的速度约 400km/s，则其动能 E_k 为

$$E_k = \frac{1}{2}Mv^2 \approx 10^{24}\mathrm{J} \tag{2.3.2}$$

而大的太阳耀斑释放的能量为 $10^{21}\sim10^{25}$J。

2.3.2　CME 的结构与动力学

2.3.2.1　结构[5]

CME 的结构和喷发前的形态目前还没有很好确定，这在很大程度上是由于日冕观测光学薄的特征。现在一般看到的像是三维结构的二维投影，辨别其叠加特征是很困难的。当 STEREO 飞船发射以后，这个问题可以从根本上解决，因为 STEREO 有两个飞船，分别从不同的角度观察太阳，可以解决许多视线不确定性问题。

在大多数模式中，喷发前的磁场是图 2.3.2 所示的两种拓扑之一。拱形场线直接拱过磁中性线联结到光球层相反极性部分。位型可能是剪切的，在那种情况下，正和负的根在平行于中性线的相反方向移动。被剪切的场受到压缩，并含有磁自由能，这些能量在喷发期间可以释放以驱动物质运动。图 2.3.2 中的单拱相应于双极位型，也可以设想一个由 3 个拱边对边排列的四极位型。这种形式的多极性场是后边将讨论的“磁爆发”模式的基本特征。

通量绳磁拓扑与前者不同，场线形成螺旋结构，位于中性线以上，除了末端之外，与光球层断开(在 2-D 模式中是完全断开的)。图 2.3.2 画的比实际结构扭曲得多。许多 CME 有“经典三部分结构”：亮的前环、下面的暗腔和镶嵌的亮核。腔相应于在边上看到

的通量绳，镶嵌的核是捕获在螺旋场线底部的日珥物质。但并不是所有CME都具有这种三部分结构，事实上，只有少部分CME是这样。

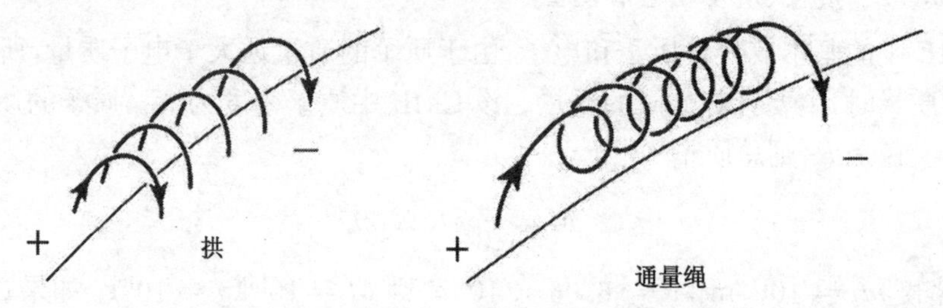

图2.3.2　CME模式的拱和通量绳磁拓扑

通量绳拓扑的一个附加证据，至少在某些演变的事件中，是在行星际磁云中旋转磁场位形的实地观测。大约有1/3的与CME等同的行星际结构辨别为具有这种位型。磁重联可能使得通量绳由喷发的剪切拱自然形成，因而在日冕或日球中通量绳CME高度的观测不一定意味着通量绳是初始位型的一部分。

2.3.2.2　*动力学*

可以设想，CME发生在合力失去平衡时。某种原因使得向上的力超过向下的力。这些力是什么呢？在某些模式中，引力和气体压力起重要作用。然而，在许多日冕中，特别是在活动区和低纬，磁场支配等离子体，许多模式忽略了等离子体，仅考虑了磁力。

两个对抗的磁力是磁压力和张力。强磁场区有增大的压力，自然有向弱磁场区膨胀的趋势。像图2.3.2所示的一个孤立通量绳直径将增长，它的轴将升高离开表面。对于实际的太阳，磁场遍及整个日冕，拱起任何通量绳的拱形场线都可能存在。这些拱形场线扎根在表面，它们的张力作用保持通量绳在原来地方。

在磁压力和磁张力之间的相互作用甚至存在于简单的拱形中，在那里没有通量绳。在平衡拱的中心场强最大，由磁压梯度产生的向外的力被向内的张力精确地抵消了。当某些原因破坏了平衡，有利于向外的压力梯度时，喷发就开始了。如果这种情况发生在不稳定状态，力不平衡随时间增长，喷发可能变得更巨大。

2.3.3　CME的能源

克服太阳引力，将CME的质量升高并加速到观测到的速度，大约需要10^{25}J的能量。这样高的能量从哪来？这是CME研究中非常重要的问题。这些能量像是在喷发开始前就存储在日冕中。因为等离子体β在绝大多数日冕区域都是小的，由此可得出结论，能量大概是磁能。仅仅伴随着电流的磁能（称为**自由磁能**）部分可以转换成其它形式。能量不能从无电流的有势场中提取，场必须被压缩。已经充分证明，存储在喷发前日冕场中的自由能应至少与典型CME的引力能和动能一样大。

然而，能量问题不是容易解决的。CME 打开日冕大的部分，意味着场线被向外拉长进入远距离的日球。那样的开磁场位型本身是高度受压迫的，包含一个在中性线以上垂直扩展的电流片。

在完全开放磁场的限制情况，所有场线扩展到无限远，在喷发期间磁能实际上将增加。所以，问题变成怎样将磁场打开到观测要求的程度，同时将磁能减少相当大的数量以驱动物质运动。

回答这个问题的模式归为"**存储和释放模式**"。存储指磁自由能缓慢的增加，这些自由能来自因磁力线根的运动而逐渐对磁场施力或质量积累。这是准静态演变的阶段。释放指高度变化的阶段，此时发生快速能量转换和喷发。

作为一个简单类比，可将日冕用固定在一个刚性基础上的弹簧表示，如图 2.3.3 所示。左边，弹簧处于它的自然状态，或者未受力；中间，弹簧受压缩并含有与施力有关的自由能；右边，向外拉并超过其自然长度，因此也是受力的。现在将这最后的状态指作为喷发状态。为讨论方便，假定弹簧在压缩状态比在喷发阶段有更多的自由能，因而能量的排序是：

$$E_U < E_E < E_S \tag{2.3.3}$$

这里下标分别指未受压力、喷发和压缩情况。

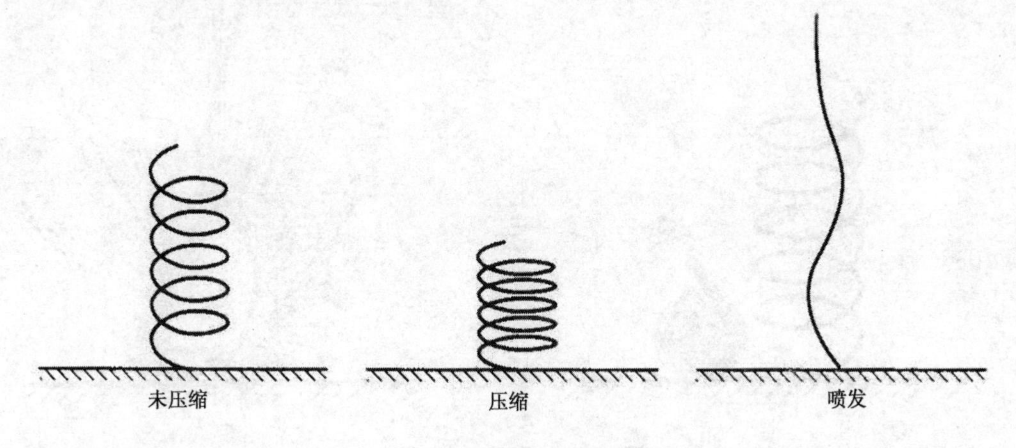

图 2.3.3　弹簧与日冕的简单类比

在存储和释放模式中，系统从未压缩到压缩状态演变缓慢，然后快速地从压缩状态转变到喷发状态。由于 $E_E < E_S$，因此强有力地促进后一个转变发生。

第二个主要类型的 CME 模式称为"**直接驱动**"模式，它们绕过中间的受力状态，直接从未受力状态到喷发状态，没有缓慢的能量积累阶段。由于 $E_E > E_U$，当喷发发生时，外驱动力必须快速将能量注入系统。

2.3.4 CME 的直接驱动模式

2.3.4.1 热爆炸模式

目前，CME 有 5 种类型的驱动模式，其中**热爆炸模式**是最早提出的。如图 2.3.4 所示，这些模式的主要特征是低日冕能量的突然释放。伴随能量释放而压力大大增加的气体不含磁场，日冕是完全开放的。这是在许多 CME 和耀斑一起发生的事实启发下提出的第一个 CME 模式，它支持了这种观点，CME 是耀斑脉动能量释放的反应。现在知道，这种解释是不正确的，至少对大多数情况是不正确的。改进的观测证实，许多 CME 没有伴随着耀斑，如果一个耀斑确实发生了，也常常是 CME 在开始以后。在许多事件中，开始时间是很接近的。

事实上，热爆炸模式在某些方面更适于存储和释放类型。目前普遍接受这种观点，耀斑从被压缩的日冕磁场中获得能量。早期的模拟，甚至最近的一些工作也没有考虑这一点。

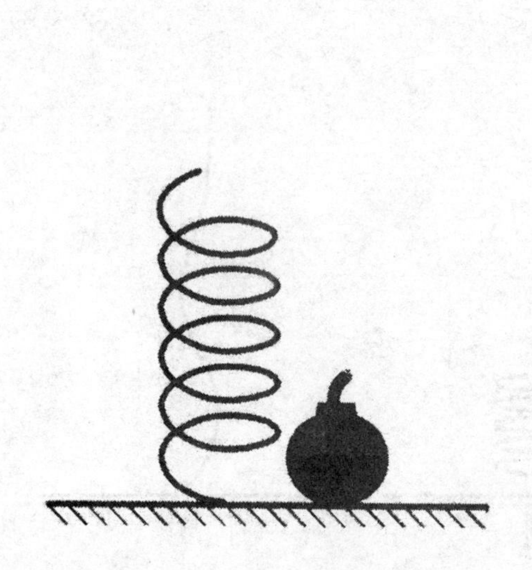

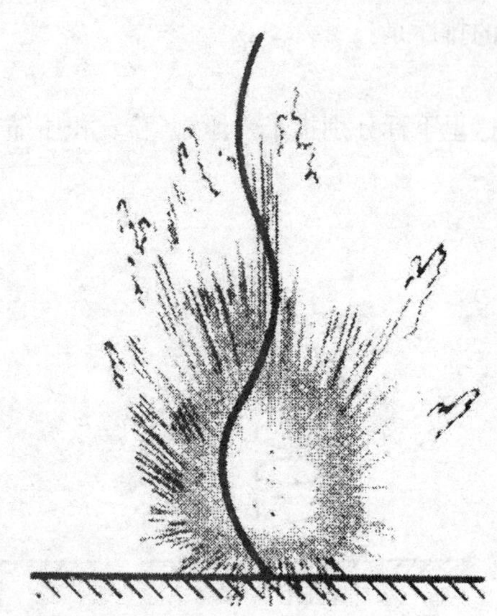

图 2.3.4 热爆炸模式类比

弹簧从初始未压缩状态被一个突然的压力脉冲(相应于耀斑)冲开

2.3.4.2 发电机模式

第二个直接驱动模式称为**发电机模式**，因为场的实时压缩涉及日冕磁通量的快速产生。这种模式可用图 2.3.5 表示，一个弹簧从初始未受压缩状态突然被拉长，外驱动力是由摇把和滑轮系统提供的。对于太阳情况，驱动可取在光球层中磁力线根快速位移的形式，原因可以是在太阳深处产生的磁应力向上传播。根的位移引起运动方向磁通量的增加(即它们增强了场的剪切分量)。有一个伴随的磁压力的增加,并且系统随之膨胀。如果驱动足够快,这种膨胀可能代表了一个CME。

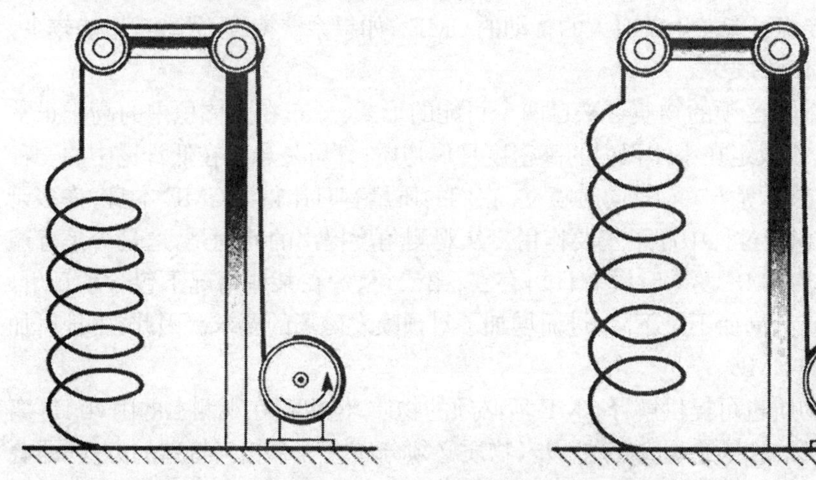

图 2.3.5　发电机模式类比

弹簧从初始未受压缩状态快速拉长。在太阳表面,这相应于日冕外部的驱动力(即在太阳表面之下)

2.3.5　CME 存储和释放模式

2.3.5.1　物质加载

存储和释放模式代表了大多数近年来的CME理论工作成果。这些模式是以喷发开始前磁压力的缓慢积累为特征的。剪切磁力线根是实现这个过程的一种方式。另外一种方式是用物质加载磁场。这个过程的原理示于图 2.3.6,图中的弹簧被重物压缩。如果重物被移到边上,弹簧突然展开,释放许多存储的能量。描述太阳的这种模式称为**物质加载模式**。

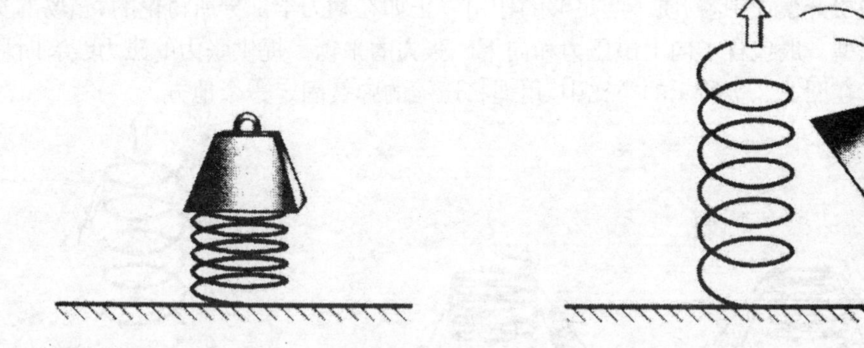

图 2.3.6　物质加载模式示意图

现有的物质加载工作大都包含了喷发前后平衡位型的比较，以显示这种机制可以产生喷发。假定喷发前的场是准稳态的，因此，在系统去掉应力之前物质加载可以积累足够的自由能。接着可能发生具有大的扰动的CME。如果系统持续不稳定，增能较少，则达不到发生CME的要求。

达到充分压缩所必须的物质可来自两个可能的形式：分布在大体积中的高于正常密度的日冕物质，或限定在小体积内的高密度日珥物质。日珥是悬浮在低日冕中的一种色球温度和密度结构，常与CME同时喷发。它们的质量有时比得上CME本身。许多研究表明，日珥在CME过程中起了主要作用。从观测角度提出的问题是，这是否是普遍真实的：首先，许多CME发生时没有日珥存在；第二，至少在某些情况下包含了日珥，大多数日珥质量是升高而不是下降，进而增加了对预喷发磁场的要求。因此，由日珥加载至多能解释一类CME。

“寻常”日冕物质也可提供解释CME所必须的物质，但也存在观测上的困难。等离子体β必须大于正常日冕的β值。进一步，物质必须分布在一个相当特殊的方式，即叠加在低密度腔上的高密度物质。许多CME，特别是那些有经典三部分结构的CME，源于日冕盔，具有那样的腔，但是，许多其它CME来自没有低密度内部区明显特征的位型。此时不能排除那些区的存在，因为亮的前景和背景结构可能使这种特征变模糊。希望STEREO发射能分解这个不确定性。

某些物质加载模式一直称做“浮力驱动”模式。浮力是与高密度物质交换位置而对低密度物质向上升高的一种趋势，于是，浮力作用将减少总的引力能量。在这些情况下，一个喷发可能完全是由引力供能的，不需要磁能减小。目前也有一些观测证据，表明浮力在实际CME中起重要作用。日珥（当它们存在时）常常是升高，而不是下降，腔（当它们存在时）通常不被高密度日冕物质取代，直到喷发发生很长时间以后。

2.3.5.2 系绳松开模式

在**系绳松开模式**中，物质不起足够的作用。正如在动力学部分所讨论的，磁场占支配地位的位型一般包含了向上磁压力和向下磁张力的平衡。提供张力的磁力线有时称为“系绳”。在图2.3.7所示的类比中，用绳将压缩的弹簧固定一个地方。

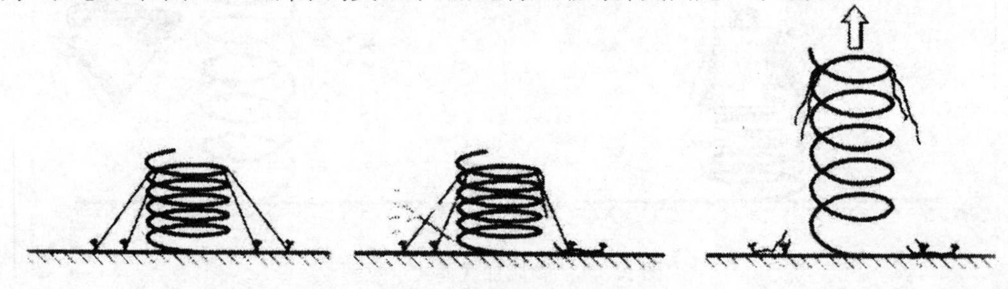

图2.3.7 通量绳和拱演变的平衡序列

绳是缓慢的、有次序地松开的(见中间图),每次有一个新绳松开,这样在剩余系绳上的应力增加。逐渐地,应力变得如此之大,使得系绳开始中断。这个过程灾难性地进行,在爆发的方式下弹簧伸直。在过去曾经使用一个词"系绳切断",它与系绳松开模式稍有不同。系绳切断通常指最后的爆发相,而系绳松开是导致爆发的渐进相。

平移-对称模式是系绳松开模式应用到太阳的一个例子。这个模式由无限长的通量绳和叠加的拱组成。图 2.3.8 表示了场在与主轴正交的垂直平面上的投影。如前面所述,拱形场线是防止通量绳升高的系绳。它们的根被光球层施加的汇聚流缓慢地聚集。当根在中性线相遇时,它们重联以在通量绳的周围形成环形场线,与光球层断开,如图(a)到图(c)所示。在足够的拱形场线转换成通量绳场线后,没有可能出现力平衡,通量绳突然上升,如图(d)所示。图中的参数 σ 是归一化的光球场强度。

上述模式实际上是一个平衡序列。场在图 2.3.8(a)到图(b)到图(c)区有连续变化,然后从图(c)到图(d)跳跃中断。图(d)所示的场仍然平衡,表明喷发后短时间内可能中止。

重联对完全喷发的必要性有重要的观测结果。它在喷发的通量绳下产生闭合的环。它们形成新拱,当越来越多的重联通量积累时,随时间稳定增长,如图 2.3.8 所示。许多那样的拱与 CME 一起被观测到,但它们发生的时间、大小和位置是否与观测一致目前还不清楚。

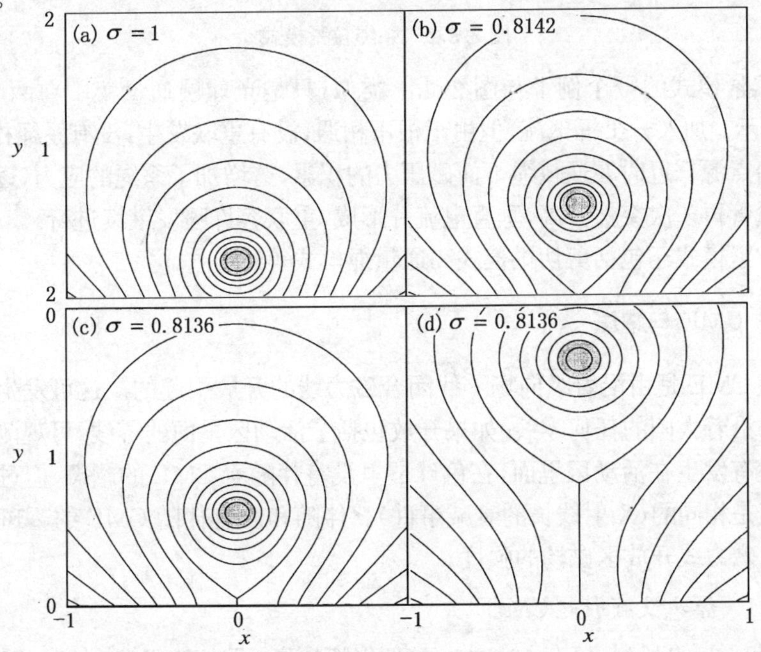

图 2.3.8　通量绳演变的平衡序列

2.3.5.3　系绳拉紧模式

最后一种模式叫做“**系绳拉紧**”。它类似于系绳松开，一个缓慢的演变导致系绳不再能经受住向上的力而灾难性地中断。在系绳松开模式中，总应力基本上是恒定的，但分布在越来越少的系绳上。在系绳拉紧模式中，系绳的数目是恒定的，但总应力增加。在两种情况中，每个系绳的应力在折断点稳定积累，原理图示于图 2.3.9。弹簧置于缓慢升高的平台上，与地连接的绳使弹簧顶保持固定高度。当弹簧被压缩时，绳上的应力增加，直到最后中断，弹簧松开。

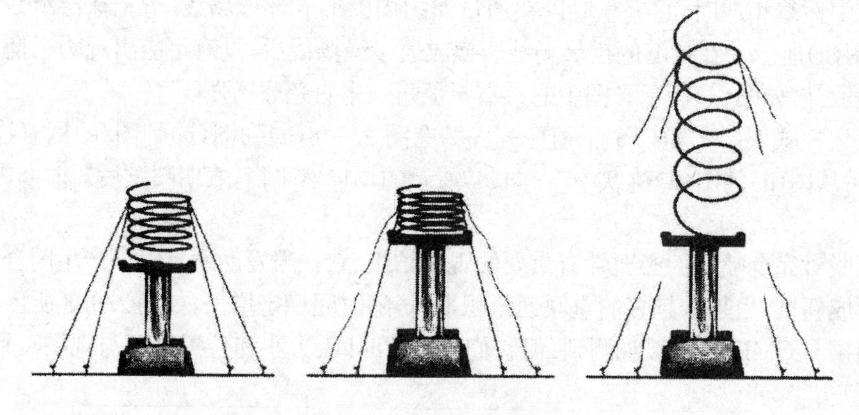

图 2.3.9　系绳拉紧模式

系绳拉紧模式的一个例子与图 2.3.7 类似，只是光球层通量集中在两个点源，如图 2.3.8所示。加入一个汇聚流，但由于根不相遇，没有重联发生，没有系绳松开。取而代之的是当点源靠近时在通量绳下面磁压力的积累，这增加了系绳的应力，逐渐失去了平衡。通量管再一次突然升高，垂直电流片形成，重联容许喷发继续进行。

系绳拉紧模式还包括剪切拱模式和通量绳模式等。

2.3.6　CME 与耀斑

大多数 CME 是由沿着纵向场零线闭合磁力线的开放引起的。这可发生在位型变得不稳定的沿着太阳的任何零线。如果开放包括了活动区里面的零线，可观测到色球耀斑。如果没有发生在活动区里面，在色球层里没有伴随着 CME 的耀斑，但过程以及对日冕的响应是相同的(X 射线长的衰减事件)。伴随和没有伴随 CME 的耀斑之间的唯一差别是是磁力线开放区磁场的强度。

2.3.6.1　耀斑没有引起 CME

根据 Skylab 的观测，仅有 40%的 CME 伴随耀斑；而来自 SMM 的观测表明，只有 34%的 CME 伴随耀斑。

CME是由某种不稳定性引起的，这种不稳定性导致以前沿着纵向场零线闭合磁力线开放。如果这个开放包括一个活动区的零线(强磁场)，则开放的另一个响应是喷发的耀斑，由亮的耀斑条和耀斑环表征。耀斑和CME不互相驱动，但有密切的关系。

2.3.6.2　*CME和耀斑的起始没有固定关系*

在大多数情况，CME首先出现，但也有许多事件是先看到耀斑，此后不一会儿CME形成。

小的耀斑一般比伴随CME的耀斑发生频繁。这些小耀斑的出现可能是沿着零场线的位型变得不稳定，并导致伴随CME的耀斑的发生。于是，首先看见小耀斑，然后观测到CME。但是，在CME发生之前看见的耀斑和和持续到CME出现以后的耀斑是由相当不同的不稳定性引起的两个不同的耀斑现象。先看到的小耀斑在CME出现以后增长。

2.3.6.3　*伴随CME耀斑的触发*

伴随CME的耀斑有以下几种触发因素：

①出现的磁通量；

②从其它太阳扰动传播的慢模波；

③拱弧过度的剪切；S形拱是大的磁自由能好的指示。许多CME有磁通量绳的形式，一个携带电流的螺旋线圈从太阳扩展。这些扭曲的磁通量绳常常是S形的；

④机械能灾难性的损失。

§2.4　太阳能量粒子事件(SEP)

2.4.1　SEP一般特征和分类[6]

根据美国NOAA空间环境中心的定义，当能量大于10MeV的粒子在15分钟以上时间内的数目超过10/(s·cm^2·sr)时，我们就说发生了**太阳能量粒子事件**(SEP)。

单个的SEP随时间变化的轮廓如图2.4.1所示。但实际上，每个SEP的形态可以有很大差别。由图2.4.1可以看出SEP有以下特征：从初始加速到粒子通量增加有一个传播延迟时间(20～90分钟)；最初的通量是各向异性的，偏于向前的方向，但逐渐地各向同性；强度快速(1～3小时，也可能扩展到几小时)地升高到一个最大值，然后缓慢地衰减到背景水平(一般以指数规律衰减，在10～14小时可降到1/e)。

一般将SEP分成两类：脉动SEP和渐进SEP。脉动耀斑产生的事件富含1～100keV的电子，相对短的寿命(几小时)，并且一般限于围绕连接到活动区的垂直场线根30°经度带内，重同位素丰度增加，^{3}He与^{4}He之比大于渐进事件。重元素比在典型日冕温度下的成分更完全电离(如铁接近于带 20 个正电荷,而在日冕中通常是+13 到+15),表明了高温和高剥离。这些事件的净流量一般比较小(小于 $10^7 \sim 10^8/cm^2$)。脉动 SEP 在太阳活动最大时每年约 1000 个。

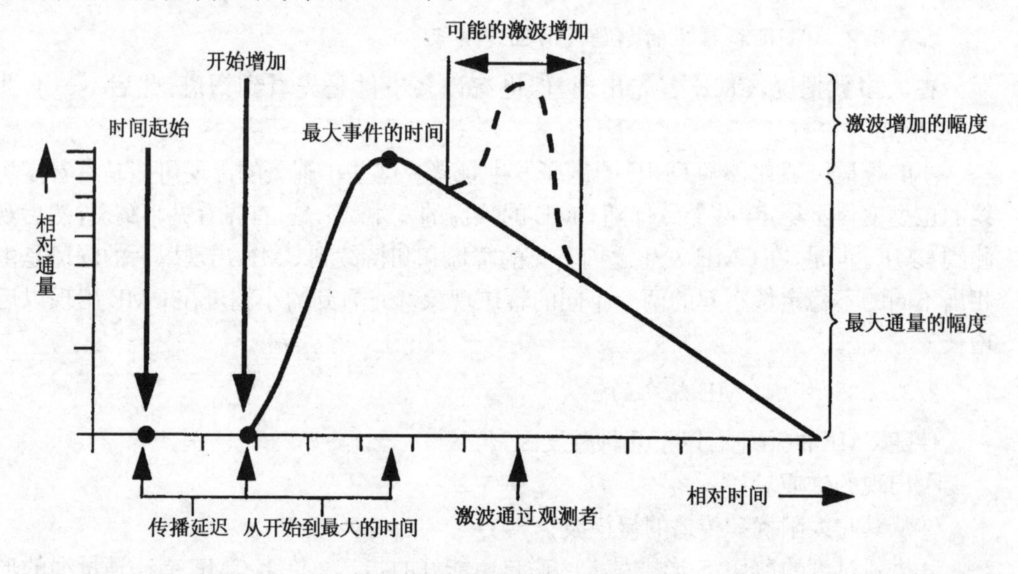

图 2.4.1　典型的 SEP 轮廓

渐进 SEP 富含质子,长寿命(几天),可以扩展到宽的太阳经度范围,极端情况可扩展到 180°。重同位素丰度和电离状态与日冕中的情况类似。渐进 SEP 与 CME 有很好的相关,这些事件的流量可超过 $10^9/cm^2$。渐进 SEP 一般伴随Ⅲ型射电暴。电子通过日冕和行星际介质(IPM)逃逸产生等离子体波,进而产生射电发射。电子束怎样传播到 1AU 而没有将所有能量传递给等离子体波,目前还不知道。将确定的太阳密度谱 $N(E,r,t)$ 与软 X 射线成像和在行星际空间的电子测量相比较,可帮助人们了解电子加速、逃逸、辐射过程以及 ^{3}He 增加的源。

渐进的 SEP 事件(在太阳活动最大年,每年几十次)通常是大的事件。质子是主要成分,伴随着大耀斑和在 IPM 驱动激波的 CME。

在大多数强的太阳能量粒子事件(LSEP)中,质子能量足够高(>50MeV),可穿透载人飞船的壁,对宇航员产生危害甚至致命的辐射损伤。

在典型的 LSEP 事件中,大于 50MeV 质子通量一般显示出快速的起始,这表明粒子加速发生在靠近太阳的地方,加速时间大约为耀斑持续的时间。LSEP 被认为是由靠近太阳的 CME 激波加速的。在 IPM,CME 激波似乎仅将粒子加速到大约 10MeV,不到 50MeV,除非这种高能粒子已经存在。

NOAA 空间环境中心(SEC)的研究表明,随着耀斑硬 X 射线暴时间的推移,LSEP

谱变硬。伴随LSEP的软X射线长间隔事件(LDE)与脉动事件相同部分有硬X射线发射。现在还不清楚这种LDE硬X射线发射与脉动耀斑暴是什么关系。1997年,SOHO的EIT观测到冲击波直接从耀斑点辐射的"Moreton波"现象。在大约3个太阳半径内日冕中的激波产生Ⅱ型太阳射电暴。这些与耀斑有关,而明显与快速CME无关。对硬X射线和γ射线分光及成像,连同日冕激波、SEP和CME观测,对了解太阳中各种离子加速过程,与耀斑电子加速的关系以及更准确的LSEP事件预报都是必须的。

2.4.2　SEP的基本性质[7]

2.4.2.1　强度和能谱

图2.4.2给出在1960～1972年之间由火箭测量到的9个大的SEP,图中纵坐标I表示强度。

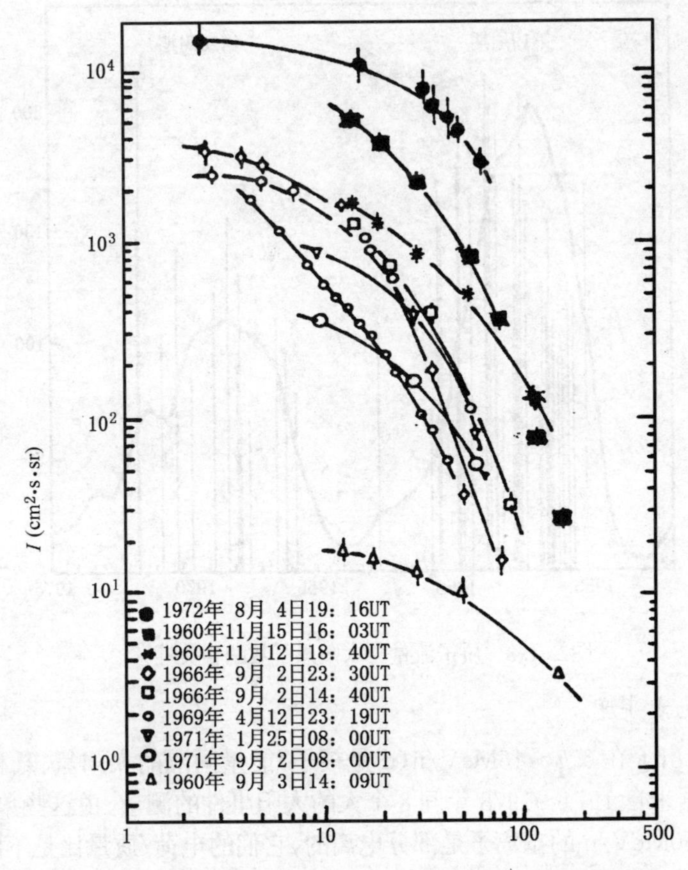

图2.4.2　1960～1972年间火箭测量到的9个大的SEP

1960年9月3日，探测到100MeV太阳质子强度为3个/(cm²·sr·s)，接近于银河宇宙线背景水平；

1972年8月4日，探测到最大质子强度1.5×10^4个/(cm²·sr·s)($E>2.5$MeV)，这是至今探测到的最大太阳能量粒子事件。

这里自然提出一个问题，SEP与太阳活动有哪些相关性？图2.4.3显示了质子流量与太阳黑子数的相关性。$E>10$MeV的质子流量是1954～1975年间第19和第20太阳活动周中大于10^8个/cm²的流量。由该图可看出，在太阳黑子数高时，SEP事件发生比较频繁，但大的粒子事件不发生在太阳黑子数最大时，一般在发生在最大黑子数前后几年。发生这种情况的原因目前还不清楚。另外还可以看到，虽然在第19太阳活动周的最大黑子数比第20周的大，但在每个周期中单个太阳质子事件的最大流量是相同的，大约是2×10^{10}个/cm²，分别发生在1959年的7月14日和1972年的8月8日。

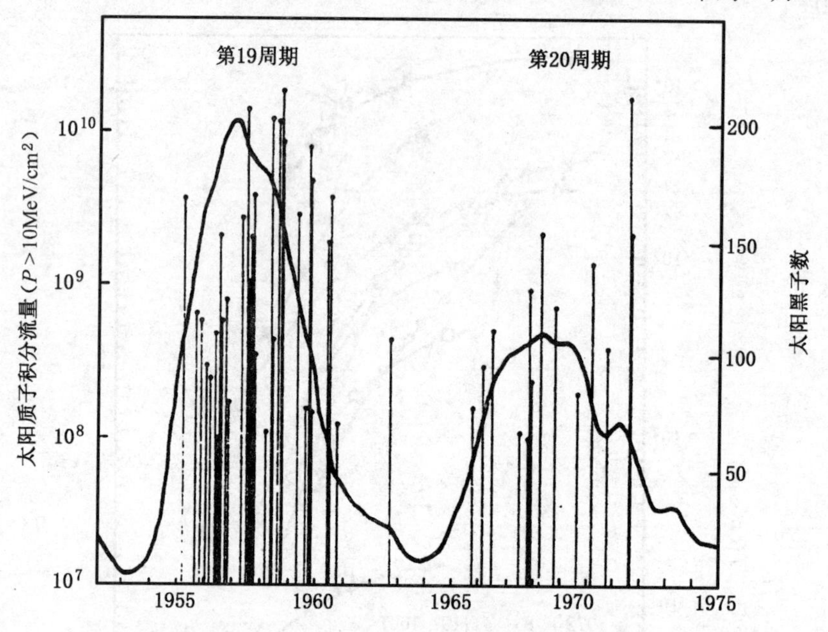

图2.4.3　质子流量与太阳黑子数的相关性

2.4.2.2　元素丰度

表2.4.1给出了在6.7～15MeV/n(n是核子)能量间隔的太阳氢、氦和一些重元素成分，这些数据来自1974～1978年间8个大的太阳事件的测量。由这些数据可看出，能量范围为5～10MeV/n的重离子是部分电离的，它们的电荷/质量比是不同的。因此它们的加速和传播特性也将变化，它们的相对丰度将不同于高能时的值。

表 2.4.1　太阳能量粒子事件的元素丰度

	太阳丰度	1974年7月4日 至 1974年7月8日	1977年9月19日 至 1977年9月21日	1977年11月22日 至 1977年11月23日	1978年9月23日 至 1978年9月26日
H/O	1000±250	4600±600	6200±600	21000±3000	2100±500
He/O	110±50	74±10	80±8	83±15	40±3
C/O	0.56±0.13	0.35±0.03	0.53±0.04	0.50±0.08	0.49±0.03
N/O	0.10±0.04	0.10±0.02	0.13±0.02	0.20±0.05	0.12±0.02
Ne/O	0.15±0.07	0.18±0.02	0.10±0.02	0.10±0.03	0.09±0.01
Na/O	0.0024±0.0004	0.021±0.007	0.013±0.007	0.03±0.02	0.013±0.005
Mg/O	0.049±0.012	0.24±0.02	0.19±0.03	0.13±0.04	0.18±0.02
AI/O	0.0037±0.0009	0.025±0.007	0.007±0.005	0.03±0.02	0.010±0.004
Si/O	0.050±0.013	0.14±0.13	0.14±0.03	0.12±0.01	0.16±0.02
Li/O	1.2×10^{-6}	<0.004	<0.006	<0.002	<0.003
Be/O	1.7×10^{-8}	<0.004	<0.006	<0.002	<0.003
B/O	2.3×10^{-7}	<0.004	<0.006	<0.002	<0.003
Ar/O	3.0×10^{-3}	0.016±0.007	<0.006	0.020±0.014	<0.003
Ca/O	0.0026±0.0004	0.20±0.008	0.009±0.006	0.04±0.02	0.006±0.003
Fe/O	0.044±0.013	0.22±0.03	0.27±0.03	0.28±0.06	0.06±0.01
$^3H/^4H$	$\sim1.7\times10^{-4}$	<0.2	<0.008	<0.13	<0.06

2.4.2.3　电离状态

SEP 中 1～20MeV/n 重核的电离状态对了解它们的加速和传播性质是很重要的。1979 年 6 月 6 日到 9 日的事件的测量结果是，He^{+1}是 He^{+2}的 10%，0.3～2.4MeV/n 的 C 离子的平均电荷状态是 5.7，0.4～2.4MeV/n 的 O 离子的平均电荷状态是 7，0.3～0.9MeV/n 的 Fe 离子的平均电荷是 12.5，没有低电荷状态（如 O^{+1}，Fe^{+3}）的证据。在 10 个耀斑中 O^{+1}的百分比是 8%到 29%，平均值大约 15%。C、O 和 Fe 的平均电荷状态分别是 5.8、7.1 和 13.5。

SEP 中的 He^{+1}以大的百分比 10%～15%存在于所有耀斑中，这表明耀斑粒子初始的源物质属于 $T_e \leqslant 10^5$K 的相对冷区。粒子在其它日冕区的第二阶段加速有相当大的增能，这些区含有 He^{+2}、D^{+6}到 O^{+8}、Fe^{+10}到 Fe^{+15}等。

低能 C 到 Fe 多电荷离子的平衡电荷在介质中移动。原子数为 Z 的离子的平衡电荷 Z^* 为

$$Z^* = Z\left[1 - \exp\left(-137\frac{\beta}{Z^{2/3}}\right)\right] \tag{2.4.1}$$

这里 β 是粒子速度。对 $Z = 6$ 到 26，该关系示于图 2.4.4。可以看到，C、O 和 Fe 的 Z^* 约为 5、6.5 和 13.5。这些值表示了理想的平衡值情况。太阳能量粒子的实际情况比这复杂，对给定能量的每种粒子，可以有许多电离状态。

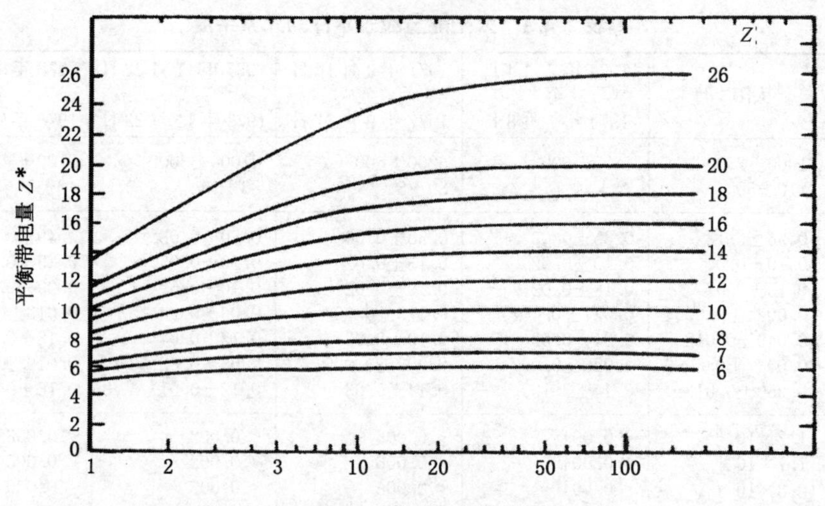

图 2.4.4 计算的多电荷离子的平衡电荷

2.4.3 CME 激波与 SEP

第一次清楚地观测到从太阳快速抛出亮的云(CME),是 OGO-7 飞船在 1971 年 12 月 14 日进行的。在这次事件中,观测到的物质速度约 1000km/s,发生在太阳的东南边,见图 2.4.5。

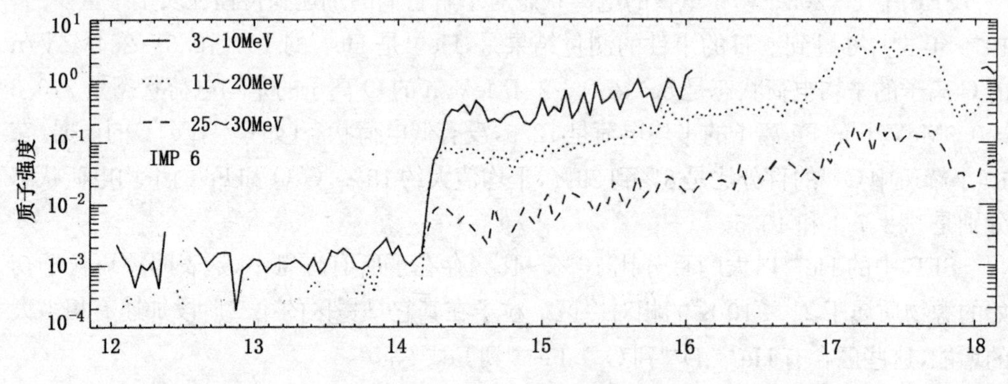

图 2.4.5 第一次观测到的 CME

在 CME 事件中观测 SEP 可估计源区。IMP6 飞船的观测显示了 3~30MeV 的 SEP 的快速升高。如果源区位于东临边 25°后面,离开日地连线将有 180°,因此,SEP 事件将被观测到具有很平缓的起始。这次事件中能量大于 175MeV 的 SEP 质子,也被 Pioneer 6 飞船观测到。当时,行星际 SEP 都毫无例外地认为是由太阳耀斑产生的,因此,这第一次 CME 观测和它伴随的 SEP 事件是对 SEP 产生于活动区耀斑基本观念的严重挑战。后来由 WIND 和 Helios 飞船进行的一系列观测都证实了峰 SEP 强度与

CME 速度相关的结果,如图 2.4.6 所示。

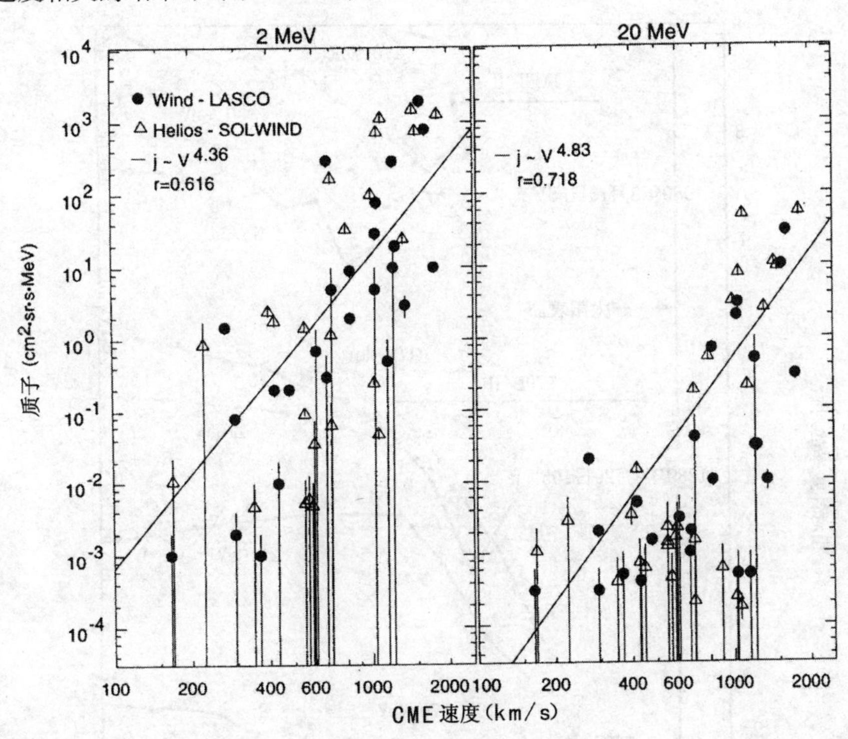

图 2.4.6　质子峰强度与 CME 速度的关系

由于 SEP 抛射发生在由 CME 驱动的激波处,确定在 SEP 抛射期间 CME 的高度是重要问题。一般情况下这是很困难的,特别是对低能($E<100$MeV)质子和离子,因为粒子在行星际介质中的散射畸变了抛射轮廓的信息。图 2.4.7 给出 $E>470$MeV 的几个 SEP 事件抛射轮廓与 CME 高度的关系。这个结果表明,对于所有高于 470MeV 的能量,当 CME 高度大约是 $3R_s$(R_s 为太阳半径)到 $5R_s$ 时抛射开始,当 CME 达到 $10R_s$ 到 $12R_s$ 时抛射连续增加。图 2.4.7 中的 TYPE Ⅱ 和标度表示 Ⅱ 型射电暴的间隔。

CME 驱动的激波从太阳向外移动时,激波磁场变弱,SEP 抛射的能谱变软。此外,连接观察者到激波场线的几何形状连续变化,连接点总是移到激波的更东的部分。这引起 SEP 剖面对不同的观察者所在经度系统地变化。

在激波中产生的渐进 SEP 事件对空间天气构成了最大和最重要的能量粒子事件,但两个其它相对小的能量粒子事件在 1AU 处也常常观测到。第一个是脉动 SEP 事件,对 $Z\geqslant 6$ 的元素的丰度和电荷状态,增加量超过在渐进 SEP 事件的。这些事件伴随着太阳耀斑和 Ⅲ 型射电暴,它们的元素丰度与在太阳耀斑中产生的 γ 射线的离子丰度相同。第二种类型的能量粒子事件是在共旋相互作用区的激波中产生的。这些粒子数有正的径向强度梯度,因为它们的激波加速发生在1AU以外。

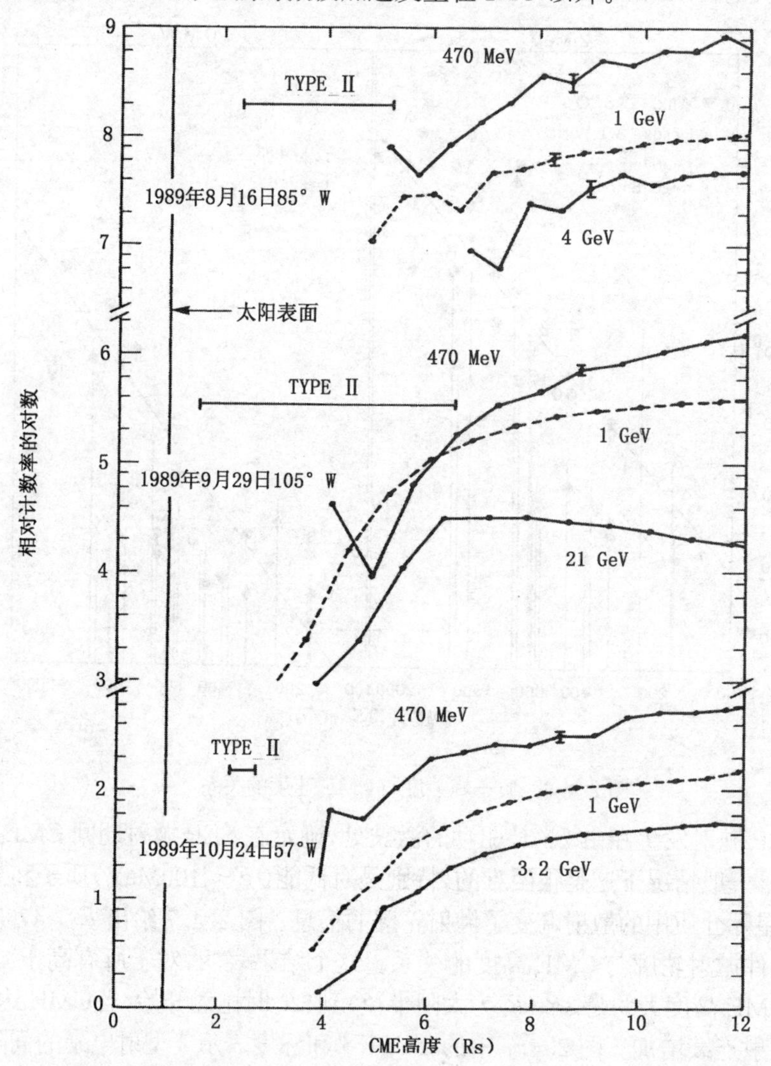

图2.4.7　在1989年3个SEP事件中SEP抛射轮廓与CME高度的关系

2.4.4　SEP事件的大小[7]

2.4.4.1　大小分布

Hollebeke等最早给出能量为20MeV<E<80MeV质子事件大小随峰强度(I)的分布。对峰强度从$10^{-4}\sim10^{1}$p/(cm^2·s·sr·MeV)的125个事件,得到微分幂定律的形式为$dN/dI=CI^{-\gamma}$,这里dN/dI是发生对数强度间隔为I的事件数目,C和γ是拟合参数,$\gamma=1.15\pm0.1$。Cliver等拟合了24MeV$<E<$43MeV的92个质子事件的数据,

强度从10^{-3}～10^{1}p/(cm^2·s·sr·MeV)，发现最好的拟合参数为$\gamma=1.13\pm0.04$，如图2.4.8所示。这些γ值比耀斑参数幂定律的值小很多，例如，硬和软X射线以及微波峰通量在$1.5<\gamma<2$的范围。

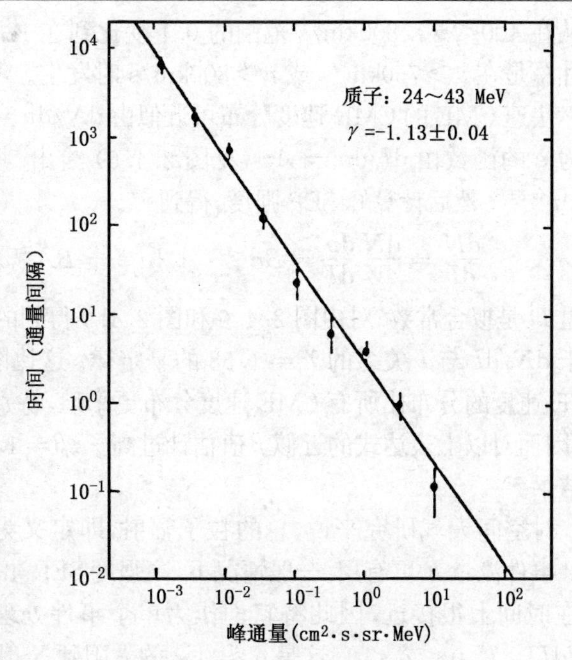

图2.4.8　SEP事件峰强度的分布

SEP事件强度和耀斑强度指数之间的差别可能反映了耀斑和SEP产生物理机制的区别。因为SEP事件是由快速CME驱动的激波产生的，可以预料，CME的统计(如速度)比耀斑的统计会更适合于SEP事件。用最小二乘法拟合飞船Solwind、SMM和Lasco得到的CME速度分布，以对数-对数形式画出整数N(速度大于v的CME相对数量)与v的关系，结果示于图2.4.9。在$500<v<1500$km/s范围，这些拟合给出微分幂指数形式，对Solwind，SMM和Lasco，β值分别是4.59、4.20和4.18。这些值远超过耀斑参数1.5～2.0和SEP事件中的1.1。

由CME驱动的激波产生的SEP事件的几率与CME速度分布和CME驱动激波的几率有关。CME速度分布是相当陡的，而激波几率在合适的速度范围($v>400$km/s)急剧增加。将已经知道驱动强行星际激波的Solwind CME的速度分布与所有Solwind CME陡的分布相比较(见图2.4.9)，可以看出，强激波的几

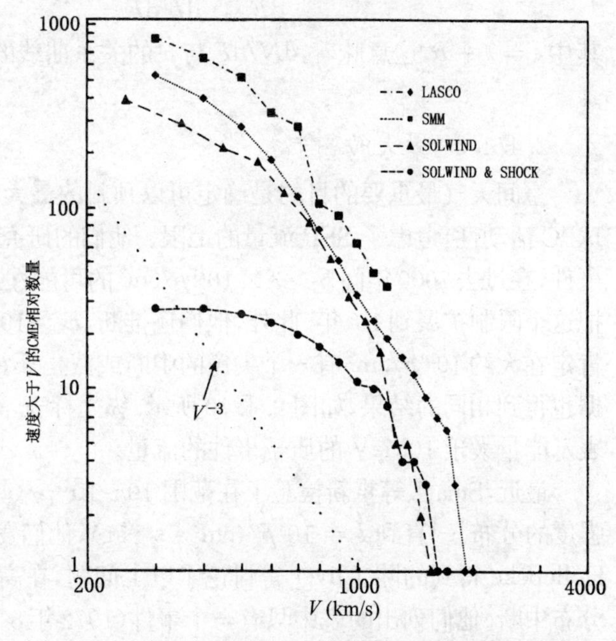

图2.4.9　从3个不同的日冕仪数据得到的CME速度v与速度大于v的CME相对数量N之间的关系

率从在 400＜v＜800km/s 范围的 0.1 变化到在 1200km/s 的 1。这个结果说明，SEP 事件总是在 v＞750km/s 或 v＞800km/s 时发生。

快速 CME 的 CME 速度分布可近似由 $dN/dv = Bv^{-\beta}$ 拟合（图 2.4.9），*SEP* 强度作为 v 的函数由 $dI/dv = Av^{\alpha}$（见图 2.4.6）给出。将此表达式积分得到，$I = A(\alpha + 1)^{-1}v^{(\alpha+1)}$，然后计算峰 SEP 强度，得到

$$\frac{dN}{dI} = \frac{dN}{dV}\frac{dv}{dI} = Bv^{-\beta} \cdot A^{-1}v^{-\alpha} = BA^{-1}v^{-(\alpha+\beta} = DI^{[-(\alpha+\beta)/(\alpha+1)]} \tag{2.4.2}$$

这里 D 是拟合常数。对由图 2.4.6 和图 2.4.9 得到的近似值 $\alpha = 4.5$，$\beta = 4.2$，可得到对于 dN/dI 与 I 关系的 $\gamma = 1.58$ 的幂定律。这比图 2.4.8 所示的陡，但引起激波的 CME 速度的分布比所有 CME 速度分布更平坦，特别是在 400km/s 到 1200km/s 的范围，因而对以上表达式的近似 β 值估计过高了。$\beta = 1.71$ 的值能得到图 2.29 中 $\gamma = 1.13$ 的结果。

对空间天气研究来说，总的粒子辐射，即定义为强度 I 对时间、立体角的积分的 SEP 事件流量 F 更有用。一般情况下，高强度 SEP 事件持续时间也长，有时由于多个事件 在时间上很接近，因此将它们作为单个事件处理。因此，F 随 I 增加将比线性快，$dF/dI \sim I^{\delta}$，$0 < \delta < 1$。这是 $\delta \approx 0.2$ 的太阳硬 X 射线暴情况。于是，微分流量分布是

$$\frac{dN}{dF} = \frac{dN}{dI}\frac{dI}{dF} = AI^{-\gamma}I^{-\delta} \sim I^{-\varepsilon} \tag{2.4.3}$$

其中 $\varepsilon = \gamma + \delta$，这意味着，$dN/dF$ 与 F 的关系曲线的斜率比 dN/dI 与 I 曲线的斜率陡。

2.4.4.2　最大的事件

空间天气最重要的目的是确定可以预料的**最大 SEP 事件**。Lingenfelter 等根据地球 ^{14}C 活动性，考虑了 SEP 流量的上限。他们的研究结果排除了对 $E > 10MeV$ 的 SEP 事件，在过去 7000 年间 $F > 3 \times 10^{11} p/cm^2$ 的可能性。根据月球放射性核的测量，他们又把这个限制扩展到 10^7 年。此外，他们还推断，$E > 10MeV$ 的流量事件，微分幂定律分布肯定在大约 $10^{10} p/cm^2$ 有一个尖锐的中断或截止。Reedy 根据更完整的月球放射性核数据也得到相同的结果，如图 2.4.10 所示。纵坐标表示流量大于 F 的每年事件数，横坐标表示能量大于 10MeV 的质子事件的流量。

最近，Smart 等重新检验了在范围 $10 \sim 10^4\ p/(cm^2 \cdot s \cdot sr)$ 的 $E > 10MeV$ 积分峰强度的分布。一直到 $I = 10^3 p/(cm^2 \cdot s \cdot sr)$，他们发现 $\gamma = 1.47$ 的微分幂定律拟合比 Hollebeke 得到的陡。Cliver 等讨论了以上问题，在高于 $10^3 p/(cm^2 \cdot s \cdot sr)$ 的陡斜率的分布中断。他们列出的表中只有一个事件（1972 年 8 月 4 日）超出 $10^4 p/(cm^2 \cdot s \cdot sr)$，那个事件可能是由两个激波不寻常反射的结果。假定将 $8.6 \times 10^4 p/(cm^2 \cdot s \cdot sr)$ 作为高强 度截止，激波通过的时间间隔是 5 小时，这个截止相应于 $F = 10^{10} p/cm^2$，从 1955 ～

1992年,仅有4个时间超过$10^{10}p/cm^2$的流量,最大是$3\times10^{10}p/cm^2$,发生在1960年11月12～15日。

至少有两个附加理由可以认为未来$E>10MeV$的SEP事件的流量上限是$10^{10}p/cm^2$:

第一,根据GOES和HELIOS 1和2的观测,在1AU处,$E\sim10MeV$的微分强度限制在$\sim10^2p/(cm^2\cdot s\cdot sr\cdot MeV)$。如果假定平均的$E^{-3}$微分能谱和时间持续3天,可得到事件的流量$\sim10^9p/cm^2$。附加的因子10可起因于硬谱、长的事件间隔和大的SEP强度增加,因而上限是$10^{10}p/cm^2$。

第二,流量上限理论性的理由是根据太阳Ca H和K线指数与太阳型恒星相应指数的比较。在太阳22年活动周期中,太阳Ca H和K线指数的变化(0.17～0.20)(磁活动的指示)位于在观测到的74个太阳型恒星变化(0.13～0.21)的上部。说明近来的太阳磁活动以及伴随的CME和SEP事件,在预期的强度范围的高端。

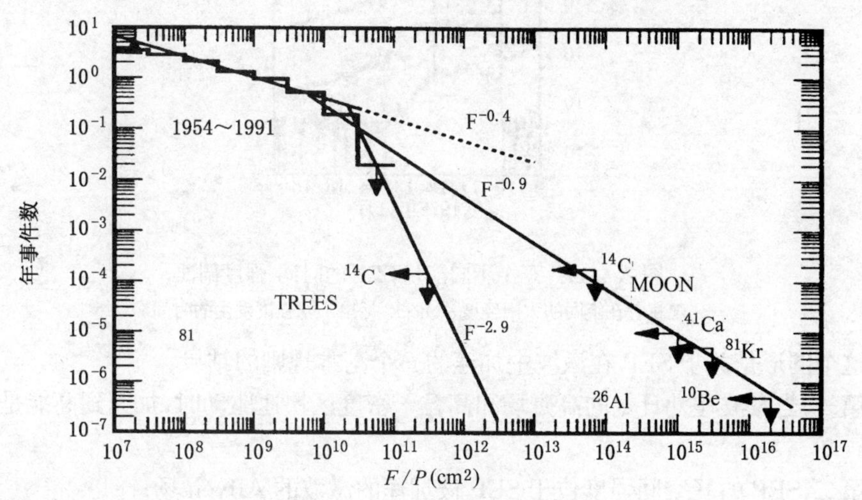

图2.4.10　SEP流量的积分分布

2.4.5　SEP的空间分布特性

渐进SEP的源是CME在行星际空间驱动的激波,因此,激波位置和SEP强度剖面的关系是一个重要问题。Cane等分析了在20年间观测到的235个SEP事件的数据,结果示于图2.4.11。由图可见,在激波通过期间,来自西半球的太阳事件快速升高到最大值,接着是强度减弱。这是由于观察者最初连接到接近太阳的激波的前缘,然后连接到激波侧面较东的部分,在这里激波是弱的。接近中心子午面,观察者首先连接到西侧,然后逐渐地朝向激波的前缘,因此在低能,SEP强度峰值出现在接近激波通过时。

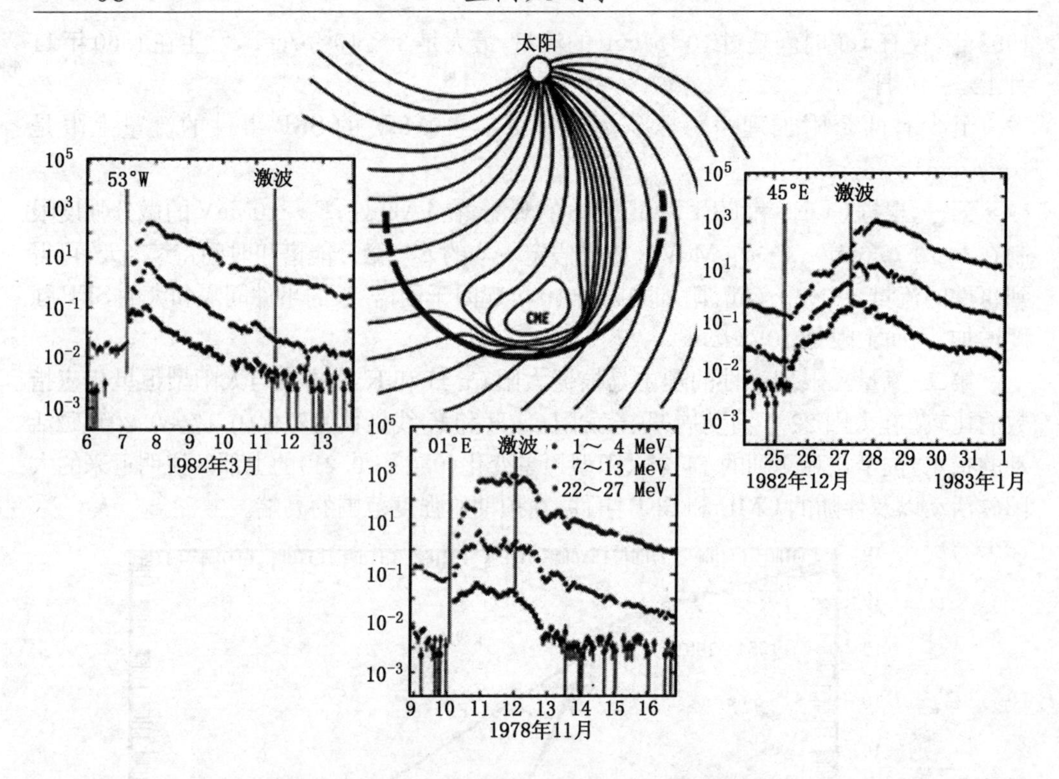

图 2.4.11 三个不同能量 SEP 的时间-强度剖面

观察者在不同的太阳经度，"shock"标出了峰强度发生的时间

这个图形是关于 SEP 在激波中加速的三个基本规则的结果：

第一，当激波在外日冕的高磁场和高粒子密度区快速驱动时，加速到高能是最有效的；

第二，SEP 的峰空间强度位于 SEP 被加速的激波的 Alfven 场；

第三，激波加速在激波的前缘是最有效的，在侧面效率最低。

第一个规则对高能（$E>100$MeV）SEP 占主导地位，第二和第三对低能（$E<30$MeV）居主要地位，如图 2.4.12 所示。

可以利用上述基本图形预测在其它空间区域 SEP 轮廓。当源区位于西经 $\Phi(°)=\Omega\times r/v=51.4\times r$ 时，在距离太阳为 rAU 点的高能 SEP 将是最强的。这里平均太阳风速度假定是 450km/s，太阳旋转率 Ω 取 360/27°/d。SEP 必须沿着螺旋场线移动距离 L 以到达观测位置

$$L=\int\sqrt{1+\frac{r^2\Omega^2}{v^2}}\mathrm{d}r \tag{2.4.4}$$

对于假定的 V 和 Ω 值，在 1AU 时，距离 $L=1.32$AU。

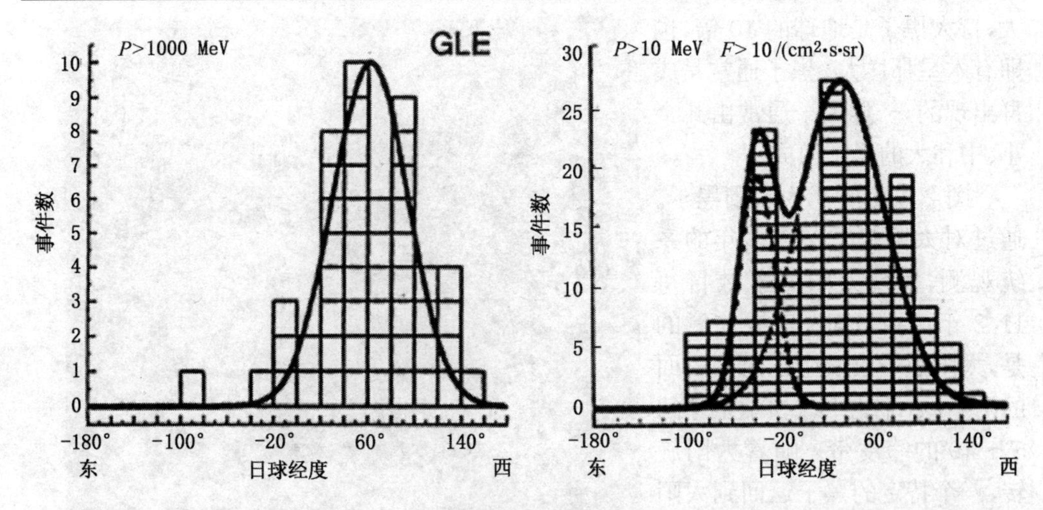

图 2.4.12　地面水平事件(GLE)伴随的耀斑经度反映了早期连接到激波前端的重要性(左) $E>10$MeV 事件(右)经度分布宽,连接时间不太重要

观测研究已经确定了 SEP 如何随着径向距离增加而减小。根据对 5 个 SEP 事件的多飞船观测数据,得到峰强度关系式为 $r^{-3.3\pm0.4}$,流量为 $r^{-2.1\pm0.3}$。

§2.5　太阳活动的长期变化

大多数空间天气效应都可追踪到太阳的变化,包括电磁辐射和粒子辐射变化。太阳输出的能量以秒、世纪及地质时代的时间尺度变化。

地球对太阳能量变化的响应有不同的形式。例如,爆发性的快速日冕质量抛射事件可触发磁暴;对以 11 年太阳周期变化的短波电磁辐射可影响地球高层大气的化学、结构和动力学,而长期的太阳常数变化可影响全球的气候。虽然太阳辐射的长期变化不会产生明显的空间天气效应,但它在帮助我们了解短期变化幕后的潜在效应方面是很重要的,例如,许多空间天气现象与太阳黑子数相关或反相关。

2.5.1　太阳黑子与太阳黑子周

太阳黑子是太阳表面上黑色斑点,有瞬变的、集中的磁场。他们是太阳最显著的可见特征;一个中等大小的黑子与地球一样大。

太阳黑子是光球层较冷的区域,在太阳黑子最暗、最冷的区域,典型的温度是 3400K,而光球层温度约 6000K,因而与背景相比较暗。

在黑子中心的最暗区域叫**本影**(umbra),这里磁场最强。围绕本影的稍微暗的区域称**半影**(penumbra)。黑子大小相差很大,有小、中、大和特大黑子。大的黑子有地球那样大，特大黑子是地球的10倍，也即有木星那样大。黑子通常是成群出现的，一群黑子通常由几个小、中和大的黑子组成。

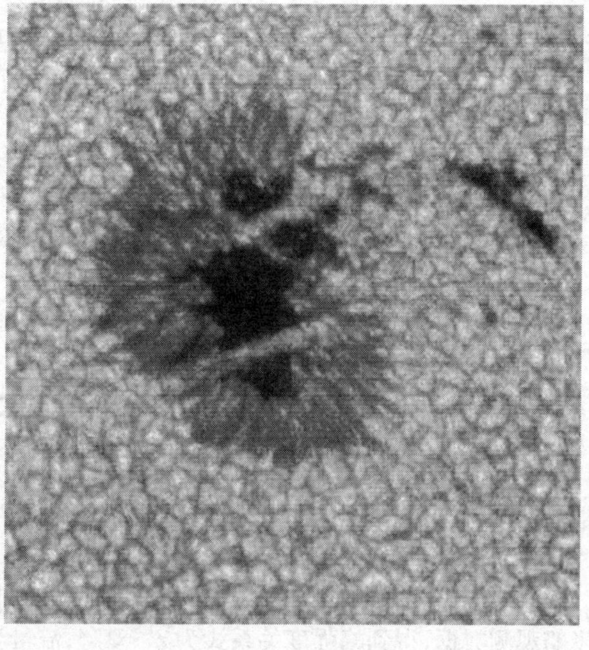

图2.5.1　太阳黑子

图2.5.1所示为太阳黑子。通过对太阳黑子200多年的系统观测，发现太阳黑子数目每11.2年达到最大。需要注意的是，太阳黑子仅发生在太阳表面的两个区，即北半球和南半球的5°～40°的纬度带。随着太阳旋转，一个特定的黑子返回到太阳同一位置大约需要27天，这是从地球上看到的**会合旋转周期**。接近太阳赤道的太阳黑子比极区的黑子旋转快。

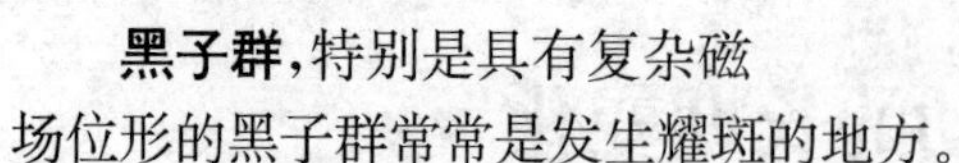

黑子群，特别是具有复杂磁场位形的黑子群常常是发生耀斑的地方。

在太阳活动最小时太阳黑子周开始，在最初的几天或几周内，太阳表面很少有或者没有黑子，少量的黑子出现在30°～40°的中纬。随着**太阳活动周**发展，在5.5年内黑子数增加，形态复杂。到最大黑子数时，在特殊日子，太阳的黑子数达到50～150个。在太阳黑子数最大以后，黑子数逐渐减少，到本周期开始后的11年达到最小。

在过去的300年里，在11年太阳黑子周期中，太阳黑子的平均数有规律地增加和减小。上一次太阳黑子最大发生在1989年7月。

2.5.2　太阳活动区

太阳活动区又叫**太阳活动中心**，日面上以黑子群为主要标志，以及由黑子群周围的光斑、谱斑、暗条等所组成的局部区域。它随着黑子群在日面上的出现而产生，随着黑子群的发展和极性变化而发展，并发生着许多不同而又有联系的太阳活动现象，如谱斑增亮、暗条激活和突然消失、耀斑、冲浪和喷焰等。

近年来的空间观测揭示，活动区是长寿命太阳紫外和X射线发射的主要源。由强的活动区磁场限定为类环结构的太阳气体被加热到数百万度。在最大太阳活动期间，太阳紫外发射的水平可比平静太阳水平增加几倍，而X射线强度增加更大。因为活动区通常比27天太阳旋转周期持续时间长，它们发射的辐射也以这个时间尺度周期性地变化。

色球暗条是日珥在日面上的投影。由于日珥的亮度比日面小得多，所以它在日面上的投影呈暗黑色。在太阳单色光象上，暗条的形状是弯曲的，曲折的程度反映出局部磁场的复杂程度。有些暗条是极性相反的局部磁场的分界线。一般说来，暗条出现在黑子区域，逐渐向高纬区域移动，长度不断增加，形状也有改变。它们往往连续几天甚至几星期处于宁静状态，有时也能在几分钟内突然活跃起来。活跃的时候，运动急剧增加，形状很快改变。太阳活动区的特性和发展是受磁场控制的。

2.5.3　太阳黑子数与地磁活动周期

图 2.5.2 给出 ***AP* 指数**(地磁活动指数的一种)大于 50 的年地磁扰动天数(虚线及阴影区域)与太阳黑子数(实线)的关系，时间覆盖了 6 个太阳周(17～22)。图中的 *AP* 指数显示出比太阳黑子数变化更大，但趋势是跟踪太阳黑子周。例如，在最小太阳活动周 17 和周 22，磁暴也达到最低的水平。

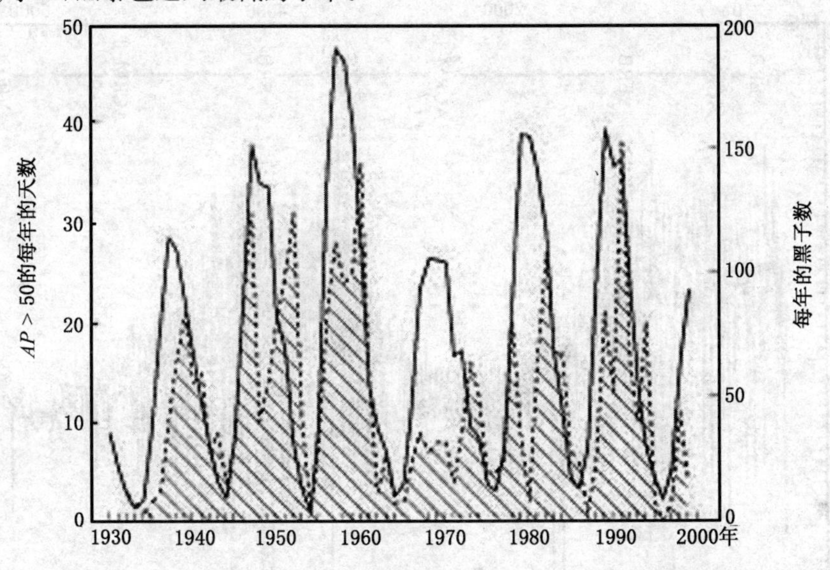

图 2.5.2　AP 大于 50 的年地磁扰动天数与太阳黑子数的关系[8]

图 2.5.2 也证实了地磁活动周的双峰特征。平均来说，地磁活动在太阳黑子数最大时达到一个峰，另一个峰出现在太阳活动周在下降相。通常认为，地磁活动的两个峰有不同的太阳和日球源。第一个峰伴随着瞬态的太阳活动，并跟踪太阳活动的幅度变化和相位；后一个峰通常归于来自冕洞的重现性高速流。后一个峰常比前一个峰高。

2.5.4　总太阳辐照度的长期变化

从空间监测**总太阳辐照度**的变化已经持续了 20 多年。这些观测结果表明，总太阳辐照度以很宽的时间尺度变化，从几分钟到 11 年太阳活动周。5 分钟时间尺度的变化是由于 p 模震荡。对于几天到几个月时间尺度的变化，活动区的演变起了重要作用。

从空间监测总太阳辐照度的最重要发现，是证明在一个太阳活动周内总太阳辐照度变化 0.1%。

第一个而且是时间最长的高精度总太阳辐照度监测计划是由 Nimbus-7 卫星上的“地球辐射收支(ERB)”实验执行的，时间为 1978 年 11 月到 1993 年 1 月。太阳峰年卫星(SMM)于 1980 年 2 月发射，其上的 ACRIM-Ⅰ实验于 1989 年 7 月结束。高层大气研究卫星(UARS)上的 ACRIM-Ⅱ实验从 1991 年 10 月起继续 ACRIM-Ⅰ的辐照度观测。SOHO 飞船的 VIRGO 实验从 1996 年 1 月开始在 L1 点上观测总太阳辐照度。其它的总太阳辐照度长期观测有 ERBS 卫星上的地球辐射收支实验(ERBE)以及欧洲可回收运载火箭的太阳可变性实验(SOVA)。图 2.5.3 给出合成的总太阳辐照度观测结果[9]。

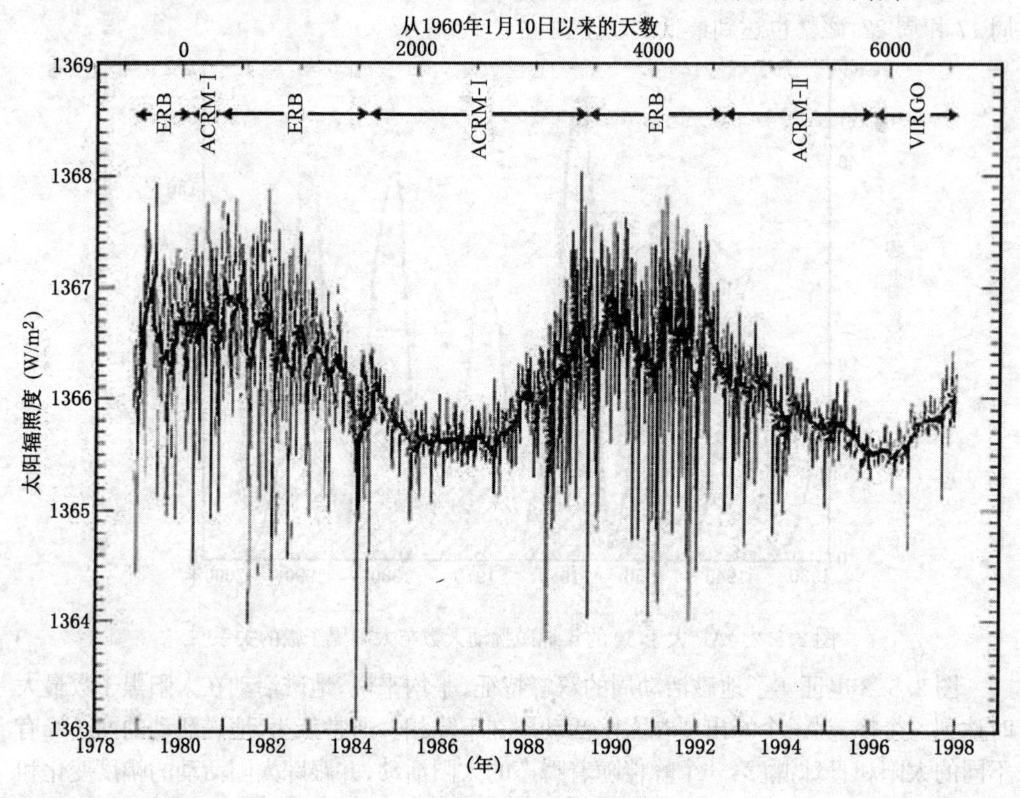

图 2.5.3　合成的总太阳辐照度观测结果

从图 2.5.3 可以看出，最重要的特征是 1979～1982 年间与 1989～1992 年间具有相同的峰值幅度，在 1985～1987 年间与 1995～1997 年间具有相同的最小幅度。

§2.6　行星际天气

日地行星际空间是日地系统中的一个基本空间层次。其间的行星际介质—太阳风等离子体和磁场，把“镶嵌”于内的太阳活动的丰富信息带到地球附近，常常引起地球空间天气一系列重要变化，它像一条纽带把太阳和地球紧密联系起来，它是日地系统相互耦合链上非常重要的一环，上联太阳，下接地球。由于太阳输出的能量、动量和质量的易变性，以及在从太阳传输到地球的过程中，往往要受到其间的激波、磁云、电流片、共旋相互作用区等大尺度结构，以及发生于其中的磁流体力学(MHD)波动、等离子体过程等中小尺度结构的复杂相互作用，当它们到达地球附近时，大多早已面目全非了。因此，要了解与等离子体和磁场变化有关的地球空间天气变化，首先就要了解太阳活动与行星际现象间的联系，它的研究对日地系统耦合过程的研究来说，具有给出整个系统行为状态的“初边值条件”的重要意义。在行星际中，最主要的天气系统和天气过程表现为以下几种形式[2]：

共转压缩区：当太阳风高速流追超慢太阳风流时，在快、慢太阳风流之间形成共转压缩区，它也像地球大气中锋面那样，引起磁层扰动。

行星际磁云：行星际磁云就像地球大气中的气团那样，当其与地球磁层相互作用时，磁层被压缩，形成复杂的磁层顶边界层结构。在向阳侧磁层边界层产生磁场重联，太阳风动量、质量和磁能通过磁层顶向磁层中传输，产生磁层亚暴、磁暴和粒子加速。

行星际激波：行星际激波就像地球大气中的锋面那样，当其扫过地球磁层时，向阳侧磁层顶受到压缩，产生磁暴增长相，并引起磁层等离子体动力学过程的变化。

行星际磁场南-北转向过程：当行星际磁场由北转向南时，在向阳侧磁层顶边界层区，可发生磁重联，形成太阳风-磁层发电机过程，产生磁层亚暴和磁暴。

2.6.1　行星际磁场、扇形结构与激波[10]

太阳风携带了一个弱的磁场(几个 nT)，由于太阳风等离子体的电导率很大，这个场“冻结”在等离子体中，这样，等离子体控制着总的磁化等离子体的运动，因为它具有大的能量密度：$nmv^2/2 > B_s^2/2\mu_0$，这里 n 是粒子密度，m 是粒子质量，v 是太阳风速度，B_s 是磁通量密度。在太阳风中，粒子的动能密度超过磁场的能量密度大约 8 倍。

行星际磁场是在 1963 年由 IMP-1 卫星上的高灵敏度磁强计发现的。IMP-1 是一个偏心轨道行星际观测平台，远地点为 32 Re。虽然太阳风从太阳几乎径向流出，太阳旋转使得磁场变成螺旋形式，如图 2.6.1 所示。

行星际磁场的方向相对于太阳可以朝里，也可以向外，早期最显著的的一个成果是可以分为不同的扇区，磁场隔一扇区朝里和向外。图 2.6.2显示了行星际磁场极性的**扇**

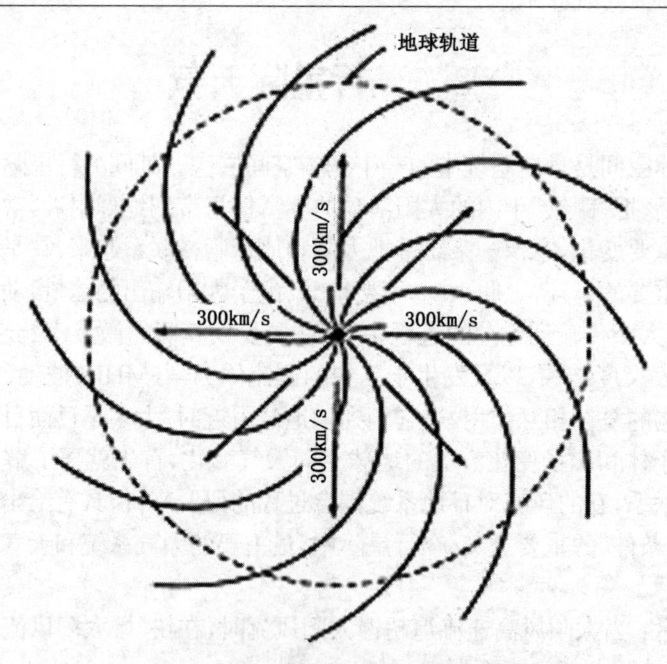

图 2.6.1　行星际磁场在太阳赤道平面的形式
相应于太阳风速度是 300km/s

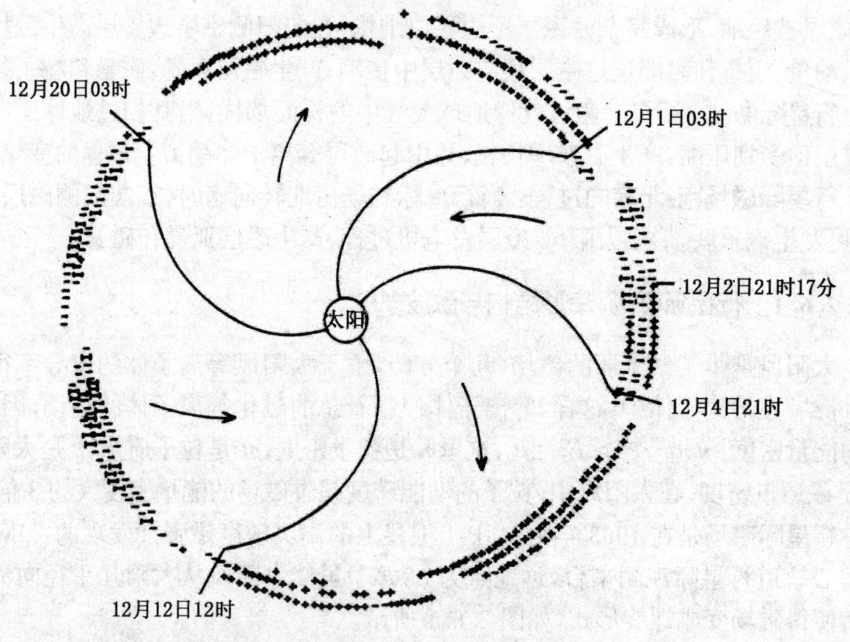

图 2.6.2　太阳风在 1963 年末的扇形结构
图中"－"号表示 IMF 向里,"＋"号表示 IMF 向外

形结构,那里有四个扇区,其中两个朝里,两个向外。然而不总是这种情况,因为扇形结构随时间演变。有时只有两个扇区,有时扇区不具有相同的宽度。

很明显,虽然 IMF 源于太阳,是太阳磁场的一部分,但在 0.3AU 和 10AU 之间的黄道面观测显示了了非偶极的形式(光球层的复杂场在这里可以忽略,因为它们仅向外扩展两三个太阳半径)。这个异常问题的答案是推测在赤道面或赤道面附近有一个电流片,它有效地将向外的场(上面)从朝里的场(下面)分割开来,如图 2.6.3 所示。当太阳旋转时,如果太阳磁偶极与旋转轴倾斜,电流片将与黄道面倾斜,接近于地球的卫星将观测到一个双扇形结构。当看见两个以上扇区时,认为电流片发展成波浪形,像芭蕾舞演员的裙子;因此,图 2.6.3 所示的概念常称为**芭蕾模型**。大多数太阳风测量接近黄道面,但在黄道面以外的飞船观测到扇形结构的消失,这是与芭蕾模型是一致的。也有这种可能,因复杂的太阳磁场产生更复杂的扇形结构,如太阳局地等离子体抛射。

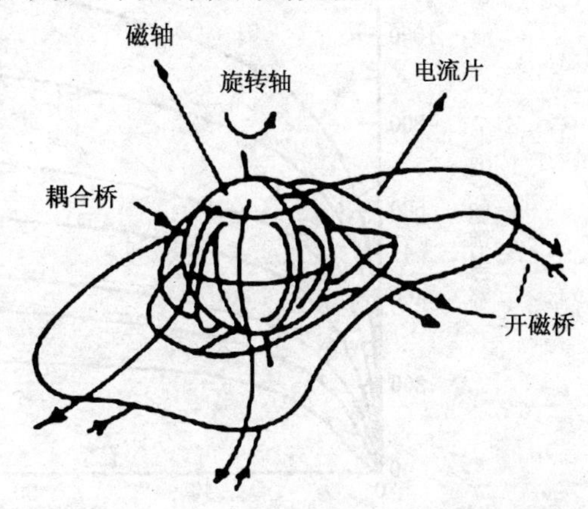

图 2.6.3 太阳风中电流片的芭蕾模型

众所周知,日冕洞是高速太阳风的源,来自冕洞的太阳风速度一般超过 700km/s。速度越大的太阳风来自越大的冕洞。不到 20%的太阳表面有冕洞组成,在太阳黑子周的下降相,冕洞的数量会更多。

2.6.2 行星际空间的太阳风[11]

日冕的高温是重要的,因为**太阳风**必须从太阳深的引力势井中逃逸,从太阳表面的逃逸速度是 625km/s。于是,一个从太阳表面逃逸到无限远的质子要求具有 2keV 的能量,从 5 R_s 逃逸到无限远的质子要求具有 0.5keV 的能量。106K 的质子的热能仅 100eV。图 2.6.4 表示了日冕等温膨胀的处理结果,是由 Paker 首先描述的。

由于压力梯度随径向距离下降比引力下降缓慢,太阳风被加速,甚至达到超音速。地球距离太阳大约 230R_s,正如图 2.6.4 所描述的,太阳风到达 1AU 时接近它的渐进速度。对于接近 106K 的日冕温度,由这个图可得到中等的太阳风速度。然而,对太阳风膨胀建模仍然是活跃的领域,因为目前只有很少的观测限制加速区"热过程"的特征。另外,对太阳风在关键区的特性了解也很少,在这些区域,不能获得日冕实地测量数据。

图 2.6.5 给出太阳风速度与日球经度的函数关系,是由 Ulysses 飞船在 1992 年 2 月到 1997 年 1 月期间的测量结果绘制的。

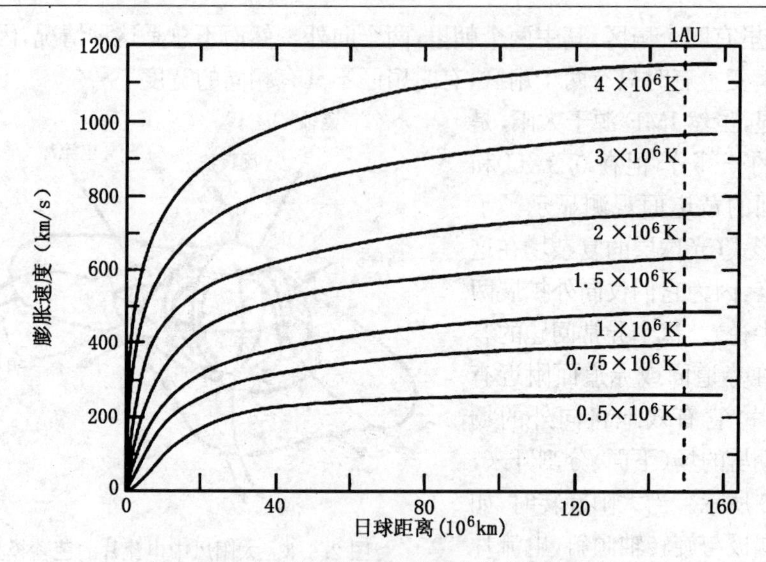

图 2.6.4　由等温膨胀模式得到的太阳风速度

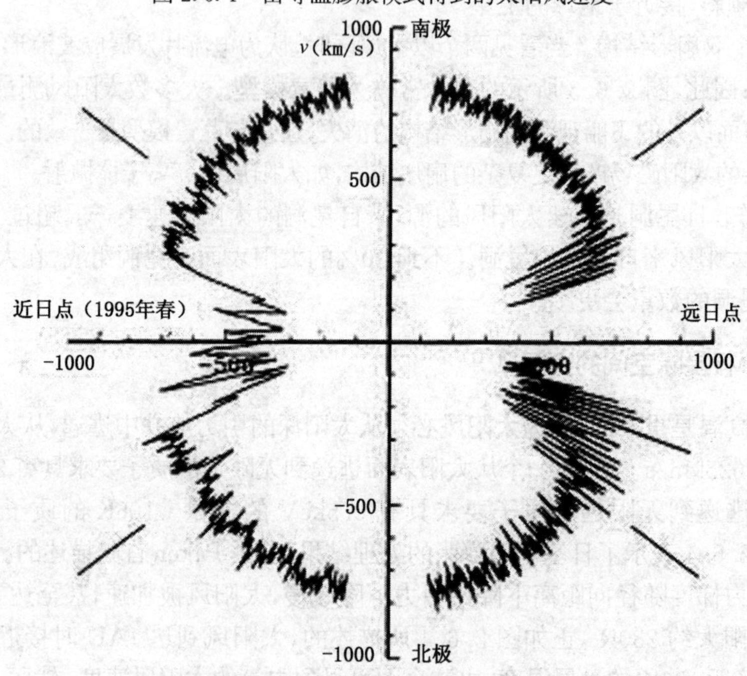

图 2.6.5　太阳风速度在日球中的分布

2.6.2.1　离子

因为带电粒子分布通常是围绕磁场柱对称的，通过显示平行和垂直于磁场的通量可以显示角分布，见图 2.6.6。太阳风离子的角分布是复杂的，在平行和垂直于磁场方向常常有很不同的形状。有时等值线是椭圆的，沿场向最大，因而 $T_{//}>T_{\perp}$。其它情况等值线在垂直于场方向拉长，因此 $T_{\perp}>T_{//}$。

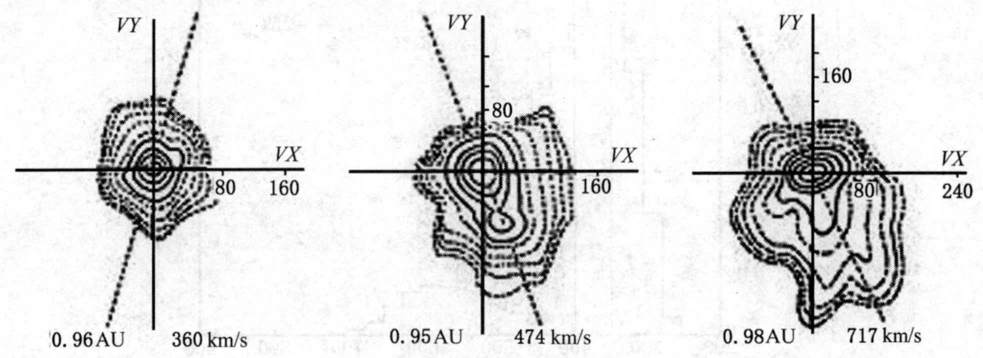

图 2.6.6　二维太阳风离子分布

如果假定太阳风离子的熵不随离子外流而变化，则压力和密度可由多方定律 $P\rho^{-\gamma}=$ 常数表示。对 $P=nkT$，这可以转换为 $n^{(1-\gamma)}T$ 是常数。因为 $\gamma>1$，T 随 N 减小而减小。

由于太阳风径向膨胀时粗略地是球形，它的密度以 r^{-2} 下降。因此预期太阳风温度以太阳风膨胀的规律下降。在无碰撞磁化等离子体中，在回旋频率和回旋半径的尺度内没有扰动时，离子的第一寝渐不变量即磁矩守恒。

于是，由局地磁场强度标度的离子垂直能量恒定，当离子向外传播时，它们的投掷角将变得更趋于场向。这个特性确实定性地看到了，但还没有定量地观测到。沿着磁场有热输送和耗散，波粒子相互作用耦合了太阳风中平行和垂直的离子温度，当太阳风膨胀时，限制了这两个温度的比例。密的和有长输送时间的慢太阳风不能假定是完全无碰撞的。观测到的分布也受太阳风电位的影响。在快速太阳风中，温度比慢太阳风更各向同性。

在地球附近，太阳风是高度可变的。图 2.6.7 显示了太阳风速度的矩形图。可以看到。太阳风可以慢到 260km/s，也可以快到 750km/s，但典型地位于 400km/s。图 2.6.8 显示了密度，它比速度变化更大，范围从 0.1/cm^3 到 100/cm^3。于是，动力压强随太阳风相对于磁层流动和磁层大小的变化基本上是由密度起伏控制的。3 倍的速度变化使磁层半径变化±20%，但在这个范围的密度变化使其变化±80%。在整个太阳周中，年平均动力压强变化大约±20%。这引起磁层小但可感知的变化(±3%)。当高密度和高速度一起发生时，磁层大小可以减半，但一般情况下太阳风密度和速度是反相关的，如图 2.6.9所示。常常粗略地说数通量是恒定的(示于图 2.6.9中的恒通量线表明)，这个恒通量规则只是一个粗略的近似。对比离子温度，它与太阳风速度正相关，如图 2.6.10 所示。这个相关相当定性地与图 2.6.5所示的 Parker 模型一致。

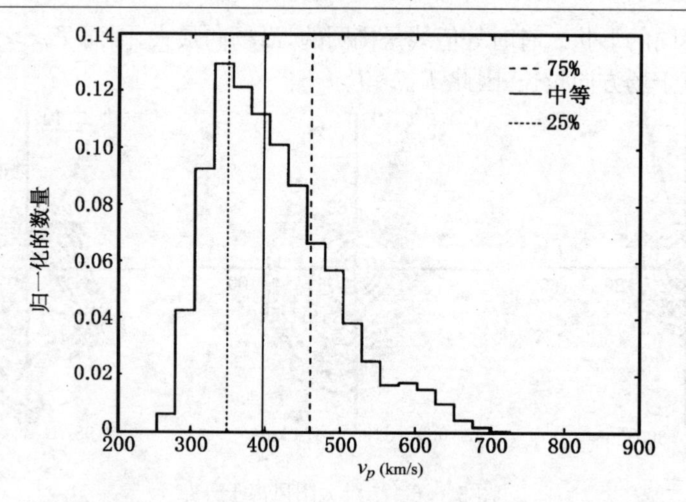

图 2.6.7 根据ISEE-3飞船18个月的观测数据得到的太阳风速度矩形图

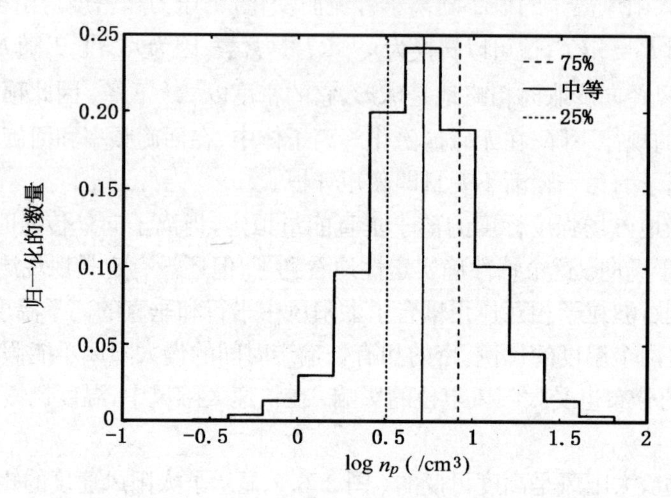

图 2.6.8 太阳风密度的对数矩形图

2.6.2.2 电子

虽然经常将离子作为太阳风中的单流体处理,但对电子这样处理是不正确的。电子常常显示出至少两个分量,一个核,一个晕。正如图 2.6.11 所显示的,核比晕冷和稠密。但要注意,两种成分的热速度大于太阳风群速度。于是,虽然在垂直于磁场方向电子和离子以相同速度漂移,但电子可以比离子更快地离开太阳。这个似乎矛盾的说法是由速度差引入的,因为在日冕中离子和电子有相同的温度,但质量相差很大。在太阳风这样的无碰撞气体中,带电粒子不离开它们所在的磁力线,但他们仍保持准电中性。如果它们不以相同的速度运动,怎样才能保持这种状态呢?

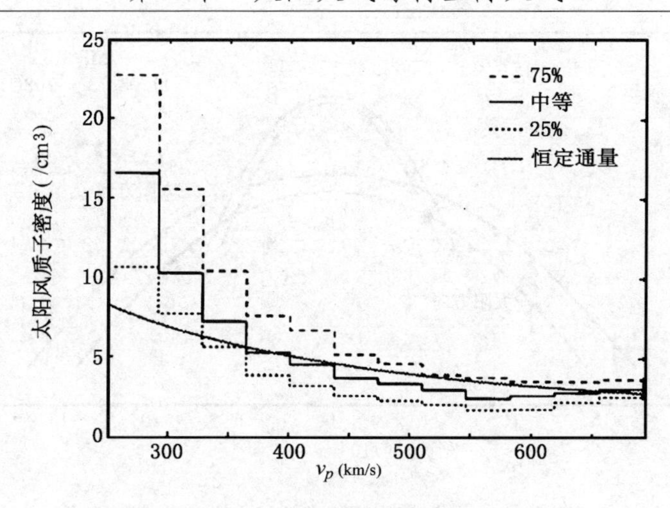

图 2.6.9　太阳风密度随太阳风速度的变化

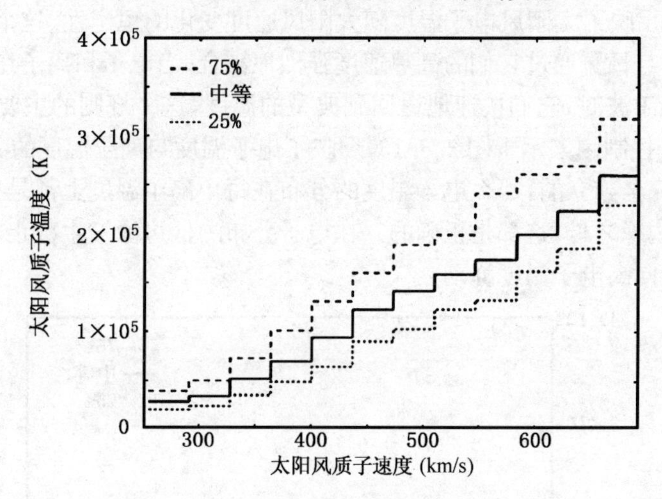

图 2.6.10　太阳风质子温度随太阳风速度的变化

如果在太阳的源区不随时间变化，则场线根部的电子和离子通量是恒定的，对这种情况的回答是无关紧要的。

如果太阳风产生率随时间变化，沿着通量管的离子密度随距离变化，则电子通过稠密区时不得不变慢，然后在稀薄区速度增大。发生这种情况是因为当有过多数量的离子时，将有一个将电子吸引到那个区的极化电场。在不太密的离子区，电子将被过量的负电荷排斥。结果，太阳风中的电荷不平衡减小，尽管有速度差和时间变化。

可以预料，沿着磁场电位变化，没有可探测到的电中性的变化。

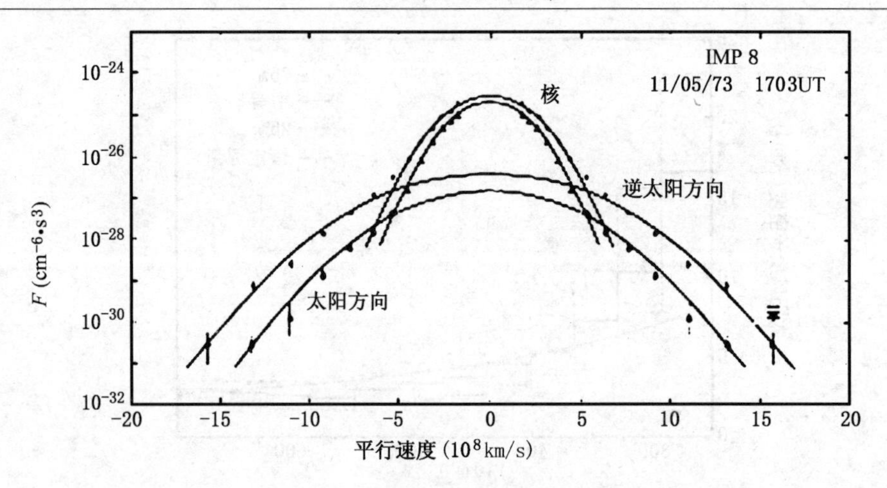

图 2.6.11　太阳风电子沿着磁场方向的分布函数

图 2.6.12 反映了太阳风电子温度随太阳风速度变化的恒定性。这个恒定性部分地发生，因为电子与日冕通过它们的高热速度强烈地耦合。当电子和离子在太阳风中加热时，如在通过强激波时，它们快速地返回到典型的温度，这个规则的主要例外是当离子特别热时。这个控制因素示于图 2.6.13，反映了电子温度与离子温度的关系。如果电子与离子温度是完全独立的，那么电子温度的分布在每个离子温度上都是相同的。除了在电子分布的低边缘之外，这都是正确的。在电子分布的低边缘发生截止，当离子温度升高时，这个截止向高电子温度移动。

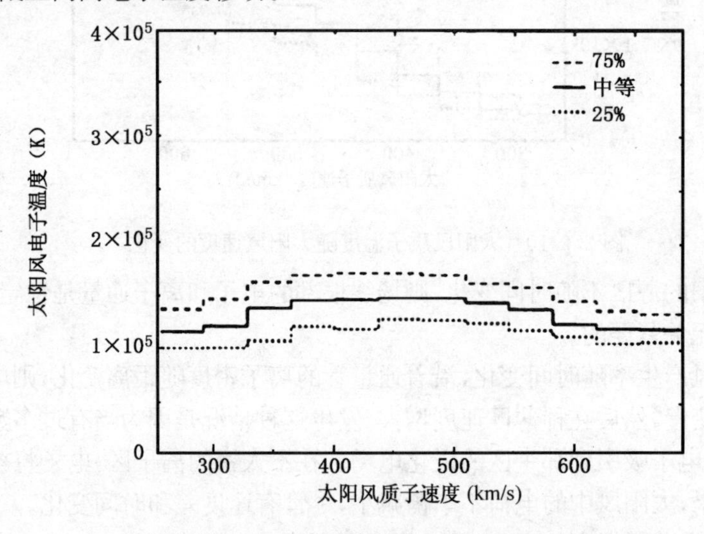

图 2.6.12　作为太阳风速度函数的太阳风电子温度

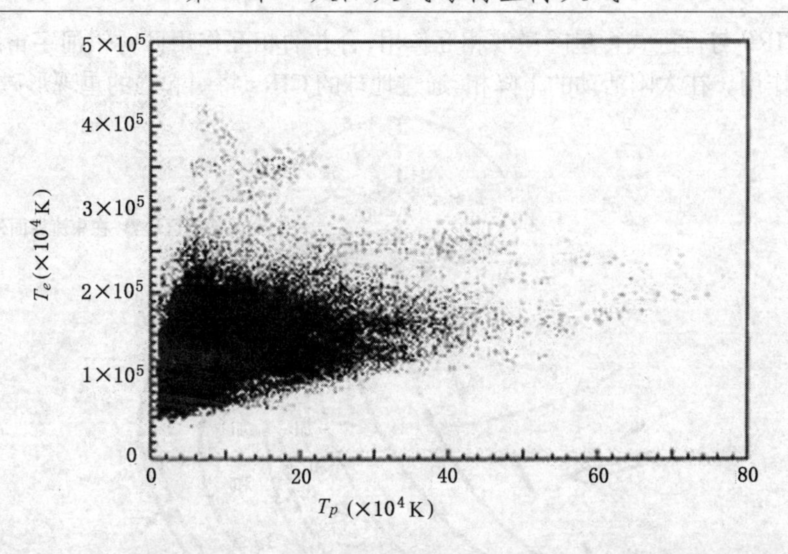

图 2.6.13　由 ISEE-3 卫星观测到的太阳风电子温度与太阳风离子温度的关系

2.6.3　共转相互作用区

快速与慢速太阳风都源于太阳，当这些流束向外传播时，冻结在其内的磁力线将变形。在慢速流中，磁力线比快速流中弯曲得更强烈。因为磁力线不交叉，到一定，在两个流束之间发展了相互作用区(CIR)，如图 2.6.14 所示。通常快和慢速的位置是相当稳定的，在行星际空间的观察者将在重复看到 CIR。这种情况称转相互作用区。

.14 给出的是一个 CIR 理想的演变情况示意图。在太阳表面，太阳风速度从突然的变化。当这些流束向外传播时，在相互作用区的两边压缩和偏转趋于使变平滑，导致等离子体速度的连续增加。在 1AU 处，快和慢速流之间的过渡区型的扩展大约是 30°，而等离子体可能源于宽达 90°的日冕区。于是，在靠近压缩区发现的磁扇区边界不必与界面有关，但可能源于远离快慢流束边界的日冕区。这也是来自日冕和光球层观测的证据：日冕洞的边界与光球层场的中性线无关。实际上，极区日冕洞可以跨过赤道扩展到相反半球。

随着到太阳的距离增加，特征传播速度(声速和阿尔芬速度)减小。在 2AU 和 3AU 之间的某处，压缩区两边的密度梯度变得太大，以致于发展成离开界面传播的激波。传播到慢太阳风的激波称为前向激波，而传播到快太阳风的激波称为逆向激波。

CIR 趋于畸变和破坏从太阳向外传播的所有小尺度起伏和扰动。在外日球，磁场和激波前更趋于方位取向，有时扩展到整个太阳。于是，靠近太阳的不同太阳风流束的最后辐条状结构转变成向外传播的中心激波的壳，像石头扔入水中产生的水波一样。当

CIRs 或 CIRs 与行进式行星际激波相互作用，合并的相互作用区对银河宇宙线的调制起了关键作用。在太阳活动的下降相，通过地球的 CIRs 将引起强的重现形磁暴。

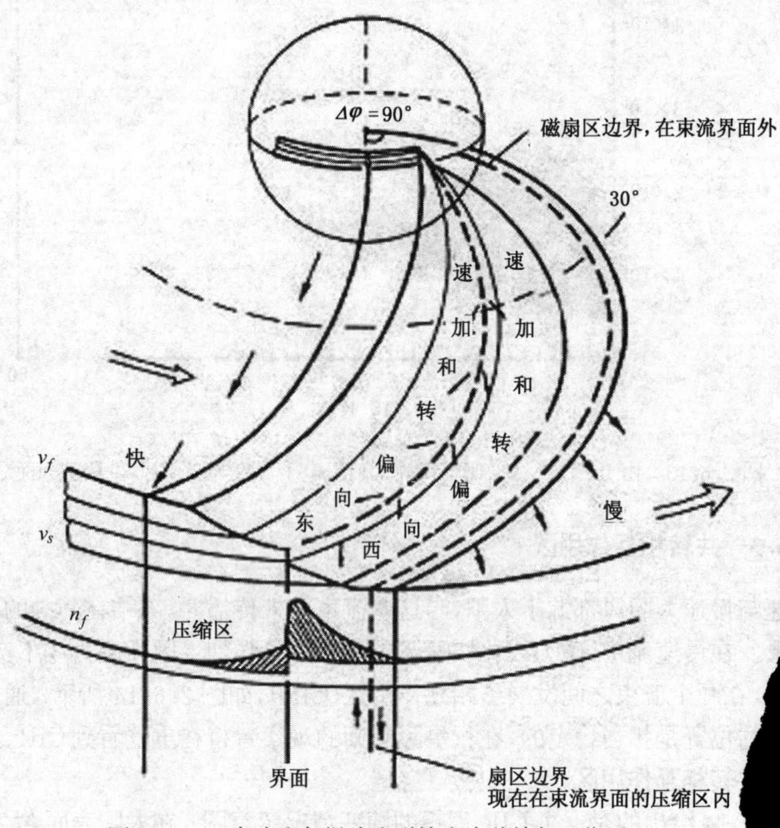

图 2.6.14　高速流与慢速流碰撞产生共旋相互作用

2.6.4　磁云——行星际空间的 CME[13]

在行星际空间，CME 仍然携带着来自母体暗条的磁场图形，这些闭合的磁场结构也称为**磁云**。它们与周围的介质有不同的特征。

图 2.6.15 显示了来自典型磁云的磁场和等离子体数据，垂直线指示了磁云和驱动它的激波的边界。

磁云的典型特征包括：

①磁云里面具有强的磁场；

②磁场矢量旋转，特别是在极角方向；

③等离子体密度、速度、温度以及等离子体 β 低。

也许最广泛使用的抛射物单参数特征是逆流超热电子的发生。因为超热电子携带了电子热通量，沿着磁力线离开太阳。

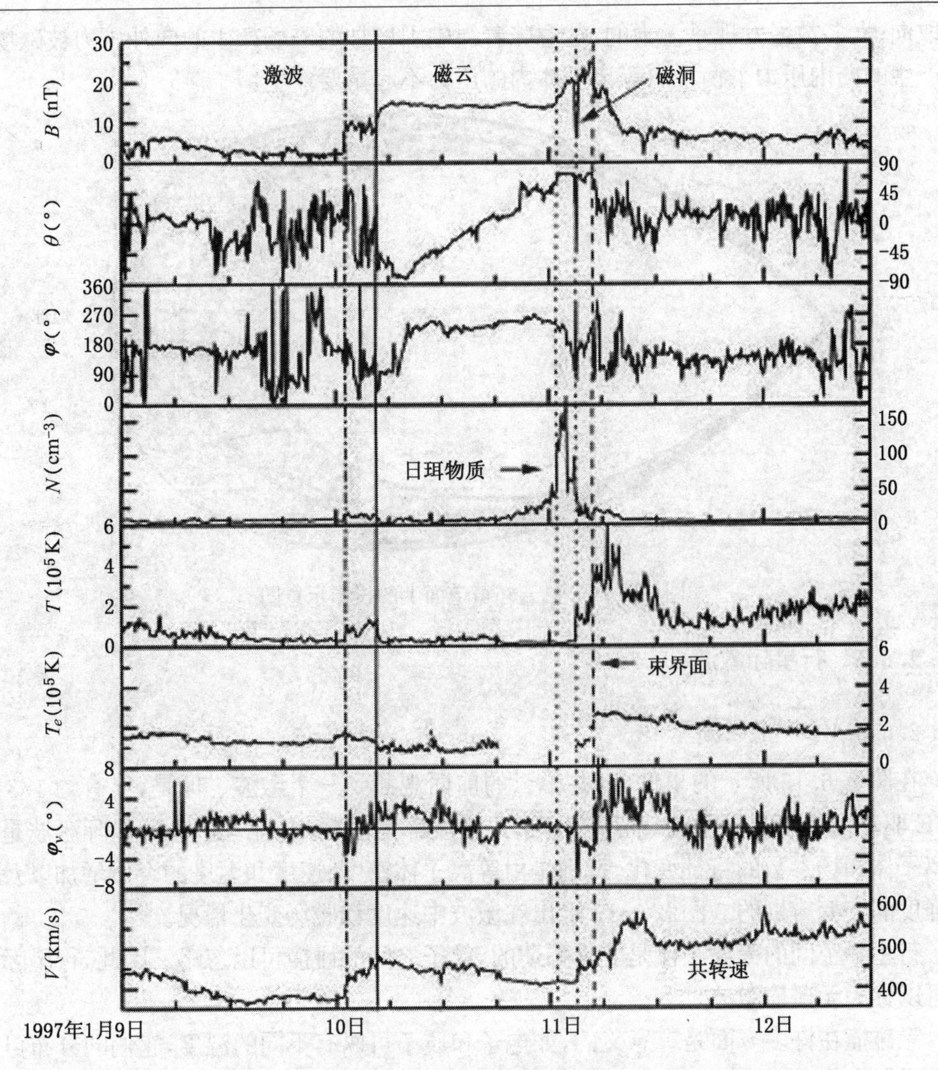

图 2.6.15　1997 年 1 月 9～12 日期间的太阳风等离子体和 IMF

图 2.6.16 是这种结构的现代示意图。沿着磁场的两个方向频繁地出现电子束说明,这些结构至少某些部分连接到太阳。当这些结构通过时可看到磁场逐渐旋转,表明它们形成了扭曲的磁通量管。

来自磁云的磁场数据常常提供好的通量绳模式的拟合。通量绳由螺旋场组成,螺旋场具有增加的从核到边界的投掷角,通量绳假定形成了大的具有末端的环。末端向后朝太阳扩展。

表征这种结构的方法是将磁时间序列反演以得到一个最好的拟合模式。近来的方法允许无力和非无力绳被拟合,并允许绳膨胀。模式得到总通量、当前的流动和每个绳的取向。大多数绳发现是无力的,这意味着绳中因增加的磁场产生的向外压力被磁场曲率产生的向内压力平衡了。等离子体内的压力不起重要作用。

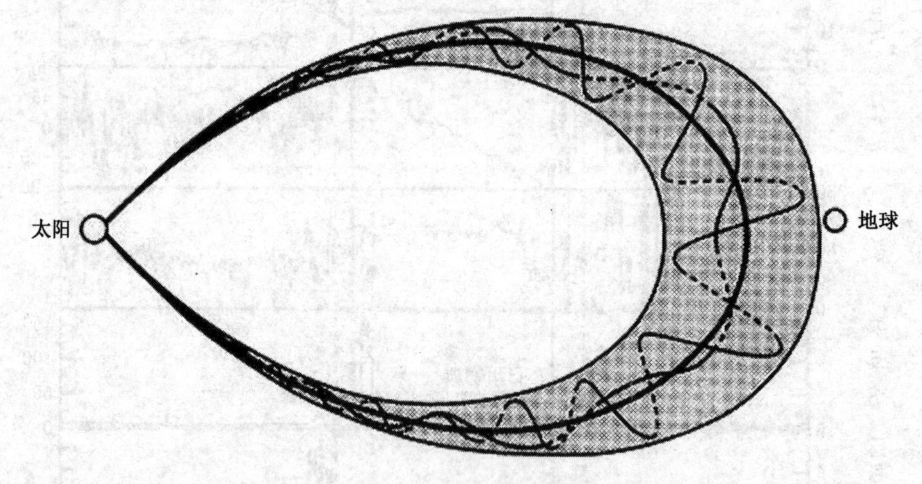

图 2.6.16　磁云在黄道面上的投影示意图

2.6.5　行星际激波

2.6.5.1　一般性质

在图 2.6.15 所示的事件中,在磁云的前面观测到一个**激波**。但是,仅有约 1/3 的 CME 驱动一个**行星际激波**,而所有行进式激波都是由 CME 驱动的。行星际激波是由等离子体和场参数的特征变化,特别是由等离子体密度、速度和温度的突然增加以及磁场强度的突变辨别的。图 2.6.17 给出在激波中速度和磁场变化情况。

行星际空间的等离子体是非常稀薄的,粒子之间的碰撞可以忽略。因此,行星际激波可以称为无碰撞激波。

无碰撞在许多方面是有意义的,如电子和质子可以有不同的温度,它们的分布可以与麦科斯韦分布有很大不同,使得经典的温度概念不适用,磁压力甚至可能导致高度各向异性的粒子分布,耗散过程包含了复杂的粒子和场之间的相互作用。

行星际激波的性质是高度可变的。在 0.3AU 和 1AU 之间,基本特征包括:

①压缩比在 1 和 8 之间变化,平均值接近于 2;

②磁压缩(上游和下游磁场强度之比)在 1 和 7 之间变化,平均值是 1.9;

③在实验室框架中激波速度在 300km/s 和 700km/s 之间,平价值约 600km/s。偶然也观测到 2000km/s 以上。在低速太阳风中只可以观测到高于 300km/s 的激波。由于激波速度朝向侧面时是低的,激波前是舌状的,类似于磁云前头的形状;

④激波的角扩展在几十度至 180°之间变化。激波总是比驱动它的 CME 宽;

⑤阿尔芬马赫数在 1 和 13 之间,平均值约 1.7。

激波参数与 CME 的性质有关,如速度、角扩展和释放的总能量。

2.6.5.2　激波中的守恒定律[14]

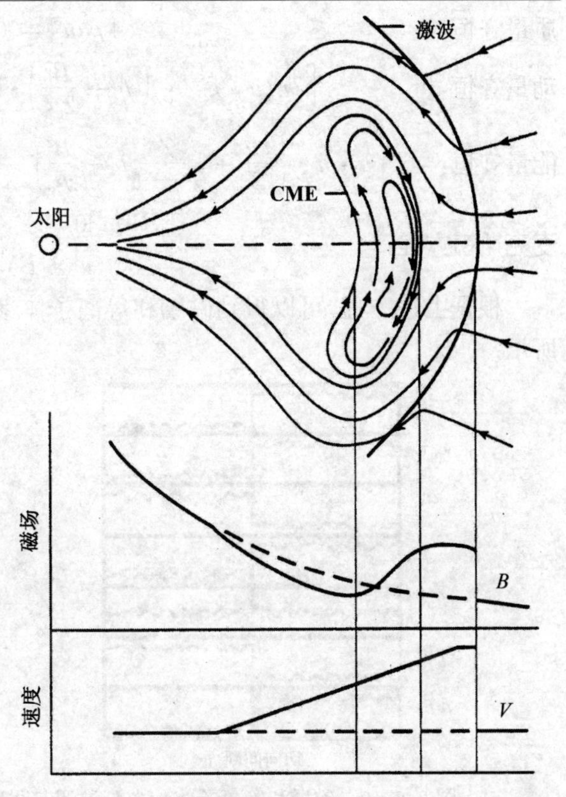

图 2.6.17　激波中速度和磁场的变化

在 MHD 激波中,上游和下游介质中等离子体参数是不同的,如群速度 u、磁场 B、等离子体密度 ρ 和压强 p。这两组参数之间的关系是由基本守恒定律(Rankine-Hugoniot)方程(简称 R-H 方程)确定的。

在描述激波性质时,通常有两种坐标系:一种是正入射坐标系,如图 2.6.18(a)所示;另一种是 de Hoffmann-Teller 坐标系,如图 2.6.18(b)所示。在正入射坐标系中,上游等离子体流垂直于激波,但与磁场倾斜。下游的等离子体流与磁场和激波矢量倾斜。在 de Hoffmann-Teller 坐标系中,等离子体流在激波两边都平行于磁场,在激波前的感应电场 $u \times B$ 为零,坐标系平行于基本激波前以 de Hoffmann-Teller 速度 $v \times B = -E$ 移动。

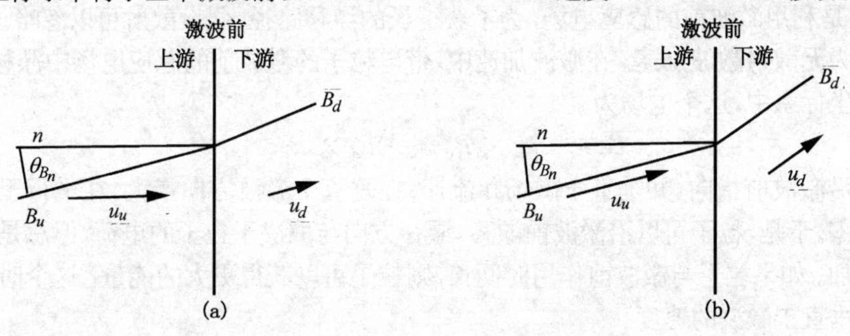

图 2.6.18　MHD 激波的坐标系

设 n 是激波法向的单位矢量,$[X] = X_n - X_d$,给出参数 X 在上游和下游介质中的差。则 de Hoffmann－Teller 方程是:

质量守恒：
$$[\rho u n]=0$$

动量守恒：
$$\left[\rho u(u\cdot n)+\left(p+\frac{B^2}{2\mu_0}\right)\cdot n-\frac{(B\cdot n)}{\mu_0}\right]=0$$

能量守恒：
$$\left[u\cdot n\cdot\left(\frac{\rho u}{2}+\frac{\gamma}{\gamma-1}p+\frac{B^2}{\mu_0}\right)-\frac{(B\cdot n)\cdot(B\cdot u)}{\mu_0}\right]=0$$

麦克斯韦方程：
$$[B\cdot n]0$$
$$[n\times(u\times B)]=0$$

根据上述方程，可以得到磁场和等离子体参数在激波上下游的变化，如图 2.6.19 所示。

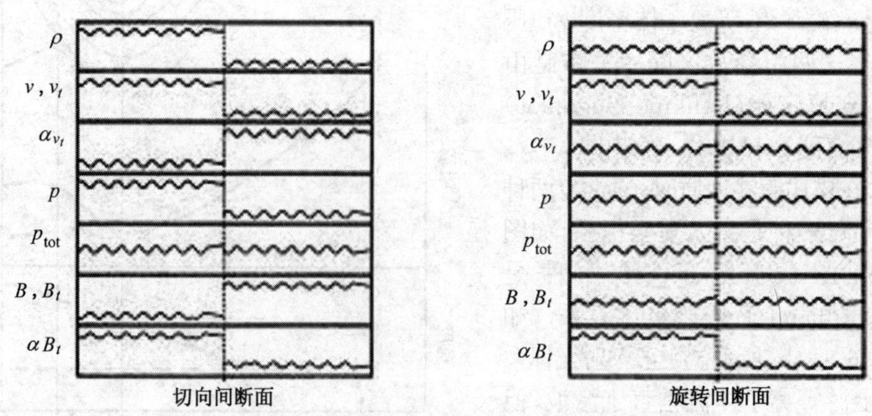

图 2.6.19　磁场和等离子体参数跨过切向间断面(左)和旋转间断面(右)的变化
其中 α_x 表示参数 x 方向的变化，p^{tot} 给出总的压强(动力压强、等离子体和磁压强)

2.6.5.3　激波中的粒子加速

(1)激波漂移加速(SDA)

SDA 是利用激波前的感应电场。为了获得长的漂移路径，假设散射可以忽略。SDA 因此也称为**无散射激波加速**。在激波加速中，带电粒子的激波前的感应电场中漂移。在激波静止坐标系中，这个电场为

$$E=-u_u\times B_u=-u_d\times B_d$$

电场沿激波前指向，并垂直于磁场和流速；在垂直于激波方向最大，在平行于激波方向减为零。于是，粒子可以沿激波前漂移，漂移方向与取决于粒子的电荷，但总是使粒子能量增加。如果粒子与激波前作用时间长，则粒子可以获得更大的能量。这个时间取决于粒子垂直于激波的速度。

激波漂移加速可使太阳风粒子的能量增加几千电子伏到几十千电子伏。

(2)扩散激波加速

扩散激波加速在准平行激波中是主要的加速机制，因为在这种情况下在激波前的感应电场是小的，激波漂移加速可以忽略。在扩散激波加速中，粒子在激波两边的散射

是关键。

因为散射中心冻结在等离子体里面，粒子跨越激波的向前或向后散射可理解为会聚散射中心间的重复反射。

(3)随机加速

在前两部分，我们看到有粒子束进入上游介质产生的扰动对有效的激波加速是重要的。在下游介质中，情况是不同的。当激波通过时，在上游和下游方向产生波。于是，粒子既可以从波中增加能量，也可以将能量供给波，这是一个随机过程，引起的粒子加速称为随机加速。

物理上来说，随机加速是基于波-粒子相互作用。

2.6.6　宇宙线

2.6.6.1　银河宇宙线(GCRs)[9]

银河宇宙线(GCRs)是到达地球的最高能量的粒子辐射。这些粒子主要是在银河系加速的，最高能量的粒子实际是来自银河系外，即起源于银河外面的天文加速器。

在地球大气以外的宇宙线称为**初级宇宙线**，其成分主要是质子(约占 90%)，其次是质子(约 9%)，重的 Li 和 Fe 核占 1%，还有其它含量很少的重核，但种类几乎包含了元素周期表中的所有元素。电子通量只有质子的 1%。

宇宙线的能量范围非常大，从 1MeV 到 10^{14}MeV，覆盖了 14 个量级。

与电磁辐射不同，宇宙线在星际磁场和行星际介质中以曲折的路径移动。因此，从星系到达地球的宇宙线完全失去了它们源的方向的信息。于是，到达地球的宇宙线几乎均匀地来自各个方向，并具有几乎恒定的强度。

这些特征使得对宇宙线起源的研究变得困难，因为我们没有源的方向和起源时间的信息。但是，这些特征也使得对宇宙线的研究成为高能天体物理学的一个很有活力的分支。这是因为：

第一，到达地球的宇宙线粒子是来自遥远恒星、星系物质的唯一取样，除此之外，人类还没有其它办法可以获得太阳系外的物质。因此对宇宙线成分的研究提供了关于它们源的组成的线索；

第二，由于在星系中的长途旅行，宇宙线源的初级宇宙线核，如 H，He，C，O 和 Fe 核等经历了与星际原子的核相互作用，从而初级宇宙线核的破裂过程产生了几种类型在源区不存在的核。^{3}He，Li，Be，N，F，亚铁($z=21\sim25$)等是有到达地球的宇宙线在破裂过程产生的，于是，如果我们测量了这些星际次级粒子的相对含量，如^{3}He/^{4}He，B/C，($z=21\sim25$)/Fe，再测量它们在实验室加速器中的产生截面，就可以确定到达地球之前由银河宇宙线移动的物质的平均含量。

根据各种测量方法确定，在银河系中经曲折路径移动的宇宙线粒子平均量是大约

是星际介质中 $7g/cm^2$ 氢。如果测量的星际氢的平均密度是 0.03 个/cm^3，则可得到到达地球的宇宙线的平均寿命大约是 10^7 年。

在宇宙线物理学中经常使用静止能量、总能量等术语。W_0 是核子的静止能量，$W_0 = M_0c^2 = 938\text{MeV}$。令 E 是动能(单位是MeV)，W 是总能量，则 $W = M_0c^2 + E$。设 $\beta = v/c$，v 是核子速度，c 是光速，$\gamma = 1/\sqrt{1-\beta^2}$ 是洛伦兹因子，P 是动量(MeV/c)，则

$$W = \frac{M_0c^2}{\sqrt{1-\beta^2}} = M_0c^2\gamma \tag{2.6.1}$$

$$E = W - M_0c^2 = M_0c^2\left(\frac{1}{\sqrt{1-\beta^2}} - 1\right) = M_0c^2(\gamma - 1) \tag{2.6.2}$$

$$Pc = \frac{M_0vc}{\sqrt{1-\beta^2}} = \frac{M_0c^2\frac{v}{c}}{\sqrt{1-\beta^2}} = M_0c^2\beta\gamma \tag{2.6.3}$$

总能量 W 与粒子动量有关：

$$W = (P^2c^2 + M_0^2c^4)^{1/2} \tag{2.6.4}$$

由于地磁场对带电粒子有屏蔽作用，因此，只有高于一定能量的粒子才能进入地球的大气层。

图 2.6.20 显示了进入地球的离子的能量要求。

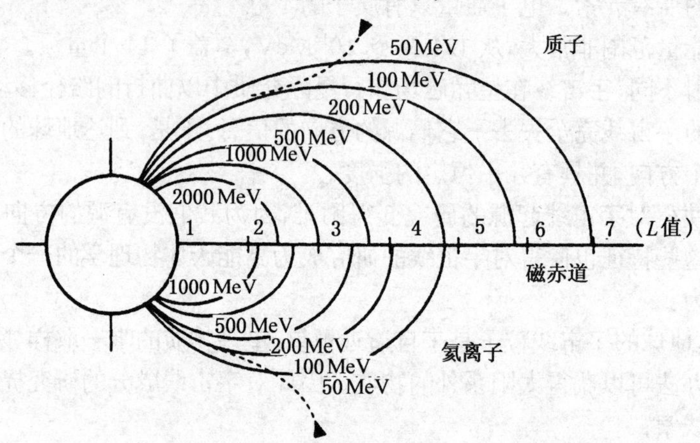

图 2.6.20 对进入地球的离子的能量要求

当 GCRs 位于太阳系中心时，他们必须克服外流的太阳风。太阳风阻止和降低了入射的 GCRs，减少了他们的能量并防止最低能量的 GCRs 到达地球。

这个效应就是众所周知的太阳调制，在地球的 GCRs 比其它空间辐射环境的成分有更高的能量。

太阳有 11 年的活动周期，在地球的 GCRs 强度与太阳活动水平反相关，即在太阳

活动高年,黑子数多时,地球的 GCRs 强度反而低,见图 2.6.21。反之亦言。

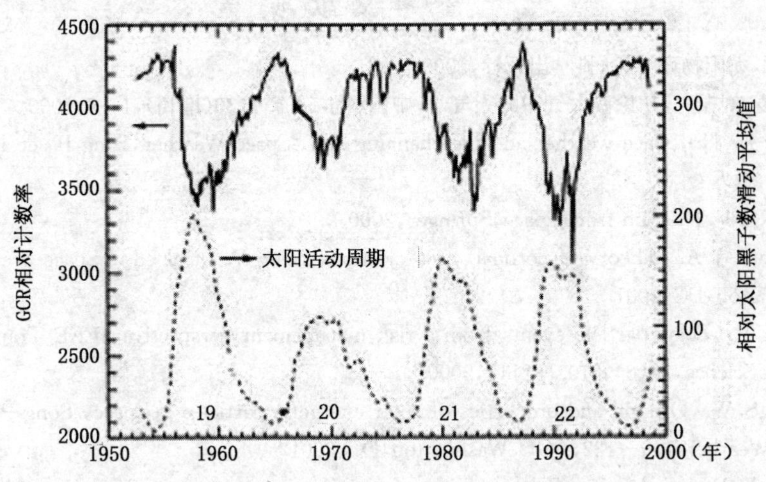

图 2.6.21 宇宙线与太阳活动周期的负相关

太阳黑子的数目提供了太阳活动水平的测量并与太阳风的性质相关。太阳风需几个月的时间传播到地球。因此,太阳黑子数可能作为未来太阳调制水平的指示,提前时间为 1～3 个月。

虽然在地球空间宇宙线的通量低,但由于他们包括了重的高能离子,如铁离子,在通过物质时会产生强的电离,且难于屏蔽,因此造成强的损害。它们会在大规模集成电路中引起单粒子过程和不确定的放射生物学效应。

2.6.6.2 异常宇宙线(ACRs)

异常宇宙线(ACRs)最早于 1973 年作为一定元素(He、N、O、Ne)在能量为～10MeV/n 谱的"撞击"发现的。至今,ACRs 已在 H、Ar 和 C 中观测到。

ACRs 主要起源于中性星际原子,这些原子因太阳在日球介质中的运动而被扫进太阳腔。

在 1～3AU,这些中性原子或是由于太阳 UV 的光电离,或是由于和太阳风质子的电荷交换碰撞而变成单电离的。

这些单电离的粒子然后被带进外流的太阳风,太阳风将它们带到太阳风终端激波(位于 70～100AU)。

在激波中,离子从～1keV/n 被加速到几十 MeV/n。来自 SAMPEX 卫星的观测表明,那些单电离的离子被加速到大约～250～350MeV 总能量。

在终端激波区的碰撞使得某些离子进一步移去电子,达到高电离电荷的状态(+2、+3、+4 等等)由于有这些高电荷,终端激波的电场加速离子到更高的能量。

事实上,SAMPEX 在地球已观测到能量高达～100MeV/n 的异常宇宙线氧离子。

参 考 文 献

[1] 林元章,太阳物理导论,科学出版社,2000。

[2] 汪景琇,刘振兴,初论磁大气中的天气学,中国科学(A 辑),**30**(增刊),1—5,2000。

[3] Parker E. N. ,Space weather and the changing sun, Space Weather,Song P. et al edt. ,91—100,2001.

[4] Lang K. R. ,The Sun from Space,Springer,2000.

[5] Klimchuk J. A. ,Theory of coronal mass ejections,Song P. et al edt. ,Space Weather,AGU Washington,DC,2001.

[6] Turner R. ,Solar particle events from a risk management perspective,IEEE Transactions on Plasma Science,**28**(6),2103—2111,2000.

[7] Kahler S. W. ,Oringin and properties of solar energetic particles in space, Song P et al edt. , Space Weather,109—122,AGU Washington,DC,2001.

[8] Webb D. F. ,et al. ,The Solar sources of geoeffective structures,Song P et al edt. Space Weather,123—141,AGU Washington,DC,2001.

[9] Hargreatves J. K. , The Solar-terrestrial Enviroement: An Introduction to Geospace, Cambridge University Press 1992.

[10] Biswas. S,Cosmic Perspectives in Space Physics, Kluwer Acdemic Publisher,Boston,1999.

[11] Russell C. T. ,Solar wind and interplanetary magnetic field: a tutorial, Song P et al edt, Space Weather,73—89,AGU Washington,DC,2001.

[12] Webb D. F. et al. ,The Solar Sources of Geoeffective Structures, Song P et al edt, Space Weather,123—139,AGU Washington,DC,2001.

[13] Kallenrode M. B. ,Space Physics,Springger,2001.

第三章　地球空间的天气系统与天气过程

§3.1　地球空间的天气系统概述

3.1.1　地球空间的基本结构

地球空间定义为靠近行星地球的、受太阳辐射变化直接影响的空间区域。地球空间起始于距离地球表面大约 50～70km，扩展到几十个地球半径，包括**高层大气**、**电离层**、**热层**和**磁层**。它不同于紧靠地面、产生各种气象过程的低层大气，也不同于行星际空间，尽管太阳也对这两个区域产生影响。地球空间的物质主要源于地球，是地球大气的一部分。地球空间是由许多相互作用共同产生的区域，也是由许多边界决定的区域。这些相互作用包括：地球物质与太阳辐射的相互作用、太阳和地磁场的相互作用、磁场与带电粒子的相互作用；这些边界包括太阳与地球物质的边界、由不同气流支配的各区域的边界。

为了从整体上了解地球空间的特性，首先系统地介绍**地球大气层**。

3.1.1.1　地球大气及其分层

大气层的垂直结构：包围地球的气体，总称为**大气**或**大气层**。像鱼类生活在水中一样，我们人类生活在地球大气的底部，并且一刻也离不开大气。大气为地球生命的繁衍、人类的发展，提供了理想的环境。它的状态和变化，时时处处影响到人类的活动与生存。

静态大气的性质通常由四个参数描述，即压强 (p)、密度(ρ)、温度(T) 和成分。这几个参数不是孤立的，而是由气体定律支配的。其中一个重要关系式为 $p = nkT$。这里 n 是单位体积中的分子数，也称数密度，k 为波尔兹曼常数。

单位体积内的大气质量定义为**大气密度**，常用 ρ 表示。由于地球引力的作用，越往高空大气密度越低，整个大气层质量的 90%都集中在高于海平面 16km 以内的空间里，99.999%都集中在 80km 高度以内，基本按指数规律下降。大气密度不但随高度变化，而且也随着纬度、季节、昼夜和太阳活动等变化。海平面最大密度出现在日出后不久，而 200km 以上大气密度的最大值总是出现在地方时 14 时，最小值出现在地方时 04 时。

大气密度是卫星轨道设计最重要的参数之一，也是计算卫星轨道摄动、飞行寿命、返回时受到的气动阻力与气动加热等的重要依据。

大气温度指大气的冷热程度。从分子运动论的角度看，温度代表单个分子的平均平动动能。温度的变化取决于热平衡(吸热与放热)。由于大气层不同高度的吸热与放热因素比较复杂，因而大气温度随高度的变化规律也比较复杂。

大气温度、成分、密度和风的变化由以下几个因素影响：

太阳活动的影响：主要受极紫外(EUV)辐射的影响，用10.7cm射电通量来指示；太阳活动存在11年周期变化、27天自转周和短期的太阳活动变化。在200km以上，太阳活动高年的温度可达2000K；而在太阳活动低年，温度约600K。温度越高密度越高，密度变化主要反映温度、成分综合积分效应。当太阳射电辐射增加时，密度的效应比温度响应强得多；同一太阳周内和不同太阳周期间，相对于温度的变化，密度发生的是数量级的变化。太阳活动的长期变化对全球高层大气长期变化有显著影响。

地磁活动的影响：在磁扰动期间，高能极光粒子加热大气；太阳风电场从极区向下进入电离层，与地磁场作用驱动电离层对流；离子碰撞中性大气，驱动一个双涡旋风体系；等离子体摩擦加热引起焦耳热；极光带上层大气产生向上运动，这种运动和对流驱动的中性风产生成分和密度的变化，这种变化从高纬传播到低纬。地磁活动效应具有突发性和短促性，相对局部性的特点。

根据大气温度、成分及混合状态随高度的变化特性，可将地球大气划分为几个层。图3.1.1是根据温度梯度特性，将大气划分的五个层次，自下而上依次是：**对流层**、**平流层**、**中间层**、**热层**和**逃逸层**。

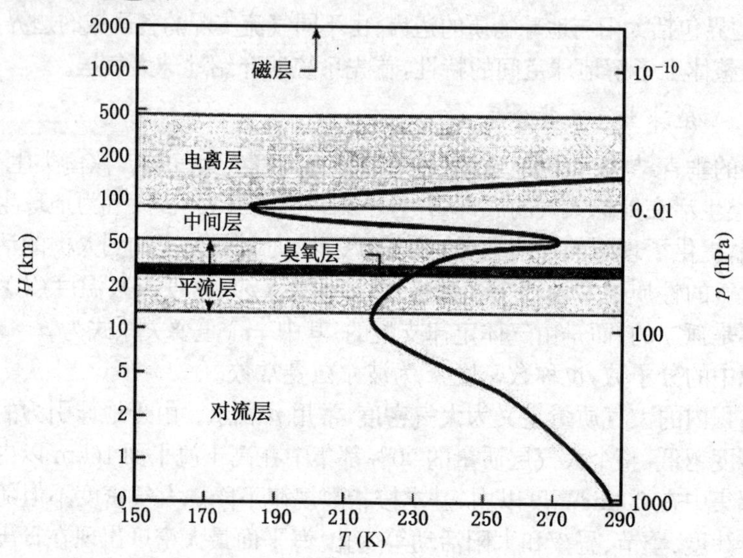

图3.1.1 根据温度对大气层的分层以及一些根据组成成分分层的特性层

对流层是紧贴地面的一层，它受地面的影响最大。因为地面附近的空气受热上升，而位于上面的冷空气下沉，这样就发生了对流运动，所以把这层叫做对流层。它的下界是地面，上界因纬度和季节而不同。据观测，在低纬度地区其上界为17～18km；在中纬度地区为10～12km；在高纬度地区仅为8～9km。夏季的对流层厚度大于冬季。

对流层主要通过与热的地球表面对流加热，而在高层大气中，存在四个加热源：吸收太阳紫外和X射线辐射，引起光化学离解、电离，产生震动加热；从磁层进入高层大气的高能带电粒子；由电离层电流产生的焦耳加热；潮汐运动和重力波能量的耗散。一般来说，第一项是最重要的，第二、三项在高纬也是重要的。耗散运动的贡献是不确定的，估计在0.7mW/m^{2}左右。

在对流层的顶部，直到高于海平面50～55km的这一层，气流运动相当平衡，而且主要以水平运动为主，故称为**平流层**。由于臭氧主要分布在平流层，它对波长为220～290nm的紫外线有强烈的吸收作用，因而引起该层增温，温度随高度升高。

平流层之上，到高于海平面85km高空的一层为**中间层**。这一层大气中，几乎没有臭氧，这就使来自太阳辐射的大量紫外线白白地穿过了这一层大气而未被吸收，所以，在这层大气里，气温随高度的增加而下降的很快，到顶部气温已下降到－83℃以下。中间层温度降低的另一个原因是由于二氧化碳在15μm的红外辐射。由于下层气温比上层高，有利于空气的垂直对流运动，故又称之为**高空对流层**或**上对流层**。中间层顶部尚有水汽存在，可出现很薄且发光的“夜光云”，在夏季的夜晚，高纬度地区偶尔能见到这种银白色的夜光云。

从中间层顶部到高出海面800km的高空，称为**热层**。这一层空气密度很小，在700km厚的气层中，只含有大气总重量的0.5%。据探测，在120km高空，声波已难以传播；270km高空，大气密度只有地面的一百亿分之一，所以在这里即使在你耳边开大炮，也难听到什么声音。热层里的气温很高，据人造卫星观测，在300km高度上，气温高达1000℃以上。

热层顶以上的大气统称为**逃逸层**，又叫**外层**。它是大气的最高层，高度最高可达到3000km。这一层大气的温度也很高，空气十分稀薄，受地球引力场的约束很弱，一些高速运动着的空气分子可以挣脱地球的引力和其它分子的阻力散逸到宇宙空间中去。探测资料表明，地球大气层之外，还有一层极其稀薄的电离气体，其高度可伸延到22000km的高空，称之为**地冕**。地冕也就是地球大气向宇宙空间的过渡区域。人们形象地把它比作是地球的“帽子”。

如果按着大气的化学成分来划分，可将大气分为**均质层**和**非均质层**。这种划分是以距海平面90km的高度为界限的。在90km高度以下，由于风和湍流扩散等作用，大气是均匀地混合的，组成大气的各种成分相对比例不随高度而变化，平均分子量为28.96。这一层叫做均质层。在90km高度以上，组成大气的各种成分的相对比例，是随高度的升高而发生变化的，比较轻的气体如氧原子、氦原子、氢原子等越来越多，大气就不再是均匀的混合了，因此，把这一层叫做非均质层。

在120km以上，大气的各种成分开始扩散分离，氧分子开始部分离解为氧原子；230km以上氮分子部分离解为氮原子。离地越高，离解的比例越大，气体的成分也越轻。320～1000km 之间有一层氦，亦叫**氦层**。氦层以上有更稀薄的一层氢，称为**质子层**。质子层一直延伸到 64000km 才稀薄到行星际空间的密度。

若按大气被电离的状态划分，可分为**非电离层**和**电离层**。在海平面以上 60km 以内的大气，基本没有被电离，处于中性状态，所以这一层叫非电离层。在 60km 以上至 1000km 的高度，这一层大气在太阳紫外线的作用下，大气成分开始电离，形成大量正、负离子和自由电子，所以这一层叫电离层，这一层对于无线电波的传播有着重要的作用。

3.1.1.2　电离层的基本特征

电离层是地球高层大气被电离的部分，高度约 60～1000km。产生电离的过程有两个，即太阳极紫外线及软 X 射线产生的光电离以及带电粒子的撞击电离，结果形成自由电子和离子，但仍然还有相当多的大气分子和原子未被电离，特别在 500km 以下，电子和离子的运动除部分地受地磁影响之外，还因碰撞而显著地受背景中的中性成分所制约。

与此同时，电离成分吸收了使之电离的那部分太阳辐射能量，并在碰撞时部分地把这些能量传递给中性成分。由于在很大高度上空气稀薄，热容量相当小，故中性成分的温度显著提高，因此，在同一高度范围内，电离部分称为**电离层**，中性背景则称为**热层**。

事实上，从电离层向外直至若干个地球半径的范围内，地球大气都是电离的，但大气本身越来越稀薄，电离程度也越来越高，几千 km 以外的大气是完全电离的，不存在背景中性成分，电离气体的运动完全受地磁场的控制，其表现形式和电离层中有很大的差异。因此，我们把部分电离的大气称为电离层，把比它更高的，完全电离的部分称为磁层。

电离层典型的垂直结构示于图 3.1.2。

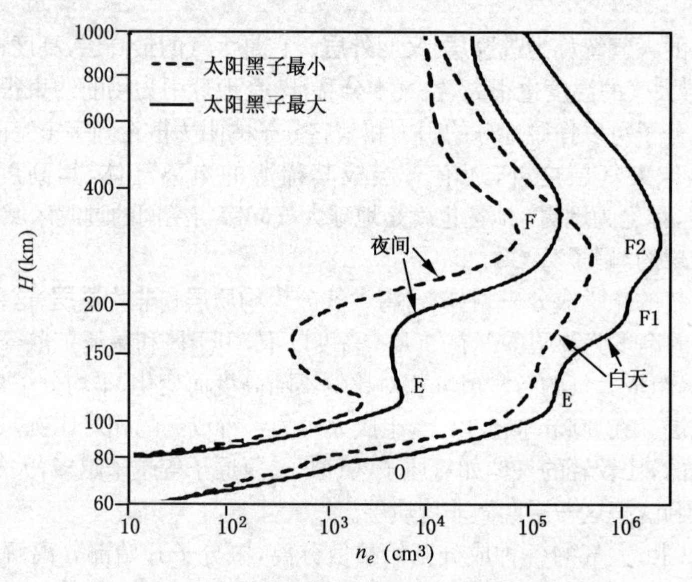

图 3.1.2　中纬电离层典型的电子密度垂直抛面

根据电子密度的垂直分布特征,可将电离层分成几个不同的区(或层):

(1)D 层:

高度范围是60～90km。由于高度较低,大气较稠密,电子与中性粒子及离子的碰撞频率较高,无线电波在这一层中的衰减严重,形成D层的主要电离辐射是太阳的莱曼α辐射。主要的正离子成分是CO^+和O_2^+。夜间D层基本消失,只有微弱的宇宙辐射使D层下部维持较低的电子密度。

(2)E 层:

高度范围是105～160km。E层的特点是电子密度及高度随太阳天顶角及太阳黑子数变化。形成该层的主要电离辐射是太阳软X射线和紫外线。该层主要正离子成分是O_2^+和CO^+。夜间E层基本消失。

(3)F1 层:

夏季白天在F层下部分裂出来的层次。在春、秋季有时也出现。高度范围是160～180km。在不同地磁纬度,F1层电子密度也不同,在磁纬±20°处有极大值,在磁赤道上空有极小值。形成F1层的主要电离辐射是波长为30.4nm的太阳紫外辐射。

(4)F2 层:

电离层中持久存在的层次,最大电子密度所处的高度在300km左右。F2层受地磁场的强烈控制。电子密度分布随纬度变化。形成F2层的主要电离辐射是太阳远紫外辐射。主要离子成分是O^+。

电离层和热层强烈地耦合,尤其表现在动力学过程方面。在地球白天的低、中纬,热层中性风穿过磁力线移动导电的电离层等离子体,驱动了大气层发电机,产生Sq(太阳静日)电流系和赤道电急流(在E区沿着磁赤道的东向强电流)。另一方面,在极区,在极盖的离子漂移响应影射的磁层对流电场,牵制中性气体,在高纬F区产生速度高达1500km/h的中性风。

电离层也与磁层强烈地相互作用。这个相互作用的中心方面是通过大尺度场向电流的电动耦合效应。场向电流的载体是沿着磁力线向下沉降的极光电子和向上流动的电离层电子。前者携带相当大的能量进入高层大气,对电离层和中性大气都有明显的效应。除了激发极光发射之外,极光电子沉降还增加了高纬电离层的等离子体密度和电导率,提供了兆瓦级的能量加热高层大气,极大地影响了全球热层风的形态。

电离层与磁层相互作用的另一重要方面是从电离层到磁层的等离子体外流。在接近太阳活动最大时的磁扰动期间,这种外流通量达10^{26}/s个离子。电离层的等离子体外流以几种形式发生:超声速的极风、极盖外流、来自极光区的向上离子束等。除了这些高纬源之外,在强地磁扰动时还观测到来自中纬电离层的O^+的外流。

电离层等离子体外流的强度和成分随地磁活动、季节、太阳活动周期、地方时和高度变化。

另外，某些磁层过程使其中的带电粒子获得很高能量后又可沿着地磁力线沉降到高纬地区的电离层中。

由于磁层和太阳风相互作用所形成的大尺度磁层电场也可沿着高电导率的地磁力线传递到高纬电离层，而电离层的变化又可对磁层电场施加一定的调制作用，因此，磁层和电离层间的耦合是很强烈的。

60km以下的中、低层大气（对流层、平流层和中间层）是电离层的下界面，其中的环流及其变化所造成的大气成分的小变化可显著影响电离层底部的电离状况及热层的下边界条件。

对流层中各种尺度的运动或波动在一定条件下会向电离层传播，其能量耗散在电离层中会影响电离层中湍流状况及分布，在电离层中形成一定类型的扰动等。虽然现在还不太清楚起源于磁层或电离层中的等离子体扰动是如何影响下层大气的，但看来这种影响是存在的。

最后，也是最明显不过的，即作为电离层电离源的太阳辐射，随着各种不同时间和空间尺度的太阳活动性，以及强烈的太阳扰动而产生剧烈变化，直接影响着电离层。太阳活动和扰动的其他一些效应（例如太阳风和日冕质量抛射等）通过行星际和磁层间接地影响电离层。

电离层是日地空间链条中的一个重要环节，它和链条中的上下左右紧密地联系在一起。耦合或者相互作用，是当前电离层物理学观测和理论研究方面一个引人关注的课题。

3.1.1.3　*磁层与辐射带*

(1)磁层的基本形态

磁层实际上是电离层的延伸，一般认为是在距地球表面1000km以上。在这个高度范围，大气基本是完全电离的，带电粒子的运动基本上是由磁场控制的，因此称为**磁层**。

磁层的边界是**太阳风**与**地磁场**相互作用形成的。当太阳风与地磁场相遇时，由于太阳风的电导率很高，不能穿透地磁场，在地球周围扫过，同时又使地磁场发生畸变。在地磁场和太阳风之间的边界形式是由二者间的压力平衡决定的。在地球的白天一侧，太阳风压缩地球的磁场；而在地球的夜晚一侧，太阳风拉伸地球的磁场，使其形成一条长的尾巴，像彗星的尾巴一样拖在地球的后面。这条磁尾在地球后面绵延10^6km以上，远远越出了月球的轨道之外。

在太阳风和磁层之间是一个薄薄的边界层，称为**磁层顶**。在磁层顶处的地磁场的压力与太阳风的压力相平衡。

在地球的白昼一侧，这一边界层通常位于距地球中心6.4×10^4km的地方。不过这一距离随太阳风压力的变化而变化。当太阳风的压力增大时，白昼一侧的磁场顶被太阳风压缩到离地球较近的地方。

磁层是一个十分活跃的等离子体体系，由于太阳风能量不断输入，不断在磁层中耗散而维持磁层的基本形态。这个过程很少有维持不变的稳定状态。通常所谓的磁层结构只是宏观的平均结构。

按磁场强弱，磁层可大体分为**内磁层**和**外磁层**两个部分。受地磁场控制的内磁层大体位于7～8个地球半径之内的磁层区域。在这个范围内，磁能大于粒子和等离子体总能量，因此带电粒子被磁场束缚，形成围绕地球的高能粒子辐射带。在内磁层下部，被捕获的电离层等离子体形成一个密度较大的等离子体层，大约位于4～5个地球半径之内，其形态与尺度由内磁层电场控制。而内磁层电场又由从磁尾流向磁层的等离子体流所控制，因此称之为对流电场。

外磁层是太阳风、磁层、电离层相互作用的强耦合区。包括磁鞘、磁层顶、磁尾以及通向极区的开放磁场区。在这个区域发生的磁场与等离子体的强相互作用常表现出空间和时间上的突变，这是外磁层结构的最主要特点。

磁鞘在磁层顶的外面，在这个区域内，虽然主要物质来自太阳，但不是典型的太阳风，那里的等离子体平均流速要比行星际空间的等离子体流速小，流动方向偏离日地连线20°以上。

等离子体幔是磁层顶内侧具有与磁鞘等离子体类似的能谱和背离太阳的定向流速的等离子体区。但在向阳面和磁尾的不同区域内等离子体特性略有差别。

磁层的简单模式预计在磁层顶有两个中性点，在这两点的总磁场为零，这些点沿着力线联结到地球表面±78°附近。这两点是仅有的联结地球表面和磁层顶的点，来自层顶的所有场汇聚于这两点。因此它们是人们最感兴趣的区域，太阳风粒子可以进入磁层而不穿越磁力线。在这两点附近的区域称为**极尖区**，该区形如漏斗或缝隙，其经度方向的宽度达几十度以上，故又称**极隙区**。

在反太阳方向，磁层扩展成很长的尾，通常称为**磁尾**，也许它是磁层最显著的特征。卫星磁强计发现，在地球的黑夜边，在$10R_e$以外的地磁场趋于沿日地方向，且有一个中心平面，平面的两侧磁场方向相反，这个平面称为**中性片**。在北瓣的场指向地球，南瓣的场离开地球。

地球的磁场与行星际磁场在极盖区联结。这个重联使得能量从太阳风输送到磁层和电离层，带电粒子从行星际空间进入磁层和电离层。当行星际磁场南向时，重联的量最大。

极光卵位于由重联场线为边界的极区。在这里，来自太阳风和磁层的带电粒子沉降或“降雨”进入大气层。典型的keV能量的降雨是产生极光的原因。

地球的高层大气是磁层粒子的另一个源。在高纬的电离气体可以许多种形式向上输送到磁层。

地球的磁场集中了大量的高能带电粒子，包括电子、质子和某些重离子。地磁场提供了捕获这些带电粒子的机制。带电粒子在地磁场中的运动情况包含了三种运动形式:围绕磁力线的回旋运动、在磁力线南北两个共轭点间的往返弹跳运动和在赤道上空垂直于磁力线方向的漂移运动。

在做漂移运动时,质子和电子的运动方向相反,因此,这种漂移运动在赤道上空产生了围绕地球的电流,称为**环电流**。环电流能量主要由离子携带,大多数是质子。在环电流中也有 α 粒子,即失掉两个电子的氦原子,是太阳风中富含的典型离子。另外,还有一定百分比的氧离子 O^{+}。这些离子的混合表明,环电流粒子的源不只一个。

(2)辐射带

地球有两个捕获粒子区,即**内辐射带**和**外辐射带**。

内辐射带主要由质子和电子组成,还有少量的重离子。内辐射带的空间范围大致从 $L=1.2\sim2.5$(L 值定义为在磁赤道上空的某一点到地心的距离与地球半径之比),在赤道面上大约为 600～10000km 的高度范围,最大强度区大约在 3600km,这个区位置随粒子能量大小而异,一般是低能粒子的中心位置离地球较远,高能粒子的中心位置离地球较近。内辐射带的离子数相对较少,因此积累缓慢,但很稳定。

外辐射带的空间范围从 $L=3.0\sim8.0$,在赤道平面内的平均位置离地面约 $10^4\sim$ 6×10^4 km,其中心强度的位置离地面约 $2\times10^4\sim2.5\times10^4$ km。外辐射带主要由电和质子组成,而质子的能量很低,通常在数兆电子伏以下,其强度随能量增加而迅速小,在地球同步高度上大于 2MeV 的质子通量比银河宇宙线通量小一个数量级。以,外辐射带主要是一个电子带。外辐射带粒子浓度起伏很大,当发生磁暴时浓度高,然后逐渐减少。

辐射带的结构示于图 3.1.3。

图 3.1.3(a)表示内辐射带和外辐射带,其中的实线给出能量大于 30MeV 的质子分布。虚线表示能量在 0.1MeV 和 5MeV 之间的质子;

图 3.1.3(b)的实线表示能量大于 1.6MeV 的电子,而虚线相应于 0.04MeV 和 1MeV 之间的电子。

图 3.1.3 所示的辐射带是在相对于偶极轴轴对称的地磁坐标系中给出的。因为偶极轴偏离地球的自转轴,在地理坐标系中,辐射带是非对称的,特别是在南大西洋异常区,辐射带可在相当低的高度上发现。

在外辐射带的外面,还存在准捕获的电子区,其强度随时间、地磁活动水平快速变化,因此,这个区称为不稳定辐射带。

近些年的探测,特别是 SAMPEX 卫星的探测表明,在内带里面存在一个特殊的捕获粒子区。这个新辐射带的粒子不同于其它区的粒子,它们的成分和带电状态与异常宇宙线类似。

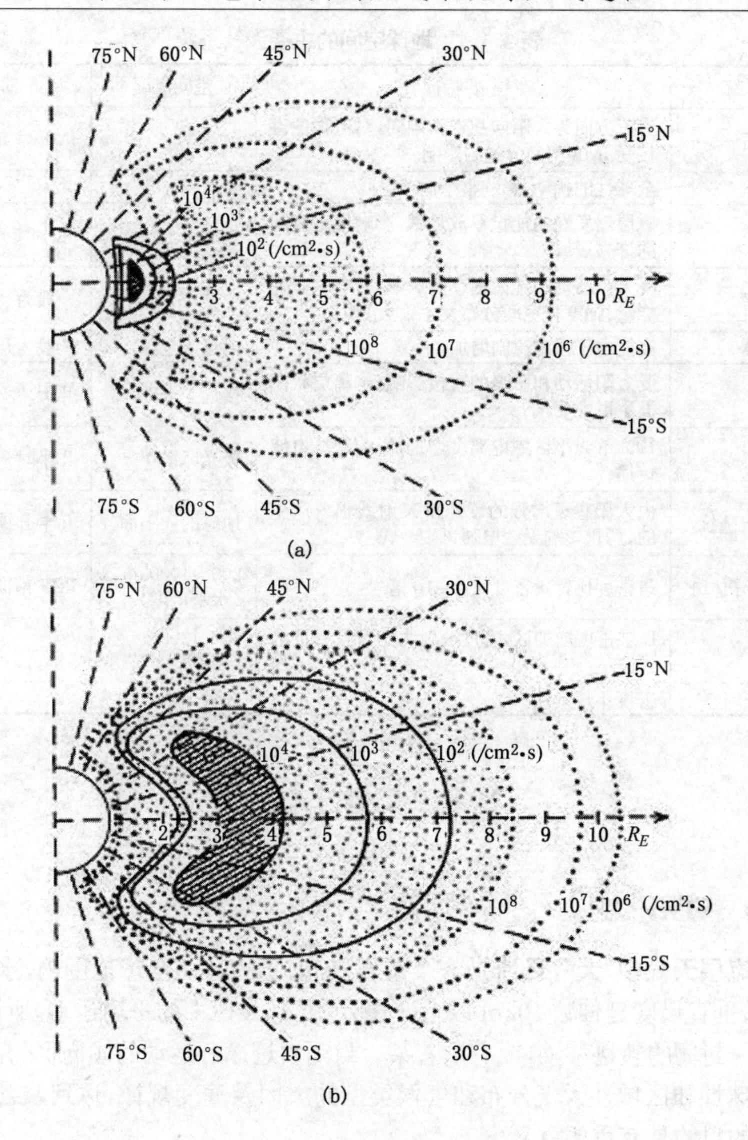

图 3.1.3　辐射带粒子的分布[1]

3.1.2　地球空间的主要天气系统

地球空间的天气系统主要是由太阳辐射变化以及太阳风与磁层相互作用产生的。但地球空间本身也可以看作是一个系统，在这个系统内部，上下层之间存在各种耦合，有些天气系统是在太阳变化与地球空间内部的各种相互作用下产生的。主要的天气系统列于表 3.1.1。

表 3.1.1 地球空间的主要天气系统

天气系统	主要特征	空间尺度	时间尺度
强磁层对流	对流方向为太阳向和逆太阳向，对流强度直接受 IMF 南向分量的影响	全球	IMF 南向期间
磁暴	全球性的扰动，影响整个地球空间	全球	几天
磁层亚暴	磁层爆发性的能量释放过程，影响地球空间的许多区域	接近于全球	几小时
动态辐射带	受太阳活动和地磁活动的影响，带电粒子的能量、强度和空间分布发生很大变化	全球	一般为几小时到几周
高能电子暴	高能电子强度急剧增加	接近于全球	一般为几小时到几周
电离层暴	受太阳活动和磁暴的直接影响，电离层状态发生巨大变化	接近于全球	几天
电离层亚暴	100km 以下区域电离度增加，影响无线电波传播	极光卵区	几小时
突发电离层骚扰	由太阳耀斑增强的紫外和 X 射线辐射产生的，严重影响无线电通讯	地球的向阳面	几十分钟
传播的等离子体斑	斑密度比背景密度大 2～10 倍	200～1000km（水平尺度）	IMF 南向期间
散见 E 层	E 层密度增加区，密度一般大于背景密度的 10 倍	90～120km（高度）	
赤道扩展 F	密度不规则性	几百千米	

§3.2 磁层天气

3.2.1 磁层环流[2]

在对流层天气中，**大气环流**是一个重要概念，指的是在全球范围内，水平尺度横跨数千千米，垂直尺度延伸数 10km 以上，时间尺度 10^5s 以上的平均运动。所谓**环流**，指的是空气沿一封闭的轨迹移动，或有沿着某一封闭轨迹循环运动的倾向。研究大气环流对于确定全球性和区域性天气分布和气候类型的成因及演变规律，达到改善长、中、短期天气预报的目的具有重要意义。

与对流层不同的是，磁层是由完全电离的等离子体组成，其运动状态主要受太阳风和它所携带的行星际磁场支配。因此，**磁层环流**无论是在机制方面，还是运动形态方面，都有许多不同于对流层大气环流的特点。

目前，磁层环流有两种驱动机制，即**粘性机制**和**磁重联机制**。1961 年，Axford 和 Hines 提出，太阳风通过粘性相互作用把动量和能量传输到磁层中，引起整个系统作环流运动。实验证据是根据 S_q^p 电流系的研究。S_q^p 电流系是 S_q 电流系的极区部分。所谓 **S_q 电流系**，是指太阳平静日期间，潮汐风带动离子在高层大气中产生的电流系。S_q^p 电流系的基本形式如图 3.2.1 所示。

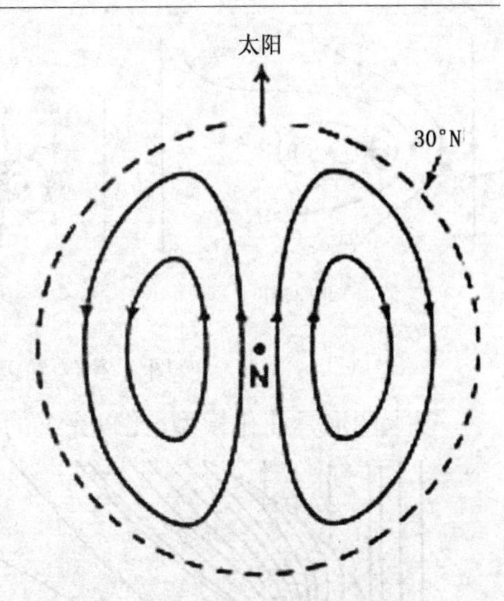

图 3.2.1　由于磁层磁力线根跨越极区运动产生的 S_q^p 电流系

电流跨越极区从夜间向白天流动，在低纬返回到极区。将这个图投影到磁层，意味着磁力线跨过极区从白天到夜间扇区环绕。图 3.2.2(a)表示在赤道平面的磁层环流，图 3.2.2(b)考虑了地球的旋转效应[1]。

粘性相互作用理论的困难是粘性力的特征。因为粘性通常伴随着碰撞，而太阳风太稀薄，平均自由程达 10^9km，碰撞几乎不存在。

由于上述原因，1961 年，英国物理学家 Dungey 提出了太阳风影响磁层的另外一种机制，即所谓"磁重联"理论。在磁重联过程中，IMF 的磁力线与地磁场的磁力线在磁层顶白昼一侧短暂地互相连接起来。图 3.2.3 描述了在地球极区的畸变的偶极子磁场，图中 A 为行星际磁场；B 为与地磁场联结或断开的行星际磁场；C 为开放的地磁场；D 为闭合的地磁场；N 为中性点；0～7 为行星际磁场磁力线依次的位置。图 3.2.3(a)附加一个北向的 IMF，图 3.2.3(b)附加一个南向的 IMF。在这两种情况中，中性点在赤道平面形成，某些 IMF 磁力线联结到地磁场磁力线。这在第一种情况下是不可能的。事实上，IMF 趋于在黄道面上，取向类似于公园的喷水龙头(参见图 2.6.1)，但通常有北-南方向的分量。当 IMF 指向南时，可能与地磁场联结起来。

IMF 被冻结在太阳风中，因此被太阳风所携带。当地磁场与 IMF 联结时，地磁场跨过极区从太阳向中性点向后拉伸，如图 3.2.3(c)所示，因此从白天向夜间输送。而在极盖，磁力线是开放的，它们不与另外半球联结。在磁尾，这些磁力线重联，并朝向地球运动。

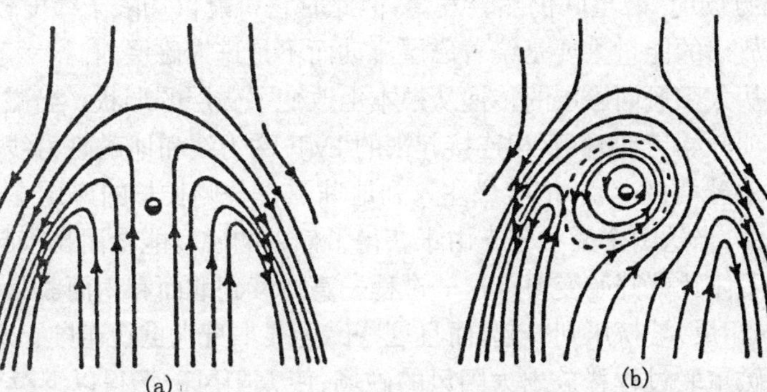

图 3.2.2　在赤道平面磁层环流图形

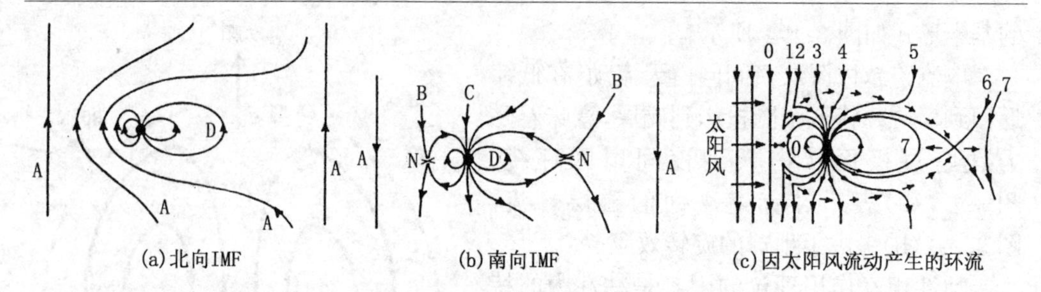

(a)北向IMF (b)南向IMF (c)因太阳风流动产生的环流

图 3.2.3 在极区的地磁场和太阳风磁场

以上图形是简化模型,比较完善的模型示于图 3.2.4。

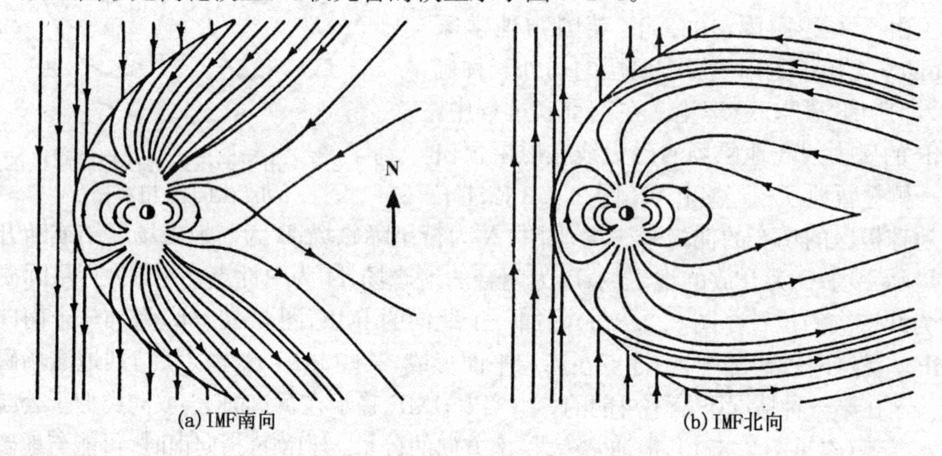

(a) IMF南向 (b) IMF北向

图 3.2.4 磁场拓扑

一般来说,当 IMF 具有一个指向南面的分量时(此方向与地球磁场在磁层的白昼一侧的方向正好相反),磁重联的效果得到最充分的发挥。在这样的条件下,磁重联沿着赤道上一个很宽广的带状区域发生,使得磁层的外侧边界几乎完全向太阳风开放。当 IMF 指向其它方向时,磁重联仍然会发生,但此时它可能仅局限于纬度较高的地区,在这些地区它释放出的能量主要是绕着磁层流动而不是进人磁层内。

磁场能量从太阳风向磁层的传递从根本上改变了磁层的形状。当磁重联作用在白昼一侧的磁层项开始启动时,互相连接起来的 IMF 磁力线和地磁磁力线在太阳风的推动下向后扫过地球两极上空,把能量注入到地球黑夜一侧长长的磁尾在北面和南面的两个瓣状分支中。当这两个瓣状分支由于获得了额外的磁场能量而膨胀起来时,位于它们之间的等离子体片就开始变薄。这一过程一直持续到北面和南面瓣状分支中的磁场线(它们的方向相反)被挤压到一起,而且这些磁场线本身也重新连接起来。

这第二次磁重联过程释放出太阳风的磁场,使太阳风磁场得以继续穿越太阳系流动。与此同时,第二次磁重联作用使地球的磁场线在磁尾瓣状分支加入能量期间向尾部拉伸之后，得以返回其正常的形态。磁场线的这种急剧运动加热等离子作片中的离子和电子并使其加速，将它们注入到磁层的内部区域。这些粒子中有一部分沿着地磁场的磁场线运动，进入地球两极上空的高层大气，与高层大气中的氧原子和氮分子碰撞，引起各种波长上的极光发射(包括 X 射线、紫外光、可见光以及射电波段等)。所有这一系列事件(从白昼一侧的磁重联到黑夜一侧的磁重联到极光)合起来被称为**磁层亚暴**。

除了把磁能传递给磁尾的瓣状分支以外，白昼一侧的磁重联还使整个磁尾上的电场得到增强。电场得到增强以后又使等离子体片流向内磁层的离子和电子增多。这股离子和电子流加入到地球的环电流中。在比较长的白昼一侧磁重联作用进行期间(当 IMF 的方向持续地指向南方时就会出现这种情况)，向着地球运动的等离子体流的持续增强将使环电流中的带电粒子的数目及能量大大增加。IMF 的方向持续指向南方也可能引发一系列接二连三迅速发生的地磁亚暴，每次亚暴都向着地球注入更多的粒子。上述种种过程使环电流得到增强，而这一增强正是大规模的地磁暴的典型标志。

IMF 的方向非常频繁地转向南方，因此磁层出现亚暴是家常便饭：平均说来磁层亚暴每天都要发生几次，每一次持续 1～3 小时。但是大规模的地磁暴则要罕见得多。虽然大规模的地磁暴在 11 年的太阳活动周期中的任何时候都可能发生，但总的说来这类风暴集中发生在太阳活动极大期内。

以上分析说明，南向的 IMF 增加了磁层环流。东西的 IMF 分量对极区对流的对称性有影响，但在 IMF 北向时不发生地磁活动。目前普遍认为，粘性相互作用与磁重联机制都存在，但在 IMF 南向时，磁重联的作用更大。图 3.2.5 表示，两种机制可能共存：磁重联驱动了跨越极区的流动，包括开磁力线。粘性作用沿磁层侧面推动闭合磁力线到一个有限的深度。

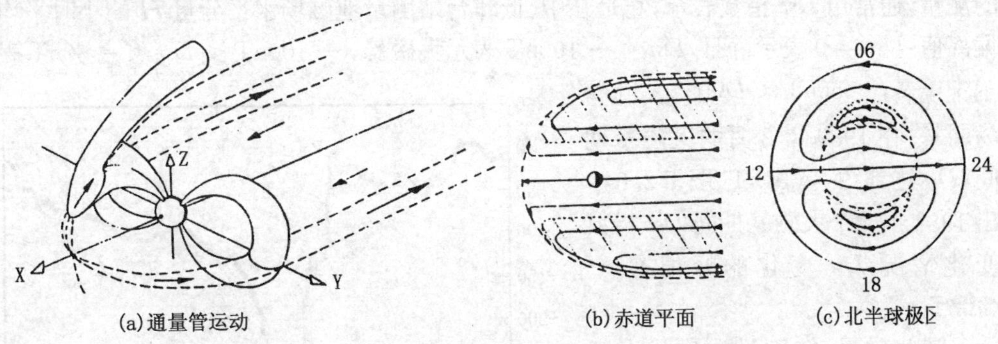

(a)通量管运动　(b)赤道平面　(c)北半球极区

图 3.2.5　粘性与磁重联作用组合引起的磁层环流
阴影区是由边界层驱动的

磁层环流与许多空间天气现象相联系。例如，当行星际磁场南向时，太阳风等离子体在南北磁层顶边界层中运动产生的电流 j_{sw}(向东)与太阳风电场(西向)近于反平行，因而太阳风-磁层相互作用像一台磁流体力学(MHD)发电机，向电离层负载输送能量。

在太阳风与磁层相互作用区的边界，j_{sw}发散，向电离层提供了场向电流。这是大尺度场向电流产生的主要来源。

通常根据在磁层或在极区电离层测量到的磁场剪切和速度剪切计算场向电流。当行星际磁场南向时，在磁层顶和磁尾发生磁重联，太阳风的粒子、电场输入到磁层。太阳风中电场的大小为 vB_z，这里 v 是太阳风速度，B_z 是行星际磁场南向分量。因而大的、南向的行星际磁场，将在磁层或电离层中产生强的对流，引起磁场剪切和速度剪切，进而产生大的场向电流。

场向电流的负载是极光区电离层。当行星际磁场南向时，在极光区电离层发生的重要现象之一是极光电集流的增强。极光电集流的形成是由于在极光卵区高能粒子的沉降使电离率增强，局地电导率增高，当对流电场通过磁力线映射到极光卵区的电离层时，驱动了局地的强电流，这就是极光电集流。

3.2.2 磁暴

3.2.2.1 什么是磁暴[3]

前面已经提到磁暴，现在给出科学的定义：当足够强和持续时间相当长的行星际对流电场作用到磁层时，通过对磁层-电离层系统强的激励，使得环电流大大增加，足以超过定量的暴时 *Dst* 指数的阈值。这时我们就说发生了**磁暴**[2]。

地磁场的扰动是由撞击地球的太阳风起伏引起的。扰动一般限于高纬极区，但在行星际磁场具有长期(几小时或更长)的南向分量且具有较大的幅度(大于 10～15nT)时，磁层连续受到压力，磁场扰动达到赤道区域。赤道磁场偏离正常值的程度，即磁暴大小的测量，通常用 *Dst* 指数表示，它是在中、低纬台站测量地磁场水平分量 H 的小时平均偏离值。$Dst=0$ 表示静日，$Dst<-100\text{nT}$ 表示大磁暴，$-100\text{nT}<Dst<-50\text{nT}$ 表示中等暴，$-50\text{nT}<Dst<-30\text{nT}$ 为弱暴。在 1989 年 3 月的大磁暴期间，*Dst* 达到约 -600nT。图 3.2.6 给出 1982 年一个大磁暴期间 *Dst* 指数变化情况，*Dst* 变化的峰值是 -440nT。

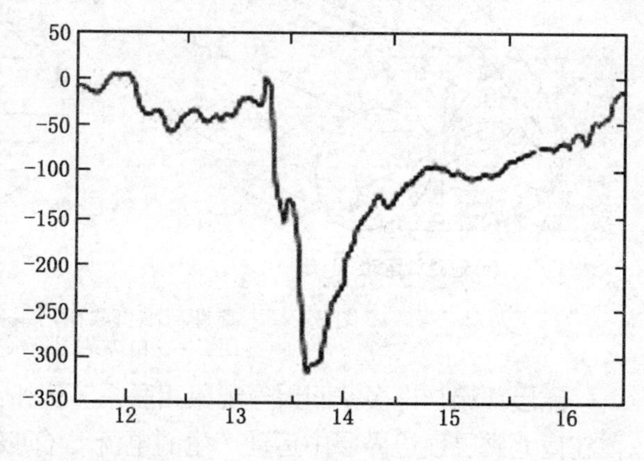

图 3.2.6 1982 年 7 月的一个大磁暴

某些磁暴，特别是大磁暴在开始时表现出一个突然的脉动，这个信号标志了行星际激波结构的到达。磁暴开始前的突然脉动称为**磁暴急始**。

也有其它类型的磁暴，它们具有 27 天的重现性，伴随着源于日冕洞的高速太阳风流。这些磁暴是中等的。严重的磁暴是非重现的，且难于预报。

一个完整的磁暴可分为**初相**、**主相**和**恢复相**等三个阶段。初相是磁暴发展过程中紧接磁暴急始后面的阶段。此时低纬度磁场水平分量大于宁静时的值。初相持续的时间从 10 分钟到几个小时不等，各磁暴间有很大差别。一般认为是行星际激波后面的高速高温等离子体压缩磁层引起的。主相是磁暴发展的主要阶段。在中、低纬度表现为地磁场水平分量大幅度的下降，小磁暴约几十 nT，大磁暴达几百 nT；在极区表现为一系列的磁亚暴。磁暴主相的持续时间从几个小时到一天不等，各个磁暴之间差别很大。恢复相是磁暴发展过程的最后阶段，指扰动场在此期间由极大值逐渐恢复到正常值。通常认为，它对应主相环电流逐渐消失的过程。恢复相的持续时间可达几天，各磁暴间有很大差别。

3.2.2.2　*Dst* 指数和磁层参数

磁暴首要的特征是环电流的形成和增强。环电流是由离子(最主要的是质子和氧离子)和能量范围在 10～300keV 的电子形成的，通常位于 $2\sim7R_E$ 之间。环电流在赤道产生的磁场扰动与地磁场相反，这个扰动场的强度由 Dessler-Parker-Sckopke 关系给出：

$$\frac{Dst^{*}(t)}{B_0}=\frac{2E(t)}{3E_m} \tag{3.2.1}$$

这里 Dst^{*} 是由环电流引起的场的减小，B_0 是赤道平均表面场，$E(t)$ 是环电流粒子的总能量，E_m 是地球外面地磁场的总磁能。

Dst^{*} 是矫正后的 Dst 值(去除磁层顶电流)，矫正了磁层顶电流后 Dst^{*} 与 Dst 的关系为

$$Dst^{*}=Dst-bp^{1/2}+a$$

这里 p 是暴时太阳风随机压力，由 $nm^{+}v^2$ 表示(n 和 v 分别是太阳风密度和速度，m^{+} 是质子质量)，b 是比例系数，a 是静时太阳风随机压力分布。典型情况：

$$b=\frac{0.2\mathrm{nT}}{(\mathrm{eV}\cdot\mathrm{cm}^{-3})^{1/2}}$$

$$a=20\mathrm{nT}$$

在大的压力变化期间，Dst^{*} 与 Dst 可有很大差别。

由(3.2.1)式可看出，场的减小与环电流粒子的总能有线性关系，于是，行星 Dst^{*} 指数用于作为投射到内磁层的总粒子能量的测量，因此也是磁暴强度的测量。

环电流能量平衡的一般关系为

$$\frac{\mathrm{d}E(t)}{\mathrm{d}t}=U(t)-\frac{E(t)}{\tau} \tag{3.2.2}$$

这里 $U(t)$ 是输入到环电流的能量率，τ 是衰减时间。利用方程(3.2.1) 和(3.2.2) 可写

为

$$\frac{\mathrm{d}Dst^*(t)}{\mathrm{d}t}=Q(t)-\frac{Dst^*(t)}{\tau} \tag{3.2.3}$$

这里$Q(t)=2.5\times10^{21}U(t)$(高斯单位)。

没有能量输入时,如在暴的恢复相,方程(3.2.2)有下面的简单解

$$E(t)=E_0\mathrm{e}^{-(t-t_0)/\tau} \tag{3.2.4}$$

方程(3.2.3)的解可写为

$$Dst^*(t)=\mathrm{e}^{-t/\tau}\left[Dst^*(0)+\int_0^t Q(z)\mathrm{e}^{z/\tau}\mathrm{d}z\right] \tag{3.2.5}$$

当输入函数Q具有解析表达式时,这个解是特别有用的。否则,必须数值求解。

3.2.2.3 *行星际介质在磁暴发生中的作用*

发生磁暴的基本原因是与南向行星际磁场(IMF B_s)有关的强**晨昏电场**,具有南向行星际磁场的介质与地球磁层作用足够长的时间。太阳风能量输送机制是IMF与地磁场间的磁互联。在强磁暴期间,能量输送系数是10%的量级;而另一种能量输送机制——粘性相互作用,在强的IMF B_z北向期间,输送效率低于1%。

电场由两个因素组成:太阳风速度v和IMF。观测数据表明,对于$Dst<-100$nT的大暴,基本上是由持续时间长于3小时的、IMF $B_z>10$nT的强磁场引起的。虽然这样的强磁场远大于平静太阳风的磁场(5nT),且通常伴随着高的太阳风速度,但正是非寻常强的IMF,而不是高的太阳风速度v,是电场的主要部分。

IMF强度与它的时间间隔ΔT作为磁暴强度Dst的普遍关系目前还没有发现。Gonzanlez等分析了1978～1979年间$Dst\leqslant-100$nT的磁暴,结果表明,阈值是$B_s\geqslant10$nT,$\Delta T\geqslant3$h。对-100nT$<Dst<-50$nT的中等暴研究表明(期间为1978～1979年),阈值是$B_z\geqslant5$nT,$\Delta T\geqslant2$h。表3.2.1给出在80%发生率的这些阈值。

表3.2.1 对80%发生率的磁暴的B_z,ΔT阈值

	Dst (nT)	B_z (nT)	ΔT (h)
强	−100	−10	3
中	−50	−5	2
小(典型的亚暴)	−30	−3	1

(1) B_z的源

强的行星际磁场与高速流的两部分相联系:本征场和伴随着CME的等离子体(称为激励气体场),激波和压缩场以及高速流与它前面的低速太阳风碰撞的等离子体。在后一种情况,压缩与激波的强度有关,也即与高速流相对于上游慢太阳风的速度有关。相对速度越高,激波和场压缩越强。如果激波进入高速流尾随的部分,可能产生例外的强磁场。

在激励气体中有时有北-南(N-S)磁场分量。这基本发生在低β(0.01～0.8)等离子体区域,这里磁场没有相对突变,波和角的变化缓慢。这个空间区域常常用双向电子束和质子束描述。这个场区仅仅是激励气体的一部分。仅有大约10%的激励气体有大的N-S方向变化。

这些大的N-S场变化区称为**磁云**。图3.2.7(f)表示了这个初始概念。不仅在高速流中发现磁云,在平静太阳风中也发现了磁云。最新的磁云位型是一个巨大的通量绳,有由沿磁轴流动的电流产生的无力场。

在高速流鞘区有各种南向IMF的起因,这些起因也示于图3.2.7。首先,如果在激波上游已有一个南向分量,则激波压缩将增强这个分量,如图3.2.7(a)所示。由于这些场朝激励气体区两面对流,**褶皱效应**将进一步增强这个场,如图3.2.7(d)所示。这种褶皱将发生在不管有无激波压缩时。如果日球电流片被激波扫过,产生的畸变将导致强的N-S分量,如图3.2.7(b)所示。扰动波和不连续性也伴随着强的N-S方向的IMF,如图3.2.7(c)所示。

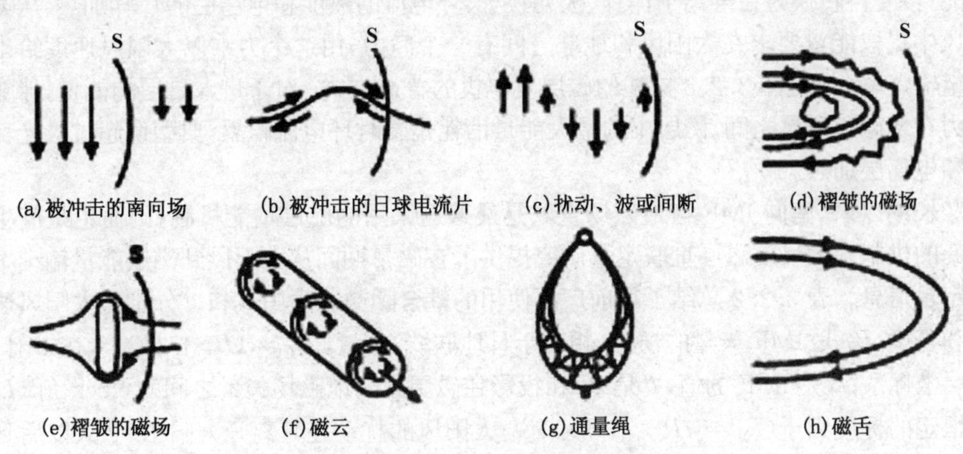

图3.2.7 各种行星际效应特征

图(a)～(e)表示鞘区场;图(f)～(h)是驱动场

到目前为止,所有强暴的行星际效应还没有完全搞清。根据对峰值 $Dst \leqslant -100$nT的大暴的分析,大约90%是由以激波为前导的高速流中的南向磁场引起的。半数磁暴是由激励气体场产生的,半数是由鞘场产生的。当暴强度的阈值减小时,高速流变得不重要,仅有约45%的磁暴的峰值是 $-100\text{nT} < Dst \leqslant -50\text{nT}$,大约23%的磁暴是 $-50\text{nT} < Dst \leqslant -30\text{nT}$。对低强度磁暴,需要进一步研究其行星际原因。

(2)磁暴期间的太阳风-磁层相互作用

图3.2.8描述了在太阳活动最大期间,太阳-行星际介质-磁层耦合的整体特征,表示了主要的磁扰动机制,磁暴和亚暴,以及磁层发电机在磁层增能过程中的作用。

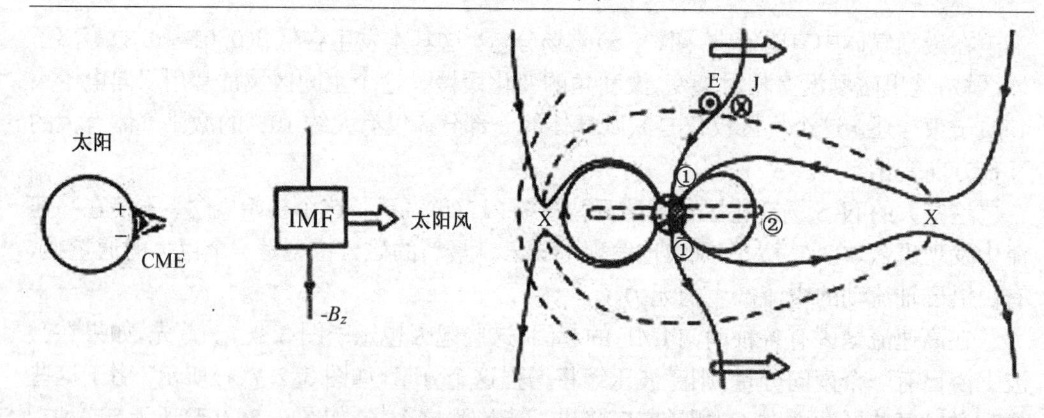

图 3.2.8　太阳-行星际介质-磁层耦合的整体特征
图中：E 为太阳风电场；J 为磁层电流；X 为重联区；①为极光耗散；②为环电流耗散

地球磁层中的基本能量输送过程是来自太阳风的定向机械能转换为存储在磁尾的磁能，接着再转换为在等离子体片、极光粒子、环电流的热能和电离层的焦耳加热。从太阳风中提取能量要求在太阳风和地球之间有一个净力，用这个力乘以太阳风速度给出能量输入率。这是图 3.2.8 描述的磁层发电机的普遍方式。对于进入磁层的能量，伴随的力在地球和磁尾之间。磁层中的最大能量消耗是暴时环电流积累，典型值超过极光耗散和电离层加热。

长期以来，南向 IMF 与地磁场重联是最普遍采用的磁层增能机制，因而也是产生磁暴的机制。大尺度磁层重联定量研究提供了在磁暴期间从太阳风到磁层能量输送率的定量信息。表 3.2.2 总结了目前广泛使用的**耦合函数**。表中 v 和 ρ 分别是太阳风速度和密度，B_T 是 IMF 矢量的横向（相对于日地联线）分量，$B_T=(B_x^2+B_y^2)^{1/2}$，在太阳-磁层坐标系；B 是 IMF 的值，θ 是 B_T 和投影在磁层顶的地磁场矢量之间的 clock 角，L_0 是恒定的标度因子（$L_0=7R_e$）。一般来说，太阳风的扰动在其离开太阳 1～2 天以后到达地球。最快的日冕物质抛射以 2000km/s 的速度移动，引起大多数严重的磁暴。

表 3.2.2　太阳风与磁层相互作用耦合函数

相应的电场	相应的功率	简单的表达式
vB_x	$\varepsilon=vL_0^2B^2\sin^4(\theta/2)$	B_z
vB_T	$(\rho v^2)^{1/2}vB_z$	B_zv^2, Bv^2
$vB_T\sin(\theta/2)$	$(\rho v^2)^{-1/3}vB_T^2\sin^4(\theta/2)$	B_z^2v, B^2v
$vB_T\sin^2(\theta/2)$	$(\rho v^2)^{1/6}vB_T^2\sin^4(\theta/2)$	
$vB_T\sin^4(\theta/2)$		

图 3.2.9 描述了磁暴期间的太阳风条件和磁层响应。图(a)显示了太阳风动力压强。这个压强压缩了磁层，并增加了地球表面的场强。这时，在图(e)上显示了伴随着压力增强 Dst 指数的增加，这是由磁层顶电流引起的。图(b)显示了在此期间行星际磁场

北南分量。在开始时磁场是稍微南向的，这导致极光区的电流，如图(d)所示。当太阳风压力脉动到达时，行星际磁场增加，并开始有强的北南方向的起伏。这严重地影响了极光电流，这个电流的强度在图(d)中以 AL 指数表示。

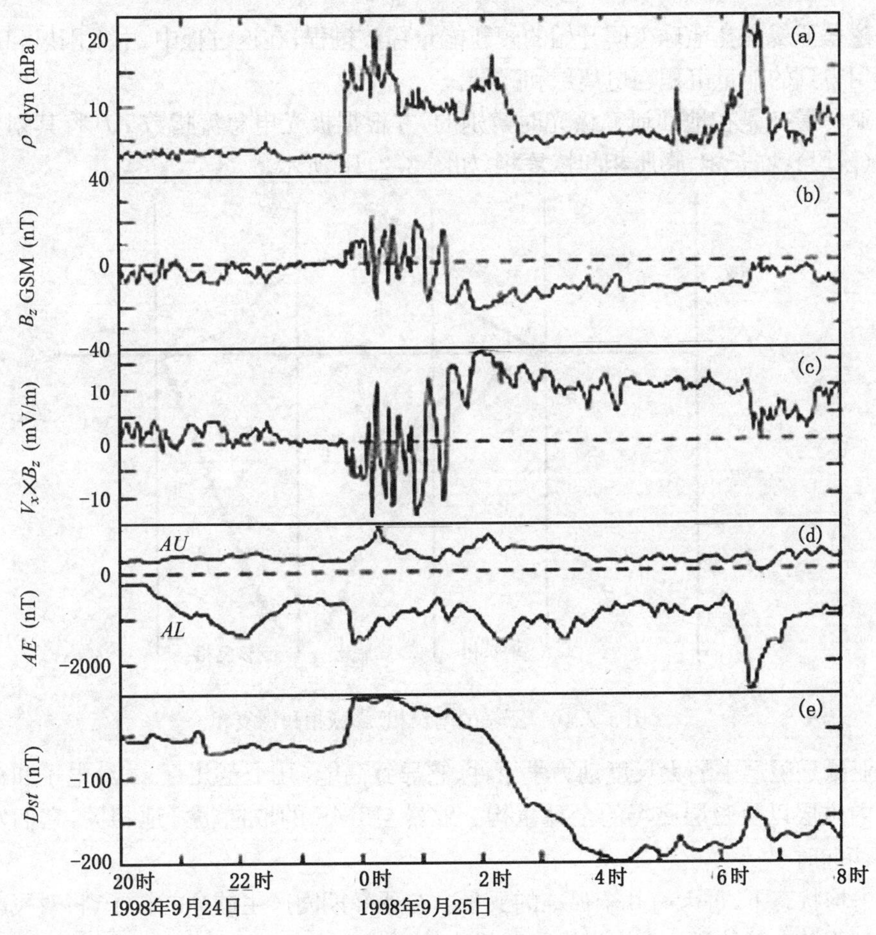

图 3.2.9　磁暴的发展过程[4]

地球空间响应的详细情况是相当复杂的，而我们仅在某些方面了解比较清楚。当一个快速的 CME 通过时，它的前导激波引起各种磁活动的突然起始。到达近赤道纬度的地磁场强扰动将新增能的带电粒子抛射到磁层(形成环电流)。可能出现新的暂时的辐射带。极光的增强是从磁层到高层大气极光卵区的电子和离子雨或"沉降"数增加引起的。磁层作为一个整体通过与太阳风间的相互作用增强而使能量增加，引起增强的电离层电流及磁层与电离层间强的耦合。

3.2.3　磁层亚暴

3.2.3.1　什么是磁层亚暴

磁层亚暴是在地球夜间开始的短暂能量释放过程，在这过程中，由太阳风和磁层相互作用得到的能量沉积在电离层和磁层。

亚暴最初是在地面研究极光时辨别的，并根据极光电急流指数 *AL* 将其划分为三个相(阶段)：**增长相**、**膨胀相**和**恢复相**，如图 3.2.10 所示。

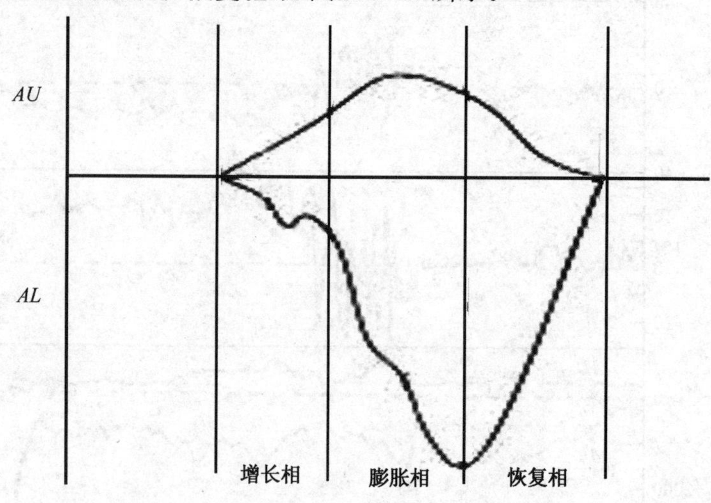

图 3.2.10　亚暴的增长相、膨胀相和恢复相

亚暴是磁层中的大尺度动力学事件，它导致高能(几十至几百 keV)电子和离子投射到内磁层以及磁层磁场的全球重构。亚暴与 IMF 的取向很好地相关，它们发生在 IMF 南向时。

平均状态下，每天有几个孤立的亚暴。在亚暴期间产生的高能粒子，将对飞船构成威胁。亚暴在某种意义上来说像是磁暴小的形式。

然而，亚暴可发生在没有大的行星际扰动时。它们被认为是在没有扰动的行星际磁场具有南向分量期间能量积累。

一般认为，太阳风能量到磁层的输送是一个逐渐的过程，在这些情况下，行星际磁场和极区地磁场之间发生大量的重联。任何小的扰动，如太阳风压力增加，或者行星际磁场方向的变化，都可以类似暴的形式释放存贮的能量。如果磁层存贮能量的能力达到它的限度，亚暴也可自然地发生。亚暴有时发生在主暴进行期间，调制较长期的、更强的活动。

图 3.2.11 表示了发生在地面、近磁尾、中磁尾、远磁尾、极光区和地球同步轨道上所发生的关键亚暴现象。

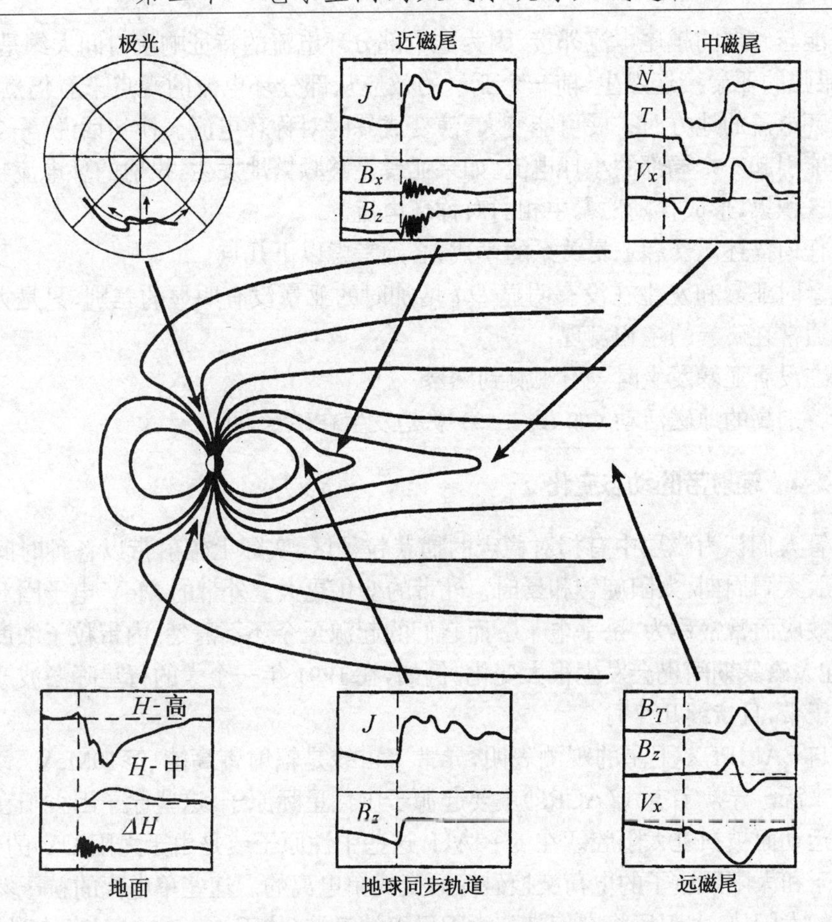

图 3.2.11　几个关键的亚暴现象(虚线表示亚暴起始)

3.2.3.2　*磁暴与亚暴的关系*

在磁暴主相期间,观测到强的亚暴。许多研究者认为(或假定),磁暴发展是频繁发生的亚暴的结果。事实上,Chapman 在 1962 年的文章中论述到,“磁暴由分立的、间歇的极区扰动组成,寿命通常为 1 小时或几小时。我将这些称为极区亚暴。虽然极区亚暴常常发生在磁暴期间,但它们也出现在没有明显的磁暴暴时”。

Akkasofu 在 1991 年评论了 Chapman 的工作,“在国际地球物理年期间研究强暴的第一个发现,是磁暴期间极光经历了几次规则的变化,从平静到很扰动,然后又恢复到平静。最使我们惊讶的是,即使在磁暴主相期间,极光也可以是很平静的”。于是,从原理上说,磁层亚暴可以独立于磁暴以外发生。

也有一些理由使人相信,磁暴由强的亚暴组成。在亚暴活动期间,能量可以沉储到内磁层,导致部分环电流(通过场向电流连接到极光电急流)的形成。部分环电流的夜间部分可能与磁尾的越尾电流邻接。因为这个部分环电流的特征响应时间大约是2～3小时,如果强的亚暴接连发生,前一个亚暴的效应从部分环电流的观点来看仍然保持,那个部分环电流的地方时扩展可能变大,演变成暴时对称环电流。换句话说,一个单独的亚暴可能引起一个局部的小环电流。如果亚暴足够频繁地发生,投射的环电流粒子可能在捕获区积累,形成伴随磁暴主相的对称环电流。

对任何描述磁暴和亚暴关系的模式,必须考虑以下几点:

①暴时亚暴和发生在没有明显 *Dst* 增加时的亚暴没有明显的差别,只是大多数强的亚暴通常在磁暴的主相发现;

②在没有亚暴发生时没有观测到磁暴;

③特别高的地磁活动(如 $K_p=9$)总是发生在磁暴期间。

3.2.4 辐射带的动态变化

尽管人们认为磁层中有相对稳定的捕获粒子区,实际上辐射带以各种时间尺度变化:长期、太阳周期、太阳旋转和暴时。外带的变化更大。外带的 MeV 电子因对航天器的严重效应而常常称为“杀手电子”,而它们的起源至今还不清楚。内带粒子浓度比较稳定,但在大磁暴期间也会发生很大变化。例如,在1991年一个大的行星际激波产生了第二个质子带,且持续几个月。

来自 SAMPEX 卫星的观测表明,异常宇宙线是辐射带高能(>10MeV/n)重离子的主要来源。异常宇宙线(ACRs)主要起源于中性星际原子,这些原子因太阳在日球介质中的运动而被扫进太阳腔。在1～3AU,这些中性原子或是由于太阳 UV 的光电离,或是由于和太阳风质子的电荷交换碰撞而变成单电离的。这些单电离的粒子然后被带进外流的太阳风,太阳风将它们带到太阳风终端激波(位于70～100AU)。在激波中,离子从约1keV/n 被加速到几十 MeV/n 。来自 SAMPEX 卫星的观测表明,那些单电离的离子被加速到大约250～350MeV 总能量。在终端激波区的碰撞使得某些离子进一步移去电子,达到高电离电荷的状态(+2、+3、+4等等)。由于有这些高电荷,终端激波的电场加速离子到更高的能量。事实上,SAMPEX 在地球已观测到能量高达约100MeV/n 的异常宇宙线氧离子。

对辐射带中能量粒子输送、产生和损失过程的研究已经进行了许多年,但仍然不可能考虑到所有观测到的变化性。辐射带粒子输送、产生和损失起因于大气层的电荷交换、库伦碰撞过程和由波-粒子相互作用产生的投掷角扩散以及伴随着磁暴和亚暴的大尺度磁和静电脉冲引起的辐射扩散。各种扩散系数值的确定是了解和预报辐射带演变的关键步骤。这要求详细地规范辐射带中的电磁和静电场以及合适的大尺度磁场模型。需研究的课题是:确定辐射带粒子强度在磁静日和暴时输送、产生和损失过程。

3.2.5　高能电子暴[5]

高能电子暴是指辐射带中能量高于数百 keV 到数 MeV 的电子通量突增事件。高能电子暴可分为**突发型**和**滞后型**两类。突发型电子暴的特征为磁暴急始后辐射带高能电子通量突然增强 2 个数量级以上. 大多数高能电子暴是滞后型的，在磁暴开始 1～2 天后在 $4<L<6$ 的外辐射带范围内，相对论电子强度逐步增强 1～2 个数量级，维持数天乃至 1～2 个星期。目前普遍认为，高能电子暴起源于对磁层亚暴产生的能量约为 10～102keV 的中能电子的加速过程。突发型电子暴是行星际激波到达地球后对中能电子加速产生的. 滞后型电子暴机制的研究目前还处在起步阶段。

图 3.2.12 是由日本同步轨道气象卫星空间环境监测器探测到的能量大于 2MeV 的电子通量随时间的变化。1993 年 11 月 2 日和 3 日的大部分时间，通量比较低，在 11 月 3 日 23:23UT 和 11 月 4 日 00:30UT 之间，通量值明显下降，已经在或低于探测器可探测的水平。在 11 月 4 日 12:00UT，磁暴达到最大值 $Dst=-120$nT，然后开始恢复。在磁暴开始恢复不久，卫星的探测器测量到的电子通量急剧增加，最大值超过了正常水平一个量级以上。

图 3.2.13 是由 GOES 卫星探测到的高能电子通量。图中的 C 表示计数率，E 表示能量通量。软 X 射线通量数据表明，在高能电子通量增加时，并没有发生耀斑。

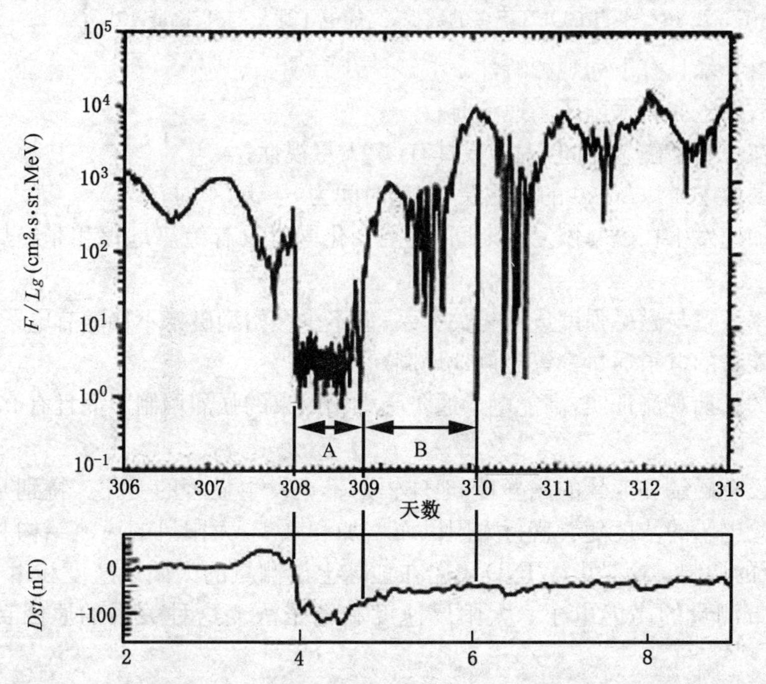

图 3.2.12　相对论电子通量(上)和磁扰动指数(Dst)(下)的时间变化(1993 年 11 月 2～8 日)

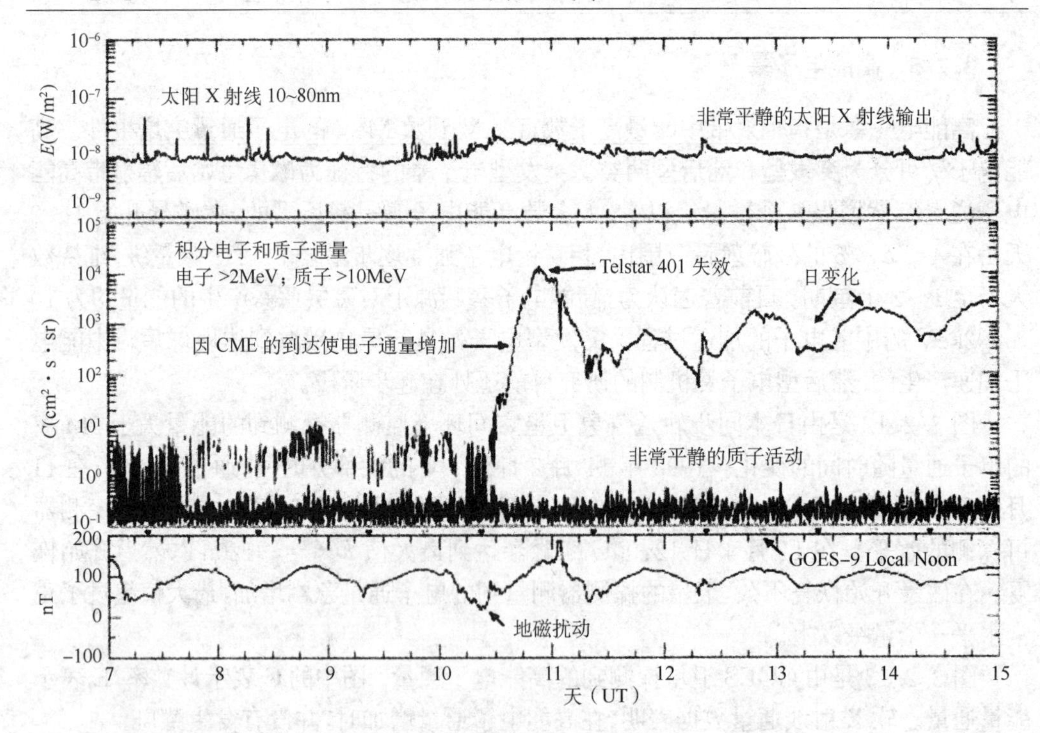

图 3.2.13　来自 GOES 卫星的数据，高能电子通量与 Telstar 401 异常

滞后型电子暴具有下列观测特性：

①大多数发生在有太阳风高速流时；

②出现在缓始型磁暴期间，大多数具有 27 天重视性；

③加速区位于 $4<L<6$ 的内磁层，加速时间为 8～10 小时；

④电子加速发生在磁暴恢复相期间，时空变化同时具有绝热过程和非绝热过程的特征；

⑤出现率大致与磁暴强度成正相关关系；但不少缓始型磁暴不伴随有电子暴；

⑥不同能量的电子通量都等比例地增高。

外磁层的长期观测证实，高能电子通量受太阳风束的强烈调制。而且有 27 天重现性趋势。

即使在没有磁暴和亚暴的磁静日，地球辐射带也发生显著的变化。特别是捕获在磁层的相对论电子的浓度随着盛行太阳风而增加和减少. 太阳风的束流结构和太阳旋转产生 27 天的调制。这是由 WIND 飞船在地球上游测量的太阳风速度和由 GOES-8 卫星在辐射带测量的高能电子。太阳风速度和电子浓度这种关系的原因目前还不清楚。

图 3.2.14 表示在第 22 太阳活动周中月平均黑子数(SSN)与日平均电子流量(F)

之间存在反相关。与银河宇宙线类似，在外辐射带中的高能电子浓度在太阳活动朝向最小时达到峰值，而在太阳活动最大时凹陷下去。当太阳活动（以黑子数表示）增加时，行星际介质变得扰动，阻碍了太阳风流动，而太阳风流速是与外辐射带的高能电子增加联系在一起的。

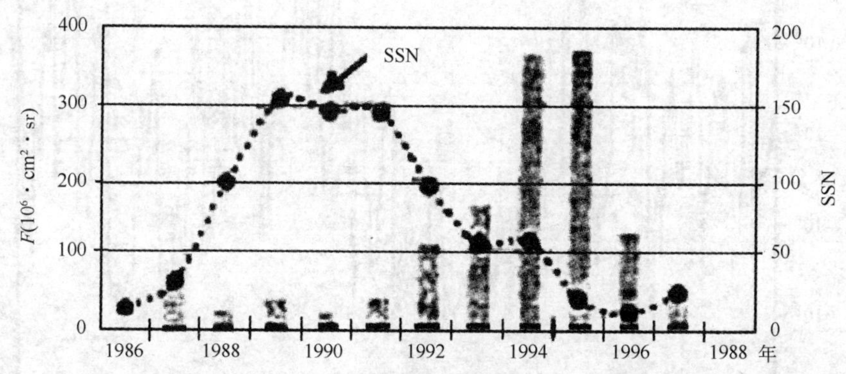

图 3.2.14　月平均黑子数(SSN)与日平均电子流量(F)之间存在反相关

图 3.2.15 表示在 1995 年的日平均电子流量随季节的变化，在春分时电子流量达到峰值。季节效应的特性是逐年变化的，图 3.2.15 所示的特性归因于“IMF 南向分量年变化几率”，这个效应称为“Rusell-McPherron 效应”，即最大的 IMF 有效南向分量发生在每年的 4 月 5 日和 10 月 5 日。

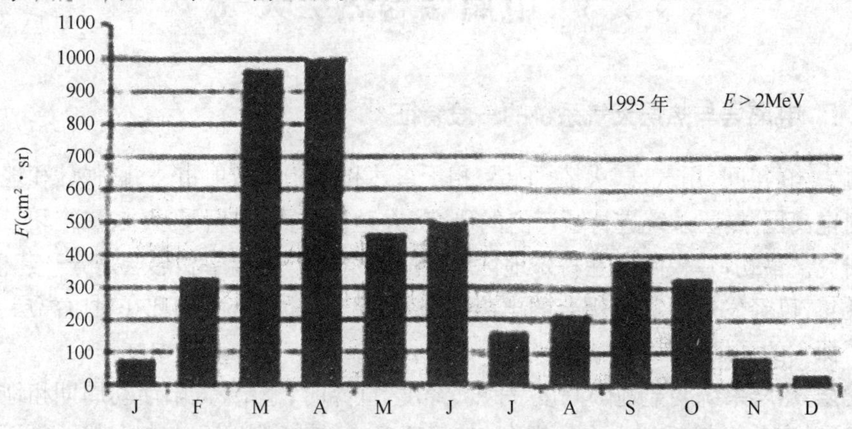

图 3.2.15　太阳活动与高能电子流量(F)的反相关

图 3.2.16 描述了 24 小时滑动平均的高能电子流量具有 27.3 天的周期性（去除了日变化）。这清楚地证明了一系列电子事件的源都归因于太阳。太阳旋转使日冕洞每 27.3 天返回到可见的太阳盘。在显示的时间内包括了 ANIK-E1 和 TELSTAR-401 异常。

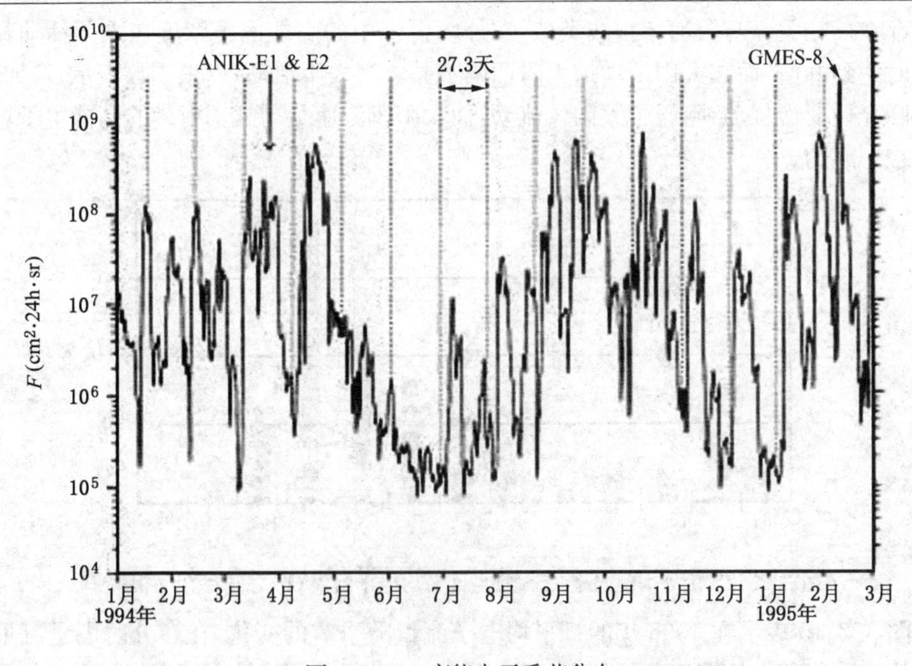

图 3.2.16　高能电子季节分布

§3.3　电离层与热层天气

3.3.1　电离层与热层天气系统的一般特征[6]

在过去40年间,用气球、火箭、卫星、相干雷达和非相干散射雷达、磁强计和地基光学仪器对电离层-热层系统进行了广泛的研究。在理论方面,进行了一维、二维和三维数学模式研究。最初,建模限制在特殊地区(高纬、中低纬),电离层和热层是分开建模的。在最近几年,已经发展了完全耦合的电离层-热层模式。因此,我们现在对电离层-热层系统有了深入的了解。

电离层-热层系统明显地随高度、纬度、经度、世界时、季节、太阳活动周期和地磁活动变化,这种变化源于系统内在的耦合、时间延迟、反馈机制以及来自太阳、行星际、磁层和中层的效应。

电离层-热层系统的基本驱动机制是太阳的EUV和UV辐射,但是,磁层电场、粒子沉降和加热流对系统也有相当大的影响。磁层效应的强度和形式在很大程度上是由太阳风动力压强和行星际磁场(IMF)的取向决定的,即由行星际介质的状态决定的。另外,来自低层大气的重力波和向上传播的潮汐也明显地影响电离层-热层系统。

各种驱动过程一起决定了电离层-热层系统中电离和中性组元的密度、成分和温度形态。由于这些驱动过程显示了一定的趋势，电离层-热层系统也呈现了确定的、或平均特征，对应于系统的气候。

例如，在中纬，平均电子密度分布趋向于均匀，从白天的高密度经过晨昏线逐渐地向夜间的低密度过渡。赤道电子密度在白天也趋于均匀，但在夜间，阿普尔顿(Appleton)电离峰出现在磁赤道两边。在高纬，当IMF是南向时，附加的大尺度电子密度特征是明显的，包括电离的舌状物、极洞、大槽和极光卵的整体增加。对于中性气体，一般环流总是从太阳产生的下午高压区，围绕地球到早晨扇区的低压区，越过极盖的流动是被磁层过程调制的。当前，对背景电离层－热层特征的化学和物理响应是知道的，这些大尺度特征怎样随世界时、季节、太阳活动周和地磁活动变化也是了解的。换句话说，系统的气候问题是基本了解的。

然而，电离层-热层系统可以明显地以小时或天的尺度变化，可以显示出相当多的结构。产生这些天气特征是由于外驱动力可以是局地的、空间结构化和不稳定的，以及伴随着某些电离层－热层耦合过程的时间延迟。系统的结构从小于1m到大于1000km，以传播的等离子体斑、边界泡、极光泡、传播的密度穴形式以及由等离子体不稳定性引起的密度不规则性形式出现。另外，在磁暴和亚暴以及IMF南向时，可发生快速的时间变化。

在电离层-热层系统中的天气扰动发生在E层、F层和顶外电离层的所有高度和所有纬度。在磁暴和亚暴期间，当IMF和太阳风动力压强变化时，离子和中性成分的密度变化可以很大。这些特征是与空间天气效应紧密地联系在一起的。

3.3.2　突发电离层骚扰

太阳耀斑产生的高能电磁辐射暴(紫外和X射线)以光速运动，在离开耀斑位置仅8分钟就到达地球，远远先于耀斑中的任何粒子和日冕物质。此外，与太阳风中的电子和离子以及太阳高能粒子不同，电磁波的通道不受地磁场的影响。

高层大气对太阳耀斑紫外和X射线暴的直接响应是几分钟到几小时的时间内在向阳半球电离的突然增加，短波无线电信号立即衰落甚至完全中断，这种现象称**突发电离层骚扰**(SID)。由于对短波的效应突出，这种现象也称**短波衰落**(SWF)。

事实上，耀斑对电离层有大范围的扰动，表3.3.1列出了主要的SID现象。虽然这些现象在D区最明显，但在E和F区也可探测到它们的效应，主要由F区决定的积分电子含量可增加百分之几。

所有SID效应覆盖整个地球的日照半球，除了与天顶角有关外，基本上是均匀的。即使没有在可见光范围地观测到耀斑，但仍可观测到耀斑的电离层效应。因此，可通过研究太阳耀斑效应探测高空核爆炸。

表 3.3.1　SID 效应

	探测技术	效　应	区域	辐　射
短波衰落(SWF)	HF 电波传播	吸收	D	硬 X 射线(5～80nm)
突然宇宙噪声吸收(SCNA)	电离层相对浑浊仪	吸收	D	硬 X 射线(5～80nm)
突发相位异常(SPA)	VLF 电波传播	反射高度减小	D	硬 X 射线(5～80nm)
大气层密度突然增加(SEA)	VLF	强度增加	D	硬 X 射线(5～80nm)
(磁)太阳耀斑效应(SFE)	磁强计	电导率增加	E	EUV 和软 X 射线
频率急偏(SFD)	HF 多普勒	反射高度减小	E+F	EUV
电子含量增加	法拉第效应	含量增加	F	EUV

3.3.3　电离层暴[7]

3.3.3.1　概述

在磁暴期间电离层受到强烈的扰动,称为**电离层暴**。

伴随着磁暴发生,高纬电离层受到强烈扰动,接着中、低纬电离层发生电离层暴,F 区电子密度一般先增加(正相),数小时后开始减小。这种情况可持续 2～3 天(主相或负相),然后逐渐恢复(恢复相)。图 3.3.1给出在 8 个磁纬区最大电子密度的暴时变化特性。由此可看出,电离层暴在中、高纬有最大的效应。

在电离层暴期间,F 区最大电子密度或者说临界频率降低,短波高频段会穿透而不再反射回来,同时电离层暴期间 F 区扰动强烈,不遵循正常形态规律,使信道条件和适用频率的选择都遇到困难。

地球的电离层显著地响应太阳和磁层能量输入的变化,在给定的高度和位置,电离层电子密度取决于太阳 EUV 通量、中性成分、中性风的动力效应以及电场。在磁暴期间,扰动的太阳风压缩了磁层,强的电场沿着磁力线影射到高纬电离层。这些电场穿透到低纬,在高的高度,它们产生快速的等离子体对流,也通过碰撞驱动了中性风。同时,能量粒子沉降到低热层和低热层以下,膨胀了极光区,增加了电离层电导率。强的电流将高纬电离层与磁层耦合起来,增加的能量输入引起电离和中性气体加热。热层的不规则膨胀产生了压力梯度,驱动了强的中性风。扰动的热层环流影响了中性成分,并穿过磁力线向上和向下移动等离子体,改变了电离成分的电离率和复合率。同时,扰动的中性风通过发电机效应产生极化电场,这些电场再影响中性气体和等离子体。由于电离和中性成分是紧密地耦合在一起的,因此不考虑中性热层的效应,不可能理解地磁暴对电离层电子密度的影响。

太阳扰动对地球产生即时和延迟的效应。即时效应是由于伴随着 EUV、X 射线和能量粒子的太阳耀斑影响整个电离层,向下到 D 区。这些严重的效应包括**总电子密度突然增加**(STEC)、在 15MHz 的**频率急偏**(SFD)、在 60kHz 的**突发相位异常**(SPA)和 D 区吸收增加。

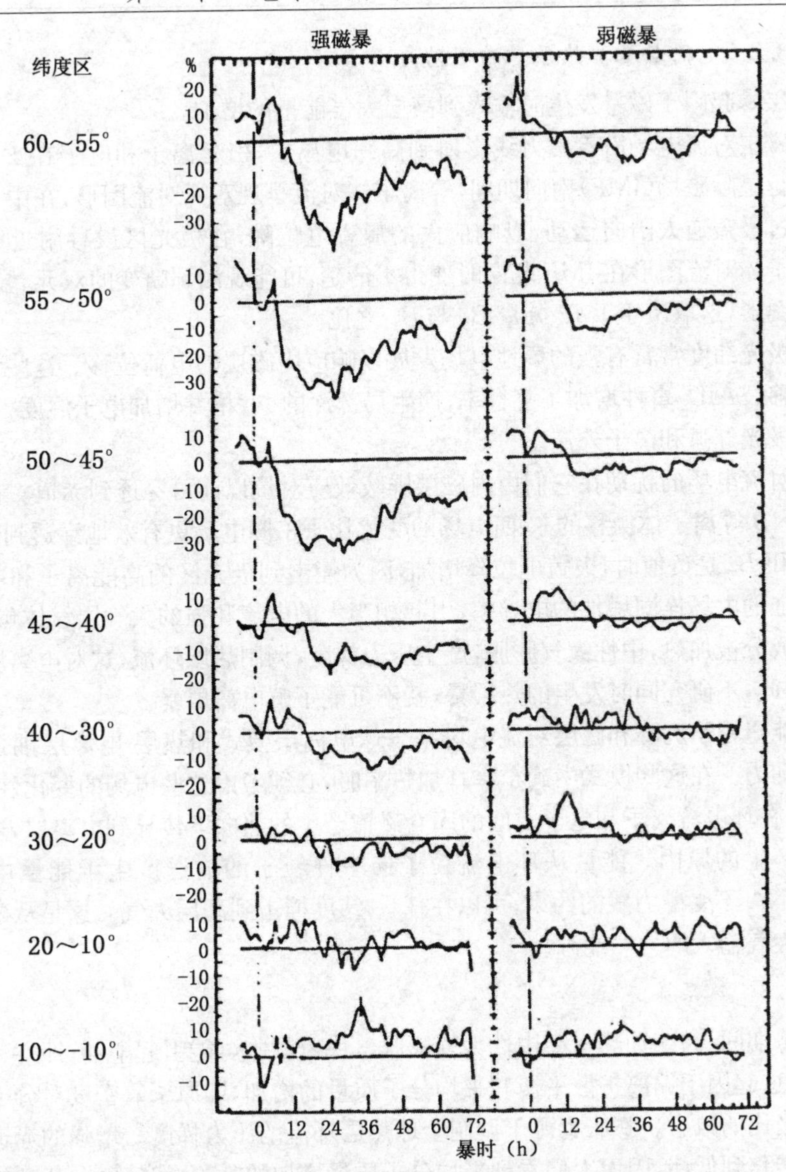

图 3.3.1　八个磁纬区最大电子密度的暴时变化特性[2]

磁暴的主要效应发生在高纬 E 区，在极盖和极光区的粒子沉降是相当大的电离源。强的磁层对流电场沿着磁力线向下影射，由于电导率增加，可以流过相当大的电流。在等离子体和中性粒子间的能量交换在 E 区最大，引起很大的焦耳加热，对中性的低热层呈现了一个重要的热源；有时脉动加热升高了恒定的压力表面，引起赤道方向传播的**行进式大气层扰动**(TAD)。

3.3.3.2　电离层暴和热层暴的驱动力

电离层暴起因于磁暴发生时输入到高层大气能量的增加。

强的磁层对流电场沿着磁力线影射到高纬电离层，引起离子和电子在 $\boldsymbol{E}\times\boldsymbol{B}$ 向上漂移。在行星际磁场(IMF)南向期间，等离子体对流呈现双元对流图形，在中午至午夜子午面跨过极盖逆太阳向运动，以响应大的晨昏电位降，在极光区晨昏附近太阳向运动。等离子体对流图形在 IMF 北向时变得不清楚，可能观测到畸变的双元、多元图形，或混沌的图形，这取决于 IMF 分量 B_y 与 B_x 之比。

在低极光纬度常常有强的局地电场发展以响应内磁层的电荷位移。这些**低极光纬度离子漂移**(SAID)事件增加了复合率，产生局部深的 N_e 槽并增加电子温度，可能伴随着稳定的极光红弧和离子外流。

磁层对流电场的扰动在它们由内磁层屏蔽效应对抗以前可穿透到赤道。在赤道引起垂直 $\boldsymbol{E}\times\boldsymbol{B}$ 等离子体漂移的东-西电场的变化比子午圈电场更有效地穿透到低纬。

在 IMF B_z 是负值时，极盖电位降增加，因为撞击到极光区的高能离子和电子的能量增加。强的电场连同增加的电导率，引起相当大的电流和强的大气层气体焦耳加热。由于中性成分被加热，中性大气膨胀，产生压力梯度，调制热层环流，这对电离层有有很大效应，因此，不研究同时发生的热层暴，就不可能了解电离层暴。

高纬能量粒子沉降和磁层对流电场是全球电离层模式和热层-电离层耦合模式最关键的驱动力。在这些模式中确定焦耳加热率时，必须考虑这些电场的变化性。

另外，在环电流离子和电子之间的库仑碰撞产生的热向下传导到电离层，这是稳定极光红弧产生的原因。能量从环电流粒子向中性粒子的输送产生了**能量中性原子**(ENA)，ENA 不受磁力线的约束，可以在任一 纬度撞击到高层大气。这是从磁层环电流向高层大气输入的另一能源。

3.3.3.3　热层暴

在磁暴期间，高纬加热引起中性大气膨胀。快速膨胀可能引起上涌，即空气通过等压面运动，这起因于偏离扩散平衡和平均分子质量的增加，即原子氧密度对分子氮和分子氧密度之比的减少。膨胀也源于调制全球热层环流的压力梯度。增强的赤道向风将成分变化转移到低纬，因而人们看到平均分子质量增加的“成分扰动区”，从高纬延伸到中纬。赤道向风通常在夜间强，因为它们增加了背景的日-夜环流，且被逆太阳向离子拽力增强，这个拽力增强源于磁层对流的 $\boldsymbol{E}\times\boldsymbol{B}$ 漂移。当加热事件是脉动时，它们常常呈赤道向浪涌或行进式大气扰动(TAD)的形式。

这些大尺度声重波(AGW)可以穿透到低纬甚至相反半球。在电离层中表现为行进式电离层扰动(TID)，沿北-南电离层测高仪链可以看到的 h_mF_2 相继升高。被调制的热层环流的结果是成分扰动区在夜间达到最低纬度，然后随地球共转到早晨扇区。

3.3.3.4 D层暴

电离层D层对磁暴的响应很强烈，在磁暴期间，D区电子密度显著增加，特别是在极光区，这导致无线电波吸收的增加，MF和HF范围的信号逐渐消失。因此，大多数对D层暴的研究是根据无线电波的传播，特别是LF（30～300kHz）和VLF（3～30kHz）波。图3.3.2描述了VLF波的传播效应。VLF波在有尖锐的边界处被反射，边界高度对电子密度是很敏感的。在暴时，反射高度降低，表明在70～80km高度的电子密度增加，这叫做**“暴后效应**（PSE）”，因为它趋于跟随磁暴，并在磁场返回到正常值以后持续几天。

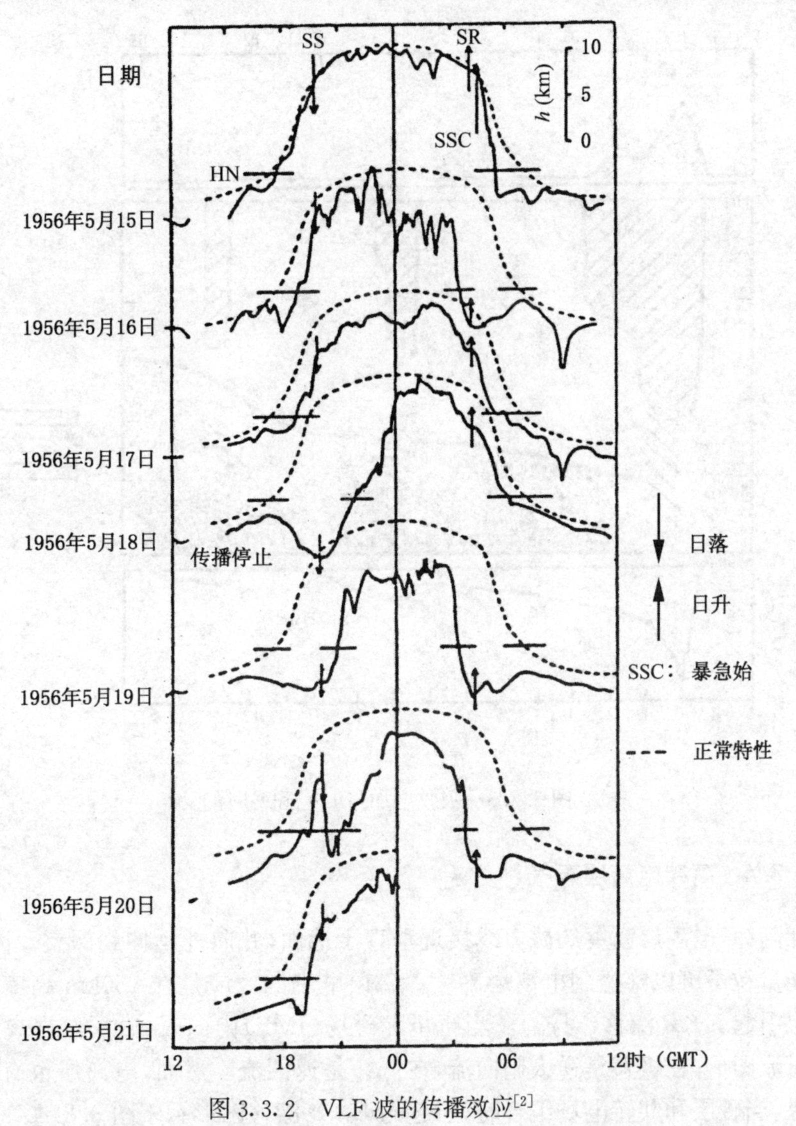

图3.3.2 VLF波的传播效应[2]

在 VLF 暴后效应期间,LF 波的吸收增加,表明在低 D 层的密度增加了。在磁暴以后 8 天还观测到 LF 波的效应。

图 3.3.3 表示了暴后效应的某些关键特征,图中(Ⅰ)表示的区域为极光区吸收;(Ⅱ)表示的区域为磁扰期间增加的吸收;(Ⅲ)表示的区域为 PSE 吸收。受影响的区域由赤道向和极向侧作为边界,整个图形随时间极向漂移。这个漂移与 *Dst* 指数有很好的相关性,而高纬扰动随地磁指数 A_p 变化。受影响区域的极向边界与等离子体层顶的位置有关,效应的发生、时间间隔和大小取决于 IMF 的方向(即向里或向外)。

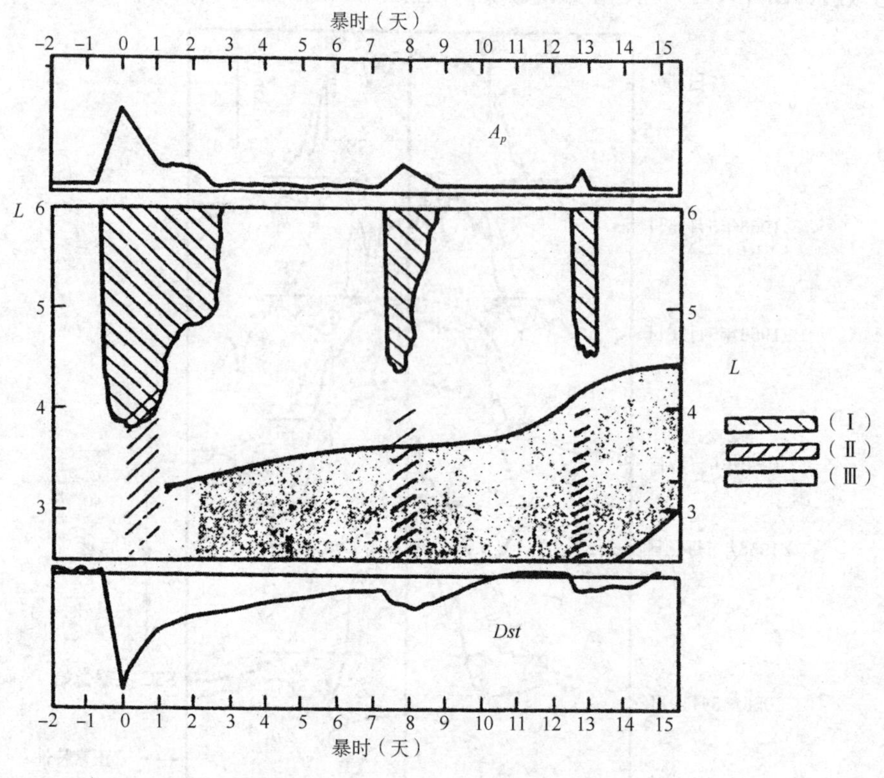

图 3.3.3　吸收增加与 L 壳和暴时的关系

3.3.4　高纬电离层天气[8]

在高纬,电离层高度的磁力线接近垂直于地面,并向外延伸到深空。因此,磁层电场和能量粒子可以穿透到电离层高度。磁层电场的效应是在 150km 高度以上的极区电离层引起 $\boldsymbol{E}\times\boldsymbol{B}$ 漂移(对流)。当行星际磁场(IMF)南向时,磁层给电离层施加一个二元对流图形,在极盖是逆太阳向流,在低纬是返回流。然而,电离层也有随地球共转的趋势,当磁层和共转电场组合时,引起的 $\boldsymbol{E}\times\boldsymbol{B}$ 漂移图形示于图 3.3.4。

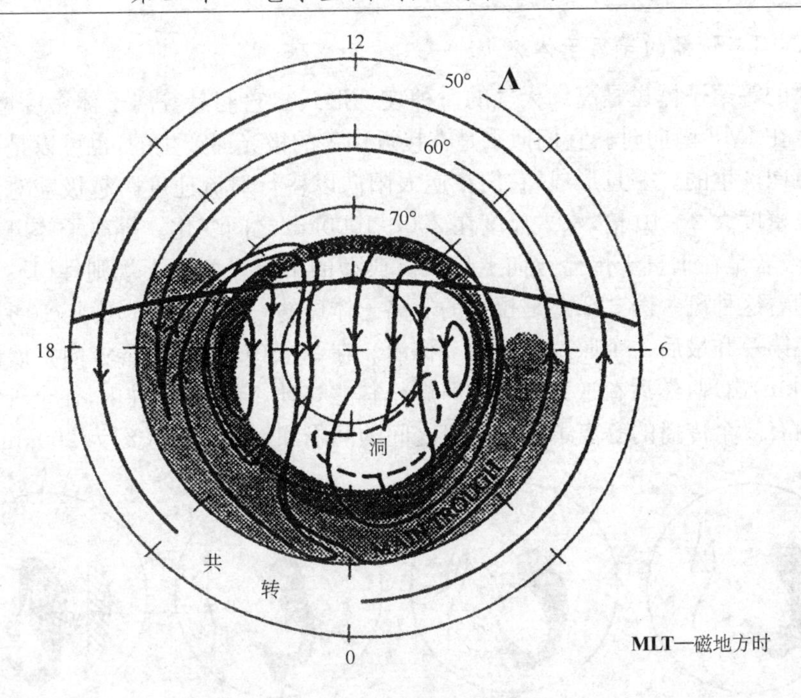

图 3.3.4　高纬对流图形

在晨昏线的日照侧,等离子体密度因光电离而升高。当等离子体跨过晨昏线对流进入暗的极盖区时,由于和中性气体发生化学作用,等离子体密度衰减。如果逆太阳方向的对流速度大,等离子体可以在明显衰减前移动较大距离,结果一个"电离舌状物"跨过极盖扩展。另一方面,如果逆太阳方向对流速度缓慢,等离子体有足够的时间衰减到低的值,则可在夜间极光卵的极向形成**"极洞"**。

当等离子体进入极光卵时,由于沉降能量电子的电离作用而使密度增加。从夜间极光卵出来以后,围绕极盖的等离子体对流朝晨昏边的日照侧。在昏侧,由磁层施加的太阳向流与伴随着共转电场的逆太阳向流相反,产生一个低速或"驻"区。进入这个低速区的等离子体因在夜间驻留时间长,可以衰减到很低的值。等离子体逐渐流出低速区,然后与地球共转,这导致**"主电子密度槽"**的形成。

以上描述的简单二元对流模型仅发生在 IMF 南向时。在这种情况下,极盖的电场强度(它决定了等离子体逆太阳向对流速度)随太阳风的动力压强变化。然而电场在两个对流元中可以是对称分布,也可以是非对称分布,这取决于 IMF 晨昏分量。当 IMF 北向时,可存在多元或湍流对流图形。与不同对流图形相伴随的是极光沉降图形,它可以含有除弥散沉降以外的分立极光弧。

一般来说,磁层对流和沉降图形是空间结构化和不稳定的,特别是在磁暴和亚暴期间,它们可以从一种对流图形连续地变化到另一种图形。

3.3.4.1　传播的等离子体斑

传播的等离子体斑是高纬天气的一种表现形式。它们是等离子体密度增加区域，一般发生在 IMF 南向时。它们似乎是在接近中午的极光卵产生的，也可以是在白天极光卵赤道向产生的。一旦形成，它们在逆太阳向以盛行对流速度跨越极盖对流。斑密度比背景密度大 2～10 倍，水平尺度在 200～1000km 之间变化。等离子体斑可以是接近圆形，或者是在垂直于传播方向上拉长。典型的中等尺度的不规则性(1～10km)和闪烁伴随着这种斑。图 3.3.5 是拉长的等离子体斑的一个实例(1989 年 10 月 29 日)。太阳向在第一和最后一个照片中由箭头标出。在 23:30UT，在晨昏方向扩展的一个斑(约 1000km)出现，然后在逆太阳方向跨越格林兰移动。在 14 分钟内，在全天空照相机的视场内有 3 个传播的等离子体斑。斑之间的间隔和斑的宽度大约为 200km。

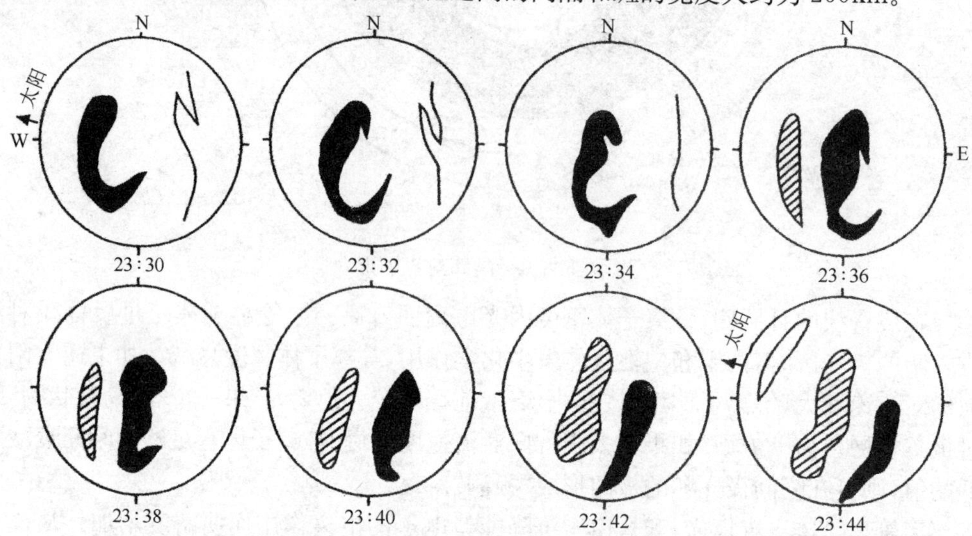

图 3.3.5　1989 年 10 月 29 日在格林兰观测到的传播的等离子体斑
斑在晨昏方向拉长，在逆太阳方向传播

3.3.4.2　太阳向极盖弧

太阳向极盖弧是作为在极盖 630nm 的分立极光结构观测到的。弧是在 IMF 接近于零或北向时出现，是电子沉降的结果。弧是相对窄的((300km)，但沿着中午－午夜方向延伸(1000～3000km)。电子沉降的特征能量从 300eV 到大约 5keV 变化，能量通量从 0.1～5erg/(cm^2 · s)之间变化。单个的或多个的太阳向极盖弧都可以出现，然后以每秒几百米的速度在极盖朝向晨侧或是朝向昏侧漂移。图 3.3.6 给出了多个太阳向极盖弧时间演变的例子。弧是在 1989 年 2 月 19 日于格林兰观测到的，相应于 630nm 全天空成像。在测量开始时(22:49UT)，有 3 个弧是可见的，但是，8 分钟以后，出现了第四个弧，然后向其它弧漂移。

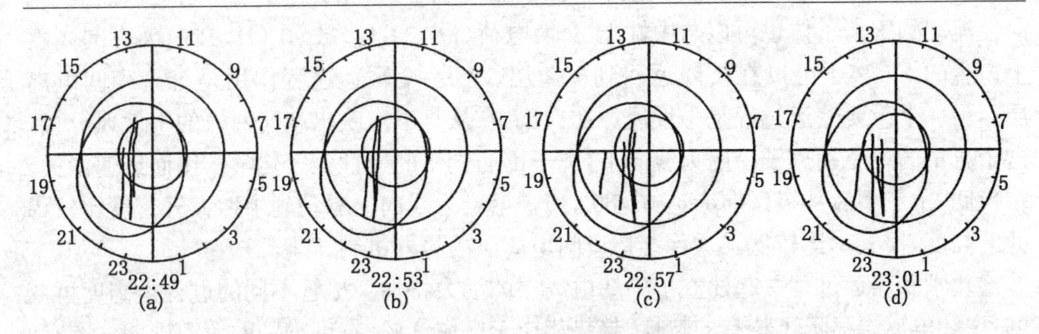

图 3.3.6　多个太阳向极盖弧

与磁暴和亚暴耦合的传播等离子体斑和太阳向极盖弧的频繁出现意味着，当从单个地面站观测电离层时，极盖的等离子体密度将显示出大的逐小时变化。图 3.3.7 给出**临界频率** f_0F_2 的变化，这是在格林兰由数字测高仪测量的。在这个图形中，f_0F_2 是 24 小时内以 5 分钟间隔画出的，但来自 3 天(1989 年 1 月 17～19 日)的数据画在同一个 24 小时轴上。虽然可以看出日变化趋势，但 f_0F_2 在小时到小时、天到天在尺度内的变化在冬天是很大的。由于 F 区峰密度 N_mF_2 随 f_0F_2 的平方变化，它的小时到小时的变化大于图 3.3.7 所示。在夏天，N_mF_2 的变化远小于冬天，极盖的主体是在日照下。

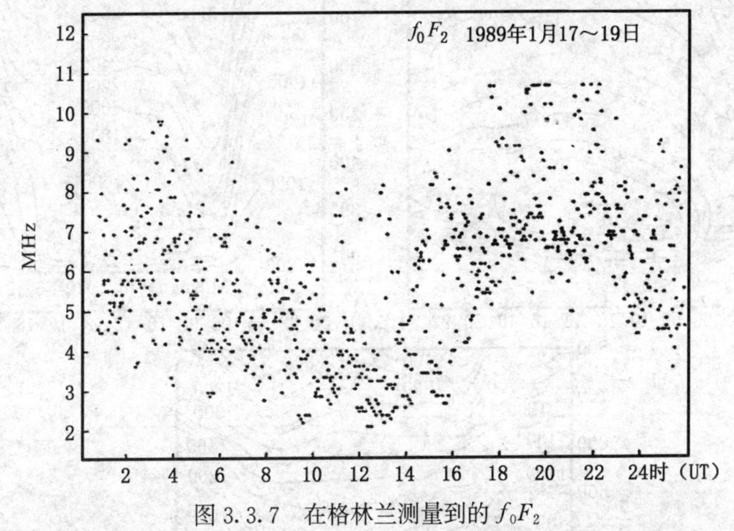

图 3.3.7　在格林兰测量到的 f_0F_2

3.3.5　中纬天气

在中纬，电离层不明显地受磁层电场的影响，趋于与地球共转。但趋于垂直的地磁场对等离子体输运过程有重要影响。白天，由光电离产生的 F 区等离子体可以沿着磁力线向上或向下扩散。向下扩散的等离子体在与中性大气发生化学作用时损失掉了。向上扩散的等离子体可以逃出顶外电离层，沿着偶极场线流动，然后进入共轭的电离层。

向上流动的等离子体也可以与中性 H 交换电荷($O^{+}+H \Leftrightarrow H^{+}+O$)，在白天高的高度上产生的 H^{+} 离子可以在夜间返回到电离层。后一个输运过程作用是维持夜间电离层。另一个重要输运过程是中性风。在白天，有从日下点吹出朝向两极的中性风分量，这个分量的风驱动离子沿磁力线向下，离子因与稠密的中性大气化学作用而迅速消失。在夜间，子午圈风从极区向赤道方向吹，离子沿磁力线向上驱动到中性大气密度比较稀薄的高度，损失率比较低。这是维持夜间电离层的另外机制。

化学和输运过程一起建立了中纬电离层的动力特性。尽管不同的过程是高度可变的，中纬电离层显示了特有的特性，趋势相应于区域气候，有可辨别的太阳周期、季节和日变化趋势。中纬电离层的日变化示于图 3.3.8。该图表示作为高度和东部标准时间(EST)函数的 n_e、T_e 和 T_i 等值线。该图的数据是 1970 年 3 月 23～24 日在 Millstone Hill 由非相干散射雷达测量的。在日升时，电子密度因光电离作用而快速增加。在初始的日升增加以后，n_e 在白天显示了缓慢的增加，然后在日落时衰减，此时光电离源消失。在夜间，电离衰减是由等离子体输运过程控制的。赤道向中性风将 F 层提升了一个高度，在那里衰减率比较小，起作用是维持夜间电离层。F 层也由上面等离子体层向下流动的等离子体维持。

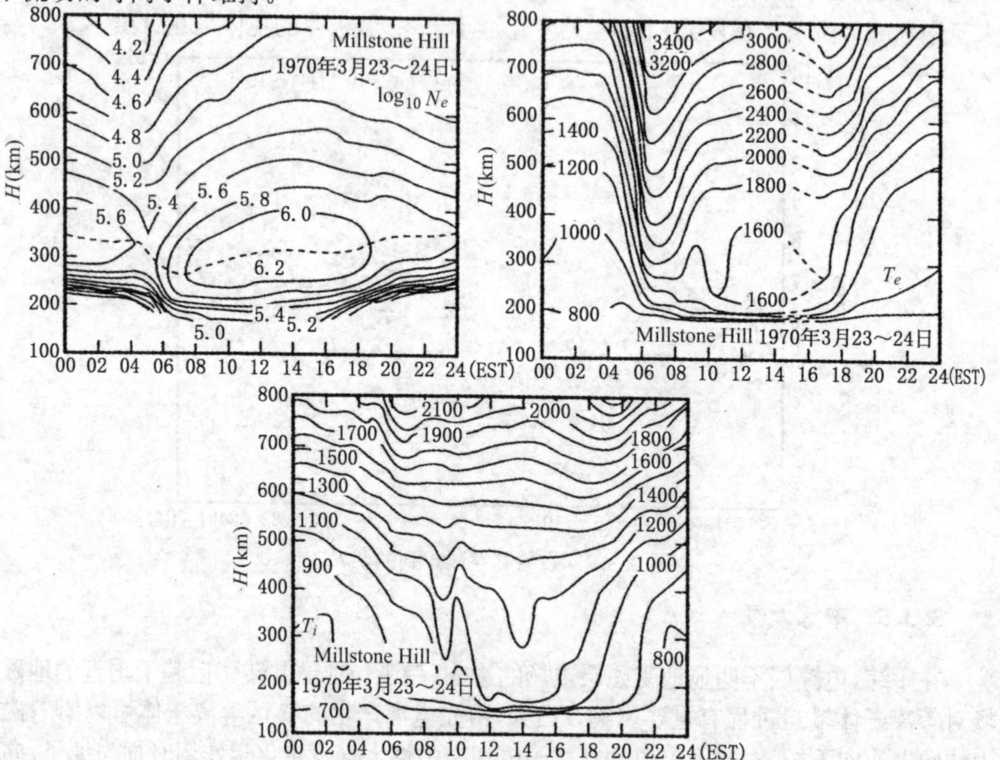

图 3.3.8　中纬电离层电子密度、电子温度和离子温度的日变化

在日升时，由于光电子加热，T_e 快速增加，时间常数是秒的量级。然而，随着电子密度缓慢积累，T_e 减小(在 07～10EST 之间)，因为电子气体的热容量增加以及与相对冷离子的强烈耦合。从大约 10～16EST，T_e 不明显变化，然后在日落时减小，此时光电子加热源消失。在夜间，由于有来自等离子体层的向下的能流，T_e 保持高于 T_n，这样在 200km 以上的高度产生了正的夜间 T_e 剖面。T_i 的日变化是由 400km 以下的中性气体和 400km 以上的电子气体控制的。

叠加在中纬气候之上，有几个天气过程。在磁暴和亚暴期间，对流和沉降图形扩展，电场和粒子沉降增强。在高纬的这些能量沉降变化然后影响中纬电离层。当磁暴或亚暴开始时，在高纬可激发重力波，接着向低纬传播，导致**“行进性电离层扰动”**的产生。另外，二元对流图形向低纬膨胀，引起中纬午后扇区的高密度等离子体在太阳向和极向输运，产生**“暴时密度增加”**的一个纬度窄区。

另外两个重要的中纬天气特征是散见 E 层和下降中间层。散见 E 层是 E 层密度增加区，高度在90～120km之间。散见 E 层是相对窄的(0.6～2km)，主要由金属离子(F_e^+,M_g^+)组成。散见 E 层的密度一般大于背景密度的 10 倍。散见 E 层形成后，以缓慢的速度下降(0.6～4m/s)。

图 3.3.9 给出散见 E 层的一个例子，这是有非相干散射雷达在 Aricebo 测量的。在晚上(17:10～19:10EST)，散见 E 层出现在 116km，峰电子密度约 $5\times10^5/cm^3$。日落

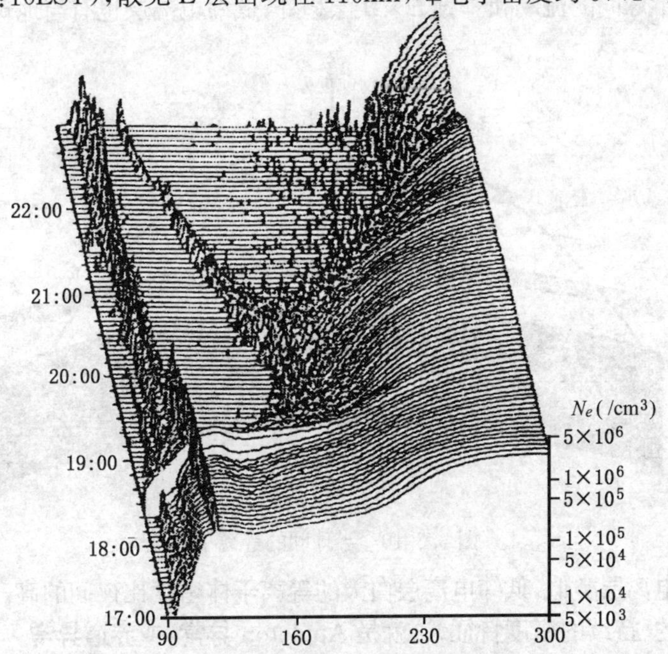

图 3.3.9　在不同时间电子密度的高度剖面
在地方时 17:00 和 22:00 之间有散见 E 层和下降的中间层

(18:10时)后,散见E层下降到114km,峰电子密度减小到约$10^4/cm^3$。接着,散见E层连续下降,在21:48EST下降到105km。

与散见E层类似,中间层也是电离增加区。然而,与散见E层对比,中间层相对宽(10~20km),由分子离子(NO^+,O_2^+)组成的,发生在120~180km的高度范围。它们频繁地出现在E和F层之间谷区的夜间,但也在白天出现。它们趋于在F区的底边形成,然后缓慢地在夜间下降。与散见E层类似,中间层是由风剪切形成的,在垂直风分量随高度改变方向附近。图3.3.9也显示的中间层出现在在大约20:30EST,然后从160km下降到120km。

3.3.6　低纬天气

3.3.6.1　Appleton异常

在低纬,地磁场接近于水平方向,这就引入了某些重要的输运效应。在F层和F层以上高度,等离子体限制于沿B移动,像是串上的珠子,因此子午圈风可有效地引入一个半球间的等离子体流,如图3.3.10所示。另外,在E层高度,在中性风感应的电离层电流作用下产生纬向电场,这些电场沿着高电导率的磁力线输送到F区高度。电场在白天东向,它感应一个向上的$\boldsymbol{E}\times\boldsymbol{B}$漂移;在夜间,电场是西向,产生一个向下的$\boldsymbol{E}\times\boldsymbol{B}$漂移。除了半球间的流动和垂直$\boldsymbol{E}\times\boldsymbol{B}$漂移外,低纬电离层也有与地球共转的趋势。

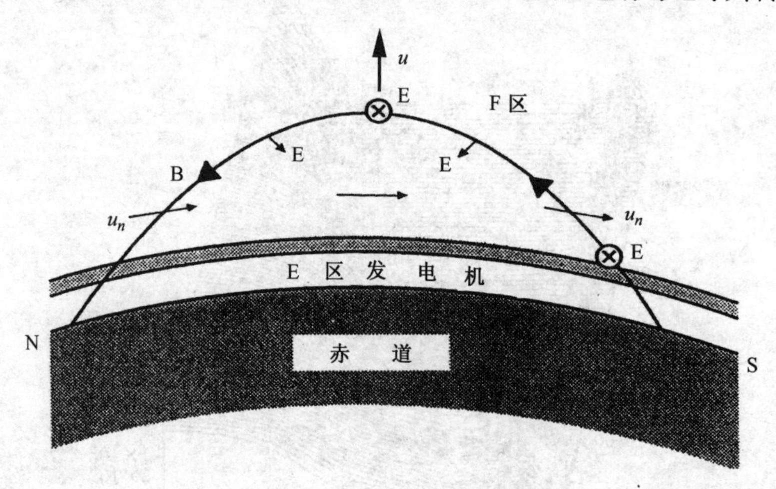

图3.3.10　半球间的等离子体流

与中纬电离层类似,低纬电离层白天的等离子体密度比夜间的高。然而,低纬电离层也有唯一的、持续的密度特征,这就是Appleton**异常**,或**赤道异常**。在白天,$\boldsymbol{E}\times\boldsymbol{B}$漂移在赤道附近是向上的,以这个方式升高的等离子体向下扩散磁力线,并由于重力作用而离开赤道。向上的$\boldsymbol{E}\times\boldsymbol{B}$漂移与向下扩散的组合产生了喷泉状的等离子体运动图形,称为**赤道喷泉**。向下的等离子体扩散作用是在赤道两边产生密度增加，这个特征就称为"Appleton 异常"，如图 3.3.11 所示。

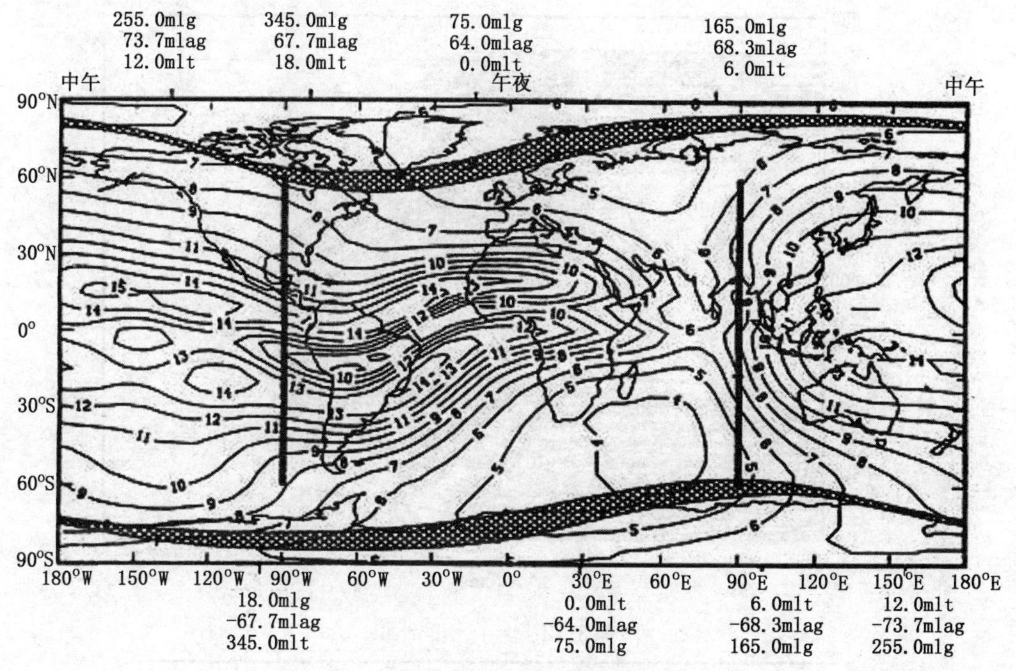

图 3.3.11　Appleton 异常

图中：mlt 表示磁地方时；mlag 表示磁纬；mlg 表示磁经

图 3.3.11 显示了两个峰，分别位于磁赤道两边大约 10°(北)和 20°(南)，从下午向晚上扩展。注意，Appleton 异常有强的经度变化，这起因于地磁轴和地球旋转轴的偏离。赤道异常在一天里也有变化。大约在地方时 14 时出现最大值，第二个比较大的峰在最大黑子年发生在晚上以后。北南两个峰不总是相等的，这是由于中性大气的半球间的风引起的。

同中高纬一样，低纬电离层也经历了日变化、小时变化和严重的天气扰动。日和小时变化是由于中性风和纬向电场的变化。图 3.3.12 表示了一个电子密度剖面，是由 GPS/MET 卫星在磁赤道附近得到的。n_e 剖面是在黄昏时(20 时与 22 时之间)磁赤道 ±5°间得到的。在 F 层峰附近，剖面是可靠的，在那里电子密度的变化超过一个量级。

3.3.6.2　赤道扩展 F

低纬电离层最重要的天气过程是**赤道扩展 F**，如图 3.3.13 所示。等离子体的不稳定性导致 F 层的密度不规则性，它们以扩展 F 回波的形式出现，如图 3.3.13 所示。密度不规则性的尺度范围从几厘米到几百公里。在夜间，完全发展的扩展 F 是由等离子体泡表征的，它们是垂直拉长的发空等离子体的楔形体，可从 F 层底部向上漂移到

1500km 的高度。当泡形成时，以 100m/s 到 5km/s 的速度向上漂移。在泡中的电子密度可比背景密度低两个量级。

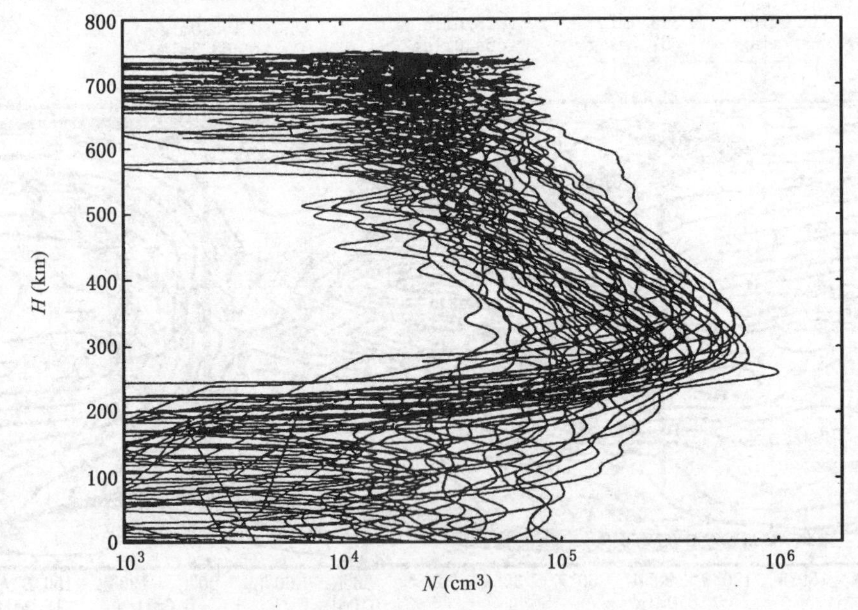

图 3.3.12　电子密度剖面

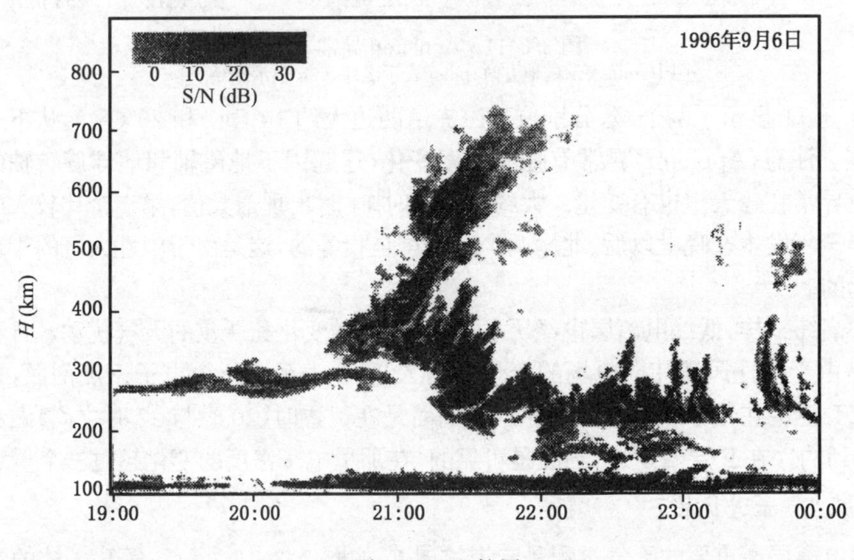

图 3.3.13　扩展 F

严重的扩展 F 典型地发生在地方时 18～22 时之间。前面已注意到，纬向电场在白天是东向的，它产生一个向上的 $\boldsymbol{E}\times\boldsymbol{B}$ 漂移。在黄昏，这个向上的 $\boldsymbol{E}\times\boldsymbol{B}$ 漂移频繁地增强，如图 3.3.14 所示，当电离层共转进入夜间时，F 层升高。在无日照情况下，低电离层快速衰减，一个陡的垂直电子密度梯度在升高的 F 层底部发展。这个位型就是 **Rayleigh-Taylor 不稳定性**，在这种位型中，重流体位于轻流体之上。这种现象示于图 3.3.15，它显示了赤道扩展 F 的演变，是在 1983 年 3 月 14～15 日观测到的。在接近于晨昏线的黄昏边，观测到的 F 层是升高，然后下降。在下降期间，发生扩展 F，接着，在 F 层的底部形成泡。泡与朝向午夜共转的整个扰动区向上漂移。午夜以后，扩展 F 扰动消失，但泡仍持续存在。

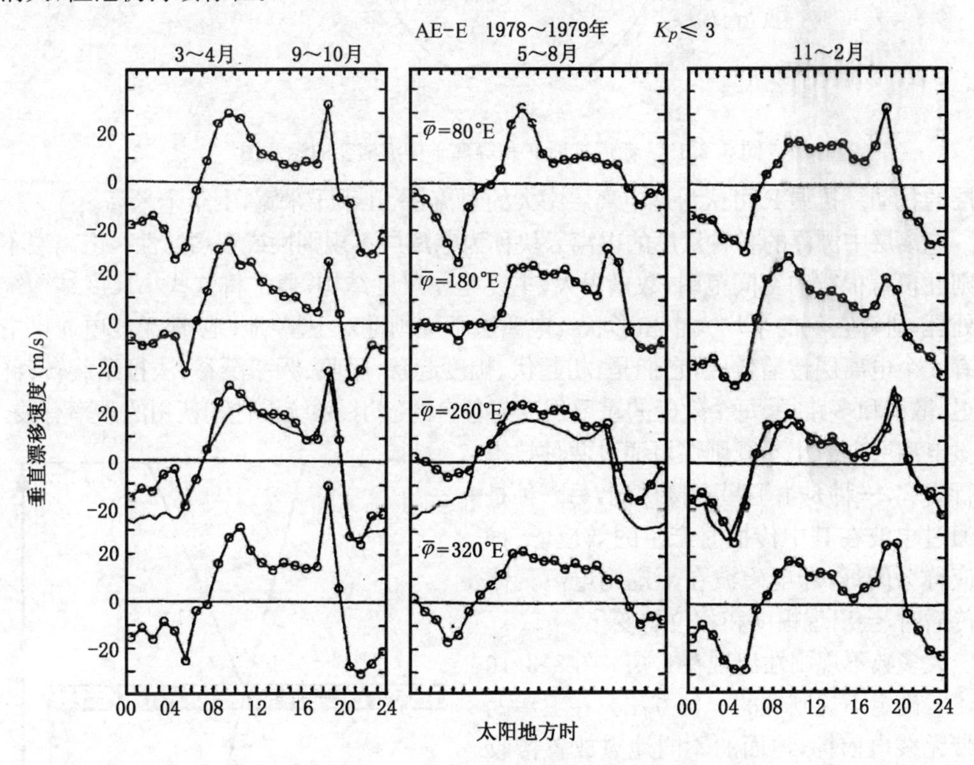

图 3.3.14　垂直等离子体漂移的经验模型值

3.3.6.3　不规则性

电离层有规则的日变化和季节变化，有在磁暴和亚暴期间直接由耀斑、极光粒子和电流引起的扰动。另外，电离层也表现出不规则性变化，这种不规则性与下面大气层的动力学有关。这些取决于近地面传统“天气”的综合效应，这些天气在大气层中产生类似深海中的波，地面和高层大气间的风。风的作用像是这些波通道的过滤器。空间天气的这个方面可能有非太阳的源，当高层大气风或低电离层电子密度从活动的太阳或从磁层的能量输入增加时，它的效应最明显。一个显著的例子是赤道“扩展 F”，夜间低纬电

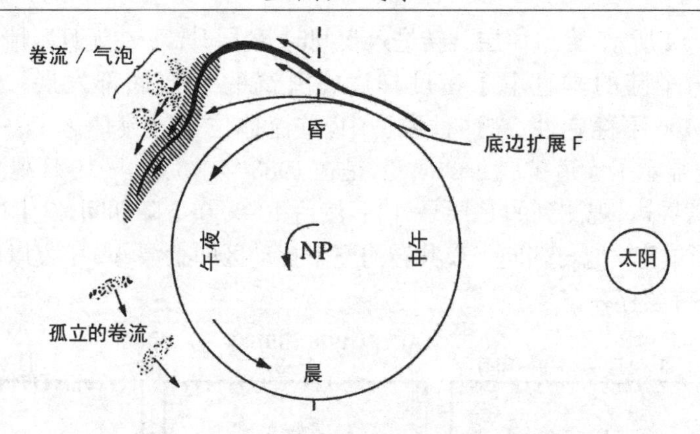

图 3.3.15 赤道扩展 F 和等离子体泡演变的示意图

离层的扰动。扩展 F 可认为是电离层中大的对流暴，几千千米宽，上千千米高。

电离层中漂浮的各种尺度的电离云块称为**电离层不规则性**或不均匀性。电离层不规则性覆盖很宽的空间范围，数量很大，主要是小尺度结构，通常将这些小尺度结构统计处理，研究它们的平均大小和形状。电离层不规则性对卫星-地、地-地无线电通讯主要有 8 个电离层传播效应，它们是：相起伏、幅度起伏、吸收、频率漂移、法拉第旋转、群延迟、散射和多路径。每个效应的重要程度与各自的应用、系统设计和使用的频率有关。

电离层中的小不规则性可通过两种技术进行研究，一种是由卫星直接探测，另一种是是通过电波在其中传播时产生的效应，一种效应称为**闪烁**，即电磁波在不规则电离气体中传播时，会出现幅度和相位的变化。

大多数不规则性出现在 F 层。图 3.3.16 描述了确定不规则性的一种方法。在卫星上携带无线电信标，地面的不同地点放置接收机。由于卫星比任何不规则性移动快，不规则性对地面的视在速度 (v_g) 与卫星速度(v_s) 和作为卫星高度(h_s) 一部分的不规则性的高度 (h_i) 有关：

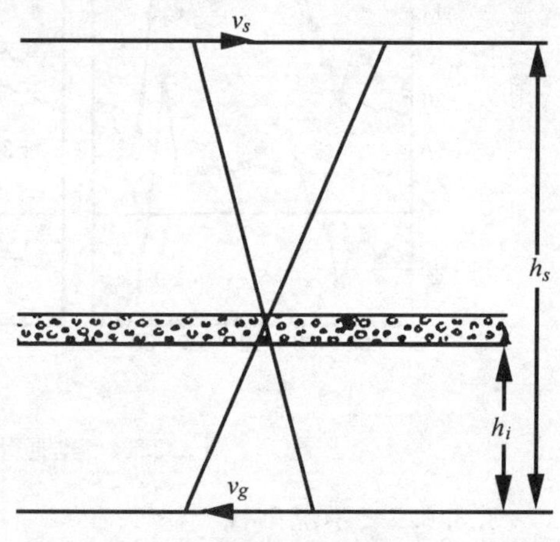

图 3.3.16 由地面衰减图形的视在运动确定不规则性的高度[2]

$$v_g = \frac{v_s h_i}{h_s - h_i}$$

因此

$$h_i = \frac{h_s}{1 + \dfrac{v_s}{v_g}} \tag{3.3.1}$$

大多数不规则性的高度范围在200～600km，在300和400km之间数量最大。

F层不规则性的宽度一般为几百米，但它们在沿磁力线方向拉长，长到宽度的60倍。当F层有不规则性时，顶外探测器将探测到其下面的扩展F。

探空火箭和卫星的实地测量都揭示在F层夜间有等离子体密度减小很大的区域，这些区域的边界是明显的，在它们之间离子有大约100m/s向上和20m/s向西的速度。用遥感方法也探测到这些泡。泡的典型尺度是东西向约100km，北南向约1200km。上升泡的起因是瑞利-泰勒不稳定性。

§3.4　空间天气与对流层天气

3.4.1　太阳活动影响对流层天气的可能途径

太阳活动影响地面天气的途径有通过动量、质量、电过程、波动、光化学反应及其它能量传输过程等等。

太阳风动力压强与地磁场的磁压强相平衡决定了磁层顶的位置。太阳风动力压强的改变将造成整个磁层的准周期振荡式的抖动。太阳风粒子带着动量灌进磁层使得磁力线剥离。通过发电机效应和电动机效应及磁场重联抛射粒子效应，动量在磁层中传递。通过粒子碰撞，动量在电离层与大气层中传递。这些就是通过动量的影响途径。

通过质量的传输就是粒子输送过程，如太阳风粒子进入磁层、磁层大尺度对流、太阳能量粒子进入大气层，以及大气层中的对流和湍流等。

通过波动是传输能量的一种常见形式。地球空间存在着各种等离子体波和磁流体力学波。太阳耀斑产生的冲击波可以穿透进弓激波、磁层顶而进入磁层和大气层。

通过光化学反应传输的主要场所在大气层，特别是热层和中层大气。太阳光辐射可透过磁层直接被大气吸收而造成那里的光化学反应。特别是与臭氧有关的光化学反应对低层大气状况有较大影响。

电过程在日地耦合过程中的作用是近年来才认识到的，而且越来越看到它的重要性。太阳活动影响气象的最大困难是能量不足。即太阳活动传给地球大气的能量远远小于气象现象所包含的能量，即小能量扰动很难影响大能量过程的面貌。所以对太阳活动影响气象的可能机制的研究只能寻求可能的触发机制，而通过电过程的机制比其它机制更有可能发生触发过程。另外，从对天气影响来看，通过电过程只要能够影响到大气电参数就行，并不需从能量角度考虑。

日-气影响机制研究的另一困难是传输途径能否一直到低层大气，而通过电过程没有这种困难。电的影响可以比较容易地传到全球的低层大气。

机制研究的第三个困难是响应时间。太阳活动对于百年以上时间尺度上气象的影响持怀疑的人少,机制解释也比较容易些。但有些相关分析表明,大气性能甚至气象现象对太阳活动的响应时间只是天的尺度。靠有些耦合机制传输不会那么快,而通过电过程,传输是非常迅速的。

总之,通过电学过程太阳活动对气象的影响机制是最可能的一种途径。特别是,对流层大气行为对于太阳活动的快速响应所包含的传递机制本质上几乎总是电学过程[9]。

3.4.2 空间天气与中性大气的电耦合

3.4.2.1 全球大气电路[10]

全球大气电路的经典图像是球形电容器。地球表面作为一个理想导体构成球形电容器的内电极,而在大约 60km 高度上存在一个高电导率的等电位层,称**电离层**,它构成了球形电容器的外极,如图 3.4.1 所示。

这个电路是由图 3.4.2 所示的“磁层作用”包围的。地球表面的晴天电导率是 10^{-14}mho/m 的量级,在两极之间的大气具有随高度呈指数增加的电导率,标高大约为 7km。60km 以下的电流载体是由银河宇宙线产生的正负离子。在 60km 以上,自由电子变成重要的电流载体。在 80km 以上,电导率因地磁场的影响而变成各向异性。由全球雷暴所产生的正电流向上流到电离层,使得电离层相对于地面来说约 250kV 的正电位。这个电流的范围为 0.1~6A,平均值为 0.5A,每个雷暴产生的电流约 1A。这两个导体就像是充上电的电容器两极,维持了大气的晴天电场。而由于大气具有一定的电导率,故正电荷通过大气由电离层向地球流动,然后回到雷暴而完成电流环路。全球晴天负载电阻是 100Ω 的量级。

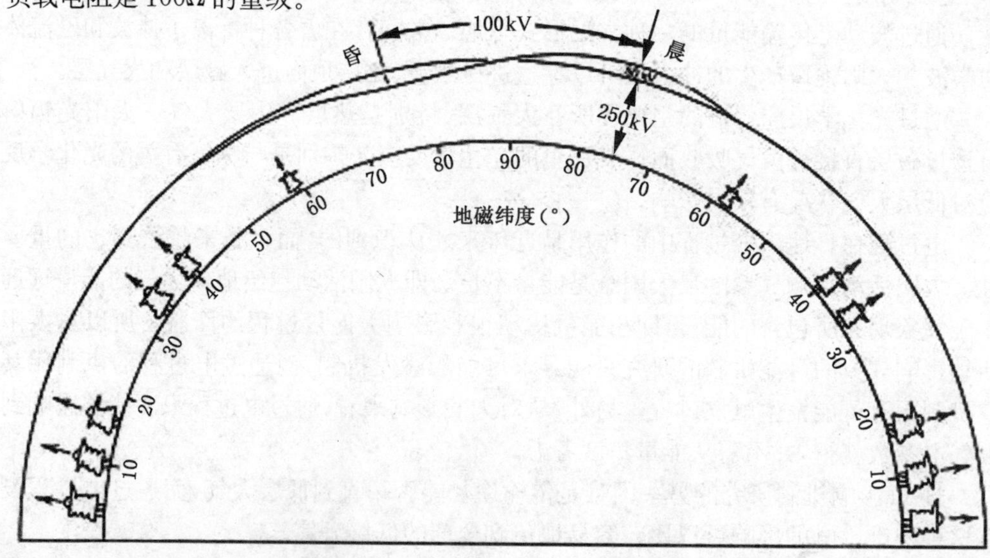

图 3.4.1 全球大气电路的球形电容器模型

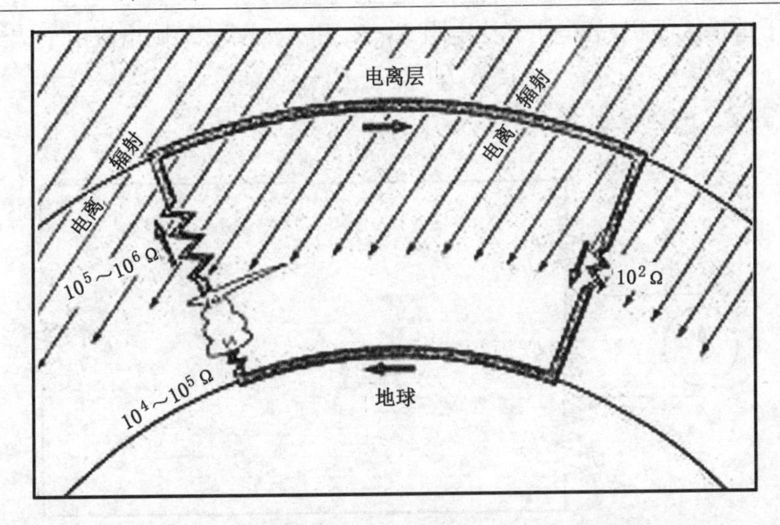

图 3.4.2 由磁层作用包围的全球大气电路(粗实线)

地球表面有负的电荷,等量的正电荷分布在地球表面以上的大气层中。地球表面的晴天电场典型值是100～300V/m,这个电场有日变化、季节变化和其它时间尺度的变化。

图 3.4.2 所示的全球大气电路参数是随地磁纬度、地理经度和高度不断变化的。在高地磁纬度,空气的电导率比较大,因为宇宙线(>1GeV)和来自磁层的相对论带电粒子(>1GeV 的离子或大于 1MeV 的电子)的辐射通量较大。

图 3.4.2 中的雷暴表示发生在地球表面不到 1%的区域的大约 1000 个活动雷暴。每个雷暴约产生 1A 的电流,于是,向上的电流约 1kA,通过约 10^5～10^6Ω 的电阻流向电离层。电离层几乎是完全导电的,这个电流在电离层中水平流动。返回的 1kA 电流通过占地球表面约 99%的晴天大气区域,负载电阻约 2×10^2Ω。

一般将高电导率的电离层看作是等位面,相对于地球约+250kV。但是,从全球的尺度考虑,电离层不是一个等位面,原因是:

①跨越极盖有一个约 100kV 的晨昏电位降,这是由太阳风与磁层相互作用产生的(见图 3.4.1)。它引起极区 F 层的双元对流图形;

②伴随着极光/磁层过程的电位差(达 100kV);

③由于地球磁场旋转,赤道相对于极区的电位约-91kV;

④电离层的发电机作用,如平静日发电机(Sq)过程产生的电位达 20kV。

雷暴是非常复杂的,在全球大气电路模式中需要作简化假定。通常假定雷暴是双极电流源,正源在云顶,负源在云底。图 3.4.3 所示是简化的全球大气等效电路图,图中 R_1 是雷暴上部正电荷与电离层间的电阻,R_2 是雷暴正负电荷间的电阻,R_3 是雷暴云下部 负电荷与地面之间的电阻,r 是全球晴天区地面与电离层间的大气电阻。由于晴天区面积远大于雷暴区面积，故电阻 r 比电阻 R_1、R_2 和 R_3 小得多，则电流由下式给出：

$$I = R_2 I_0 (R_1 + R_2 + R_3) \tag{3.4.1}$$

其中 I_0 是雷暴区的电流强度。

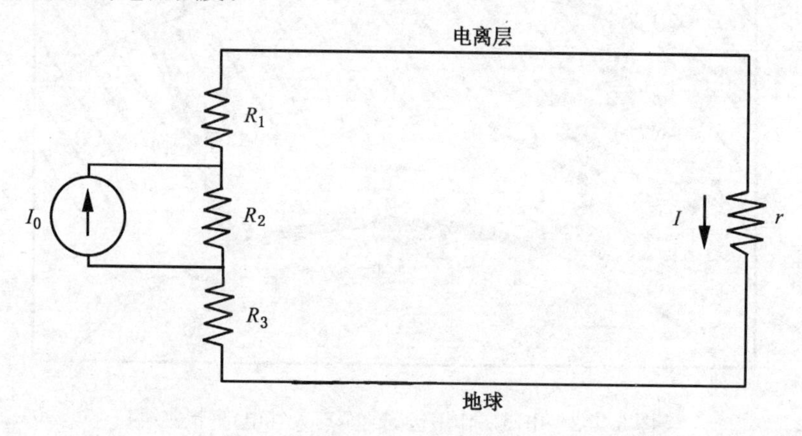

图 3.4.3　简化的全球大气等效电路图

图 3.4.4 是一个新的全球大气电路示意图。其中，图 3.4.4(a)描述通过大气层不同部分流过的电流，包括了磁层；图 3.4.4(b)是一个等效电路，晴天区域分成三个部分，其中之一是高的高度部分，在该区域的电流密度 j 和电导率 σ 剖面与其它区域不同。

根据静电学理论，地球表面与电离层间的电容 C 应为

$$C = 4\pi \frac{\varepsilon_0 R_E^2}{H} \approx 0.7F \tag{3.4.2}$$

这里 R_E 是地球的半径，ε_0 是真空介电常数。因此全球大气电路的时间常数 τ 为

$$\tau = Cr \approx 2\text{min} \tag{3.4.3}$$

如果每个雷暴带有 200C 的电荷，在球形电容器极板上的总电荷是 2×10^5C。于是，全球大气电路具有的能量是

$$W = \frac{CV^2}{2} \approx 2 \times 10^{10} J \tag{3.4.4}$$

其中 V =250kV。

通过晴天大气的电流密度 J 约为 2×10^{-12}A/m²。取地球表面的电导率为为 2×10^{-14}mho/m，则地表电场约 10^2V/m，接近 130V/m 的观测值。在 20km 高度，晴天垂直电场约 1V/m，而在 50km 高度，电场仅 10^{-2}V/m。

上述全球大气电路要受到多种因素的影响，这些因素包括太阳的周期变化和爆发性活动、宇宙线强度的变化、气溶胶含量、火山爆发、雷暴活动、红闪与蓝急流(参见 4.8.1 节)等。

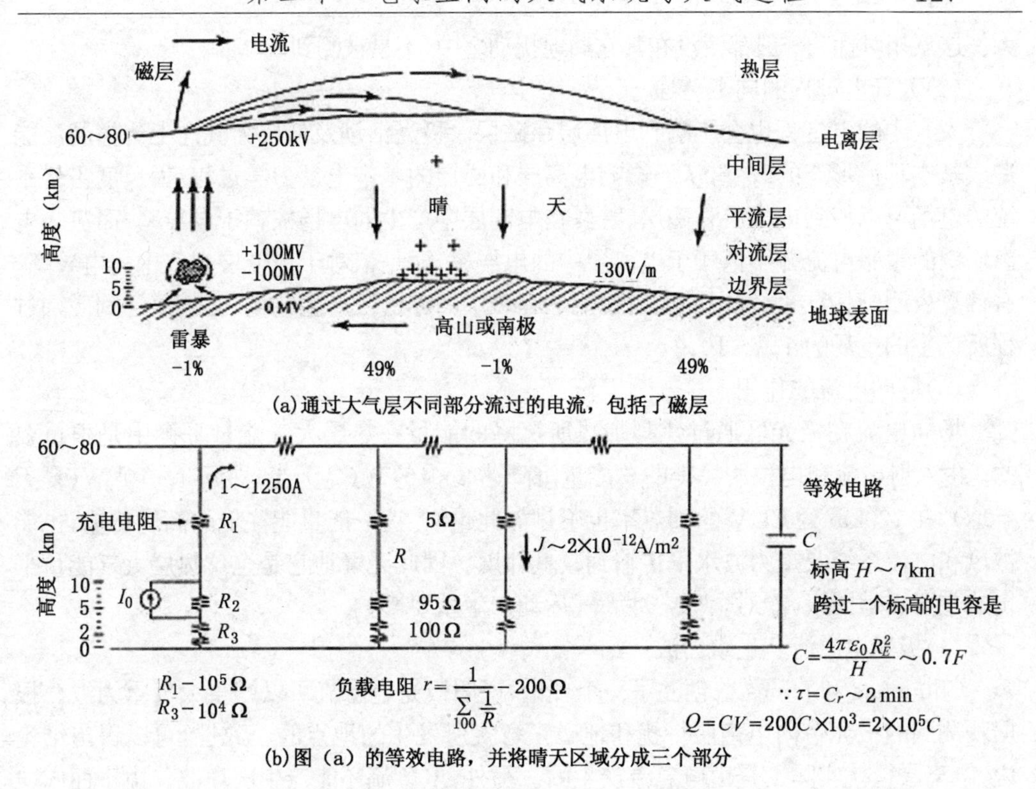

(a)通过大气层不同部分流过的电流，包括了磁层

(b)图（a）的等效电路，并将晴天区域分成三个部分

图 3.4.4　新的全球大气电路示意图

3.4.2.2　空间天气与中性大气电耦合的途径

(1)电离层电位向低层大气的映射

电离层电与低层大气电的耦合体现在电离层电位向下的映射作用以及大气电过程向上的影响。由于潮汐发电机的作用，在电离层 E 层可以产生 5～10kV 的大尺度水平电位差，在白天侧电离层中造成总量为 10^5A 的电流。在太阳活动极小年间，最大的水平电位差约 7kV，是在赤道地区，这样的电位差映射到低层大气中，能够造成原晴天电场 1%～5%的扰动。但在磁扰期间，电离层的扰动发电机可以使高、低纬电离层间产生 25kV 的水平电位差，电离层高度的这一扰动传到低层大气中也只能产生＜10%的扰动。其实，由于中、低层大气的电导率随高度指数增加得很快，所以，电离层电位对中、低层大气电位的控制作用是很强的。电离层的电位可以几乎不衰减地一直传到 25km 高度。电离层电位是正的扰动的区域，下面的中、低层大气的电位扰动也是正的。电离层电位的扰动是负的区域，下面中、低层大气的扰动也是负的。电离层潮汐发电机对地面大气电场的扰动数值所以不大的原因，是潮汐发电机在电离层中产生的电位差与平均电离电位相比所得到的相对扰动量本身并不大，只有百分之几，小于 10%，所以传到地面产生的垂直电场的扰动也不

大。这点相对扰动一般都淹没在其它局地扰动之中，不易被测到。

(2)大气电过程的向上传递

大气中的电过程也会影响到电离层和磁层。极光活动及低层大气向上传播的波能造成基本环流形态的改变，从而影响电离层和磁层的基本电动力学过程。大尺度雷暴系统的电场可以传到电离层和磁层。雷暴在电离层中产生的电场依赖于电导率，而流入电离层中的雷暴电流并不依赖于电离层中的电导率，而是依赖于更低层大气中的电导率。有计算表明，对流层大气中的大雷暴能够在磁层的赤道区产生电场，其数值达到磁层过程所产生的电场的1%～10%。

(3)场向电流的作用

场向电流在极光区通过焦耳加热所沉降的能量在热层大气能量平衡中是很重要的。由入射电流和电位所算得的总能量沉降达8×10^{10}W(冬天半球)到4×10^{10}W(夏天半球)，在120km处EUV的加热率也不过如此量级。这一能量能往低的高度传输，也能被风和电流系统及重力波水平传输到较低纬度。因此无疑地它是全球热层大气能量平衡的重要贡献因素，能对全球中性大气运动产生重要影响。

(4)极光电急流产生重力波

Chimonas和Hines曾创立了一个理论，说明极光电急流可以产生大气重力波。根据观测到的极光带内电离层行扰和地磁正弯扰所发生的地点的一致性，可以得出结论说，电离层行扰实际上是由电急流产生的。另外，电急流还能产生次声波。由于西向电急流是流动在更低的E区，因此它比东向电急流能更有效的产生地面可以观测得到的极光次声波。

3.4.3 太阳活动影响气象过程的机制[9,11]

3.4.3.1 太阳活动影响雷暴活动

由于雷暴是电现象又是气象现象，所以在认识通过电过程的日气关系时人们首先从雷暴活动入手。英国40个观测站的雷暴日数据五年滑动平均的年平均数，表明与太阳活动有显著相关。对太阳活动影响雷暴活动的可能机制，人们提出过不少设想。Herman和Goldberg在1978年提出了一种太阳活动的大气电扰动影响雷暴活动的机制。他们认为，太阳耀斑造成的太阳宇宙线增强以及银何宇宙线强度的降低，能助长或触发已有气象条件形成雷暴的起电过程。例如，由于电场的增强，增加了小水滴间的碰撞效率，大大地促进了凝聚过程。

有的研究指出，雷暴中的电活动与降水存在正相关关系。利用近来对云中带电量的较为精密的测量可以估算带电云中电动力学所产生的涡度以及散度产生率，结果都表明太阳活动通过对低层大气电学性质的影响将能调制雷暴的内能。

3.4.3.2　大气电场影响水滴凝聚过程

Tinsley 总结了近年来太阳活动影响气象过程的研究工作。他认为，太阳风参数的变化至少有三个过程可以耦合到平流层和对流层：

①能量低于 10GeV 的银河宇宙线通量的变化；

②来自磁层的相对论电子沉降的变化；

③由磁层-电离层耦合引起的极盖电位分布的变化。

每个过程都调制全球电路中电离层-地球间的电流密度。根据飞机观测的结果，在 2.2km 高度有强的电导率梯度存在，这是由于混合层顶在这个高度。在这个高度的上下，电导率都减小。为了在电导率减小时保持恒定的垂直电流密度，要求有空间电荷积累以提供增加的垂直电场。这个电场是影响气象过程的重要因素。

众所周知，云滴的浓度和大小尺度变化都会影响到云的反照率、对红外线透射度及对流层的热平衡。而冰核生成率的变化对云滴的分布、沉降率及大气与地表间潜热交换都有影响。而电效应诱发微云物理的变化，即冰核形成，具体过程如下：

首先，是过冷水在云端的**冰晶核化**(IFN，Ice Forming Nuckei)过程。大气电场中的空-地电流密垂直分量 J_z 在向地面传导的过程中受到大尺度水平延伸的并且导电率低于高空大气的云的阻挡，这样在大气云端形成了静电荷的积累，堆积的静电荷产生了云端的静电场。云顶处云与洁净大气的交界区域是冰核电凝结的至关重要的地区。它给微云物理提供了一种独特的环境，因为那些漂浮的、由于 J_z 影响而聚积在小云滴上的电荷都沉积在这里，并且这里的云滴温度最低。此外这里还是云滴蒸发的区域。因此冰晶在这一区域有最佳的凝结沉降条件，来影响云的反照率和对红外线的透射。

其次，冰核形成的过程是对能量放大的过程。因为只要输入少于 10^3 个水分子凝结放出的能量就可以使一个过冷水形成冰核。而一个直径 10μm 的过冷水液滴中含有 10^{14} 个水分子，这样相当于把输入的能量放大了 10^{11} 倍。这样非常小的能量通量，约有 10^{-6} W/m^2，即可使对天气变化产生明显的影响。而大地环电流所提供的能量通量约为 10^{-2} W/m^2，完全能够在没任何其他能量输入的情况下使天气产生明显的变化。

第三，**冰核电凝结机制**的途径(Pathway)。冰核形成的电凝结机制一直被人们所忽视的主要原因是过冷水液滴上的电能聚集和过冷水液滴凝结之间的具体途径始终没有被认同。Pruppchaer，Abbas 和 Latham 等人早在 140 年前就注意到了这个问题。多数认为是电场的感应作用使云中的过冷水液滴与大气中的气溶胶结合。空气中的云形成是由小液滴和凝结核结合形成云滴，然后才产生雨、雪、冰雹等大气变化。如果液滴缺少与气溶胶中的凝结核的接触，即使温度低于 0℃液滴也将保持液相，甚至达到－40℃仍为液态，这就形成过冷水液滴。空气中的过冷水液滴在自身不稳定性的影响下也可以凝结，形成冰晶。形成冰晶后有两种变化，一是变成大的冰核沉积下来，或是液化还原成液滴，概率分别为10%和90%。由于空-地电流密度J_z产生的极化效应在云与晴空的边界处积累了大量的静电荷。这些电荷附着在过冷水液滴上对其产生极化作用，提高了它与凝结核的结合率。其中过冷水液滴以氮氧为主带正电，气溶胶凝结核以硫酸盐为主带负电，两者在电场力的作用下碰撞几率增大，并且带电的过冷水液滴表面张力受到影响，表面积减小，也提高了碰撞结合的几率。大液滴(半径为15μm左右的液滴)表面带电后，由于电能和热能之间的转换，使得液滴表面减小。这样更多的液滴可以紧密的排列在一起，减少了蒸发的比例。并且带电的液滴表面可以吸附中性的液滴，形成了群状排列，减少了液滴的运动，进而减少了蒸发过程。当液滴表面的收缩过程达到电场力的作用同表面张力的作用平衡时，收缩停止。这时液滴表面将由于自身的不稳定性而产生表面波动，将会发生“爆裂现象”(这一现象称为“Rayleigh Burst”，即**瑞利爆裂**)，破裂后释放出10%的高度充电的小液滴。计算表明这种**爆裂现象**产生的能量大于产生一个有1000个水分子组成的冰核雏形所需要的能量。并且液滴表面单位区域的静电场能量在数量上超出了形成冰一水交接面的能量，而这是冰核形成的初始条件。这就解决了电凝结机制的能量问题。对于电场能量的利用转换存在如下几种可行途径：

①大液滴蒸发后的残余物在电场力作用下的碰撞；

②达到Rayleigh极限，即液滴表面的电场能量与表面张力平衡时，液滴发生爆裂；

③电场力的作用加强了过冷水液滴与气溶胶的碰撞和附着。

这几种途径都是被实验所验证的。Vander Elsken等人验证了前两种途径的可行性。他们的实验显示宏观上的剪切波扰动(10^{-1}s)即可产生微观上的过冷水液滴的凝结。

以上即为Tinsley的冰核电凝结机制理论。冰核形成后，将产生一种链式反应，如图3.4.5所示。此图为冰核形成产生的链式不稳定性反应示意图。共分为五个部分：

①云中的电凝结过程的初始化过程。高空大气电场向下映射的电流在云端形成电场E，云中的过冷水液滴在电场中充电极化，气溶胶凝结核也被电场充电(带负电荷)。然后，过冷水液滴和气溶胶凝结核结合成为冰晶(ice crystal)，为进一步的变化提供初始条件；

②电凝结过程的进一步反应过程。大量的过冷水液滴与小冰晶由于Wegener-Bergeron不稳定性结合在一起，形成大冰核，并且在重力和电场力的作用下不断的下落，进入第三部分；

③发生链式反应形成中层云的过程。此部分展示了冰核下落是与过冷水液滴接触。冰核形成在重力和电场力的作用下不断下落，在其下落的过程中又遇到大量的过冷水液滴，不断的结晶产生冰晶、冰核，然后冰晶、冰核继续沉降，遇到过冷水液滴后又生成冰晶冰核……如此连锁反应。这样就形成了由冰晶和冰核组成的中层云，并且在每一次的凝结过程中都伴随着释放潜热和能量放大；

④此部分展示了冰核连锁反应后对气旋的影响。此过程中原为中等强度的气旋在

吸收了冰核反应放出的大量潜热后，能量得到增强，成为强气旋；

⑤此部分显示对整个大气环流的影响。多个强气旋叠加在一起对整个大气环流将产生巨大的影响。如形成飓风、造成全球气压、温度分布变化等等。

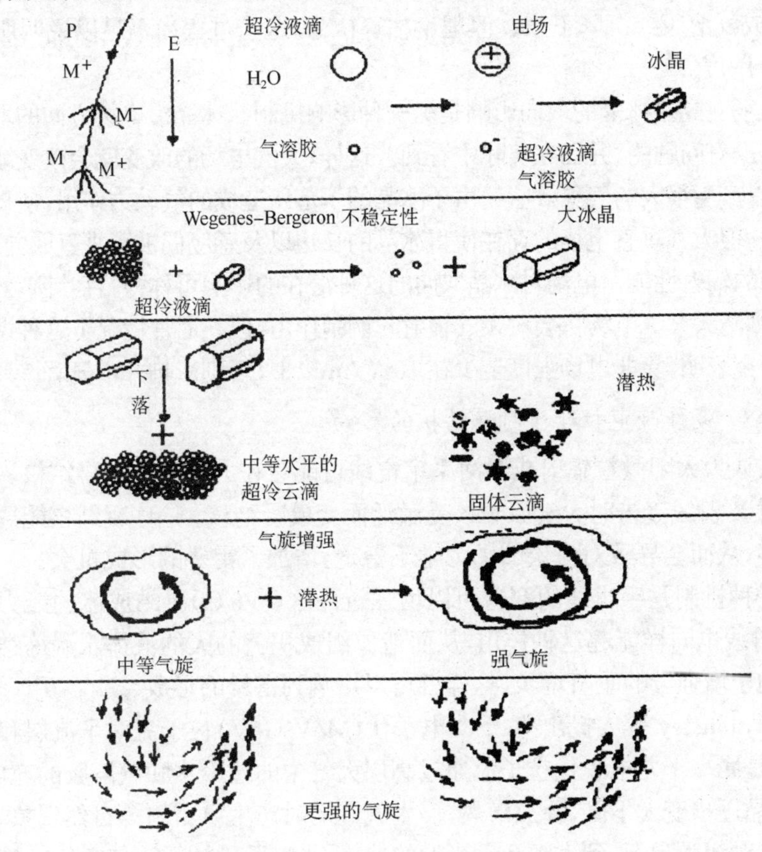

图 3.4.5　冰核电凝结机制示意图

有些研究表明，只有存在电场的情况下，凝聚过程才能进行。另一些实验看到，当所有的电场都在实验室中被排除掉以后，小水滴的凝聚明显地减少。大气电场影响凝聚有两方面因素。一是电场影响带电凝结核或水分子的运动，从而增加了分子间的碰撞概率。另一因素是大气电场的存在（而且在带电分子间靠得很近时，其间的大气电场被增强）有助于打破气溶胶粒子的表面张力，使得碰撞更易于产生凝聚而不是弹性的。另外，在带电凝结核与其他分子产生电荷交换或者带电粒子所产生的局地电场突然改变都会使带电粒子所受的电场力突然改变而偏离原先的稳定状态，从而增加了碰撞概率。但是，大气电场影响凝聚过程也有困难的一面。离子本身作为水分子串结核是确定的事实，但只有相对湿度接近400%时，才会串结5～7个水分子以上而成长成水滴。这一条件在通常情况下并不能满足，不过大气中离子的存在能加速其他凝结核如 H_2SO_4 和 HNO_3 串结水分子的过程。另外，两个符号相反的离子复合，并不一定形成中性分子，而可能成为一个偶极子并继续串结更多分子或者离子成为更大的分子或者多离子串结粒子，最终形成气溶胶或沉降下来。但理论估算认为，这一过程尚不足以说明所观测到的气溶胶成分浓度。

大气电场对高空冰晶的取向影响是另一种影响机制。冰晶沿电场方向的取向作用在强电场中是没有问题的，并已在实际中看到。这样，大气电场的改变就会改变冰晶的空间取向，这可以产生很大的气象效应。由于冰晶的下落所造成的气动力作用，使得冰晶的长边趋于水平。但大气垂直电场的存在使得冰晶的长边以及感应偶极矩垂直取向，其结果就改变了卷云的辐射性能。电场对冰晶取向的这种潜在的影响可称为"百叶窗"效应。假如确实如此，则晴天大气电场将会对大气辐射起调制作用，但在通常情况下这种调制作用是不大的。研究表明，除非电场强度至少在 10^3V/m 以上，否则影响并不显著。

3.4.3.3　高能带电粒子子对凝结核的影响

有些人认为太阳微粒辐射或银河系宇宙线可能会在大气中产生凝结核。或者被极光韧致辐射 X 射线轰击时大气原子核受激活而变成凝结核。这些凝结核能导致卷云和低云的增多，从而会导致对流层的动力学不稳定，增加了雷暴的形成机会。

还有一种机制是宇宙线的穿透可以增强过冷水(－6℃)凝结成冰的能力，另外，韧致辐射 X 射线也同样能起这种作用，从而造成组成积云的大的液体水滴冻结。所释放的潜热有助于增强云的垂直增长，这样就可以影响到雷暴的形成。

近年来，Tinsley 等人提出兆-千兆电子伏(MeV-GeV)粒子流对平流层和对流层的影响。特别是兆一千兆电子伏粒子流通过高层大气中的过冷水和气溶胶的充电作用，产生冰晶，冰晶逐步变大下降，释放潜热，产生气旋同时产生风雷雨等自然现象。

以宇宙射线为源，受到太阳活动影响的兆-千兆电子伏粒子流与大气气旋的产生和增强有重要的间接作用。Tinselly 等人提出了高能粒子-太阳活动-高层大气-电磁场-过冷水与冰核-气旋-天气变化的模式，由此成为解释太阳活动对天气过程影响的关键。

在天的时间尺度上发现季节变化和气旋生成变化与兆－千兆电子伏粒子流变换有关，兆-千兆电子伏粒子能量流大约 10^3ergs/(cm^2·s)是对流层反应能的 10^7 倍。带电粒子穿过电离层进入对流层，产生平滑波动的电场，改变空间电流密度，对流层的云作为电介质，由空间-地球电流 J 使云极化。这样，云中的过冷水(－40℃左右)和气溶胶在运动碰撞中电离，使过冷水(氮氧为主)带正电、气溶胶(硫酸盐为主)带负电；在电场的作用下，过冷水与气溶胶凝聚成冰核；这种冰成核过程中的冰晶，从几微米级逐步在重力和电磁场的作用下，变成几毫米级的大冰晶；冰晶的质量变大，由于地球重力场的存在，大冰晶下落，当与中层大气中的过冷水滴接触以后，大冰晶释放出大量潜热同时产生固体的云粒子;潜热的逐步释放,产生温度梯度,根据流体力学原理,产生压力梯度,这样产生气旋(气体沿压力场流动),气旋逐步变大,最终产生风暴,在其它原因较长期作用下还可以产生气流,如北大西洋暖流;与此同时,云粒子中水滴的变化还可以产生雪雨等天气过程。

通过对兆-千兆电子伏粒子流对天气过程的初步分析,发现太阳活动影响大气变化的过程中,太阳辐射的电机制贯穿了其中的全过程。

在电离层的平均带电为250KV,与对流层构成垂直向上的大气电场,受到外层太阳活动强弱的影响,电场变化幅度在10%~20%。大尺度的电场在对流层构成大气电路,由于云的低的导电性,产生在云的边界上下的极化区,半径为R的云水滴捕获大量电场E,ε为释放空间的绝对电容,那么水滴的电荷数为$Q=12\pi\varepsilon R^2E$。影响大气电场的机制为宇宙射线流及其影响的大气电离增强,而大气电场又影响着过冷水滴的电状态,可见兆-千兆电子伏粒子流对过冷水的影响。Dickinson发现以氮氧为主的兆-千兆电子伏粒子流碰撞大气分子,除产生电场变化外,还生成以HNO_3为主的化学变化,而HNO_3又极不稳定,分解出大量的NO_x;这样使云过冷水粒子所处的环境不稳定,加速了冷凝成冰晶的过程。

对于兆-千兆电子伏粒子流对过冷水和气溶胶的作用,Varshneya提出了一个可行的实验模式。在实验云室中有数个10μm直径的云水滴,不断提高冻结活力使其温度低于-15℃,其后将一个约5兆电子伏的α粒子打入云室,通过多次实验,α粒子使过冷水滴凝结成核。可见,Mev-Gev粒子流对大气的影响。

3.4.3.4　太阳高能粒子对大气参数的调制作用

Tinsley等人的研究表明,太阳活动对天气过程有极其重要的影响。太阳辐射的高能粒子流直接引起大气的物理机制的变化,由QBO指数、VAI指数、11年太阳活动周期等参数反映出粒子对大气温度场、气压场、风暴频率、大气环流状况、大气各层的热状态等的影响。以宇宙射线为源,受太阳活动中的日冕喷发、太阳黑子活动等影响,由太阳耀斑提供能量的兆-千兆电子伏粒子流,通过对高层云中的过冷水和气溶胶的电效应,产生冰核,冰核聚集变大,在重力场的作用下冰核下降,在中层大气中释放潜热,产生气旋,同时产生大量云的水粒子,气旋逐步加大,最终变成风暴和大气流。

再有一种机制认为,由入射高能粒子产生的离子进入到低高度的速度,在大气背景电场强时快。当离子的寿命足够长,它们可以一直迁移到雷暴的高度。高能粒子可以影响地面的垂直电场。其过程是,大量高能粒子能到达的高度以上,电导率比较高。由于截止刚度随纬度增高而减小,高能粒子在高纬容易进入大气,同样能量的粒子在高纬能进入更低,所以电层的高度在高纬处比低纬处更低,高纬大气电位梯度比低纬高,而且在截止刚度纬度附近,存在水平电场。

前述太阳活动影响水滴凝聚过程,从而调制卷云形成的说法假如确能存在,则云对大气辐射和热收支都会有明显影响。计算可知,若厚云的高度改变 0.5km 或者云层覆盖面积改变 5%~10%,能够造成全球平均温度改变 1K,这就相当于太阳常数改变 1%~2% 所产生的效果。不过至今尚未看到太阳活动造成如此大的云高或云层覆盖面积的影响。

3.4.3.5 大气电场影响大气的化学反应

大气电性能通过影响化学反应而影响气象是另一种机制。对大气化学反应起到重要用用的分子输运过程共有三项,即分子扩散、涡流扩散及电场漂移。对在 20km 处达到峰值的带电粒子成分来说,这三项的量级估算可知,电流漂移项约比涡旋扩散项大一个量级,而比分子扩散项大五个量级,因此电场漂移会影响到有带电粒了成分参加的大气化学反应。例如,在与臭氧成分有关的光化学反应中,离子成分也参与其中,因此,大气电场所引起的离子漂移会影响到臭氧浓度,从而对大气热力学和动力学过程发生影响,最后影响到气象。不过通常情况下离子浓度比臭氧浓度小九个量级,比与臭氧有关的 NO、NO_2 和 HNO_3 浓度少五个量级。因此,即使离子反应速率常数比非离子化学反应大四个量级,其影响也不重要,但在极区的极盖吸收事件时就会起到较大作用。

闪电能产生 NO_x,这在实验室放电实验中已得到证实。NO_x 能参与许多重要的光化学反应,并对大气臭氧含量起到控制性的影响。臭氧对气象的影响是已被人们公认的,太阳活动首先影响到雷暴然后通过上述化学过程就可影响到气象。

参考文献

[1] Kallenrode M. B., Space Physics, Springer-Verlag Beilin Heidelberg New York, 2001.

[2] Hargreaves J. K., The solar-terrestrial environment, Cambridge University Press, 1992.

[3] Gonzalez W. D., et al., What is a geomagnetic storm?, *J. Geophys. Rev.*, **99**(4), 5771-5792, 1994.

[4] Russell C. T., The solar wind interaction with the Earth's magnetosphere: A Tutorial, IEEE Trans, on Plasma Science, **28**(6), 1818-1830, 2000.

[5] Love, D. P., Penetrating electron fluctuation associated with GEO spacecraft anomalies, IEEE Trans, Plasma Physics, **28**(6), 2075-2084. 2000.

[6] Schunk R. W. and Sojka J. J., Ionosphere-thermosphere space weather issues, *J. Atmospheric, and Terrestrial Physics*, **58**(14), 1527-1574, 1996.

[7] Buonsanto M. J., Ionospheric storms A review, *Space Science Reviews*, **88**, 563-601, 1999.

[8] Schunk R. W., Ionospheric climatology and weather disturbances: *A Tutorial, at Geophysical Monograph*, **125**, 359-368, 2001.

[9] 庄宏春,空间电学,科学出版社,1995。

[10] Rycroft M. J., Israelsson S and Price C, The global atmospheric electric circuit, solar activity and climate change, *J. Atmospheric and Solar-trrestrial Physics*, **62**, 1563-1576, 2000.

[11] Tinsley B. A., Influence of solar wind on the global electric circuit, and inferred effects on cloud microphysics, temperature, and dynamics in the troposphere, *Space Science Review*, **94**, 231-258, 2000.

第四章　空间天气效应

§4.1　空间天气对航天器的效应

4.1.1　与航天器设计有关的空间天气领域

任何系统的设计都要考虑它所处的环境,以保证系统在该环境中能正常运行和具有一定的寿命。空间系统也不例外,而且由于维修困难和发射成本高,弄清空间天气及其对系统的效应是特别重要的。

从航天器设计的角度来看,**空间天气**主要指近地空间的状况,即轨道范围从低地球轨道(LEO)到地球同步轨道(GEO)及其附近,包括了所有倾角。近地空间的空间天气是复杂多变的,它的特征部分由地球本身特性决定,部分由地球和太阳间的相互作用确定,还有一部分需根据发生在行星际空间和星际空间的过程确定。与航天器运行有关的空间天气因素包括中性大气、等离子体、电磁场、高能带电粒子、高真空和深冷、微流星体以及飞行体表面污染和溅蚀等。许多因素随轨道位置、地方时、季节和太阳活动水平变化。表4.1.1列出了与航天器设计有关的空间天气的7个领域。

表4.1.1　与航天器设计有关的空间天气领域

空间天气区域	相关的参量	相关的问题
中性热层	大气密度,密度变化,大气成分,风	制导、导航和控制系统设计;材料损伤,表面剥蚀(原子氧通量);轨道变化和轨道寿命;传感器定向,实验设计;轨道定向误差
热环境	太阳辐射(反照率、发射的长波辐射),辐射输送,大气层透射率	被动和主动热控制系统设计;太阳能电池设计;材料选择
等离子体	电离层等离子体,极光等离子体,磁层等离子体	电磁干扰,航天器表面充电与放电;材料选择
太阳表面	太阳电磁辐射和粒子辐射,磁暴,太阳/地磁指数	太阳预报,寿命/拽力评定,再入负载加热,意外事故处理
电离辐射	捕获质子/电子,银河宇宙线,太阳粒子事件	电子部件损伤,航天器内部充电,单粒子事件,材料损伤
磁场	地磁场	在大结构中的感应电流,南大西洋异常,辐射带位置
中间层	大气密度,密度变化,风	航天器再入,材料选择,系绳实验设计

4.1.2 空间天气对航天器的效应概述

空间天气以不同方式与航天器相互作用并产生各种效应，表4.1.2概括了这些效应，表中涉及的一些物理概念将在本章后面几节陆续介绍。

表4.1.2(a)　空间天气对航天器的效应

航天器子系统	热　层	热环境	等离子体	微流星体/空间碎片
电子设备		热设计	单粒子事件，卫星充放电	因撞击引起的电磁干扰
电源	太阳电池性能损坏	太阳能电池设计，电源分配，电源系统性能	浮动电位漂移，电流损失，污染物吸引	对太阳能电池的损害
制导、导航和定位	制导、导航和定位系统设计		感应电位引入的力矩	碰撞避免
材料	材料选择、材料损伤	材料选择	弧光、火花放电，对表面材料的污染效应	表面光学性能降低
光学部件	对传感器的干扰	影响光学设计	污染吸附，表面光学性质变化	表面光学性能降低
推进	拽力性质/燃料要求		浮动电位漂移	碰撞避免，附加屏蔽增加燃料，压缩箱断裂
结构		影响热敏感表面的布局，热引起的振动	由弧光和火花放电引起的质量损失，结构尺寸影响	结构损伤，屏蔽设计
遥测、跟踪和通讯	可能的追踪误差；可能的跟踪损失		由弧光放电引起的电磁干扰	因撞击引起的电磁干扰
热控制	再入加热、原子氧对表面的损坏	被动和主动热控制系统设计，辐射器尺寸，凝固点	污染吸附，吸收和发射性质变化	热/光学性质变化
发射操作		影响发射计划/程序	操作时机	乘务员生存能力

表4.1.2(b)　空间天气对航天器的效应

航天器子系统	太阳环境	电离辐射	磁　场	重力场	中间层
电子设备	热设计	电离损伤，单粒子事件	感应电位效应		
电源	太阳能电池设计，电源分配	降低太阳能电池输出	感应电位效应		
导航/定位	影响密度和拽力，引起重力梯度力矩		磁矩大小	稳定性和控制，重力力矩	对再入的影响
材料	材料选择	降低材料性能			因大气相互作用产生的损伤
光学部件	对光学设计必要的数据	使窗口和光纤变暗			
推进	影响大气密度和拽力			影响燃料消耗率	
结构	影响热敏感结构的位置		在大结构中感应的电流	推进剂预算	系绳结构设计
遥测、跟踪和通讯	跟踪精度，影响大气拽力		南大西洋异常区位置	可能影响跟踪误差	
热控制	影响再入负载/加热				
发射操作	发射时机，发射计划				

§4.2　航天器表面充电

4.2.1　概述

在航天器暴露的外表面上的电荷积累称为**航天器表面充电**。表面充电包括**绝对充电**和**不等量充电**两种类型：

如果表面全都是金属，整个航天器将充电到相同的电位，这个过程称为绝对充电。绝对充电只是瞬时才能实现，特征周期是毫秒的量级；如果航天器表面使用电介质材料，表面不同部位可能具有不同的电位，这个过程称不等量充电。

不等量充电具有秒到分的时间尺度。介电材料使积累电荷的不能扩散，因此将存贮在它们中的电荷保持在某一部分。充电粒子通量的变化使得这些表面达到不同的浮动电位。航天器受日照的表面和处于阴影的表面，是不等量充电的典型情况。在两个表面浮动电位差的进一步发展，将引起它们之间电场的发展。不等量充电可能产生强的电场并影响航天器绝对充电的水平。

从异常效应的观点来看，不等量充电比绝对充电效应更大，因为它可导致表面弧光放电或航天器不同电位表面之间的**静电放电**(ESD)。这种弧光放电或火花放电直接引起航天器部件的损坏和在电子部件中产生严重的干扰脉冲。在同步轨道，航天器异常基本上是由不等量充电引起的。

等离子体与系统相互作用分析的一个基本问题是确定系统的**浮动电位**。在这种情况下，系统是高电压，总体电流平衡要求系统的一部分相对于等离子体是正电位，以收集电子；另一部分是负电位，以收集足够的离子使净电流为零。一般来说，大部分区域应是负的，因为电子的质量比离子的小很多，单位时间打到系统上的离子数比电子数少。当考虑运动效应时，计算是很复杂的，需要考虑系统产生的等离子体；在某些情况小，需考虑次级发射效应。有关的问题还包括系统相对于等离子体的电位、通过等离子体流动的寄生电流、在负电位小表面的溅射及太阳电池介电涂层相对于等离子体的弧光放电等。表 4.2.1 给出航天器在日照下典型的浮动电位。

航天器表面电位随空间等离子体的状态变化。空间等离子体状态一般用温度和密度描述。对地球同步轨道，等离子体的等效温度约 1eV，密度约 100 个/cm^3。在亚暴期间，高密度、低能量的等离子体被能量为 1～50keV 的低密度等离子体云取代。这种情况可使航天器介电表面充电到很高电位，甚至发生静电放电击穿现象。如果航天器在中午，一般不会遇到热等离子体，因而不会充电。如果航天器接近于午夜，可能经历充电。如果航天器接近于傍晚，并向午夜运动时，它可能遇到严重的充电环境。如果航天器位于早晨，它可能遇到热等离子体。

表 4.2.1　航天器在日照下典型的浮动电位

等离子体环境	浮动电位(V)
太阳风	+5～+10
磁鞘	+2～+5
外磁层	+2～+15
瓣	+15～+100
等离子体片(静日)	+10～+20
等离子体片(同步轨道,扰日)	−70
等离子体层	≥−200 (1976)(AST-6) 0～+1(1983)(ISEE-1) −5.4～0(1974)(OGO 3)

图 4.2.1 给出航天器表面电位随高度和纬度的分布。由此可见,表面充电的主要区域接近地球同步轨道。在 1000km 以下,充电主要发生在极区。

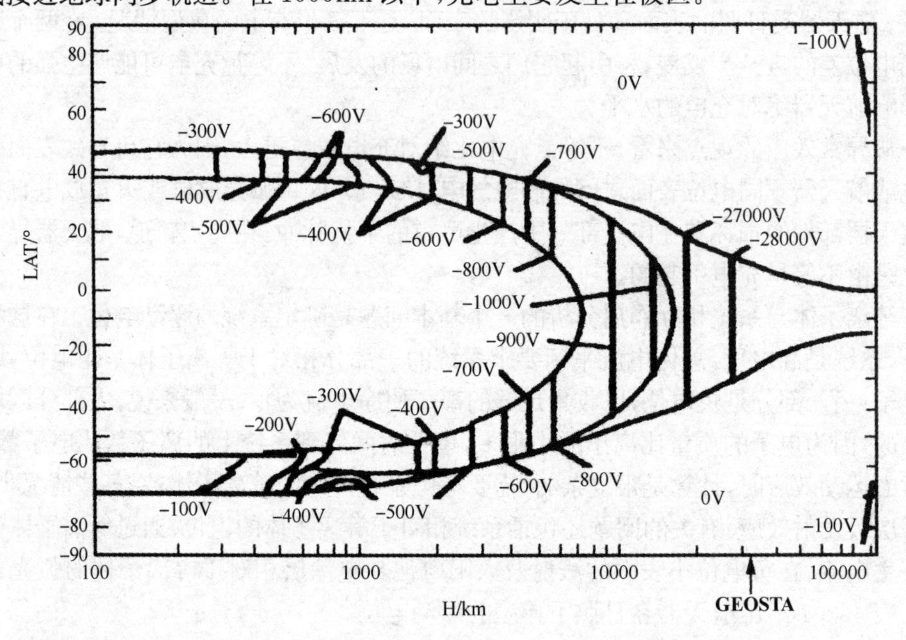

图 4.2.1　表面电位等值线图(没有日照情况)与高度和纬度的关系[1]

航天器的电位也与材料性质有关。重要的材料性质包括介电厚度、介电常数、介电电阻、表面电阻、次级电子发射和光电发射。

由于航天器充电,会发生各种放电现象,包括表面击穿放电、内部击穿放电和航天器至空间击穿放电。表面击穿放电主要发生在边缘、尖状物、接缝、裂缝及缺陷。在这些地方会增强电场,导致放电发生。

4.2.2　航天器表面充电基础理论

航天器表面充电的物理机制和物理过程是相当复杂的，在地球同步轨道环境，假定空间等离子体满足麦克斯韦-波尔兹曼分布，则可用简单的形式描述充电状况。所有航天器充电的基本物理过程是电流平衡，即在平衡状态，所有电流的代数和为零。在这种状态下航天器的电位，就是航天器与周围等离子体之间的电位差。表达电流平衡的基本方程为[2]：

$$I_E(V)-[I_I(V)+I_{SE}(V)+I_{SI}(V)+I_{BSE}(V)+I_{PH}(V)+I_B(V)]=I_T \tag{4.2.1}$$

这里 V 是卫星电位，I_E 是入射电子电流，I_I 是入射离子电流，I_{SE} 是由 I_E 产生的次级电子电流，I_{SI} 是由 I_I 产生的次级电子电流，I_{BSE} 是由 I_E 产生的后向散射电子电流，I_{PH} 是光电电流，I_B 是主动电流源，如电子枪或离子枪，I_T 是到卫星表面的总电流，在平衡时为零。卫星充电的基本问题就是解方程(4.1)，找到一个 V 使得 $I_T=0$。

方程(4.2.1)中的 V 也受 Poisson 方程

$$\nabla^2 V=\frac{q}{\varepsilon_0}(n_s+n_E-n_l) \tag{4.2.2}$$

和 Vlasov 方程

$$v\cdot\nabla f_i-\left(\frac{q_i}{m_i}\right)\nabla V(r)\cdot\nabla f_i=0 \tag{4.2.3}$$

支配。其中 n_E 是本地电子密度，n_l 是本地离子密度，n_s 是表面发射的电子密度；$\vee$，∇_v 分别是相对于位置和速度空间的梯度算符。卫星充电研究的基本问题就是解方程(4.2.1)、(4.2.2)和(4.2.3)。普遍情况下，解上述方程只能用数字解法。但在某些近似条件下，如在球对称、麦克斯韦－波尔兹曼分布情况下，可得到电流密度的解析表达式：

电子：　$J_E=J_{E0}\exp\left(\frac{qV}{kT_{E0}}\right)$　　$V<0$，排斥

离子：　$J_E=J_{E0}\left[1+\left(\frac{qV}{kT_{E0}}\right)\right]$　　$V>0$，吸引

其中

$$J_{E0}=\left(\frac{qN_E}{2}\right)\left(\frac{2kT_E}{\pi m_E}\right)^{1/2}$$

$$J_{I0}=\left(\frac{qN_I}{2}\right)\left(\frac{2kT_I}{\pi m_I}\right)^{1/2}$$

这里 N_E 和 N_I 分别是电子和离子密度；m_E 和 m_I 分别是电子和离子质量；q 是电子电荷的大小。

给定这些表达式并使次级和后向散射发射参数化后，方程(4.2.1)可以简化为某一点

电位的解析表达式。这个模式称为解析探针模式，可以写成：

$$A_E J_{E0}[1 - SE(V, T_E, N_E) - BSE(V, T_E, N_E)]\exp\left(\frac{qV}{kT_E}\right)$$

$$- A_I J_{I0}[1 + SI(V, T_I, N_I)]\left[1 - \left(\frac{qV}{kT_I}\right)\right]$$

$$- A_{PH} J_{PH0} f(X_m) = I_T = 0 \qquad V < 0 \tag{4.2.4}$$

这里是A_E电子收集面积；J_{E0}是周围的电子电流密度；A_I是离子收集面积；J_{I0}是周围的离子电流密度；A_{PH}是光电发射面积；J_{PH0}是饱和光电子电流；BSE，SE，SI分别是由于后向散射引起的次级发射、电子和离子的参数化函数；$f(X_m)$是在地球表面以上由航天器看到的到衰减太阳通量，它是太阳中心高度X_m的函数。

这个方程适用于小(<10m)的、均匀导电的、没有磁场效应时的同步轨道卫星。为了解这个方程，令V变化直到$I_T = 0$。对于铝，SI、SE和BSE的典型值分别是3、0.4和0.2。对同步轨道，在磁暴期间J_E/J_I大约是30。当卫星处于日食时，由这些值给出

$$V \approx - T_E \tag{4.2.5}$$

这里T_E是用电子伏表示的。也就是说，在日食情况下，卫星电位数值上约等于用电子伏表示的电子温度。然而必须注意，充电之前T_E必须超过某一临界值，通常是1keV的量级，因为次级电子的产生可能超过低于T_E时周围的电流。

4.2.3　LEO 航天器表面充电问题

高度低于1000km的航天器轨道称为**低地球轨道**(LEO)。由于许多应用卫星和载人航天器及空间站都运行在此高度范围，因而，研究航天器的LEO充电问题尤其重要。例如，当载人飞船与空间站对接时，如果飞船和空间站的电位不同，会使二者之间有电流流动，引起弧光放电，危害宇航员的生命安全。

4.2.3.1　LEO 等离子体环境[2]

LEO等离子体是冷、稠的(相对于磁层)和中热的，即卫星速度大于离子热速度，小于电子热速度。这意味着，等离子体可有效地屏蔽航天器产生的电场，表面充电不可能使航天器达到高的电位。高倾角航天器由于通过极光区，有些情况需特别关注。

极光区是大约6°宽的圆环形带，中心朝向午夜偏离磁极约3°，直径为25°到50°。极光电子的高能成分(典型值在0.1～10keV之间)产生相当大的电离，增加了热成分的电子沉降深度与能量有关，0.1keV电子主要在200km以上与大气相互作用，1～10keV电子在100～200km高度区作用，更高能量的电子可在100km以下发生作用。极光的发生和强度与地磁活动有密切的相关性。

对于弥散极光，沉降电子的通量分布可由经验公式

$$\varphi(E)=\frac{P_d}{2E_m^3}E\exp\left(-\frac{E}{E_m}\right) \tag{4.2.6}$$

表示，这里$\varphi(E)$是微分通量，单位是个/($m^2 \cdot s \cdot keV$)。能量标定因子E_m和功率密度P_d见表4.2.2。对于这种分布，沉降电子的平均能量为$2E_m$，通量是P_d/E_m个/($m^2 \cdot s$)。

表4.2.2　弥散极光能量标定因子和功率密度

	最　小	典型值	正常值	最大值
P_d (keV/$m^2 \cdot s$)	1.6×10^{12}	6.2×10^{12}	1.9×10^{13}	7.5×10^{13}
E_m (keV)	0.4	1.5	3.0	9.0

对于分立极光，沉降电子的通量为

$$\varphi(E)=\frac{Q_d}{\pi E_s E_g}\exp\left(-\frac{E-E_g}{E_s}\right) \tag{4.2.7}$$

这里$\varphi(E)$是微分通量，单位是个/($m^2 \cdot s \cdot keV$)，E_s是能量标定因子，它等于$0.2E_g$，E_g是加速电子的最大能量，Q_d是电子的功率通量，典型的Q_d值是6.25×10^{12}keV/($m^2 \cdot s$)，最大能量E_g值的范围是5～18keV。

4.2.3.2　LEO航天器周围的等离子体流

表4.2.3给出在国际空间站轨道上的等离子体参数。其中电子和离子的温度、热速度、等离子体频率、回旋频率和回旋半径分别是T_e、T_i、v_{the}、v_{thi}、ω_{pe}、ω_{pi}、Ω_e、Ω_i、ρ_e和ρ_i。等离子体德拜长度是λ_D，电子-电子碰撞频率是ν_{ee}，离子-离子间的碰撞频率是ν_{ii}。电子-中性粒子和离子-中性粒子的碰撞频率与前两者比较可以忽略。

表4.2.3　在国际空间站轨道上的等离子体参数值

参　数	最　大	最　小	平　均
T_e (K)	2530	770	1320
T_I (K)	1430	550	990
v_{the} (m/s)	2.8×10^5	1.5×10^5	2.1×10^5
v_{thi} (m/s)	1.8×10^3	1.1×10^3	1.5×10^3
ω_{pe} (Hz)	1.5×10^7	1.4×10^6	5.2×10^6
ω_{pi} (Hz)	1.2×10^5	1.1×10^4	4.3×10^4
Ω_e (Hz)	1.2×10^6	5.4×10^5	7.9×10^5
Ω_i (Hz)	8.5×10^1	3.6×10^1	5.4×10^1
ρ_e (m)	8.4×10^{-2}	2.0×10^{-2}	4.2×10^{-2}
ρ_i (m)	7.7	2.1	4.3
λ_D (m)	2.3×10^{-2}	1.0×10^{-3}	4.0×10^{-3}
ν_{ee} (Hz)	7.8×10^3	1.1×10^1	4.0×10^2
ν_{ii} (Hz)	8.9×10^1	0.2	5.2

因为航天器在LEO的轨道速度（v_0）大约为8km/s，典型的尺寸(L_b)为几米到十几米，则等离子体与航天器的相互作用特征表现为：

① 中热，$v_{thi} \ll v_0 \ll v_{the}$；

② 电子是磁化的，而离子是非磁化的，$\rho_e < L_b \leqslant \rho_i$；

③ 对电子和离子都是无碰撞的，$\nu_{ee} \gg v_0/L_b, \nu_{ii} \gg v_0/L_b$；

④ 在航天器尺度范围内是准中性的，$\lambda_D \ll L_b$。

等离子体流的中热特征使得LEO航天器的锥和尾区有明显不同的特性。

LEO航天器周围的等离子体流与航天器周围的中性气流有相同的特性，即在航天器的锥有一个压缩区，在航天器后面有尾流。航天器的尾流有如下特征：

①在航天器后面，电子和离子密度将比粒子作为中性气体处理时高很多，电子密度远高于离子密度；

②在航天器后面将发生粒子汇聚。最稀薄区位于张角为 $\sin^{-1}(c_s/v_0) = \sin^{-1}(1/M_0)$ 的锥形表面，这里 c_s 是离子声速，$M_0 = v_0/c_s$ 是马赫数。

③在某些条件下，在航天器后面的粒子汇聚可能超过周围的粒子密度；

④汇聚效应与航天器后表面的电位以及 T_e/T_i 比有密切关系；

⑤ 在远离航天器且稍微偏离轴线处可出现两个汇聚区；

⑥ 在周围磁场的影响下，远场尾流的结构在 v_0/Ω_i 距离的量级上被平滑掉了。

4.2.3.3 等离子体对LEO航天器的效应

低轨航天器与等离子体的相互作用及其效应列于表4.2.4。

表4.2.4 航天器/等离子体相互作用和效应小结

相互作用	效　　应	对大航天器系统的影响
在等离子体中的超声速运动	在锥部密度增加，尾部密度减小	扰动的空间范围增大，是航天器尺寸的许多倍
能量极光电子收集	尾部带负电，引起不等量充电	绝对电位水平远比中小航天器高
双航天器方式	尾部充电	在次体的绝对电位水平也很高
中性大气	航天器表面污染	航天器表面污染增大，对周围环境的扰动也增大
在负表面电位时对离子的吸引	表面材料溅射	
磁场	通过抑制电子逃逸，影响充电水平	绝对电位水平远比中小航天器高
在磁场中的运动	产生电场梯度	绝对电位水平远比中小航天器高
太阳能电池收集电流	电源通过等离子体泄露，有产生弧光放电的危险	电源损失可能达到无法使用的程度
航天器电源泄露	产生一定频率范围的等离子体波	产生等离子体波的机制更多，波更强，对转竟的扰动也更大
在等离子体中发射粒子束	束-等离子体放电，激发等离子体波，航天器充电	增加了对环境的扰动，效应更强
电磁波耦合	在临界频率等离子体局地加热	增加了对环境的扰动，效应更强

(1)在流动磁化等离子体中的电流收集

如上所述，在LEO航天器的锥和尾有复杂的等离子体形态，这种等离子体结构将为航天器提供电流源。平衡条件是周围等离子体与航天器之间没有净电流，航天器表面电位将调整到满足这个条件。

在GEO轨道，航天器收集电流的理论基础是稳定的、未磁化等离子体的厚鞘层近似，这是因为电子和离子的回旋半径即德拜长度大于航天器尺寸，而航天器速度小于周围等离子体的热速度。对于在LEO或极轨的航天器，电流收集发生在电子被磁化，离子是超热的区域，电流收集是在流动的磁化等离子体中进行。

在头部，对于小到中等的电位，吸引表面收集的离子是

$$I \approx (en_i\nu_0\sin\alpha + 0.37en_ic_s)A \tag{4.2.8}$$

这里A是头部表面的面积。第一项源于直接撞击表面的离子，第二项来自被鞘转向进入表面的离子。第二项仅在撞击角接近于零度时(小于$\theta_0 = \sin^{-1}(1/M_0)$)才重要。对高电位，即鞘的厚度大于航天器尺寸情况，离子的收集面积大于速度矢量投影面积。一般情况下，离子电流的增加应通过数字计算才能确定，为了方面，可用**离子汇聚因子**f来表示离子电流，离子电流的表达式为

$$I \approx f(\varphi_w, L_t)(en_i\nu_0\sin\alpha)A$$

这里的离子汇聚因子$f(\varphi_w, L_t)$由粒子追踪计算得到，典型值是3～8。对于很高的电位，离子电流的收集与鞘层的几何形状有关。

对吸引表面磁化电子的收集是一个非常复杂的问题。考虑无碰撞和稳态情况，在高吸引电位($\Psi_w = -e\varphi_w/kT_e \gg 1$)条件限制下，半径为$r_p$的球形表面 收集的电流为

$$i = \frac{I_e}{T_r} = \frac{1}{2} + \frac{2}{\sqrt{\pi}}\frac{\sqrt{\Psi_w}}{\beta} + \frac{2}{\pi\beta^2}$$

这里$I_r = -4\pi r_p^2 en_e c_e/4$是到半径为$r_p$的球形中的随机电流，$c_e = (8kT_e/(m_e)^{1/2}$，$\beta = r_p|\Omega_e|(8kT_e/\pi m_e)^{1/2}$，是探针半径与平均吸引粒子回旋半径之比。

对于排斥电子，电子分布函数是麦克斯韦分布，$\varphi_w < 0$时，流到表面的电流密度为

$$j_e = -\frac{en_ec_e}{4}\exp\left(\frac{e\varphi_w}{kT_e}\right) \tag{4.2.9}$$

(2)在赤道LEO和极轨的航天器电位

在电流平衡时，在LEO航天器的净电流为零。对赤道LEO航天器，周围的电子电流密度是mA/m²的量级，远大于光电电流密度。因此，与GEO情况相比，光电电流可以忽略。因为周围的平均电子能量是低的(0.1～0.2eV)，电子不能产生次级或后向散射电子。因此，对赤道LEO航天器主要的电流密度是周围的离子和电子电流密度。虽然头部的电流增加，但在零电位的离子电流小于周围的电子电流，因此航天器为了保持电流平衡必须浮动在负电位。这样，表面电位是方程

$$I_i - I_e \approx en_e \frac{A_i\nu_0\sin\alpha - A_e c_e}{4\exp\frac{e\varphi_w}{kT_e}} \tag{4.2.10}$$

的解。这里A_i是收集离子的表面面积(头部表面),A_e而是可以收集电子的表面(投影在磁力线上的航天器表面面积)。另外有

$$\frac{e\varphi_w}{kT_e} = \ln\frac{A_i 4\nu_0\sin\alpha}{A_e c_e} \tag{4.2.11}$$

对于$\alpha=\pi/2, T_e=0.2\text{eV}, A_i\approx A_e$和$v_0=8\text{km/s}$的情况,得到$\varphi_w=-0.45\text{V}$。由此看出,在LEO的航天器表面电位是很小的。

对于极轨航天器,可以经历强的能量电子通量。在800km高度,已有报告指出峰电子通量为$50\mu\text{A/m}^2$,此时的峰能量为9keV。如果航天器处于地球阴影,冷电子电流密度可降到$100\mu\text{A/m}^2$。

在这种情况下,热电子对航天器的总电子通量有相当大的贡献。热电子也有足够的能量产生次级电子。

另外,当冷电子通量下降时,来自表面的光电子通量可能变得重要。然而,来自航天器的次级电子和光电子电流因强地磁场的存在而变得非常复杂。如果磁场平行于表面,来自表面的电子发射不能逃逸,而是从一个回旋半径远重新撞击表面。

根据美国国防气象卫星(DMSP)的观测结果,低于100V的充电一般发生在两种情况:一是周围的等离子体密度降低到$10^{10}/\text{m}^3$以下;二是大于14keV的电子的积分通量大于$10^{12}/(\text{m}^2\cdot\text{sr})$。

DMSP曾观测到严重的充电事件,如图4.2.2所示。卫星的电位是-462V。当时测量到的参数是:热离子密度为$12\times10^6/\text{m}^3$;电子的积分通量为2.39×10^{13}个$/(\text{m}^2\cdot\text{s}\cdot\text{sr})$;大于14keV电子的积分通量为$2.33\times10^{13}$个$/(\text{m}^2\cdot\text{s}\cdot\text{sr})$;离子积分通量为$1.48\times10^{12}$个$/(\text{m}^2\cdot\text{s}\cdot\text{sr})$。因此,对于极轨,充电和伴随的现象可同在GEO情况那样显著。

(3)太阳能帆板上的电位分布

如前面所述,在赤道LEO航天器上的表面电位是很小的。但是,如果航天器用太阳能电池供电,那么,太阳能电池上的电位分布必须由净电流为零的条件决定。因为太阳能电池上的电位降是由许多单元给出的,系统经过调整,以提供零净电流,允许电池阵或航天器的一部分收集电子(即相对于空间带正电),其它部分收集离子(即相对于空间带负电)。

这样,就有一个选择,航天器剩余部分电连接到电池阵的什么地方。美国的规范是将航天器连接到电池阵的负边,称为负地;而俄罗斯的航天器通常连接到电池阵电位为零处,称为浮动地。其它的选择是连接到电池阵的正边,称为正地。

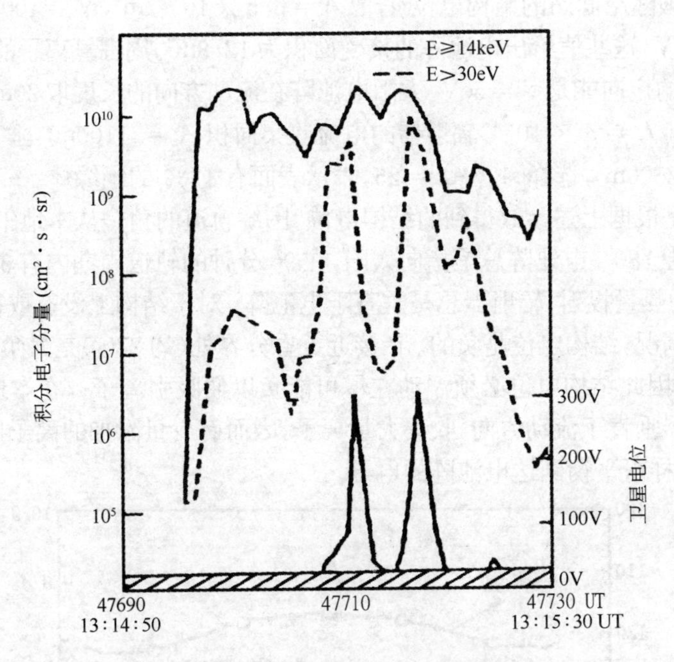

图 4.2.2　DMSP 观测到的充电事件

对于负和正地，航天器导电结构的电位是负或正。国际空间站设计是负地，到电池阵的总电流为

$$I = I_s + I_{sr} + N_w M_p (I_{an} + I_{ap}) \tag{4.2.12}$$

这里 M_p 是每个翼太阳电池元的数目，N_w 是空间站上翼的数目，I_{an}，I_{ap} 是到电池阵负和正部分的电流，I_{sr} 是导电辐射体收集的电流，I_s 是剩余结构收集的电流。

如果每个板上有 N 个收集电流点，收集面积依次是 $A_0, A_1, A_2, \cdots, A_N$，则相应点的电位满足 $\varphi_0 < \varphi_1 < \varphi_2 < \cdots < \varphi_m \leqslant 0$，对 A_m 到 A_N 点有 $\varphi_{m+1} < \varphi_{m+2} < \cdots < \varphi_N$。因此，有 m 点的电位是负或零，有 $N-m$ 个点的电位是正的。如果假定每个电池元产生的电压是 $\Delta\varphi_c$，那么

$$\varphi_j - \varphi_{j-1} = \Delta\varphi_c \qquad 1 < j < N \tag{4.2.13}$$

由(4.2.12)式要求总电流为零，连同(4.2.13)可给出电位分布。如果所有的面积取 $A_j = A$，则总收集面积是 $A_a = N_w N_p NA$，标称电流是 $I = en_e(v_e/4)A_a$，再利用(4.2.13)式，则对所有区域有

$$\frac{I}{I_m}\left(m\Delta\varphi_c, \alpha, T_i, M_0, \frac{A_{ex}}{A_a}, \frac{T_r}{A_a}\right) = 0 \tag{4.2.14}$$

方程(4.2.14)可以对 m 和 $\varphi_0 = \varphi_s$(结构电位)求解，φ_s 是撞击角的函数，可作为 T_i，T_e，M_0 和 A_{ex}/A_a 以及辐射器阵面积比 A_r/A_a 的函数参数化。

为了估算国际空间站的结构电位φ_s，取$A = 6.5 \times 10^{-5}/\mathrm{m}^2$，$N = 400$，$N_p = 82$，$N_m = 6$，$\Delta\varphi_c = 0.4\mathrm{V}$，这些值给出电池阵的接受面积为12.8m²。周围氧离子的马赫数是$M_0 = 8$。周围离子的定向能是$\varepsilon_0 = 5\mathrm{eV}$。太阳电池阵在流动方向的长度取20m，对平均电离层条件，给出$\lambda_D/L = 5 \times 10^{-4}$。辐射器的电流收集面积$A_r = 1100\mathrm{m}^2$，垂直于空间站的总结构面积取2500m²，选择$A_{ex}/A_a = 25$，表示表面有13%的绝缘体。

图4.2.3是根据上述参数得到的结构电位。围绕轨道的角是从本地午夜测量的，因而本地中午是在180°。电池阵总是指向太阳，在90分钟的轨道周期内有36分钟是在暗处。为了最大的热量投射，辐射器总是垂直于电池阵。对于结构上没有或很少暴露面积(除辐射器外)情况，结构电位是负的。在接近黄昏分界处(约270°)是最负的。这是由于电池阵位于尾，因此结构电位必须浮动在尽可能负以便吸引离子。在本地中午负值最小。此时辐射器垂直于流动方向，收集大量离子，因而有少量附加的离子电流到达电池阵是必要的，这样可平衡到达电池阵的电子。

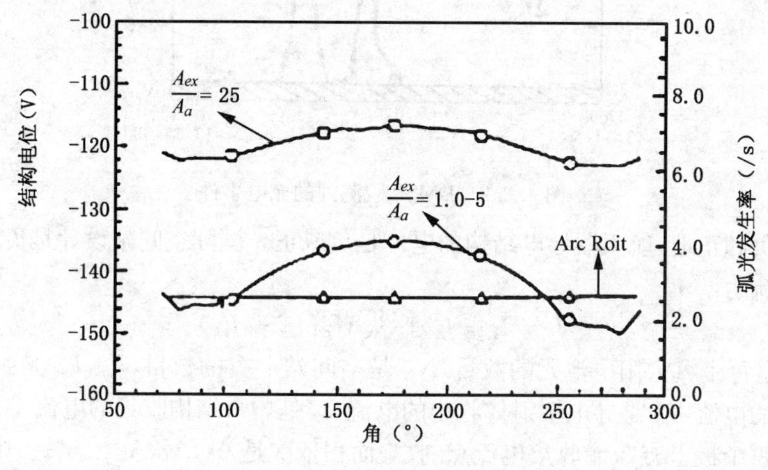

图4.2.3　结构电位

对于LEO电池阵正偏置情况，在临界电压以上观测到异常大的电子电流，这个电压称为**snatover电压**，因为伏安曲线的形状像S型。

(4)高压供电卫星和极轨卫星的弧光放电

大多数航天器的太阳能电池都是28V，但对于要求高压供电的航天器，例如空间站，使用160V供电，这样可满足低电流情况下高功率供电要求。高压电池阵可能出现两种形式的弧光放电。一种是负地结构，在这种情况中，任何薄的绝缘体表面可能遭受介电击穿。另一种弧光放电是电池阵本身。对低于大约为−200V的电压阈值的负偏置，可发生弧光放电。

4.2.4　LEO 航天器表面充电的统计特征

Freja 卫星曾经对表面充电问题进行了测量。根据这些测量结果得到了许多统计规律。Freja 卫星是 1992 年 10 月 6 日发射的，在 1996 年 10 月结束运行。轨道倾角为 63°，近地点为 601km，远地点为 1756km。Freja 卫星的科学负载有磁成像二维电子谱仪（MATE）、二维电子谱仪（TESP）、三维离子成分谱仪（TICS）、Langmuir 探针、等离子体波仪器、磁通门磁强计（FGM）和极光成像仪。下面根据 Freja 卫星测量的充电事件及当时的等离子体环境，给出表面充电的统计特征。

4.2.4.1　数据量和充电特征

这项统计研究包括卫星运行期间 1 万多个轨道上的 291 个充电事件。大多数事件是低水平的充电事件，即峰电位低于 10V，然而，有少量充电事件达到－2000V。充电事件主要部分的持续时间短于 1 分钟，少数持续几分钟。图 4.2.4 给出充电事件的时间间隔。

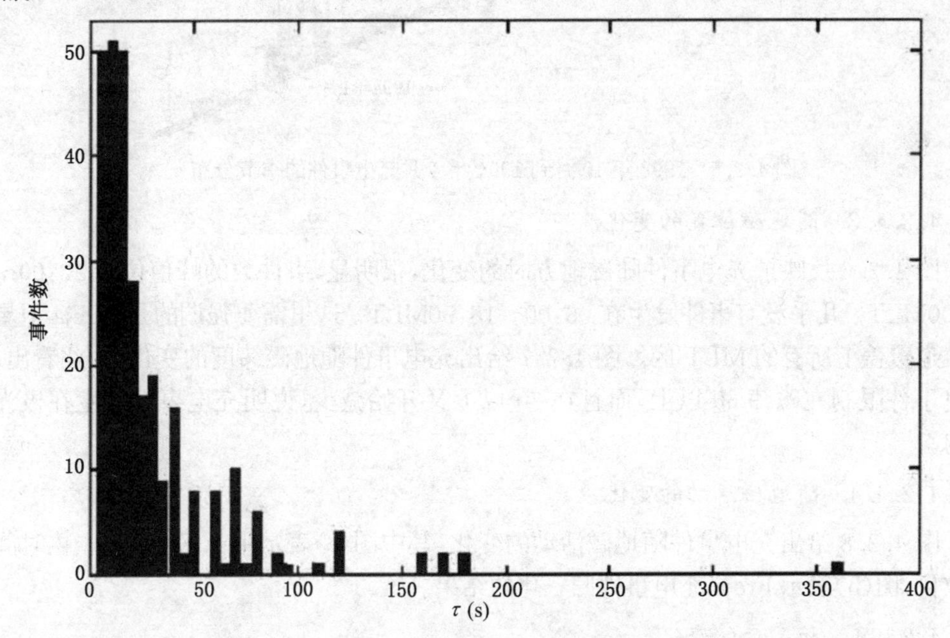

图 4.2.4　充电事件的时间间隔

4.2.4.2　随日照状态的变化

在 Freja 充电事件中，有 32 个事件发生在日照期间，236 个事件发生在夜间，23 个时间发生在晨昏分界附近。大多数事件发生在冬季的夜间，如图 4.2.5 所示。

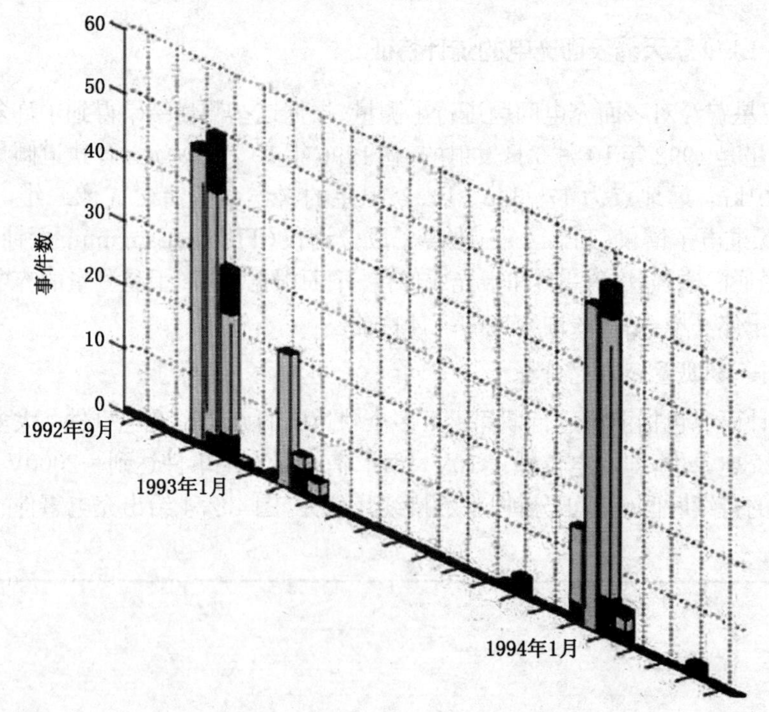

图 4.2.5　1992 年 10 月到 1994 年 4 月充电事件的季节分布

4.2.4.3　随地磁位置的变化

图 4.2.6 反映了充电事件随磁地方时的变化，很明显，事件数的峰值位于 22:00～23:00MLT。几乎没有事件发生在 06:00～18:00MLT。这里需要强调的是，Freja 卫星的轨道覆盖了所有的 MLT 区。图 4.2.7 给出充电事件随地磁纬度的变化，由此看出，充电事件限制在磁纬 60°以上，而且在 70°以上又开始减少，说明充电事件发生在极光区内。

4.2.4.4　随地磁活动的变化

图 4.2.8 给出充电事件随地磁活动的变化，其中图(c)表示用于 Freja 归一化时间的数目，图(b)表示 Freja 充电事件归一化的结果。

4.2.4.5　随高度的变化

Freja 充电事件随高度的变化示于图 4.2.9，归一化的充电事件高度发生率示于下图，随高度的增加似乎有增加的趋势。

根据 291 个充电事件的分析可得到以下结论：

①大多数充电事件没有达到超过 10V(负值)的水平，仅有少量事件达到－2000V 的水平；

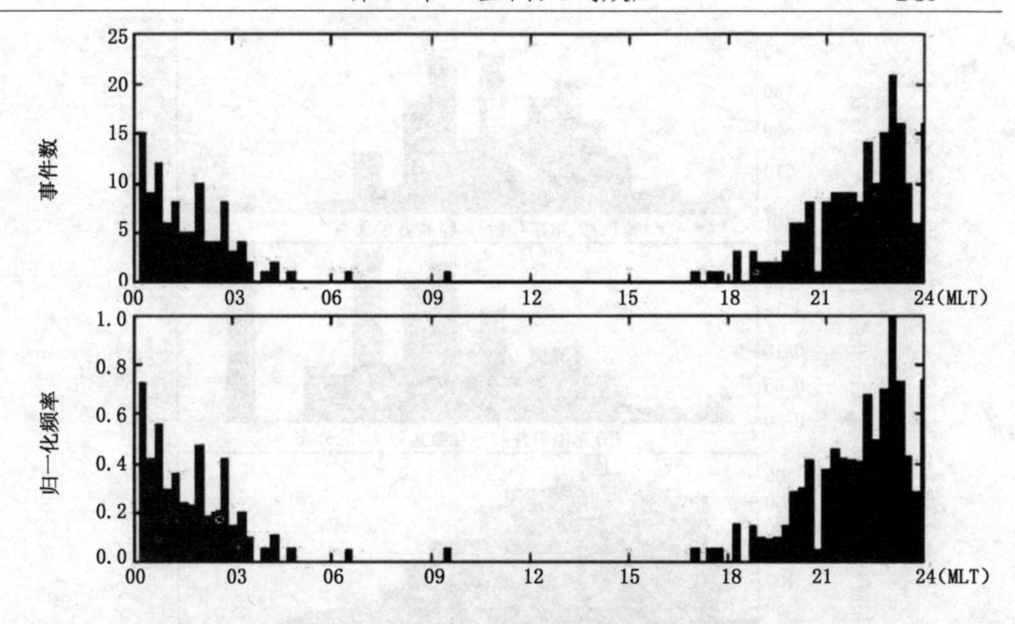

图 4.2.6　充电事件随地磁地方时的变化

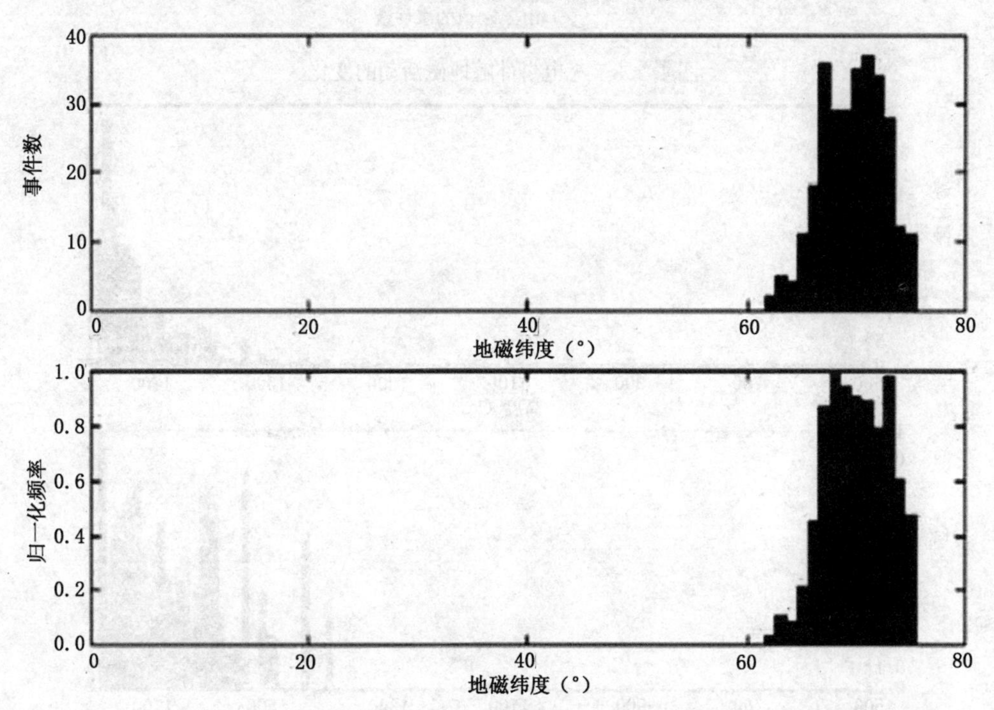

图 4.2.7　充电事件随地磁纬度的变化

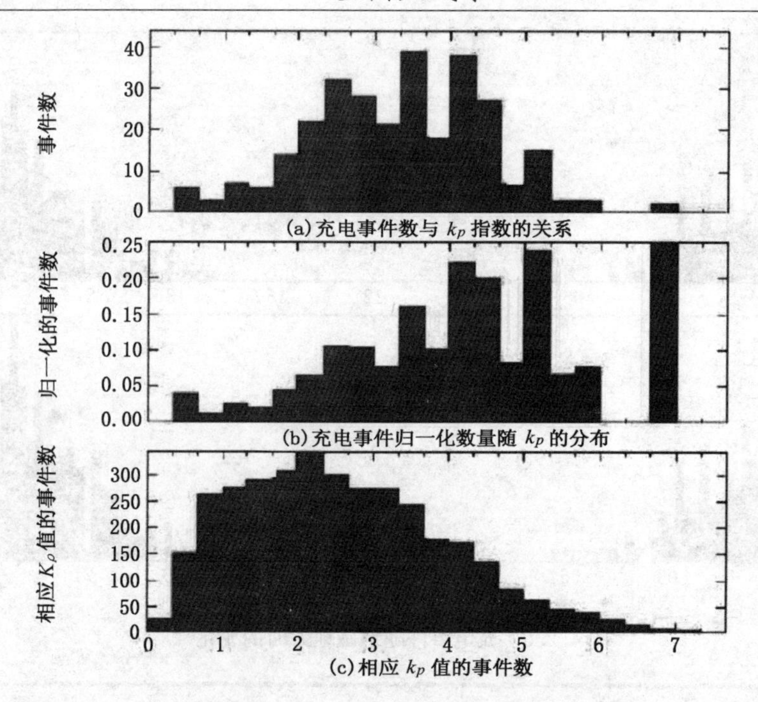

图 4.2.8 充电事件随地磁活动的变化

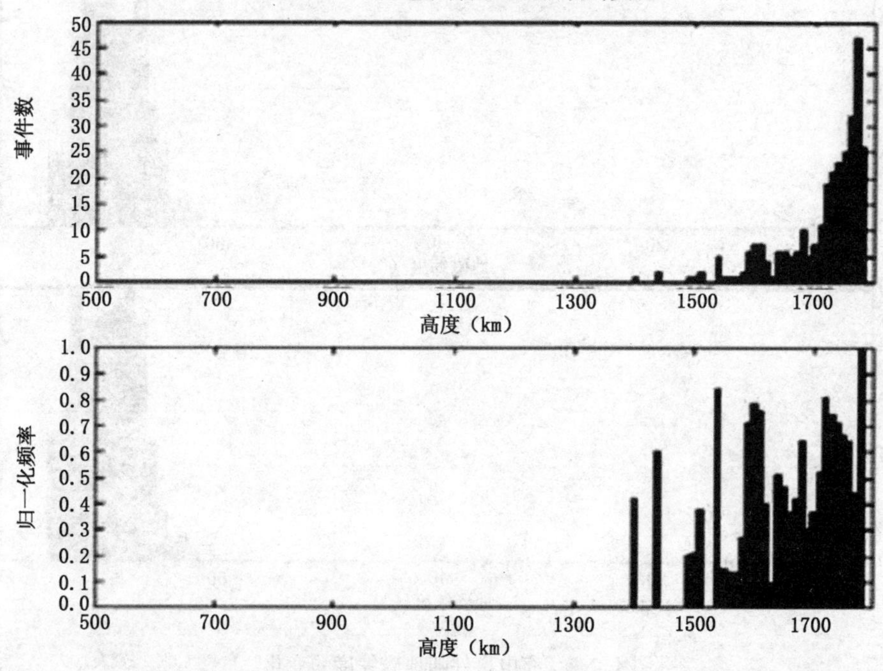

图 4.2.9 充电事件随高度变化

②充电事件的间隔大多数短于1分钟，仅有少量事件持续几分钟。这个事实反映了通过极光卵倒V区的时间。当充电的源消失后，充电事件同时消失；

③所有事件发生在磁尾60°以上，最大发生率位于极光区；

④当$K_p > 2^+$时才可能发生充电事件，发生率随大的K_p而增加；

⑤在夏季没有观测到充电事件，最大事件率发生在冬季。这可能是由于遮日时间增多和低的热等离子体密度组合效应；

⑥大多数事件发生在18时到03时。

§4.3　航天器内部充电

4.3.1　航天器内部充电及异常分析

4.3.1.1　内部充电与航天器异常的原因

航天器内部充电是由能量范围为0.1～10MeV的高能电子引起的，它们穿透航天器的屏蔽层，沉积在电介质内。当电荷的积累率高于电荷的泄漏率时，这些电荷产生的电场有可能超过介质的击穿阈值，产生静电放电，从而造成航天器某些部件的损坏，最终导致航天器完全失效，带来严重的经济损失和社会影响。例如1998年5月19日，美国"Galaxy-4"通讯卫星失效，使4500万人的传呼业务中断。根据卫星失效前后空间天气状况分析，这次事件很可能是由高流量的高能电子在卫星内部产生的静电充电和放电(ESD)引起的[3]。类似事件也发生在1994年1月[4]。据美国地球物理中心数据库提供的资料，从1989年3月7～31日的46例卫星异常(见表4.3.1)，大部分诊断为ESD[3]。由此可见，高能电子引起的ESD对卫星构成了严重的威胁。正因如此，高能电子被称为卫星的"杀手"(killer)。

完全确定卫星失效的原因是很困难的，目前只能根据卫星失效前后高能电子环境状况的统计分析，确定高能电子在使卫星失效方面所起的作用。下面通过分析7个严重卫星异常事件，确定处于外辐射带的GEO卫星异常与高能电子的哪些参量有关系。

4.3.1.2　典型的卫星异常事件分析[5]

根据GOES卫星测量的高能电子数据和卫星异常情况，为了深入分析卫星异常与高能电子空间天气的关系，将电子流量分**基线相**、**降低相**和**增长相**三个阶段。基线相是异常发生前任选三个月电子日流量的平均值；下降相的流量明显比基线相的低，平均日流量低于基线相的4～380倍，时间间隔为3～15天；下降相其后紧跟着日流量显著增加，这个阶段称为增长相，时间取到异常发生前。这个相的持续时间1～14天，平均日流量大于下降相的23～950倍，每日流量毫无例外地大于$2\times10^8/(\mathrm{cm}^2\cdot\mathrm{sr})$。

表 4.3.1　NGDC 飞船异常数据库*(1989 年 3 月 7～31 日)

飞　船	异常日期	UT	LT	高度(km)	异常类型	K_p
METOSAT-P2	03/07/89	0507	0507	35784	ESD	4+
NOAA-11	03/07/89	0635	0103	900	UNK	3+
@PNO303	03/08/89	2257	1505	35784	ESD	6-
NOAA-10	03/10/89	1909		900	UNK	3
NOAA-9	03/11/89	0322		900	UNK	3
@PNO303	03/11/89	1937	1145	35784	ESD	3-
NOAA-9	03/12/89	0311		900	UNK	3
GOES-5	03/12/89	0633	2323	35784	SEU	3
METOSAT-P2	03/13/89	0553	0553	35784	ESD	8-
NOAA-10	03/14/89	2102		900	UNK	7+
NOAA-11	03/14/89	2131		900	UNK	7+
@PNO303	03/16/89	0535	2143	35784	ESD	4-
NOAA-11	03/16/89	1252		900	UNK	5+
METOSAT-P2	03/17/89	0749	0749	35784	UNK	5+
GOES-7	03/17/89	0842	0130	35784	ESD	5+
MARECS-A	03/17/89	1026	2218	35784	ESD	4+
MARECS-A	03/17/89	1058	2250	35784	ESD	4+
MARECS-A	03/17/89	1327	0119	35784	ESD	4+
MARECS-A	03/17/89	1420	0220	35784	ESD	4+
MARECS-A	03/17/89	1508	0300	35784	ESD	4+
MARECS-A	03/17/89	1606	0358	35784	ESD	4+
MARECS-A	03/17/89	1855	0647	35784	ESD	4-
INTEL510	03/18/89	1821		35784	UNK	1+
METOSAT-P2	03/18/89	2135	2135	35784	ESD	2
@GGO501	03/20/89	0040	1228	35784	UNK	2+
GOES-7	03/21/89	1041	0329	35784	ESD	4-
METOSAT-P2	03/22/89	0153	0153	35784	ESD	3
METOSAT-P2	03/22/89	0707	0707	35784	ESD	3
METOSAT-P2	03/29/89	0214	0214	35784	ESD	6+
MARECS-A	03/29/89	1432	0224	35784	ESD	5-
MARECS-A	03/29/89	1532	0324	35784	ESD	5+
MARECS-A	03/29/89	1612	0404	35784	ESD	5+
MARECS-A	03/29/89	1638	0430	35784	ESD	5+
MARECS-A	03/29/89	1754	0546	35784	ESD	5+
METOSAT-P2	03/30/89	0930	0930	35784	ESD	5+
METOSAT-P2	03/31/89	0453	0453	35784	ESD	5+
GOES-7	03/31/89	0823	0111	35784	ESD	4+
MARECS-A	03/31/89	1350	0142	35784	ESD	4+
MARECS-A	03/31/89	1357	0149	35784	ESD	4+
MARECS-A	03/31/89	1449	0241	35784	ESD	4+
METOSAT-P2	03/31/89	1535	1545	35784	ESD	5-
MARECS-A	03/31/89	1714	0506	35784	ESD	5-
MARECS-A	03/31/89	1739	0531	35784	ESD	5-
MARECS-A	03/31/89	1754	0546	35784	ESD	5
MARECS-A	03/31/89	1922	0714	35784	ESD	5

*　异常类型:ESD:静电放电；SEU:单粒子翻转；UNK:不清楚

流量和伴随的异常情况列于表 4.3.2。表中标出的天是指该相持续的时间，最后一栏的基线＋标准偏移是指基线相流量加上 3 个月的基线相期间流量的标准偏移。

表 4.3.2　异常发生前的电子流量

卫　星	基线流量（天）	下降相流量（天）	基线/下降流量比	增长相流量（天）	增长/下降流量比	增长/基线＋标准偏移流量比
TELSTAR-401	8.0E7	2.1E5(15)	380	2.0E8(1)	950	0.83
ANIK-E1	2.4E7	6.0E6(9)	4	3.4E8(14)	56	5.90
GOES-8(1995)	8.7E7	1.3E7(6)	7	3.9E8(1)	30	1.80
ANIK-E1/E2	1.4E8	2.9E7(9)	5	2.8E8(8)	23	0.79
GALAXY-4	7.9E7	9.8E6(4)	8	3.4E8(14)	34	1.40
GOES-8(1998)	8.2E7	1.2E7(5)	7	4.4E(6)	38	2.90
GOES-9	9.4E7	2.1E7(3)	4	7.1E(4)	34	2.80

由表中最后一栏的数据可见，7 个异常事件中有 3 个事件的流量比大于 2，说明异常与高的日流量有关。测量到的数据表明，在异常发生前，电子流量有一个深的降低和大的增加，但持续时间很短，如图 4.3.1 所示。

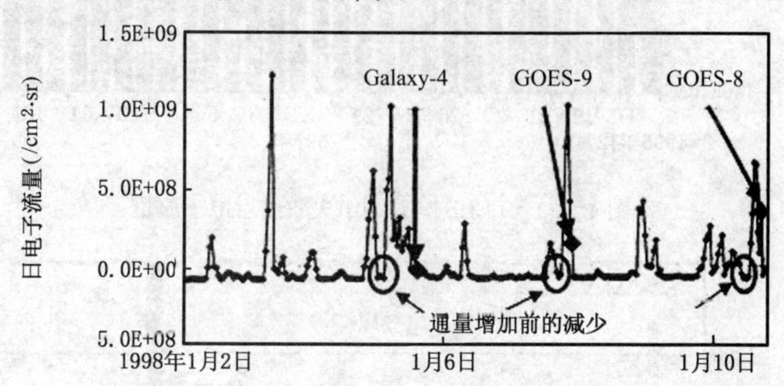

图 4.3.1　异常发生前流量短时间降低和大的增加

(1) TELSTAR-401(97W)

这颗 GEO 通讯卫星在 1997 年 1 月 11 日失效。图 4.3.2 显示在卫星失效前后能量大于 2MeV 电子的流量。在卫星失效之前有日平均流量为 $2.1\times10^5/(cm^2\cdot sr)$ 的 15 天下降相，这个平均流量比基线相流量低 380 倍。这个下降相紧跟着（<1 天）一个极大的流量增加，其平均日流量是下降相的 950 倍。日电子流量峰在失效之前一天（1997 年 1 月 10 日），为 $2.0\times10^8/(cm^2\cdot sr)$。

(2) ANIK－E1(约 110W)

这颗加拿大通讯卫星太阳能电池的一侧在 1996 年 3 月 26 日失效。图 4.3.3 给出 1996 年 3 月的电子流量。下降相在 1 月 3 日开始，平均日流量为 $6.0\times10^6/(cm^2\cdot sr)$；接着是 14 天的增长相，平均日流量为 $3.4\times10^8/(cm^2\cdot sr)$。日流量峰在 3 月 23 日，即卫星失效的前 3 天，日流量为 $1.2\times10^9/(cm^2\cdot sr)$。

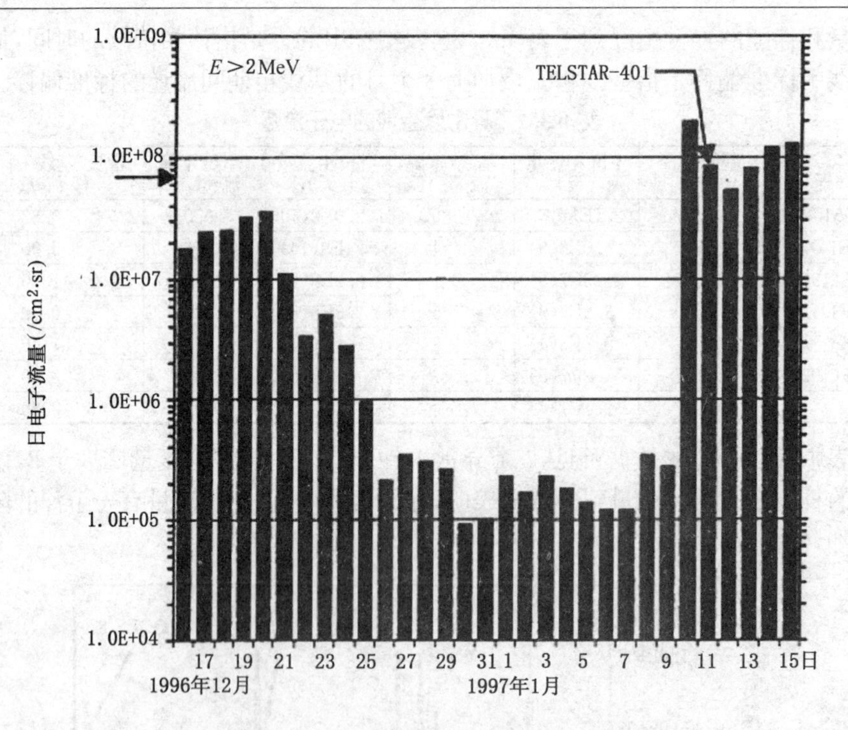

图 4.3.2　TELSTAR-401 失效前后电子流量

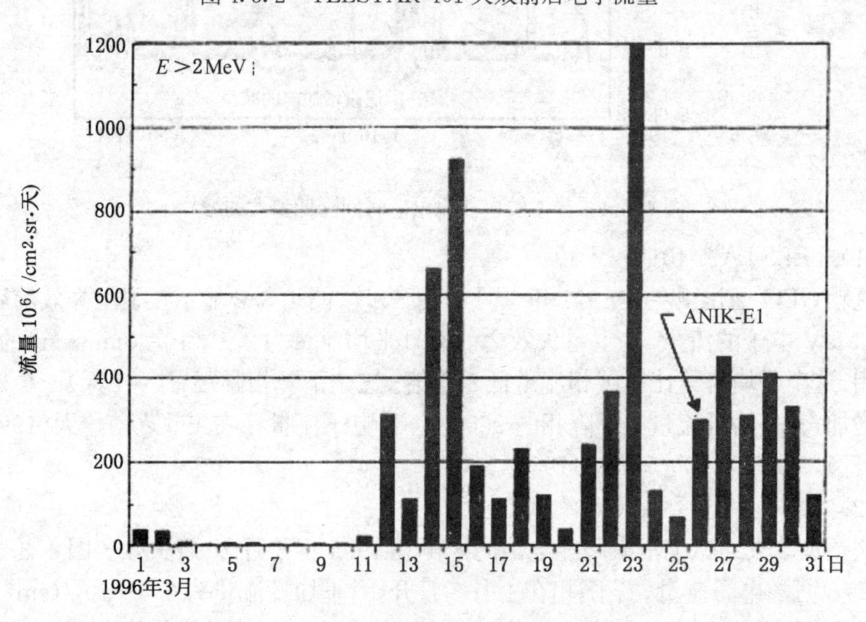

图 4.3.3　ANIK-E1 异常前后 GEO 电子流量

(3) GOES-8(75.9W)

1995 年 2 月 14 日,GOES-8 的高度控制子系统受到干扰。图 4.3.4 给出这个月的电子流量。在经过 6 天的流量下降后,2 月 13 日流量突然增加,这一天的日流量与下降相平均日流量之比是 30。

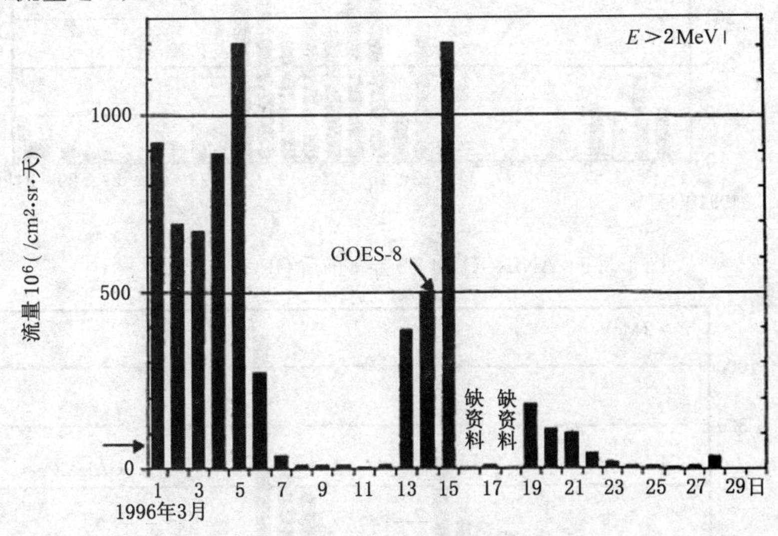

图 4.3.4　GOES-8 异常的 GEO 电子流量

(4) ANIK-E1 和 ANIK-E2(约 110W)

1994 年 1 月 20 日,ANIK-E1 的动量轮控制系统失效,大约 1 小时以后,ANIK-E2 卫星相同的子系统也失效。动量轮是卫星高度整个控制系统的一部分。大约 7 小时后,E1 的备份子系统成功启动,但 E2 的备份子系统没能工作。一直到 1994 年 8 月,ANIK-E2 卫星用改进的高度控制方式才恢复工作,使用的方法是脉冲点火姿态保持推进器。图 4.3.5给出 1994 年月的电子流量数据。从 1 月 4 日开始,电子流量下降,并持续到 1 月 12 日。接着是突然的增加,并持续到 1 月 19 日。异常发生在 1 月 20 日,日流量为 $6.1\times10^8/(cm^2\cdot sr)$。

(5) GALAXY-4(99W)

1998 年 5 月 19 日,GALAXY-4 卫星失效。图 4.3.6 给出其失效前后的 GEO 电子流量。在失效前,电子流量增加持续了 14 天。

(6) GOES-8(75.9w)

1998 年 10 月 27 日,GOES-8 暂时停止工作,原因是高度控制系统出现异常。图 4.3.7给出当月的日平均电子流量。在 5 天的流量下降后,于 10 月 21 日开始了 6 天的流量增加。增长相与下降相日平均流量之比为 38。

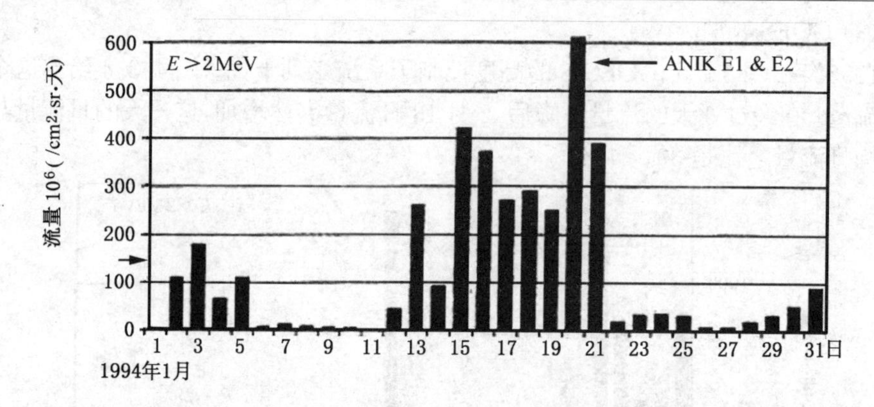

图 4.3.5　ANIK-E1 和 E2 异常前后 GEO 电子流量

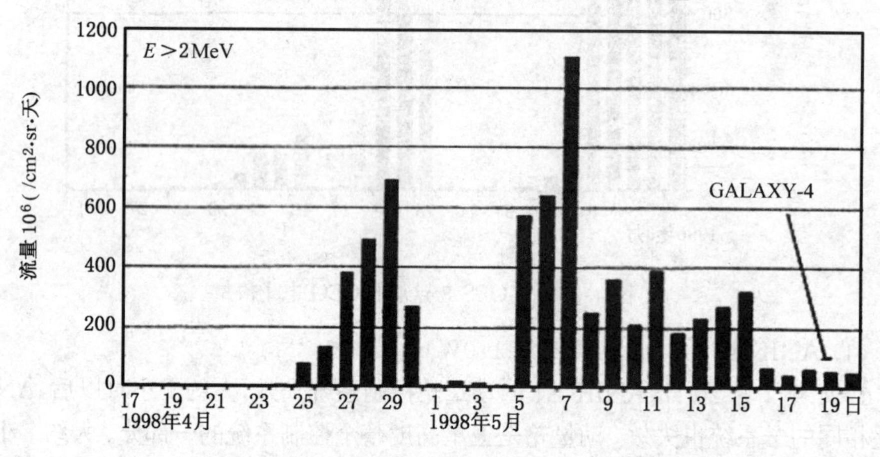

图 4.3.6　GALAXY-4 卫星失效前后 GEO 电子流量

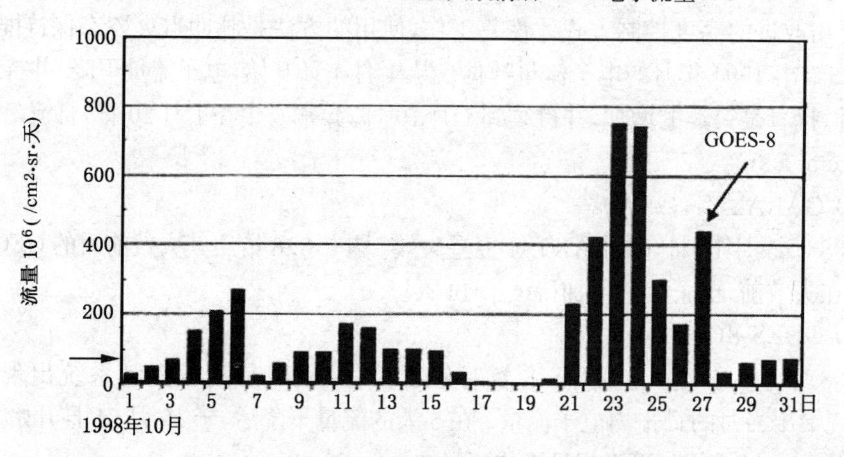

图 4.3.7　GOES-8 卫星异常前后 GEO 电子流量

4.3.2　内部充电的物理机制

关于卫星内部充电问题，有两个因素特别重要，一是由**辐射感应的电导率**(RIC)，二是因电子在介质内部沉积而产生的电场。

4.3.2.1　辐射感应的电导率[6]

电介质在没有受到辐射的情况下电导率(暗电导率)是很低的。大量实验证明，聚合物在辐照情况下电导率有显著增加。目前已有许多文章讨论了 RIC 产生的物理机制，但以往的研究存在两方面缺陷，一是物理模型过于简单，另一倾向是数学模型过于复杂，而物理机制并不清晰。这里从高能电子与电介质相互作用的效应分析出发，给出 RIC 的定量表达式。

众所周知，导体、半导体和电介质导电性能主要由其能带特征决定的。导体的满带和导带相距很近，甚至重合，因而具有很好的导电性；电介质满带和导带之间存在禁带，其宽度一般在 3eV 至 6eV 之间，因此其导电性最差；半导体的禁带宽度一般小于 3eV，其导电性能介于导体和电介质之间。卫星上所用的电介质大多数是高分子聚合物，属于非晶体。从整体来看，其原子分布是不规则的，但在局部区域却是有规则排列的。因此，由原子周期性排列所形成的能带仅能在各个局部区域存在，在不规则的原子分布区能带间断，在具有非晶态结构的区域，电子不能像在晶体导带中那样自由运动，电子从一个小晶区的导带迁移到相邻小晶区的导带要克服一势垒。只有能量较高的热电子才能越过这些势垒。基于以上考虑，对于高分子介质材料，我们仍可以从能带的概念出发，分析其在高能电子作用时的导电性。

高能电子入射到电介质以后将产生一系列效应，包括电离效应，韧致辐射效应及位移效应等。电离效应产生次级电子，如果次级电子的能量 E_c 高于小晶体元的禁带宽度 E_g，则可在导带中产生与 E_c/E_g 成正比的电子数。高能电子在介质中受到阻碍，发生韧致辐射，产生射线。设射线光子的能量为 h，这里 h 是普朗克常数，是光子的频率。如果 h 超过禁带宽度 E_g，将在在导带中产生的电子数与 h/E_g 成正比。这两种效应产生的电子都使电导率增加。另外，E_c 和 h 都与入射电子在介质中的能量损耗成正比。

位移效应是指高能电子撞击电介质时，原子在分子中位置移动，使小晶体的结构发生变化。这种效应也消耗入射电子的能量，但不会使介质导带中的电子增加，也即对 RIC 无贡献。而电导率与导带中的电子浓度成正比。仅考虑前两种效应，辐射感应的电导率应与高能电子在介质中的能量损耗成正比。但计之位移效应、次级电子通过相邻晶体导带克服势垒需要的能量，则 RIC 与能量损耗率将偏离线性关系。设 w 为电子在介质中单位时间内的能量损耗，则辐射感应的电导率可写成

$$\sigma_r = kw^{\alpha} \tag{4.3.1}$$

这里 k 和 α 是与材料性质有关的常数，$\alpha < 1$。

若用辐射剂量率 $\dot{D}$ 表示，RIC 为：

$$\sigma_i = k_d(\dot{D})^{\alpha} \tag{4.3.2}$$

这两种表达形式是等效的。

(4.3.1)式和(4.3.2)式虽然是通过定性分析得出的，但已被大量的实验所证实，且(α)在 0.6～1.0[3]之间。这样，电介质的电导率可写成

$$\sigma = \sigma_0 + kw^{\alpha} \tag{4.3.3}$$

或

$$\sigma = \sigma_0 + k_d(\dot{D})^{\alpha} \tag{4.3.4}$$

式中 σ_0 是暗电导率。在对 RIC 进行量纲估计时，可近似取为 1。下面以电流密度为参数，给出 RIC 的表达式。

电子在固体介质中最大射程为

$$R = 0.55E\left(1 - \frac{0.9841}{1+3E}\right) \tag{4.3.5}$$

这里 R 的单位是 $\mathrm{g/cm^2}$，E 的单位是 MeV。在 $E > 0.3\mathrm{MeV}$ 时，(4.3.5)式可由下面的线性关系代替：

$$R = 0.55E - 0.13$$

或

$$\rho x = 0.55E - 0.13$$

式中 ρ 是密度，单位为 $\mathrm{g/cm^3}$，x 是电子在物质中穿透的距离，单位为 cm。则电子通过单位路程的能量损失为

$$\frac{\mathrm{d}E}{\mathrm{d}x} = \frac{\rho}{0.54} = 1.85\rho$$

单位体积、单位时间内介质吸收的能量为

$$\left(\frac{\mathrm{d}E}{\mathrm{d}x}\right)\frac{j(x)}{\mathrm{e}} = 1.85\rho\frac{j(x)}{\mathrm{e}}$$

因此剂量率为 $1.85j(x)/\mathrm{e}[\mathrm{MeV/(g \cdot s)}]$。但由于 1MeV/g 等效于 1.6×10^{-8}rad，则

$$\dot{D}(x) = 1.85 \times 10^{11} j(x)(\mathrm{rad/s})$$

令 $k_r = 1.85 \times 10^{11}\mathrm{rad \cdot s^{-1} \cdot A^{-1} \cdot cm^2}$，则

$$\begin{aligned}\dot{D} &= k_r j(x) \\ \sigma_r &= k_d k_r j(x)\end{aligned} \tag{4.3.6}$$

4.3.2.2 介质中的电荷积累与静电场

介质中电荷积累率与电子的沉积率和迁移率有关，总电荷密度取决于这两个过程的平衡。现分析一维、平面电介质板的简单情况。介质中的电流包括传导电流和极化电流，则总电流为[8]

$$\varepsilon \frac{\dot{D}\, \partial E(x,t)}{\partial t} + \sigma E(x,t) = j(x) \tag{4.3.7}$$

这里 E 是 x 处的场强，$\sigma = \sigma_0 + \sigma_r$，$\sigma_0$ 是暗电导率，σ_r 是辐射感应的电导率，ε 是介电常数，j 是 x 处的电流密度，包括初级电子和次级电子产生的电流。假设 j 和 σ 不随时间变化，$t = 0$ 时电场为零，方程(4.3.7)的解是

$$E = \frac{j}{\sigma}\left[1 - \exp\left(-\frac{\sigma t}{\varepsilon}\right)\right] = \frac{j}{\sigma}\left[1 - \exp\left(-\frac{t}{\tau}\right)\right] \tag{4.3.8}$$

这里 $\tau = \varepsilon/\sigma$，是时间常数，即大约经过时间 τ 后，电场接近于饱和值 E_{sat}

$$E_{\text{sat}} = \frac{j}{\sigma} \tag{4.3.9}$$

介质中的电场可分两种极端情况讨论：

①介质板比较厚，或电子能量较低，或二者兼而有之。在这种情况下，电子不能穿透介质板，介质中的电流与入射电子通量成正比，RIC 可忽略。则饱和电场为

$$E_{\text{sat}} = \frac{j}{\sigma_0} \tag{4.3.10}$$

此时的饱和电场与入射电子通量成正比，在高通量时，饱和电场值很高。又因此时的电导率低，饱和场容易超过介质的击穿场强。但达到饱和电场所需的时间 τ 为百天的量级，在自然环境中几乎不具备这种条件。

②介质板比较薄，或电子能量较高，或二者兼而有之。在这种情况下，较多的电子能穿透介质板，最小的电流是穿透介质板的电流，RIC 又远大于暗电导率。此时的饱和电场为

$$E_{\text{sat}} = \frac{j}{\sigma_r} = \frac{j}{k_d k_r j} = \frac{1}{k_d k_r} \tag{4.3.11}$$

与入射通量无关，达到饱和所需时间量级为 ε/σ_r。例如，若介质材料为聚四氟乙稀，其辐射感应的电导率系数值($k_d k_r$)约 $10^{-6}/(\Omega \cdot \text{cm} \cdot \text{A} \cdot \text{cm}^2)$。则饱和电场约 1MeV/cm，达到饱和电场所需的时间约为 2～4 天。而聚四氟乙稀的击穿场强阈值约 0.5～1MeV/cm。这些条件在空间天气中是完全可以满足的。例如，在 1998 年 5 月的空间天气事件中，能量大于 1MeV 的高能电子事件持续十几天，最终导致美国"Galaxy-4"通讯卫星失效。

利用 ESA 的内部充电软件分析，进一步可得到充电状态与高能电子能谱、卫星屏蔽层厚度等参量的关系。图 4.3.8 给出电介质内部最大场强与高能电子能谱的关系。由该图可看出，在材料性质和确定后，内部最大场强与高能电子能谱有密切的关系，在某一能谱附近，最大场强存在一个最大值，如果这个数值超过电介质击穿阈值，则可引起 ESD，进而导致卫星异常或失效。

图 4.3.9 给出电介质厚度与内部最大场强的关系。随着电介质厚度增加，内部最大场强增大，当电介质厚度达到一定值时，最大场强值趋于稳定。由此可见，为了避免内部

充电,在保证电介质基本机械强度的基础上,尽量选用薄的电介质。

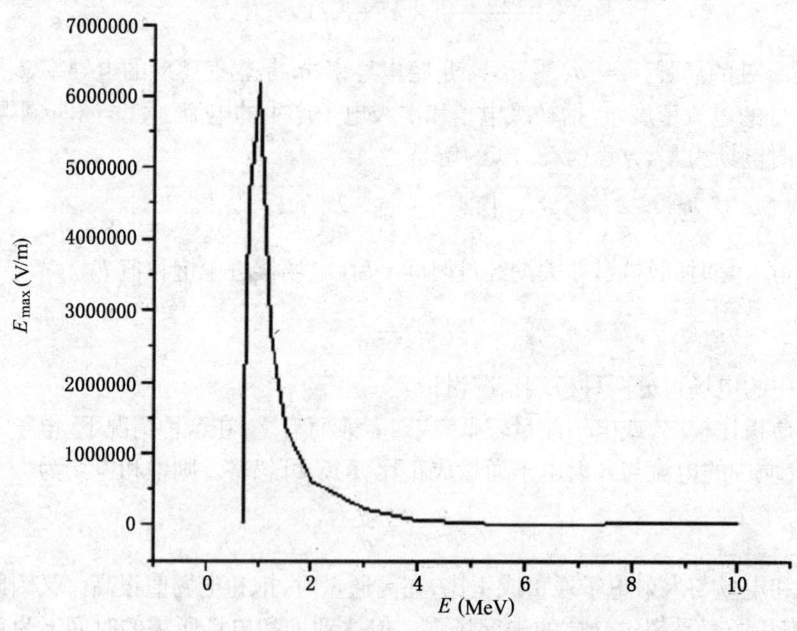

图 4.3.8　电介质内部最大场强与高能电子能谱的关系

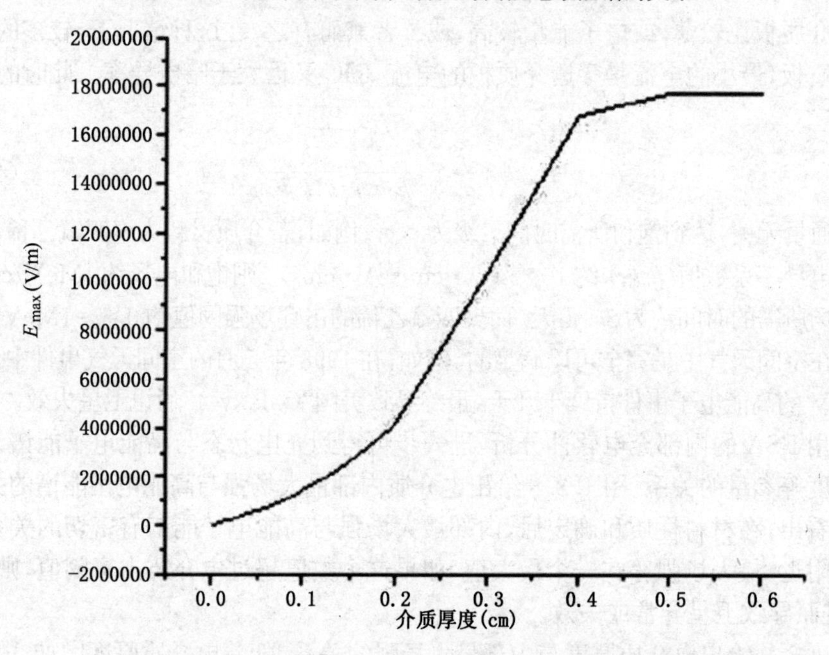

图 4.3.9　电介质内部最大场强与电介质厚度的关系

图 4.3.10 给出了电介质内部最大场强与屏蔽厚度的关系。该图清楚表明,在材料性质确定后,屏蔽厚度必须精心选择,如果选择不当,不仅达不 到屏蔽目的,反而会起负作用。

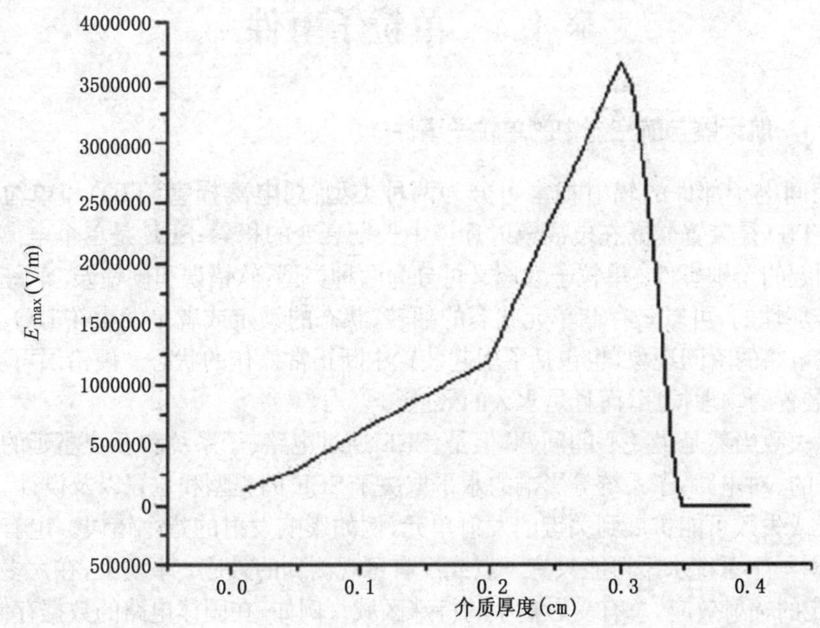

图 4.3.10　电介质内部最大场强与屏蔽厚度的关系

4.3.3　结论和措施

①在高能电子作用下,介质内最大电场取决于材料性质、厚度以及电子的能谱,在 RIC 远大于暗电导率情况下,最大电场与高能电子在时间内的流量有密切关系,而与入射电子的瞬时通量无关;

②考虑了 RIC 后,尽管使电解质内部最大电场值降低,但由于达到饱和电场所需的时间大大缩短,因此在空间天气中可以出现内部充电使介质电场超过击穿阈值的条件,典型的飞船异常伴随着持续一天或几天的电子通量增加;

③在卫星发生异常之前,往往会出现电子流量短暂减小的情况,这是否是发生异常的触发因素还需进一步研究。

为了避免或减轻内部充电,可采取以下措施:

①在保证材料机械性能的基础上,电介质越薄越好;

②对于低能电子,使用一定厚度的屏蔽;而对于高能电子,屏蔽厚度的选择要根据材料性质、卫星运行过程中可能经受的高能电子能谱等因素仔细研究确定,如果屏蔽厚度选择不当,反而会加剧内部充电;

③在保证基本绝缘性能的前提下,尽量选用有较高电导率的介质,包括高暗电导率、高辐射感应电导率和高光电导率。

§4.4 单粒子事件

4.4.1 航天器与航空器中的单粒子事件

对空间电子部件的辐射损害可分为两种类型:**总电离损害**(TID)和**单粒子效应**(SEE)。TID是装置暴露在电离辐射环境中长期衰变的积累;SEE是单个电离粒子在装置中引起的个别事件。单粒子效应又可分为两种类型:软错误和硬错误。软错误对装置是非破坏性的,可以是存储单元状态的翻转,状态的锁定或者是发生在I/O、逻辑电路及其它电路的瞬间现象,也包括了引起装置中断正常操作的状态。硬错误可以(不是必然)是装置的物理损坏,而且是永久的效应。

装置失败当然是最关心的问题,但是,SEE通过电路、子系统和系统蔓延的问题也是很重要的。对电路、子系统等影响的水平取决于SEE的类型和位置以及设计。一个部件的错误或失败可能扩展到关键的发射单元,例如影响发射的指令错误。也有这种情况,SEE对一个系统水平可能只有一点或没有可观测到的效应。事实上,在大多数设计中,对确定的辐射效应,总有受影响小的特殊区域。例如,在固体电路的数据存储器中,可能有误差检测与校正编码(EDAC),它使装置的位误差是显而易见的。估计单粒子事件损害的严重程度包括了几个技术领域的知识,如辐射物理学、固体物理学、电子工程学、可靠性分析和系统工程学。

4.4.1.1 *名词与定义*

与单粒子事件有关的名词定义如下:

①**单粒子翻转**(SEU):由一个带电粒子例如宇宙线或质子在装置中产生状态的变化。这种情况可发生在数字、模拟和光学部件中,对周围的电路也可能有影响。这些都是“软错误”,重新启动可使装置恢复正常;

②**单粒子硬错误**(SHE):也是一个SEU,但对装置的操作产生永久的改变;

③**单粒子功能中断**(SEFI):装置停止正常功能,通常要求关断电源,再重新启动才能恢复正常操作。它是SEU的特殊情况;

④**单粒子锁定**(SEL):是一个潜在的损害状态。在传统的SEL中,装置的电流可能超过最大限度,如果不加限制,可能损坏装置。“微锁定”是SEL的分支,在这种情况中,装置的电流保持在最大允许值以下。为了恢复装置的正常操作,在所有非灾难性的SEL中,需使装置脱离电源;

⑤**单粒子烧毁**(SEB):电源MOS场效应管漏极-源极局部烧毁。SEB是损坏状

态；

⑥**单粒子门击穿**(SEGR)：主要发生在固定的静态随机处理存储器(SRAM)或可檫洗程序只读存储器(E2PROM)的写或涂操作中，以及电源中MOS场效应管的门绝缘击穿。SEGR是一种损坏状态；

⑦**线性能量输送**(LET)：当带电粒子通过材料时，输送到装置中每单位长度上的能量的量度。单位是MeV·cm^2/mg。在实际应用中，LET等效于同类粒子在单位路径上能量损失的速率，也叫阻止本领；

⑧**LET阈值**(LET_{th})：引起一种效应的LET最小值。目前的推荐值是当粒子流量$=1\times10^7$离子/cm^2时的第一个效应；

⑨**单粒子事件**(SEE)：由于离子撞击电路而引起的任何可测量效应，包括(但不限于)SEU、SHE、SEL、SEB、SEGR和介电击穿(SEDR)；

⑩**多位翻转**(MBU)：单粒子通过装置或系统时引起的多次翻转；

⑪**截面**(σ)：是装置的SEE对电离辐射的响应。截面的单位是cm^2/每部件或每位；

⑫**渐进或饱和截面**(σ_{sat})：是LET很大时截面达到的值；

⑬**灵敏体积**：受SEE施感辐射影响的装置体积。

4.4.1.2　单粒子翻转和相关的效应

(1)电荷在p-n结的收集

高能质子和重离子在材料中主要通过电离过程损失能量。当它们通过p-n结时，会产生一个稠密的电子-空穴对轨迹。沉积的电荷将重新组合，一些电荷被结电容收集。电荷也可被结外的区域和结耗尽区收集。基本过程是在内电路节点上产生一个很短的电流脉冲。电荷的大小与以下因素有关：

①离子性质：包括能量、离子种类和带电状态；

②装置的物理性质：包括电荷被沉积和收集的路径长度；

③电路对小电流脉冲的灵敏度：它与要求转换状态的电压以及电容和电路响应时间有关。

由电路节点收集的大部分电荷发生在大约200ps以内，称为瞬时电荷。也有由扩散收集的延迟部分，他们可超过1μs或更长，这对滞后SEE现象，例如存储器的翻转和锁定是重要的。

(2)电路效应

离子感应的电荷瞬变对电路的效应取决于几个因素，包括要求关断状态的最小电荷。如果由离子撞击收集的电荷超过了临界电荷，那么离子的通过将翻转或影响电路。临界电荷取决于装置的设计。

高能离子在集成电路中可引起很多效应。不是所有的效应都能发生在所有的装置中，这或者是由于临界电荷太高，或者是因电路的特殊设计排除了效应的发生。这些效应可进一步分成三种类型：

①**瞬间效应**：例如单粒子翻转(SEU)和多位翻转(MBU)，它们改变了内部存储单元的状态，但可通过简单的操作恢复正常。单粒子翻转发生在存储单元，当重离子相互作用使收集的电荷超过临界电荷时，电路将改变状态，存储的信息丢失。然而，电路仍具有正常功能，通过重新初始化可恢复原来的功能。

起初，人们只注意到重离子能引起单粒子翻转。然而，随着晶体管变小，电路的复杂性增加，质子也可能引起单粒子翻转。这可使单粒子翻转率增加几个量级，因为在太阳耀斑和辐射带中存在大量的质子。

在某些整块基片制造的装置中可发生多位翻转，因为在基片中扩散的电荷可被几个不同的电路元收集. 最容易发生 MBU 的装置包括 DRAMs 和 SRAMs，在那里，扩散电荷可能是电荷收集和开关过程的重要部分。

②**潜在的灾难性事件**：例如单粒子锁定(SEL)和快反向，可引起部件损坏，除非在事件发生后很短的时间内进行校正。所有的 CMOS 设计在输入/输出端采用保护和嵌位电路，以防止锁定发生。然而在辐射环境中，瞬间信号不再限制于 I/O 端，因重离子或质子产生的电流脉冲可能在 CMOS 装置的内部以及在 I/O 电路系统中触发锁定。

由于潜在的灾难性危害，锁定是空间系统很严重的问题。最保守的方法是取消任何对锁定敏感的电路。许多建议是通过监视系统或子系统中超过的电流的方法克服锁定，或者崭时脱离电源。然而，为了避免锁定带来的灾难性后果，必须在锁定发生几毫秒内脱离电源。这往往是困难的，需要锁定监测电路特别有效，而在复杂的电路中，不同的锁定路径具有不同的电流特征。与大多数辐射现象不同，锁定对温度是高度敏感的。

当装置尺寸减小时，在 MOS 装置内的寄生双极晶体管有足够的增益，因而它的参数可影响装置的操作。快速反向是这个寄生晶体管击穿电压的减小，是少数载流子从源向垒注入引起的。与锁定类似，快速反向也引起局部功能的损失和电流的增加。

锁定和快反向间的差别是，不减小供电电压，通过程序化电信号即可使快反向恢复正常。快反向仅包含 3 个半导体区，可发生在氧化绝缘结构以及结绝缘结构中。快反向对温度不很敏感。

③**单粒子硬错误**：引起复杂电路中单个晶体管的严重损坏。两个机制可产生硬错误：门区的微剂量沉积和门绝缘击穿。电路效应与集成电路制造技术有关。常用的技术有两种，一种是用整块基片制造。对于整块基片，直接扩散到基片的结，对由重离子产生的电荷有很长的电荷收集路径。这影响电荷收集过程的瞬时和扩散成分。一般来说，用整块基片制造的装置对 SEU 是高度敏感的，整体 CMOS 电路对锁定也是很敏感的。另一种方法是使用外延生长衬底的结绝缘。这个过程用高搀杂低电阻基片。一个薄(5～15μm)的外延层在晶片上增长，活动电路元在外延层(中间)上面制造。低电阻基片将电

荷收集区限制在薄的外延层，结果，外延比整体过程收集更少的电荷，引起最小的LET。外延生长衬底也比整体过程提高了锁定难度，但锁定仍可能发生。

目前最新的方法是用特殊的氧化层绝缘不同区域代替结绝缘。这些过程成本高，但可有效地防护SEE效应。对于氧化绝缘，电荷收集深度限于顶部的半导体外延层。在大多数情况下，氧化绝缘电路也免除了锁定，因为它们消除了四层路径的可能性。氧化绝缘技术包括用氧化注入形成绝缘区，用氧化分离区连接两块晶片，蚀刻一个晶片以形成薄的外延区。

电路设计和特征尺寸对确定SEE灵敏度也是很重要的。一般来说，灵敏度随装置尺寸变小而增加。大多数缩小的装置有快的响应时间，低的临界电荷。减小电路电压对SEE会更敏感，因为开关水平减小了，临界电荷将降低。

当装置缩小尺寸时，可能由单个离子(或二三个离子)引起灾难性的危害。这些特征最近在4 Mb的DRAMs观测到。当装置进一步缩小时，这个问题将变得更重要。

一种机制是微损害沉积，这与总损害机制相同。当门的面积可与单个离子微损害沉积区比较时，这种危害相当大。微损害效应改变了电路中个别晶体管的阈值电压，增加了漏电流，这可引起某些类型电路的失效，特别是在使用4-晶体管存储单元的DRAMs和SRAMs中。

其他机制类似于在电源MOSFETs中门绝缘击穿，引起个别晶体管门区短路。这个机制对随机逻辑以及存储单元是重要的。

在航空领域，随着微电子学器件使用越来越多，电子器件的尺寸不断减小，在飞机上发生单粒子事件的几率也大大增加。

众所周知，在飞机通常飞行的高度上(10～12km)，地球的大气层屏蔽掉了绝大多数初始宇宙线，但是在大约18km的高度上，次级粒子(中子、介子和电子)的积累达到最大值，在大约9km高度，粒子浓度减到1/3，在海平面减少到1/300。因此，在飞机飞行高度上，粒子辐射带来的危害几乎与低地球轨道一样严重。已发现航空电子设备发生单粒子事件的事例，就是在海平面高度，也发现了类似事件。

在大约18km高度，中子是造成单粒子事件的主要环境因素。中子通过在电子材料中的核作用，间接地产生电离。在18km以上，穿透离子和次级碎片的作用越来越重要，它们与电子器件发生直接电离作用。现在，由于在高技术的飞机上越来越多地使用体积小、集成度高、电压低的电子器件，预期单粒子事件问题将会越来越严重。

4.4.2　单粒子翻转发生率的计算方法

SEE发生率计算包括三个不同的量：装置的截面(CS)、空间环境中粒子的分布和临界电荷。

截面：引起效应的芯片的有效面积。截面的测量仅在固定的LET值时才是可利用的，通常要对结果进行某些调整以考虑实验上的不确定性，包括离子不是正入射时的余弦关系假定。大多数截面随 LET 值增加而逐渐增大。

粒子分布：大多数空间系统假定，粒子分布包括了在飞船发射期间可能有太阳耀斑。常常使用10%耀斑情形。要注意，不寻常的太阳耀斑事件可使粒子分布大大增加，并将增加翻转和锁定率。对每个轨道，必须考虑来自辐射带的质子效应和宇宙线、太阳高能粒子的效应。

银河宇宙线的分布常常假定为遵从 Heinrich 曲线，它提供了通量与 LET 的几种分布，分别相应于太阳最大、太阳最小、10%严重情况的耀斑和严重情况耀斑分布。其他粒子分布必须加到 Heinrich 通量分布上。

除非装置非常灵敏，由质子在灵敏体积(SV)中直接电离产生的电荷一般不足以产生 SEE。然而，核作用可产生次级重离子($Z>1$)，这些重离子可将能量沉积在灵敏体积中。次级重离子也可由中子作用产生。

灵敏几何形状及临界电荷：灵敏几何形状及临界电荷是最难确定的参数。扩展了耗尽区下面收集深度的电荷集中不能直接检测到。扩散电荷的过程是重要的，确定电荷收集的体积可能更困难。

电荷收集假定对外延过程更明确，通常有理由假定，电荷收集深度受表层厚度限制。电荷收集的有效面积难于精确确定，特别是截面不饱和时，而且在较高的 LET 值持续增加。

计算 SEE 率的模式主要有两种类型：**弦长模式**和**有效通量模式**。对大多数装置，两种模式给出相同的结果。弦长模式考虑了 LET 在环境中的分布，对每个离子与灵敏体积(SV)相互作用置一个判据，选择一组满足翻转判据的离子。特别是选择那些超过最小路径长度的离子。另一种方法是将离子通量变换到有效通量。如果有效通量用 LET 表达，那么可用测量的 CS 与 LET 关系数据计算有效通量计算发生率。

4.4.2.1 弦长模式(Chord-Length Model)[7]

最初的率预报模式是基于微观的观点考虑离子与个别灵敏体积的相互作用的详细情况，测量到的芯片响应假定是由一系列单元中的许多灵敏体积组成的. 这种方法是将 SV 模式为直角平行六面体(RPP)，根据弦长分布计算因离子作用而在一个单元中产生翻转的数量，这里的离子分布是用 LET 分布表达的。对电路响应时间远大于电荷收集时间的装置，因一个离子作用引起 SEU 存在一个电荷阈值，称为**临界电荷**(Q_c)。目前使用的装置大多数属于这种类型。随着电路变得越来越快和复杂，临界电荷的概念已失去其正确性。这是因为：电荷扰动与恢复过程以相同的时间尺度使得扰动电流或电压波矢成为一个事件的最好描述；节点灵敏度的统计分布由于存在缺陷、装置老化、局地应用电压和信号水平等，这些是造成翻转的决定性因素。

电荷的产生是由高能离子通过SV时产生的，并由离子的LET表征。与产生Q_c相联系的LET通常称为LET阈值，用L_t表示。注意，临界LET即L_c有时定义为离子正入射时恒定的LET；而在这里，L_t是与弦长S有关的随机变量。在弦长方法中，在各自SV水平，假定LET有一个尖锐的翻转阈值，对每个SV定义一个饱和翻转截面(CSm)。这个初始模式称为经典RPP模式。对大多数实际装置，不存在这种理想的特性，而是一个逐渐的阈值。另外，由于测试水平的限制常常不能达饱和截面。为了强调这些问题，已将经典RPP模式扩展到积分RPP模式，它考虑了实际观测到的CS与LET关系曲线。与SV有关的是CS，它解释为SV在垂直于半导体芯片的投影。根据RPP方法计算翻转率的几何形状示于图4.4.1横向尺寸为x、y，厚度为z，每位的饱和截面是x与y的乘积。反过来，x和y可由测量的CSm确定。RPP对耗尽区也采取了近似，通过RPP的路径是S，由厚度z和入射角θ确定。电荷也允许沿聚集距离Sf收集，在给电荷时，Sf与S相加。外延厚度Tepi可通过通过聚集而限制电荷的收集。由一个离子相互作用沉积在SV中的能量为

$$E=(S+Sf)L \tag{4.4.1}$$

这个能量通过电离转换成电荷，假定在电荷收集长度$S+Sf$内产生的所有电荷由SV电路节点收集。

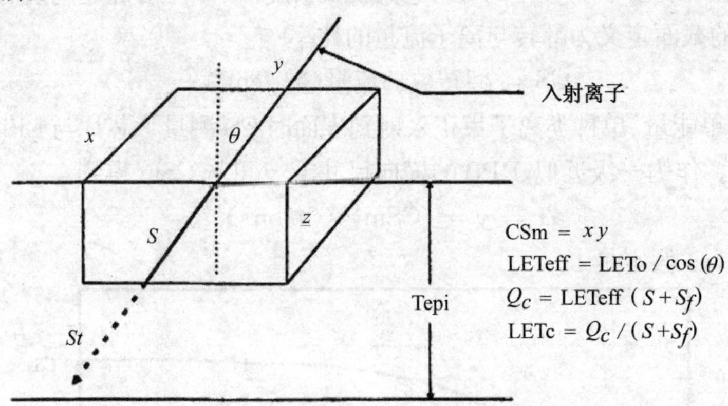

图4.4.1　使用RPP近似的弦长模式几何形状

经典RPP弦长模式根据下列假定：

①SV是一个直角平行六面体，尺寸是x、y、z；

②离子LET在整个SV中沿弦长是恒定的；

③离子等离子体踪迹结构可忽略；

④因扩散的电荷收集可忽略；

⑤在聚集长度Sf内聚集或快速扩散的电荷可被收集；

⑥沿离子路径穿透SV和聚集区的所有电荷被收集；

⑦翻转有一个尖锐的阈值。

经典方法利用了闭合形式的分布函数 $f(S)$。对整个 RPP 的随机弦长，翻转率可表示为

$$R(E_e) = A_p \int_{s_{\min}}^{s_{\max}} \Phi[L_t(s, E_c)] f(s) \mathrm{d}s$$
$$s_{\max} = 0 \tag{4.4.2}$$
$$s_{\min} = (x^2 + y^2 + z^2)^{1/2}$$

这里 A_p 是RPP的平均投影面积，$\Phi(L)$ 是积分通量，E_c 是产生 Q_c 的能量阈值，$L_t(s,E_c)$ 是最小平均LET，与弦长有关

$$L_t(x, E_c) = \frac{E_c}{s + s_f} \tag{4.4.3}$$

这里考虑到因聚集引起的电荷收集，弦长随机变量 s 已被修正。

图4.4.2描述了典型的CS与LET关系曲线的形状，由此可得到输入参数。关键的实验确定参数是起始阈LET(L_0)，它是引起一个SEE而在SV中沉积的最小能量；另一个是CSm。起始阈值L0不同于 L_t ，前者适用于整个芯片响应，而后者适用于个别的SV。可以看出，对正入射，假定的SV电荷收集长度 $z + S_f$，对确定阈值有一级效应。每个芯片测量的截面定义为翻转与离子流量的比率

$$\text{CS} = \text{翻转数} / \text{流量}(\text{数}/\text{cm}^2) \tag{4.4.4}$$

单位是cm²。当单能量、单种类离子束正入射到表面时CS测量了芯片与LET有有关的SEU灵敏面积。作为一级近似，RPP的横向尺寸 x、y 可从CSm得到：

$$x = y = (\text{CSm})^{1/2}(\#\text{bits}) \tag{4.4.5}$$

这里纵横比 (x/y) 假定是1。

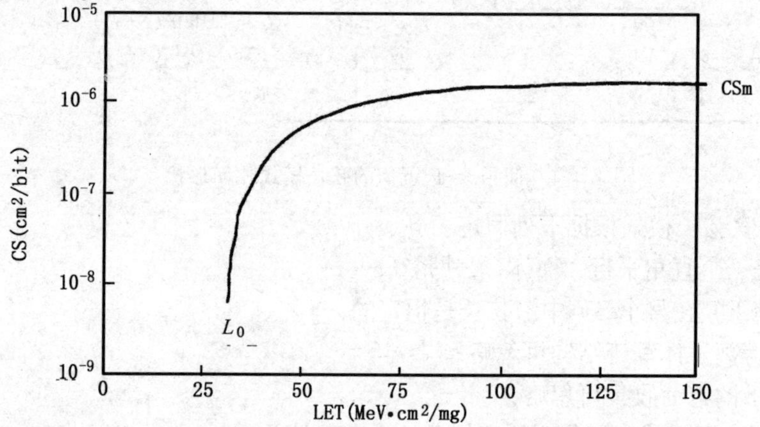

图4.4.2　典型的CS与LET关系曲线的形状

对大多数装置，测试数据的特征是从阈值到饱和值逐渐升高的，而不是经典 RPP 模式假定的步进函数。这是因为测量的芯片响应是多种 SV 对不同阈值和不同参数分布的综合响应。为了更准确地表示截面曲线，可将截面曲线划分为几个间隔。一般可接受的方法是用归一的实验截面数据积分权重 $R(E)$

$$R = \int R(E) f(E) \mathrm{d}E \tag{4.4.6}$$

这里积分范围是从测量的阈值 E_c 到测量的饱和值 E_{sat}；$f(E)$ 是转换到概率密度的 CS 与 LET 关系曲线。这个方法通常称为"积分 RPP 模式"。实际上，上述积分是用计算机进行数字积分，通常要作一些简化。

为了分析方便，通常将截面数据拟合到 Weibull 分布。Weibull 分布是

$$\begin{aligned} &F(L) = 1 + exp\left[-\left(\frac{L-L_0}{W}\right)^S\right] \qquad && L \geqslant L_0 \\ &F(L) = 0 && L < L_0 \end{aligned} \tag{4.4.7}$$

这里 L_0 是装置的起始 LET 阈值，W 是宽度参数，S 是无量刚的形状参数。测试数据可写成

$$\mathrm{CS}(L) = \mathrm{CSm}F(L) \tag{4.4.8}$$

4.4.2.2　有效通量模式(Effective Flux Model)

另一个计算发生率的方法是从宏观的观点出发，将芯片处理为一个黑匣子，不关心个别单元翻转的详细情况，将在地面测试的数据(CS 与 LET 关系曲线)用于预报在空间环境的发生率。地面测试使用在空间分布的一组离子类型、能量和入射角。如果能得到适当的一组数据，在空间的特性就可精确地预报。但在大多数情况下，因能量的限制和加速器的高成本实际上不能得到这些数据。

这种方法是考虑了可以产生 SEU 的入射角范围和在这个范围内含有的离子通量。考虑一个作为 LET 函数 $F(L)$ 的、各向同性的通量入射到薄片上。如果翻转的阈值是 L_t，且 $L > L_t$，那么所有的入射角产生翻转；如果 $L < L_t$，有一个产生翻转的临界角 θ_c，

$$\cos(\theta_c) = \frac{L}{L_t} \tag{4.4.9}$$

在空间环境中，对假定的截止角 θ_c，离子通量 $\Phi(L)$ 可被变换到有效通量 $\Phi_e(L)$。有效通量也有人称为重新分布通量。那么发生率的计算公式为

$$R = \int \Phi_e(L_t) \mathrm{dCS}(L) \tag{4.4.10}$$

这里 CS (L) 是测量的测试数据，积分限从零到环境中的最大 L。

4.4.2.3　两种模式比较

有效通量模式明显的优点在于，在 RPP 模式中关于芯片中个别 SV 的详细情况不

明确要求。由于在测试时在70°入射角以外测量不典型,因而必需作截止角的假定。这是这个方法的限制,类似与在RPP模式中要求假定SV的厚度。

两种方法都考虑了任意的CS与LET关系曲线形状。我们不需要知道在芯片中所要翻转相互作用的详细情况,测量的检测数据提供了关于宏观响应的必要信息。

两种方法都受与解释测试结果、确定有效LET的问题支配,即余弦规则的正确性。然而,使用积分RPP模式计算发生率不依赖余弦规则。对有效通量方法,测试限制不允许获得大角数据,在发生率计算的大角相互作用时,必需采用截止角的限制。这个假定的结果是对某些装置低估了发生率,而对另一些则估计过高。对高LET阈值和大截面的装置,以高入射角的长的路径长度仍可以在空间引起翻转,但在地面难以测量到。RPP模式允许计算这种装置的发生率,而有效通量模式因假定了截止角可指示没有翻转。对接近立方形的SV,有效通量模式可能过高地估算了发生率,因为假定的截止角可能包括了含有的路径长度。

4.4.2.4 优值近似

Petersen于1983年引入了对重离子SEU的优值近似,其方程是

$$R = \frac{K\mathrm{CSm}}{L_{0.25}^2} \tag{4.4.11}$$

这里R是翻转率/(位·天),CSm是饱和截面,用cm^2表示,$L_{0.25}$是在25%CSm时的LET,K是常数,由环境确定。在同步轨道太阳最小环境中,K的值是200。

4.4.2.5 质子感应的SEU预报

仅最敏感的装置,如高密度DRAM和电荷耦合器件(CCD),对质子直接电离引起的SEU是灵敏的,因为质子的LET太低。然而,质子可通过核作用引起SEU,它起因于反冲,可在灵敏体积中沉积足够的能量以在低灵敏装置如SRAM中引起翻转事件。对质子核作用感应的率预报,用各向同性的核作用截面假设使计算简化,它排除了SEU机制的角依赖关系。

当前广泛使用的两参数模型是

$$\sigma_p = \left(\frac{B}{A}\right)^{14} [1 - \exp(-0.18Y^{0.5}]^4 \tag{4.4.12}$$

这里σ_p是截面,单位是$10^{12}/(\mathrm{cm}^2 \cdot \mathrm{bit})$,$A$和$B$是由经验确定的常数,

$$Y = \left(\frac{18}{A}\right)^{0.5} (E - A) \tag{4.4.13}$$

E是质子的能量,单位是MeV。

参数A与明显的翻转能量阈值有关,而比率$(B/A)^{14}$与在高能时观测到的饱和截面有关。早期的一参数模式将B固定为24。两参数模式的改进是在高能区能更好的与实验数据拟合。

一旦质子的微分通量和质子翻转截面指定，计算质子感应的翻转率是相对直接的。步骤是：

①在一或更多的质子能量得到实验质子－感应的 SEU 截面；

②通过比较测量的结果用(4.4.12)式确定参数 A；

③根据测量数据的阈值能量确定参数 B；

④跨过轨道平均确定装置的质子谱；

⑤将谱与翻转截面组合找出翻转率。

4.4.2.6　锁定预报

在通过实验确定阈值和截面的意义上来看，SEL 与 SEU 类似。然而，影响二者电荷收集和测试的机制上有重要的区别。对 SEU，电荷收集通常发生在表面 3μm 以内，翻转响应主要取决于瞬时电荷。而对于锁定，在势垒基片结和聚集区电荷收集是重要的，典型的在表面下 3～6μm。进一步，由于在锁定机制中包括寄生双极晶体管，电荷扩散在锁定中比在 SEU 中更重要。这些因素将电荷收集的深度扩展到 10μm 以外。对于锁定，有效 LET 取决于比 SEU 更深的扩展区的平均 LET。对限定范围的离子，有效 LET 对这两种机制可能有很大差别。由于 LEL 机制对扩散电荷敏感，SV 对 SEL 更分散并与离子 LET 和角度有关。

对 SEL，电荷在沿着离子踪迹的小的区域内产生，而对整个锁定的电荷是分散的。目前建立的等效 LET 和整体锁定的近似关系为：

$$\mathrm{LET}_{eq} = 10^{-3} A_{\mathrm{well}} \gamma^{D} \tag{4.4.14}$$

这里 A_{well} 是绝缘势垒的面积，用 $(\mu\mathrm{m})^2$ 表示；γ^D 是瞬时损害，用 rad(Si)表示；方程(4.4.14)应用到整个装置(没有外延基片)仅精确到大约 1/3。不管怎样，它提供了在两个环境中关于相对灵敏度对锁定的有用指南。典型的绝缘垒尺寸至少是最小特征尺寸的 10 倍。于是，对一个 1μm 的特征尺寸，这个关系表明，在 100～1000rad(Si)范围的瞬时电离脉冲对锁定比单个 SEU 脉冲引入更多的电荷，意味着损害率环境对锁定是更严酷的环境。

4.4.3　避免或减轻单粒子事件的措施

4.4.3.1　SEE 效应和装置的分类

为了简化，可将系统水平 SEE 效应分为两种类型：影响装置的数据响应和影响装置或系统的控制。这两种类型间存在某些交叉。

当前所有的 SEE 减轻方法可能要求将硬件和软件加到系统设计中。由这些附加措施引起的复杂性和系统开支的增加是与减轻措施的能力成正比的。满足 SEE 要求的大多数有效方法是适当地将 SEE 硬装置和其它措施相结合。辐射加固装置的成本、体积、性能和可行性常常限制了它们的使用。硬件和软件设计可作为一种有效的减轻方法，但设计的复杂性也是一个问题。两种方法的组合可能是最有效的。

与上述 SEE 分类相似，可将装置分为两个基本类型：存储器或与数据有关的装置，例如用在通讯中的 RAMs 或 ICs；与控制有关的装置，例如微处理器、逻辑 IC 或电源控制器。这两种类型间也有交叉，例如，一个误差可能发生在微处理器的高速缓冲存储器区并引起数据误差，或者一个数据 SEU（位翻转）可发生在存储器装置中，它含有一个可能引起控制 SEU 的可执行程序。

4.4.3.2 存储器和数据有关装置的减轻

在存储器和数据通量中最简单的减轻误差方法是利用**奇偶校验**。这个方法计算发生在数据通道逻辑“1”状态的数目。奇偶，通常是加到数据结构末端的一位，指示了在那个结构中这个数是奇数还是偶数。当位的奇数是错误时，这个方法能检测出，但如果是偶数出错，奇偶仍然是正确的（即奇偶对 0 和 2 出错是相同的）。另外，这种方法仅仅是“检测”，不能校正发生的错误。

另外的出错监测方法称为**循环冗余码校验**（CRC）。这个方案是根据对给定的数据通道进行二进位运算，然后把结果看作是一个多项式。N 数据位看作是 $N-1$ 阶多项式。当编码出现时，数据信息被生成的多项式二进位除。这个运算的余数然后变成 CRC 符号加到数据结构中。对于解码，包括数据和 CRC 位的新位结构再次被生成的多项式除。如果新余数是零，没有发现错误。通常使用的 CRC 码，尤其是对于磁带机，是 CRC-16 码，它留下 16 位的余数。

汉明码（误差检索与校正）是一种简单的块误差编码（即整个数据块用校验码编码），它将检测单个误差的位置和多个误差在数据结构中的存在。汉明方法实质上表示，如果有用奇偶校验矩阵产生的 Q 校验位，那么有一个由 Q 位码表示的校正子可以描述单个误差的位置。例如，有一个校正子，$s=000$H，在单字节没有误差，$s=001$ 是在位 1 有误差，依此类推。通过确定误差的位置，可能校正这个误差。大多数设计者将这种方法描述为“单位校正，双位检测”。这个误差检验与校正编码（EDAC0 方案普遍用于当前空间飞行的固体记录装置中。当装置执行这个 EDAC 程序时，称为清洗（即用好的数据擦掉误差）。例如，一个 80 位宽的存储器有 72 位数据通道和 8 位汉明码。在单数据结构中具有低的多误差几率系统，可使用这个编码方法。

其它块误差编码提供了更强大的误差矫正码（ECCs）。在这些校正码中，Reed-Solomon（R-S）编码正快速扩展。**R-S** 码能检测和校正数据结构中的多和连续的误差。

褶合式编码能检测和校正多位误差，这种编码可用于通讯系统，能提供好的抗干扰性。

系统水平备忘录方法的典型代表是美国的 SEDS MIL-STD-11773 光纤数据总线。这个系统利用两种方法：奇偶校验和非 Manchester 数据编码检测。

上述所有方法提供了减少数据存储面积的有效BER方法，例如SSRs，通讯路径或数据相互连接。表4.4.1概括了误差检验与校正编码(EDAC)方法。

表4.4.1　存储和数据装置的EDAC方法

EDAC方法	EDAC能力
奇偶	单位误差检验
CRC码	检测发生在数据结构中的任何误差
汉明码	单位校正，双位检测
RS码	校正连续和多位误差
褶合式编码	校正在通讯通道中孤立的暴噪
迭加的备忘录	对每个系统特殊的执行

4.4.3.3　与控制有关装置的减轻

上述技术对数据SEU是有用的，它们也可应用到某些类型的控制SEU。潜在的危害状态包括发布了不正确的飞船指令到子系统或系统操作的功能中断。

微处理器软件具有“健康与安全(H & S)”的职能，可提供某些减轻方法，直接应用到SEE。这些H&S职能利用奇偶或其它方法可执行存储器擦洗。基于软件的减轻方法也用于微处理器定时器以监视或传递飞船系统间的H & S信息。例如，如果软件对存储程序存储器提供奇偶校验，当访问一个外部或内部装置例如可擦洗程序可控只读存储器(EEPROM)时，如果奇偶误差在程序存储器取出指令中被检测出，软件然后 在一秒时间内可访问存储器位置，将系统置于安全操作模式，或从备用EFPROM中读程序。

监视定时器可在硬件、软件或二者的组合中执行。典型地，监视是通过一个“I am okay”的误差检测方法。即一个指示装置或系统是健康的信息从一个位置发送到另一个位置。如果这个信息没有被第二个位置在设定的时间内接收到，发生“时间溢出”。在这种情况下，系统然后可能提供、装置子系统等一个操作。监视定时器可在许多水平执行：子系统－子系统，单元－单元，装置－装置等。监视可以是主动，也可是被动的。不同的类型可通过例子理解。

例1：一个主动监视器，装置A必须每秒一次发送一个“I am okay”脉冲到装置B。B例如是微处理系统的中断控制器。如果A没有在指定的时间内发出这个脉冲，装置B“时间溢出”并启动一个恢复操作，例如发出重新启动脉冲、切断电源、发送一个遥测信号到地面、让飞船进入安全操作模式等等。装置B的作用对每次发射和每个飞船操作模式是很特殊的。

例2：被动监视定时器。在飞船X正常操作模式中，它从地面站每12小时接收一次向上联系的信息(指令、插入码等等)。如果在这12小时时间内没有接收到上行指令，在飞船上的定时器时间溢出。飞船然后然后启动一个操作命令，例如转换到循环天线或上行界面等。被动监视不需要在两者间发送"I am okay"的特殊信号,但正常操作状态的监测是充分的。

用同步时钟操作两个相同的电路称为同步(lockstep)系统。如果处理器输出不一致,出现误差检测,意味着发生了SEU。系统然后选择重新初始化、安全操作方式等。必须指出,对较长的飞船发射时间系统,对商业装置的同步条件必需考虑周到。

4.4.3.4 毁坏状态的处理和减轻

对于非可恢复的毁坏事件,例如单粒子门损坏(SEGR)或烧毁(SEB),要求使用备份部件或系统。微锁定难于检测,因为装置的电流消耗可能保持正常操作值内。使用多监视器时,溢出方案是有潜力的减轻措施。在这种情况下,第一水平的监视相当于当地电路板中的"I am okay"。如果这个监视器被触发,一个重新启动脉冲发送到当地电路。如果这个触发器重新启动情况连续发生N次或在X秒钟内不能恢复插件,第二个监视被触发以切断插件的电源。电源经过地面指令恢复。

4.4.3.5 改进电路设计的方法

通过改变电路设计或电路参数,可获得改进的SEU特性。改进的方法主要有:第一是二极管材料的选择(典型材料是Ⅲ-Ⅴ型硅,灵敏体积小);减小位误差率(BER)的第二个方法是接收信号检测方法的选择;减小BER的第三个方案是限定动力灵敏时间窗口。

§4.5 辐射效应

4.5.1 概述

空间辐射由高能、高穿透力离子及核占主导地位。这些粒子对微电子系统和在空间活动的人类构成了主要辐射损害。辐射环境的主要源是辐射带、太阳高能粒子、银河宇宙线及异常宇宙线。由于这些辐射源的存在,空间辐射环境是相当复杂的,它包含所有自然产生的核,从质子(原子数Z=1)到铀(Z=92)。能量范围跨越15个数量级,从小于1MeV到高于10^{15}MeV。强度、能谱和到达方向也与空间位置有关。

4.5.1.1 辐射损伤

众所周知的辐射效应是**辐射损伤**,即材料因辐射撞击而受到伤害,材料的分子结构产生缺陷。这种作用主要是通过两种作用方式:一是**电离作用**;另一种是**原子的位移作用**,是由停留在物质中的相对低能量的原子粒子引起的。这些停止的粒子将硅原子撞出适当的晶格位置,使晶格结构产生缺陷,增加装置的电阻。这个问题对太阳能电池特别重要。因为随着位移损害的积累,电阻逐渐增加,输出功率将减少。

高能质子和重离子既能产生电离作用，又能产生位移作用。这些作用导致航天器上的各种材料、电子器件等的性质变差，严重时会损坏。如玻璃材料在严重辐照后会变黑、变暗；胶卷变得模糊不清；太阳电池输出降低；各种半导体器件性能衰退，甚至完全损坏。

4.5.1.2　总损害效应

是各种辐射长期积累的总效应。**总辐射损害**通常限制了飞船电子部件的寿命。固体部件的电子学性质因暴露在辐射环境中而改变。由于损害的积累，这些变化使得部件的参数偏离电路正常工作的设计值。各种辐射效应可通过屏蔽而减轻。

4.5.2　空间辐射对宇航员的危害

高能电磁辐射或粒子辐射穿入人体细胞，使组成细胞的分子电离，毁坏了细胞的正常功能。

对细胞最严重的危害是当 DNA 受到损伤时。DNA 是细胞的心脏，包含所有产生新细胞的结构。对 DNA 的辐射损伤有两种主要形式：

间接方式：当人体中的水分子吸收了大部分辐射而电离时，形成了具有高度活性的自由基，这些自由基可损坏 DNA 分子。

直接方式：辐射与 DNA 分子碰撞，使其电离或直接损坏。

当人体受到一定剂量的辐射后，会患**辐射病**。辐射病的主要症状包括：严重灼伤、不能生育、肿瘤和其它组织的损伤。严重损伤可导致快速(几天或几周)死亡。DNA 的变异可遗传给后代。受损的细胞能否修复取决于 DNA 受损的类型，如表 4.5.1 所示。

表 4.5.1　DNA 受损的类型

DNA 受损类型	DNA 修复的可能性
DNA 单链中断	可修复并能恢复正常的细胞功能
DNA 双链中断	损坏严重，不能修复，细胞死亡
化学变化或变异	不能修复，可引起肿瘤，如果损坏发生在卵细胞中，可引起后代变异

辐射剂量的单位是拉德(rad)。任何类型的辐射，在一克任何物质中被吸收的能量如为 100erg，辐射剂量即为 1rad。

由于辐射的生物效应不同，又有**辐射剂量当量**，即生物剂量的概念，剂量当量的单位为“雷姆”(rem)；希[沃特](Sv)也是剂量当量单位，1Sv=100rem，Sv=1000mSv。不同粒子的剂量当量可用 H 表示，$H = DQ$，其中 H 为剂量当量(雷姆)，D 为辐射剂量(拉德)，Q 为品质因数。X 射线、X 射线、电子的 $Q = 1$，α 粒子和快中子的 $Q = 10$。

不同辐射剂量当量水平对人体的影响是：0.02mSv 相当于 X 光体检，1000mSv 会患辐射病，2500mSv 将导致女性不育，3500mSv 可导致男性不育，4000mSv 将有致命损害。表 4.5.2 给出对宇航员的辐射剂量限制。

表 4.5.2　对宇航员的辐射损害剂量限制(mSv*)

时　间	造血器官	眼　睛	皮　肤
30 天	250	1000	1500
一年	500	2000	3000
职业男性	2000mSv＋75×(年龄－30)mSv	4000	6000
职业女性	2000mSv＋75×(年龄－38)mSv	4000	6000

§4.6　电离层天气对通讯、导航和定位的效应

4.6.1　电离层中的电磁波传播概述

4.6.1.1　磁离子理论和阿普尔顿(Appleton)方程

无线电磁波在均匀磁化等离子体中的传播用磁离子理论处理。电离介质的折射指数公式一般称为 Appleton 方程：

$$n^2 = 1 - \frac{X}{1 - jZ - \left[\frac{Y_T^2}{2(1-X-jZ)}\right] \pm \left[\frac{Y_T^4}{4(1-X-jZ)} + Y_L^2\right]^{1/2}} \tag{4.6.1}$$

n 一般是复数，$n = \mu - j\chi$。X，Y 和 Z 是无量纲的量，定义为：

$$X = \frac{\omega_N^2}{\omega^2}$$

$$Y = \frac{\omega_B}{\omega}$$

$$Y_l = \frac{\omega_L}{\omega}$$

$$Y_T = \frac{\omega_T}{\omega}$$

$$Z = \frac{\gamma}{\omega}$$

这里 ω_N 是等离子体角频率，ω_B 是电子回旋频率，γ 是电子的碰撞频率，ω 是波的角频率，ω_L 和 ω_T 分别是 ω 的相对于传播方向的纵向和横向分量。即如果 θ 是传播方向与地磁场间的夹角，则

$$\omega_L = \omega_B \cos\theta$$

$$\omega_T = \omega_B \sin\theta$$

考虑吸收很小或没有吸收的特殊情况，令 $Z = 0$；进一步，不考虑地磁场效应，$Y_L = Y_T = 0$，则方程(4.6.1)可简化为

$$n^2 = 1 - X = 1 - \frac{\omega_N^2}{\omega^2} \tag{4.6.2}$$

4.6.1.2　高频波在电离层中的反射

这里的高频(HF)波指频率范围是3～30MHz(波长在100m和10m之间)的无线电磁波。对于这个波长范围,当波在电离层中传播几个波长的距离时,电离层介质还没有发生明显的变化,因此,电离层可作为分层的许多平板处理。采用这种方法,很容易看到为什么无线电信号会从电离层反射,如图4.6.1所示。

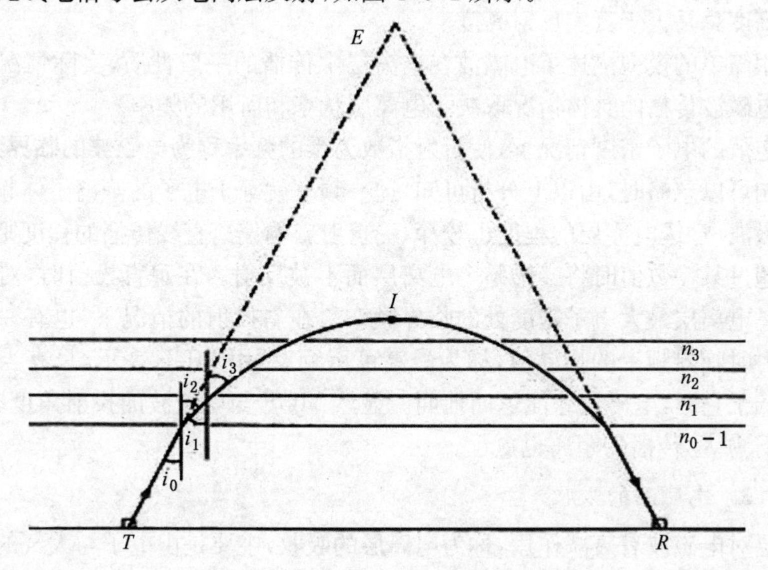

图4.6.1　无线电磁波在电离层中的反射

假定地球也简化为平面,无线电信号以天顶角发射。电离层被认为是一叠折射指数分别是n_1,n_2,n_3等的薄板(但每个板有几个波长厚),将斯涅尔定律应用到每个边界,得到:

$$\begin{aligned}\sin i_0 &= n_1\sin i_1\\ n_1\sin i_1 &= n_2\sin i_2\\ n_2\sin i_2 &= n_3\sin i_3\\ \vdots\quad &= \quad\vdots\\ n_{r-1}\sin i_{r-1} &= n_r\\ \vdots\quad &= \quad\vdots\\ \sin i_0 &= n_r\end{aligned}\tag{4.6.3}$$

因为等离子体频率随高度增加,n变得越来越小,射线逐渐弯曲直到在$n=\sin i_0$处变成水平方向,然后被反射。射线返回按照类似的路径。取(4.6.2)的简单形式,则

$$\frac{\omega_N^2}{\omega}=1-n^2=1-\sin^2 i_0=\cos^2 i_0$$

因此波在$\omega_N=\omega\cos i_0$处被反射。

在垂直入射情况，$i_0 = 0$，在反射处 $\omega_N = \omega$；即介质的等离子体频率等于无线电磁波频率。这从(4.6.2)式也可看出，因为如果 $\omega_N > \omega$，则 n 是虚数，波是被损耗的，在 $n = 0$ 时被反射。

图 4.6.1 也描述了电离层发射的另一个简单性质，即跨越路径 TIR 总的群传播时间(即脉冲从 T 到 R 所用的时间)与脉冲以光速跨越等效路径 TER 所用的时间相等。等效反射高度总是大于真实反射高度。

以上用简单的模型描述了电磁波在电离层中传播的一般性质，实际情况要比这复杂得多。电磁波传播的具体情况取决于电离层状态和所用的频率。

在一定值的电子密度情况下，使折射指数为零的频率称为电磁波的**临界频率**，在地磁场的影响可以忽略时，由以上分析可知，这一频率就等于电子的等离子体频率。较高频率的电磁波，穿透电离层的程度也较深，受折射影响偏离直线传播的程度则较小。电磁波频率超过某一数值时将穿透整个电离层而不被反射。在垂直投射时，对应这一频率的值就是电离层最大电子密度处的临界频率。在斜投射的情况下，也有一个大于上述垂直投射时临界频率的临界值，称为**最高可用频率**，用 MUF 表示，只有当使用的电磁波频率低于它时，电磁波才能返回地面。显然 MUF 与电磁波的投射角度有关，仰角愈小，MUF 愈大，传播的距离也愈远。

4.6.1.3　电磁波的吸收

电离层对电磁波有衰减作用，称为**电离层的吸收**，主要是由电子与大气的分子或原子的碰撞所引起，所以吸收主要发生在低电离层(即 D 层)内。同时，在电磁波被电离层反射的区域，由于那里能量的传播速度较慢，经受吸收的时间较长，遭受的吸收也往往不能忽视。这一区域的吸收常被称为偏离区吸收；相对地在电磁波路径弯曲不大的那部分引起的吸收称为非偏离区吸收。电离层对电磁波吸收的分贝数与频率的平方成反比，由于非偏离区吸收是主要的，所以在短波通信中多采用较高的频率或进行夜间通信。对于一定的传播电路、一定的信号形式和调制方式、一定的噪声和干扰水平、一定的发射功率和接收机性能，以及一定的通信质量要求，使用的频率有一个下限，称为**最低可用频率**，用 LUF 表示。

4.6.1.4　短波传播

3～30MHz 为短波范围，它是实现电离层远距离通信和广播的最适当波段，在通常的电离层状况下，它正好对应于最高可用频率和最低可用频率之间。

在地面两点之间，无线电短波段在电离层中的传播可以采取多种路径。假如从天线外向发射一束电磁波，其频率大于发射点上空的临界频率。波束中仰角高的射线可以垂直或略微折射穿透电离层；仰角稍低的射线则经反射回到地面，称为**天波**。其到达地面的距离先是随仰角的变小而逐渐向发射点靠拢。当仰角继续降低时，射线到达地面的距离又逐渐增大。天波能够经过电离层和地面的多次反射而传播到很远的距离，甚至可作环球传播。

电离层短波传播的优点是可以用不很大的功率来实现远距离通信和广播。它的缺点是:因为电离层是色散介质,电离层传播的频带较窄,如不能传送电视;由于有多径效应,信号的衰落较大;太阳爆发会引起电离层暴和突然骚扰,这时电离层通信和广播可能遭受严重影响,乃至中断。

4.6.1.5　中波传播

300～3000kHz 为中波波段,广泛用于近距离广播。在白天,由于 D 层的吸收很大,天波很弱,中波传播主要靠**地波**;在夜间,由于 D 层基本上消失,中波可能被 E 层反射,传播至远达 2000km 乃至更远处。因此相对地在近处地波较强,在远处天波较强,在中间某个距离范围内,天波与地波的场强相差不多,引起相互干涉的衰落现象。在夜间,E 层不同反射次数的回波也可能引起干涉衰落。

4.6.1.6　长波和超长波传播

对长波和超长波段(30～300kHz 和 3～30kHz),一般地说,射线理论(即近似的几何光学方法)不再适用,必须用严格的全波理论来处理。对于几百千米以内的近距离传播,电离层的影响很小,天波可以不加考虑,而用一般的地波传播理论来处理。对于远距离的长波和超长波传播,其传播方式主要是地面与电离层低层边界之间的**波导传播**。这种传播方式主要用于远距离导航、标准时间信号的播送以及陆地对潜艇的通信。其优点在于:信号衰减较慢,传播距离较远,信号强度、传播速度和相位比较稳定。它们的稳定性受低电离层的高度和结构变化的影响,在日出日落时变化较大;在突发电离层骚扰时,信号会增强。

长波和超长波还有另一种传扬方式,即所们哨声型传播。哨声是由雷电产生的频率在声频范围内的电磁脉冲信号,它的寻常波能基本上沿地球磁力线穿透电离层经磁层返回达地球另一侧,并从地面反射再沿原来的磁力线路径回到原先的半球,它甚至能往返传播多次。由于电离层色散效应,不同频率的成分按先高后低的次序到达,接收时可以听到口哨一样的声音,故称哨声。

4.6.1.7　超短波的散射传播

超短波的频率范围从 30～300MHz,300MHz 以上为微波波段。这两个波段的无线电磁波都将穿透电离层,因此它们主要是用于地面和空间飞行器之间的跟踪定位、遥测、遥控和通信联络。这时无线电磁波在穿透电离层的过程中或多或少地受到折射而影响到工程应用中的精度,因此要进行折射误差的修正。另一方面超短波的低端由于电离层中不均匀结构对电磁波的散射作用而使地面上点与点之间的传播成为可能,实际的电离层散射传播方式有如下几类:经过 D 层前向散射,适合于 30～60MHz,传播距离从

1000～2000km，但由于频带较窄，实用意义不大；利用流星余迹反射运用于 40～80MHz 的间歇式通讯，距离可达 2000km；经过 F 层不均匀体散射，距离可达 4000km；利用偶发 E 层（E_S 层）反射，距离可达 2000km，频率可达 80MHz。当电路跨越极区时，可利用极光区电离气体反射。电离层中的随机不均匀结构对电磁波的散射能使它们的振幅、相位和射线到达角等都发生随机起伏，称为**电离层闪烁**。这种现象对于穿透电离层的无线电短波高端，乃至几千兆赫的微波波段都存在。

4.6.1.8　*法拉第旋转和多普勒频移*

电离层作为各向异性介质，在其中传播的无线电磁波可以分解为两个特征波，即**寻常波**和**非常波**。它们具有不同的相速和传播路径，一般来说，它们是椭圆偏振的（见磁离子理论）。

当传播方向同地磁场的方向平行时，它们成为圆偏振；当频率远高于电子的磁旋频率时，只要传播方向不正好同地磁场垂直，特征波的偏振近似地是圆偏振。两个圆偏振合成为一个线偏振波，但由于电离层结构特征的变化，合成波的电场强度矢量的方向缓慢地旋转，这种偏振面的旋转称为**法拉第旋转**。通过测量法拉第旋转速度，可以计算出电离层中沿传播路径上单位截面的柱体内的总电子含量。

如果传播路径的两端有相对运动，而且此相对速度沿传播路径的分量不等于零，则接收到的电磁波频率不同于发射的频率，这一效应称为**多普勒频移**。如果路径缩短，频移是正的，反之是负的。无线电磁波通过电离层传播时，频移量的变化中有一部分来自电离层的贡献，频移量与频率有关。如果利用两个频率，则可消去相对速度的贡献而得到电离层积分电子密度数据。这就是差分多普勒法。

4.6.2　电离层对无线电系统的影响[8]

任何以电磁波方式传送信号的系统，当其信号穿越电离层，或在其下部传播时，都会受到电离层环境条件变化的影响。诸如远距离离长中短波通讯、超视距雷达、VLF 导航系统对电离层条件的时空变化均很敏感。即使在 UHF/SHF 频段的卫星工作系统，也会受到电离层的影响，发生工作性能的恶化或工作障碍，尤其是高太阳活动期间。

电离层对不同频段的波，其影响程度和方式是不一样的，而波的传播模式也是不同的。在频率从低到高变化时，大体上可分为三种电离层传播模式：在无线电频谱低端，长波（VLF、LF）是以电离层底为上边界，以地面为下边界的波导模式；在无线电频谱较高的部分，是穿透电离层的地空传播模式；频谱中间是短波波段，主要是电离层反射（或称天波）模式。

电离层的影响程度取决于所使用的无线电系统，下面列举若干系统，阐述系统所受的影响，以及传输参量的选择。

4.6.2.1　HF 通讯系统

在远距离地面通讯中，长期以来 HF 通讯使用较为普遍，3～30MHz 高频段的超负荷使用，导致频率管理的诞生。

高频用于军事中的战术和战略目的，尤其对遇到核战争影响或国家紧急状态时，高频通讯能做到最迅速的恢复和重建。此外，在遥感和气象领域内，相当普遍地采用高频探测，HF 通讯还是发展中国家的主要通讯手段。

HF 通讯的优点是，相当简单，在无中继情况下，能用较低的功率实现全球性的通讯联络，易推广，价格适中。明显的缺点是与电离层的多变有关。

至于一个给定频率和固定位置的电台，电离层会影响到 HF 系统的复盖范围和可靠性，而且是最主要的影响因素。许多准全球的扰动现象都会影响到 HF 远距离系统，诸如**频率急偏**(SFD)和**短波衰减**(SWD)，常在日面 X 耀斑发生后的数分钟内出现，有时会造成 HF 通讯的瞬时中断。

与太阳质子事件有关的短期响应，在高纬区形成严重的**极盖吸收**(PCA)，有时天波吸收能达到令人难以置信的 100dB 以上，此种吸收条件可以持续几个小时至数天。好在其数量不多，在太阳黑子低年发生的概率极低，在太阳黑子高年也只是每月平均约发生一次，对高频通讯影响十分可观的是电离层暴，它是地磁暴在电离层中的反映，磁暴主相的时间结构会造成电离层 F2 区减小，最大观测频率在扰动日可能减小到平常的 50％，完全恢复常态往往需数天。

利用天波的高频通讯，其性能是电离层变化的一面镜子。与太阳扰动有关的非选择性衰落，以及与多径和多模干涉有关的选择性衰落，会造成点对点通讯可靠性的降低，为此必须采取分集接收技术，或实时自适应参量监测系统等对抗措施。

在频率分配固定的情况下，传播扰动效应由于电离层急剧的时间变化和环境噪声效应而进一步恶化。

新技术毫无疑问会改进 HF 通讯系统的能力，特别是在数传方面，所谓的“RAKE”处理方法能消除多径失真，而均衡法能补偿码间干涉效应。

值得指出的是，在视距传播不可能、卫星通讯又不值的情况下，在区域内实现适中距离的通讯，这是 HF 通讯的一个强项，但必须采用垂直投射的天波模式来进行。对此，人们认识还不足。

点对点通讯中，选频十分重要。任何时候，应用的最佳频率应低于最大可用频率(MUF)，以避免穿透电离层。

实际上，最佳频率是个折衷选择，一方面要选择接近于最高阶模的 MUF，以避免多径效应，运用可能的最高频率，以使电离层吸收尽可能地小，提高接收信噪比；另一方面选用的频率不用天天变，因此要选择能容许电离层随机变化的范围。通常，典型的最佳工作频率取 MUF 月中值的 85％。

在数传中，有个最大数据率的选用问题。为了保证满意的接收，需要有合适的信噪比。当存在时间或频率色散时，也会限制可达到的最高数据率(以至S/N再增加，误码率也不会减小)。

4.6.2.2　卫星通讯

卫星通讯中，电离层不均匀性会引起明显的信号闪烁。这种闪烁对系统的总体设计、电路的正常运行、可靠性的保证、系统的鉴定和所应采取的对策都是十分重要的。一般工作在VHF/UHF段的战术卫星通讯中，电离层效应相当明显，尤其是在赤道区和高纬极区的电路上。

4.6.2.3　C^3I系统中的综合通讯

现代战争是陆海空天汇成一体的总体战，要求各军种和兵种实现高度的协同作战，而C^3I系统，即指挥、控制、通讯和情报系统，正是由这类需要发展起来的。它是统帅部和指挥员对部队实施战略和战术管理的全新的管理系统，利用它可以合理地调动和部署兵力，充分发挥武器系统的效能，做到知已知彼，运筹帷幄，决胜于千里之外。

C^3I系统最关键的部分是通讯，此类通信系统带有综合性，它由各种不同的通讯系统组成，能将C^3I系统中的各种各样的分系统联为一体。

为了能保证C^3I系统的正常运转，对包括电离层在内的大气环境必须进行全面的监测。这种环境监测则带有全球性、立体性和协调性(多参量同时观测)，所有这一切均取决于介质的特性，包括对流层、电离层和磁层，它们具有地理分布上的复杂性和时变特征。

C^3I系统各部分之间需直接沟通，要求能随时随地、能综合地精确地报告和预测敌我双方的通讯、导航、定位、预警能力，兵力部署和态势，以及与此有关的大气环境状态和航空航海航天条件。特别是环境估算目标系统要实时地或准实时地采集数据，迅速地发布数据，随时的信息合成，以及为独特的用户处理成适合应用的形式，还要不断地实现信息反馈和咨询，这一系统本身实际上也是一个C^3I系统。

4.6.2.4　高频测向中的目标定位

高频测向装置能提供来波信号的方位和仰角信息。为了能在电离层波动和行扰的情况下得到平均方向的直方图，需要若干分钟的累积测量。电离层的系统倾斜会造成测向误差。在多模传播条件下会引起附加的问题，最好的办法是在其它模衰落的最小值处读取某个波模的值。

4.6.2.5　超视距雷达的探测和跟踪

超视距雷达用于检测、跟踪和确定运动目标的位置。这些目标可以是船舰、飞机，以及导弹等，也可用于监测海况，进行海洋的海浪、海流的遥感。这种设备涉及到强大的发射功率、庞大的天线装置，以及复杂的信号处理方法。通常，超视距雷达工作于 HF 段，以电离层前向散射或向散射的模式工作。这类系统的弱点是电离层变化会严重地恶化超视距雷达的性能，尤其是担任高纬区预警的雷达，由于极光影响会有很大的限制效应。

以电离层反射和后向散射原理工作的超视距后向散射雷达，能实现区域复益和目标检测与距离测量。通常，雷达方位波束可以在 60°范围内调控，在单跳传播时，其目标测量距 500～3000km。

一般检测到的目标后向散射的回波是极微弱的，因为目标的截面积与地景、电离层杂乱回波和共信道干扰相比是很小的。

配合雷达，设置专门的电离层探测设备，以监测电离层，所得的电离层数据有助于雷达系统的频率管理和控制。所测目标的距离是由雷达发射信号与回波信号间的时延来确定的，因此，电离层的反射高度和层的倾斜度会影响到测距精度，所以要了解实时的电离层特性以解决目标距离测量中的“配准”问题。

4.6.2.6　导航系统

OMEGA 导航系统的工作在 VLF 段，明显受到传播效应的限制。它利用的是双曲线定位模式，测量的是不同发射台来的信号的相位差，其定位精度通常为 1n mile①，但是电离层扰动引起的波动误差可能会升高一个数量级。

Transit 导航卫星系统的定位精度在非扰动情况下为 1/2n mile。在太阳活动扰动条件可能达到 5n mile。它们的工作频率为 150/400MHz。而新一代的导航卫星 GPS 则工作于 L 波段，其目的是给用户提供精确的时间和测距数据。

电离层对测距的影响用两个谐波相关频率的相位测量，以差分方式消去一阶效应，保证达到较高的定位精度。当然 L 波段上不可忽视的电离层闪烁也会影响到精度，尤其是在临近地磁赤道时，乃至会引起系统的失灵。

一般的 GPS 单频用户，通过利用适当的 TEC 模式来部分地修正电离层引入的时延误差，用于定位精度要求不太高的场合。

4.6.2.7　飞行体跟踪、测轨和定位系统

对于导弹、卫星和飞船等飞行体的跟踪、测轨和定位系统而言，电离层会对测距引入额外时延和时延色散，会对测角引入折射弯曲效应，会对多普勒测速引入电离层附加多普勒频移，对测相还会引入相位超前和相位色散。

在精密测量系统中，电离层引入的误差占着相当重要地位，需要有合理的 TEC 模式，或实时修正技术才能保证测量精度。

---

① 1 n mile＝1 海里＝1.852km，下同。

4.6.3 电离层闪烁

4.6.3.1 电离层闪烁

电离层电子密度的空间不规则性散射卫星无线电信号并导致幅度和相位变化。**幅度闪烁**包括信号衰减，当它超过接受系统的衰减限度时，在卫星通讯中出现信息误差，在导航系统中失去锁定。**相位闪烁**引起频移，可能减弱锁相环执行，如在GPS中的导航系统。它们也可影响空-地合成孔径雷达的分辨率。为了对通讯和导航系统提供支持，需要确定和预报闪烁的幅度大小、相位闪烁和时间结构。

闪烁现象由强的时间和空间变化表征。伴随的电子密度不规则性是由复杂的、随时间变化的等离子体不稳定性驱动的。研究不稳定性的触发机制对取得预报能力是很关键的。闪烁在赤道区最严重，在那里，闪烁常在日落后发生，在Appleton峰(北磁纬15°、南磁纬15°)附近达到最大强度。在太阳活动最大期间闪烁最严重，并频繁地发生在地磁静日。

在高纬，强的闪烁事件与宏观等离子体结构有关。在磁活动条件和IMF Bz南向时极盖槽从中纬通过白天的极尖向极盖对流，最后进入夜间的极光卵。首先必须根据IMF位形指定和预报极盖槽和它们的轨迹。然后需要确定在中性参考框架上的等离子体对流，等离子体不稳定时间增长和中等不规则性相对幅度可以在等离子体不稳定演变的非线性区得到。在中纬，发生弱到中等水平的闪烁，并在太阳活动最小时最大，这仍然等待解释。图4.6.2给出在L波段闪烁的全球形态。

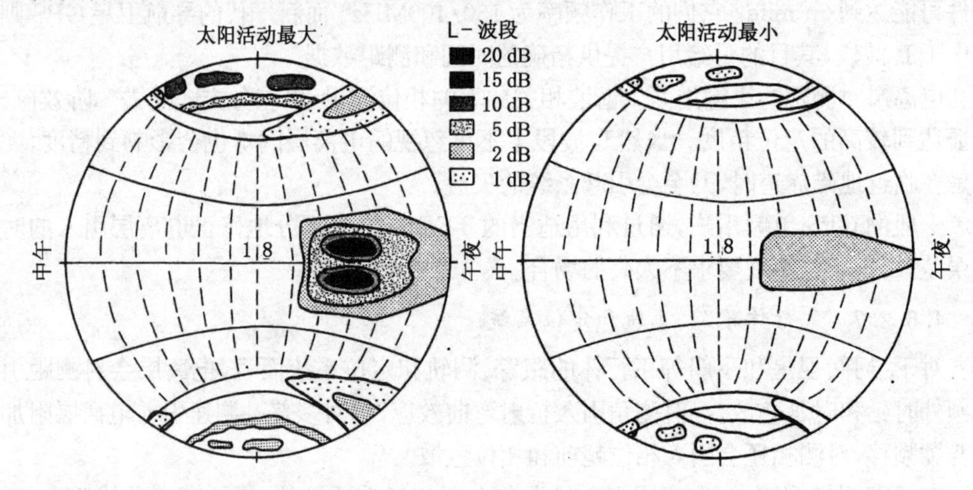

图4.6.2　在L波段闪烁的全球形态

在赤道区等离子体不稳定启始的物理条件似乎伴随着日落后东向电场的增长和出现由地球物理噪音或重力波活动提供的“萌芽”扰动。然而，这些参数控制闪烁的逐日变化的状态还没有解决。为了将闪烁与等离子体不稳定性定量地联系起来，必须通过非线性区追踪这些不稳定性并用快的计算机算法确定不规则性的饱和幅度。

闪烁对工作在1.2/1.6GHz的GPS导航系统的效应还没有确定。一般认为，GPS导航系统在极区，特别是在太阳最大期间的赤道区是有价值的。在赤道区，不规则性结构在南北方向高度拉长，在东西方向具有几百千米尺度的离散性。

从操作的观点看，赤道闪烁的预报和规范是主要要求。从物理学的观点看，在赤道区闪烁的时间和空间变化性还没有解决。一般认为，在热层中性风和电离成分间的相互作用关键地控制了日落后F区高度的电场，因此控制了等离子体不稳定性和闪烁的起始。总的来看，需要在短的时间和空间尺度上热层－电离层相互作用。监测这个相互作用，要求在高度为600～700km的赤道卫星和大约30°倾角、携带合适数量传感器的卫星。传感器将包括离子漂移测量计、矢量电场仪器在L带和VHF频率的相干无线电信标和测量中性风、离子/中性成分的仪器。轨道周期为90分钟，卫星将监测等离子体泡的形成和它们对信标发射的闪烁效应。

图4.6.3是电离层闪烁的一个例子。其中图(a)是相记录，图(b)是强度记录，二者都使用60s截止的高通滤波器。

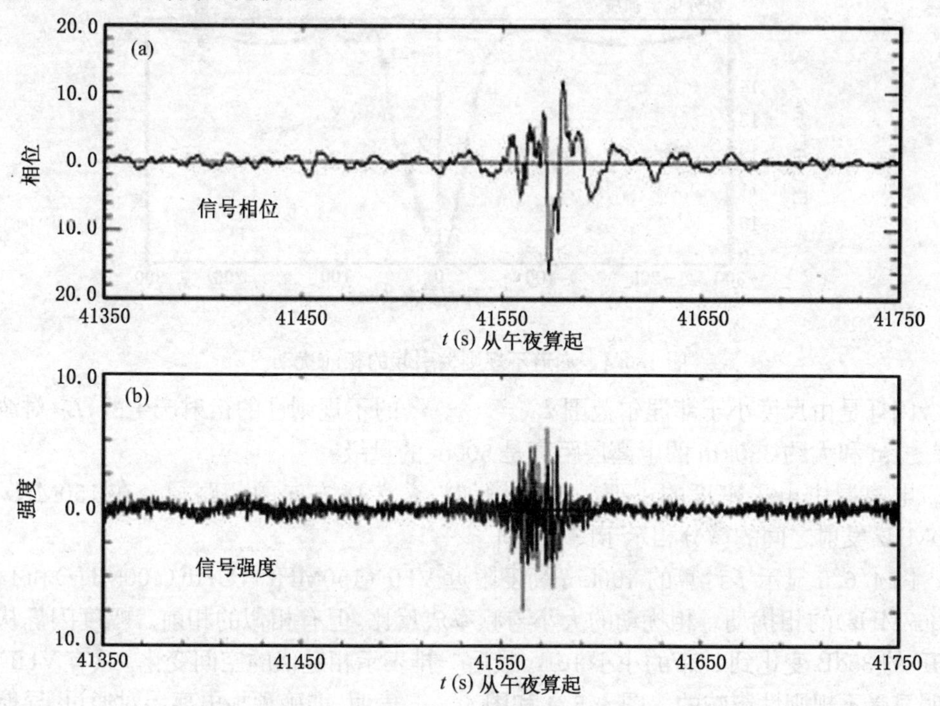

图4.6.3　电离层闪烁(频率:137.67MHz)

D层的吸收对中频(0.3～3MHz)有最强的效应。高频(3～30MHz)受大的、快速的幅度和相位起伏影响严重。甚高频(30～300MHz)遇到由F层不规则性引起的法拉第旋转衰减和幅度闪烁的效应。当F层不规则性严重时,极高频(300～3GHz)在极光区和赤道地区的某些地方时和季节仍受影响。

作为一个例子,考虑在电离层以上的源产生的球波传播。如果波遇到电离层的不规则性,波相前将发生畸变,图4.6.4显示了计算的相前扰动。那样的电离层"泡"在日落以后几小时的赤道电离层可发现。

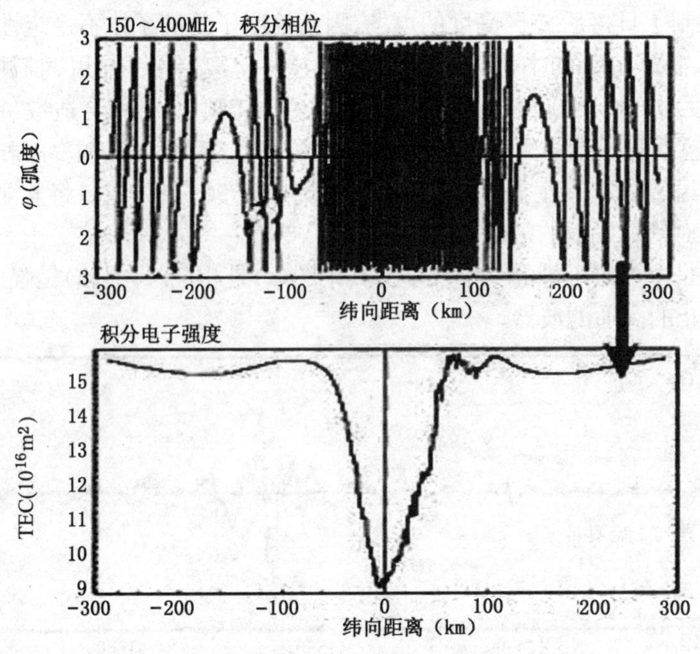

图4.6.4 赤道不规则性引起的相前扰动[9]

闪烁是由尺度小于菲涅尔范围 $L_F=(\lambda z)^{1/2}$ 的不规则性的衍射产生的,L_F 对波长0.7～1m和大约350km的电离层距离是500m的量级。

电离层中电子密度的主要效应是增加沿着传播方向的相路径。在150MHz和400MHz发射之间的微分相示于图4.6.4。

图4.6.5显示了计算的400km高度附近VHF(150MHz),UHF(400MHz)和L带(1067MHz)的相扰动。相扰动的大小与频率成反比,但有相似的相前。幅度闪烁从在VHF的35dB变化到L带的小于1dB。最后一排表示相起伏的空间变化。只有VHF相是明显受不规则性影响的。图4.6.4和图4.6.5表明,准确预报电离层对通讯、导航和雷达系统的严重效应要求准确地测量电子密度。

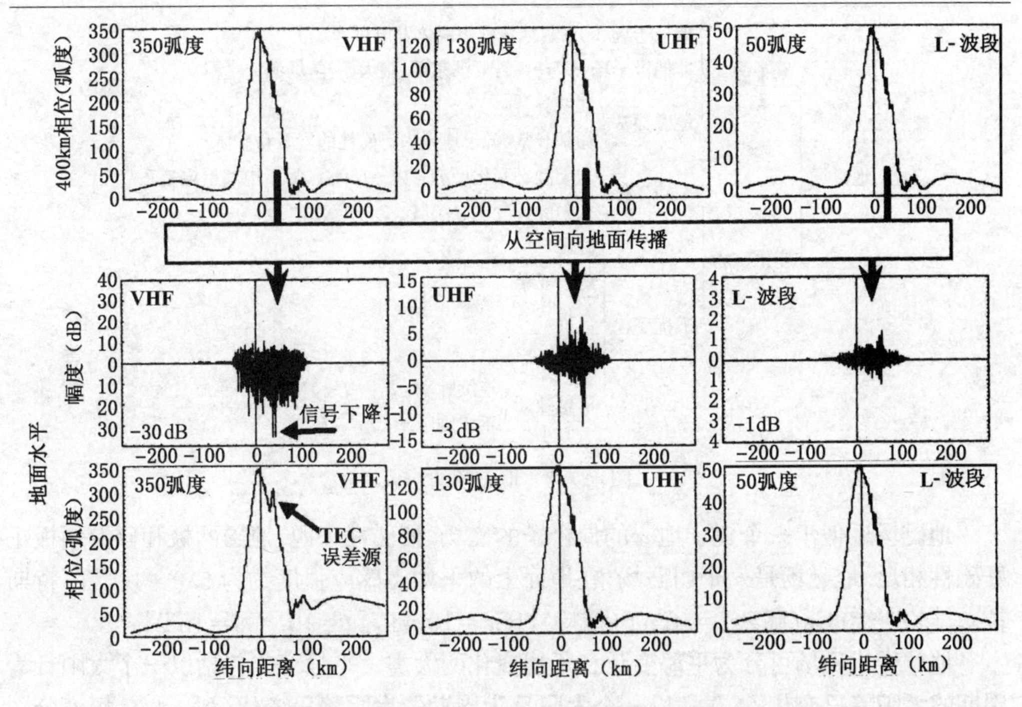

图 4.6.5　计算的来自局地赤道不规则性的地面闪烁

§4.7　地磁场变化对技术系统的效应

4.7.1　地磁场的组成及变化

从地心至磁层边界的空间范围的磁场为地磁场.地磁场可分为基本磁场和变化磁场两部分。基本磁场可分为偶极子磁场、非偶极子磁场和地磁异常几个组成部分。偶极子场是地磁场的基本成分,约占地磁场90%,起源于地核磁流体发电机过程和地壳中的磁性岩石,它有稳定的空间结构和缓慢的长期变化。

非偶极子磁场主要分布在亚洲东部、非洲西部、南大西洋和南印度洋等几个辽阔地域,平均强度约占地磁场10%,场源在地球内部何处目前还有争议。地磁异常又分为区域异常和局部异常,系由地壳内具有磁性的岩石和矿体等所形成。变化磁场起源于磁层、电离层的各种电流体系、粒子流和等离子体波及其在地球内部的感应电流,它的强度虽然只有主磁场的百分之几,但这部分磁场随时间变化大,发生航天器工作状态有直接的影响。

图4.7.1概述了地磁场的构成。

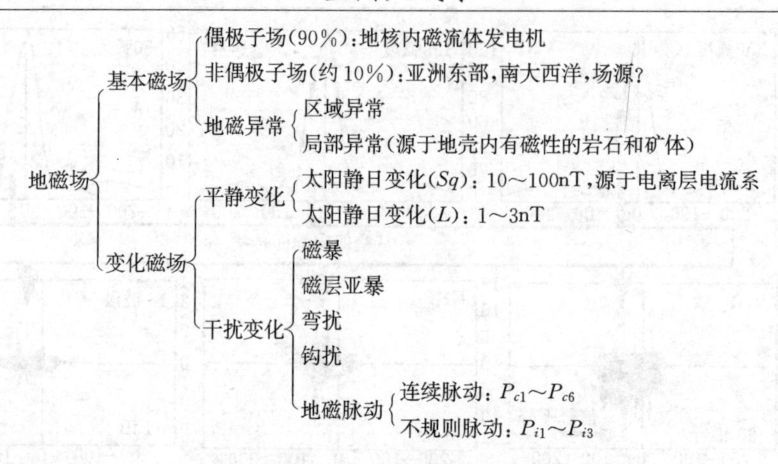

图4.7.1　地磁场的构成

地磁场近似于一个置于地心的偶极子的磁场.按磁性来说，地磁两极和磁针两极正好磁性相反.地磁场是一个弱磁场，在地面上的平均磁感应强度约为5.0×10^{-5}T(特斯拉)。[$1T=10^4$Gs(高斯)$=10^9$nT(纳特)，$1Gs=10^5$nT，$1\gamma=10^{-5}Gs=1nT$]。

地球变化磁场可分为**平静变化**和**干扰变化**两大类。平静变化包括以一个太阳日为周期的**太阳静日变化**(S_q)和以一个太阴日为周期的**太阴静日变化**(L)，变化幅度分别为$10\sim10^2$nT和1～3nT，场源是分布在电离层中的永久的电流系。干扰变化包括磁暴、地磁亚暴、太阳扰日变化和地磁脉动等，场源是太阳粒子辐射同地磁场相互作用在磁层和电离层中产生的各种短崭的电流系。

根据地面和卫星的大量观测数据，现以发展了许多地磁场模型。其中最有代表性的是国际参考地磁场(IGRF)和Tsyganenko模型。IGRF没有考虑外源场，Tsyganenko模型则比较充分地考虑了磁层中各种电流系对磁场的贡献。

4.7.2　磁暴对输电系统和地下管线的影响

第一个磁暴影响输电系统的事件发生在1940年3月24日。输电系统再一次受磁暴影响是在1958年2月10日。然而，直到1967年才开始对这个问题进行详细研究。

恶劣的空间天气可对地面的输电系统、电信和油气管线产生影响。例如，太阳爆发时，高速太阳风等离子体流与磁层相互作用，使环电流及极光电集流强度大增，引起地磁场的强烈扰动——磁暴和亚暴。地磁场的剧烈变化在地表面感应一个电位差，称**地球表面电位**(ESP)，这个电位差可达20V/km。图4.7.2给出了磁暴期间观测到的在长输电电缆上的电压起伏。ESP作为一个电压源加到电力系统Y型联接的接地中线之间，产生地磁感应电流(GIC)。与50Hz交流电相比，GIC可看作是直流，这个直流电流作为变压器的偏置电流，使变压器产生所谓“**半波饱和**”，严重的半波饱和会产生很大的热量,使变压器受损甚至烧毁。近年来最引人注目的磁暴损坏输电系统的事件发生在1989年3月。一个强磁暴使加拿大魁北克的一个巨大电力系统损坏,6百万居民停电达9小时,光是电力损失就达2×10^7kW,直接经济损失约5亿美元。在这次事件中,美国的损失虽小,但亦达2500万美元。据美国科学家估计,此事件若发生在美国东北部,直接经济损失可达30亿~60亿美元。

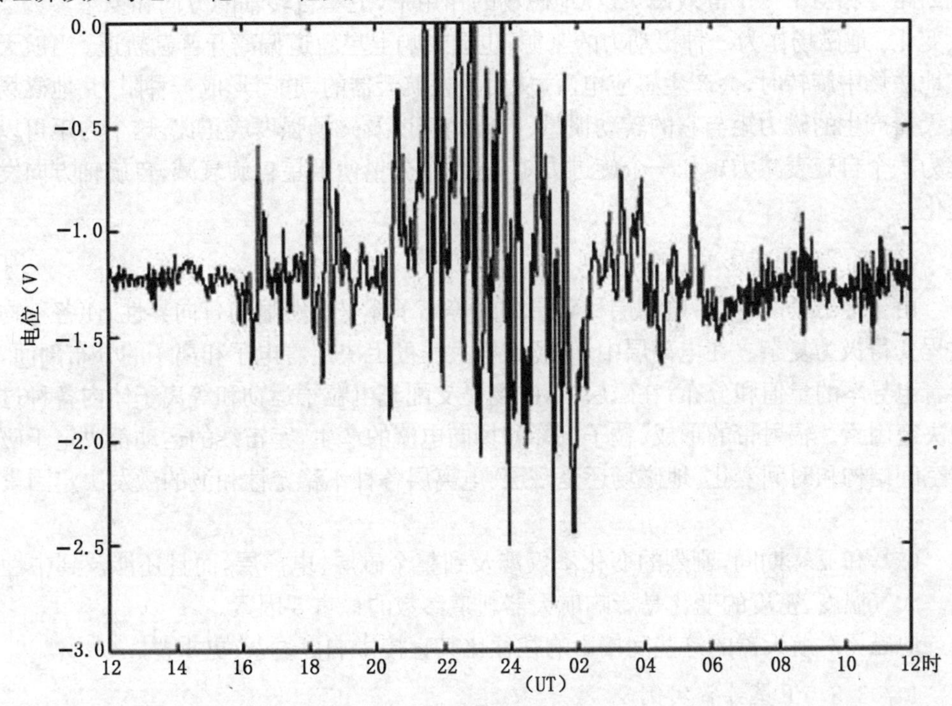

图4.7.2 由地磁场变化引起的长输电电缆上的电压起伏
(http://nastol.astro.lu.se/~henrik/spaceew1.html)

磁暴期间由地磁场变化产生的电场对地下的油气管线也有直接的影响,但这种影响不像对电力系统的效应那样快,多次磁扰动的积累作用才会产生明显的效应。因此,长期以来这个问题没有引起人们的重视。但是,这种效应所造成的经济损失是相当大的。

保持地下管线系统正常运行的关键因素是防止钢管的腐蚀。腐蚀是一个电化学过程,如果保持管线与大地之间有一个至少-850mV的电位差,则腐蚀效应可减小。通常采取的办法是在管线与大地之间加一个直流电压,管线接负极。因此,这种方法称为**阴极防护**。对管线电位进行定期监测,可保证管线处于合适的电位。然而,在磁扰期间,观测到的管线电位变化在要求的-850mV~-1150mV范围之外,因此将发生腐蚀作用。多次腐蚀作用的积累,将对管线产生严重的危害。

4.7.3 地磁场对航天器工作状态的影响

4.7.3.1 直接影响

航天器本身和星载仪器大部分是铁磁性物质，它具有固有磁矩。星载仪器的工作电流回路也相当于一个等效磁矩。在地磁场的作用下，卫星自转轴的方向和姿态参数会发生变化。地磁场作为一种摄动力的来源，也会影响卫星轨道偏离开普勒轨道。当航天器在地磁场中旋转时，会产生感应电流，从而消耗航天器的动能，形成一种阻力。地磁场对航天器产生的磁力矩与它的转动惯量、自旋角速度及磁场强度成正比。这个力矩可以分解为一个自旋衰减力矩和一个旋进力矩，这两个分量使卫星自旋衰减，自旋轴方向发生变化。

4.7.3.2 间接影响

由于地磁场的存在，电离层和磁层中的等离子体呈现明显的各向异性，使各种物理过程变得极为复杂。在电离层中，磁场在很大程度上决定着电子和离子的分布剖面，决定着电导率的量值和分布；在磁层中，磁场是支配充电粒子运动和等离子体内各种过程的决定因素。辐射带的形成、粒子沉降和场向电流的产生，宇宙线的运动都决定于磁场的空间结构和时间变化。地磁场还是磁层、电离层各种不稳定性和波的激发决定因素之一。

磁暴和亚暴期间，剧烈的变化不仅涉及到整个磁层、电离层，而且还涉及到中性大气。大气温度、密度的变化是影响航天器轨道参数的最重要因素。

地磁场对航天器的这些间接影响往往比其直接影响更复杂、更重要。

4.7.3.3 卫星异常实例

例 1：Anik-B

磁层环境对 Anik-B 卫星的操作产生了严重的影响。卫星滚动和偏动的控制要求电磁矩线圈，通过线圈的直流由电路开关控制。

电磁场与地磁场相互作用提供了必要的滚动和偏动力矩。在地磁场发生大的扰动之后，特别是场反向时，这些线圈可驱动卫星朝向增加滚动误差而不是矫正它。那样的事件发生在 1986 年 2 月 8 日，当时 K 指数达到 8 并保持这种状态大约 18 小时。在 Anik-B 卫星服务 7 年中，这种事件发生两次。

例 2：Landsat-3

在 Landsat-3 卫星上的多光谱扫描仪经受了外扫描探测器脉冲，过早地产生扫描线开始码。

这些事件归因于磁异常，使卫星不能向用户供应高质量、高可信度的成像。

§4.8　高层大气变化对航天器的影响

4.8.1　大气密度对低轨卫星的气动阻力效应

卫星阻力的计算和预报对实际航天飞行是非常重要的,这包括寿命估计、再入预报、轨道的跟踪和预报以及姿态动力学等。

在地球大气中,卫星的阻力加速度为

$$a_D = \frac{1}{2} C_D S \rho V^2 \tag{4.8.1}$$

这里ρ是大气总质量密度;C_D、S分别是卫星的阻力系数和面积质量比;V是卫星相对大气的速度。

由于全球大气密度随EUV有明显变化,而卫星阻力加速度与大气密度密切相关,经过一个太阳周到另一个太阳周a_D有很大的变化,这种变化对长期飞行的航天器轨道、寿命有十分显著的影响。

卫星从发射到陨落的时间间隔称为卫星的**轨道寿命**。卫星寿命的公式为:

$$t_L = 3.1415 \times 10^{-17} \times \frac{a_0 e_0}{k \rho_0} \sqrt{\frac{e_0}{H}} \tag{4.8.2}$$

其中$k = 1.1S/\mathrm{m}$,k的单位取$\mathrm{m^2/kg}$:

$$H = -\rho \frac{\mathrm{d}h}{\mathrm{d}p} \tag{4.8.3}$$

为大气标高,a_0、H的单位取km;ρ_0为大气密度,单位取$\mathrm{g/cm^3}$。

卫星寿命的另一表达式为

$$t_L = -\frac{3 e_0 T_0}{4\left(\frac{\mathrm{d}T}{\mathrm{d}t}\right)_0} \tag{4.8.4}$$

200km高度卫星寿命的太阳周效应很小,600km和800km的$\rho/\rho(0)$类似,但$t_L/t_L(0)$800 km约是600km的一半,(0)指太阳周最小条件。

高层大气受太阳10.7cm射电通量影响,有十分明显的11年周期的长期变化特征,对长期飞行的航天器轨道、寿命产生严重影响。以探险者系列卫星为例,若初始高度为500km,在太阳黑子数低值条件下能飞行30年的话,在黑子数高年情况下只能飞行3年。

1973年5月14日美国发射的天空实验室,1974年时,根据当时情况,预期太阳活动21周从1977年开始,预计在载人飞行后还可能在轨道上运行近9年,最长估计在1983年末陨落。实际上21周提前了,太阳黑子数和10.7cm射电通量都急剧上升,1977

年末起，大气密度对空间站的阻力增加 6 倍，轨道衰变比预计的快得多。如不采取措施，它在 1978 年末或 1979 年初就会陨落。美国航天局虽然采取一些措施，但还是在 1979 年 7 月 11 日坠毁。

1981 年美国哥伦比亚号航天飞机第一次飞行时，正遇两天前太阳 X 耀斑等引起的大磁暴，发射时间在磁暴后 15 小时，来自太阳和磁层的充电粒子注入大气，引起温度剧增，由 1200K 升高到 2000K，使大气密度出现数量级的增加，造成航天飞机下降到较低轨道的时间比预计的快 60%，幸好带有足够的燃料和及时采取措施，避免了一场灾难。

卫星轨道周期随太阳活动也有很大变化。从太阳活动的低年到高年，起始高度为 500km 的探险者系列卫星其轨道周期差别为 30 倍。

几个小时到几天时间的轨道周期变化，对卫星的跟踪及确认各种飞行目标所需要的编目表的维护十分重要。磁暴期间从磁层带来的高能粒子沉降和源于磁层电场耗散引起焦尔热，使极盖区和极区增温，驱动大尺度风场，通过热传输，短时间内引起全球加热和大气密度增加，使航天器飞行发生异常，造成定位偏差，扰乱空间目标编目表，足以使地面跟踪系统丢失需要跟踪的大量飞行目标，1989 年 3 月强烈磁暴造成的这种灾害就是最典型的例子。

长期的卫星阻力预报误差主要受太阳活动周预报的限制；地磁暴和短期极紫外辐射的变化主要容易引起卫星阻力的短期预报误差。

4.8.2 原子氧对航天器表面的侵蚀

在 170km 以上，原子氧是主要成分，原子氧浓度在太阳周内或不同太阳周中的变化可达几个量级。航天器相对大气以 8km/s 飞行，具有定向速度的原子氧与航天器表面碰撞，其流量很大，一般情况可达到 $10^{13}\sim10^{15}/(\mathrm{cm}^2\cdot\mathrm{s})$，沿轨道的积分通量更可观。原子氧是一种强氧化剂，能与有机合成物、金属表面作用，剥蚀表面材料，有的情况下产生挥发性氧化物，引起质量损失及传感器性能下降。作为一级近似，剥蚀率与流量(时间积分通量)成正比。它与材料有关。

原子氧侵蚀效应在航天飞机 STS-5、STS-8 和 STS-41G 上曾进行过试验，其表面暴露时间分别为 40 小时、41.2 小时和 35 小时。实测的原子氧积分通量 1 分别为 $1.0\times10^{20}/\mathrm{cm}^2$，$3.5\times10^{20}/\mathrm{cm}^2$ 和 $3.0\times10^{20}/\mathrm{cm}^2$。3 次试验对多达几百种的样品进行了测试。

试验结果表明，原子氧和航天器表面材料相互作用的物理化学过程相当复杂。不同航天器表面材料过程也很不一样。当与聚合物、碳等相互作用时形成挥发性氧化物，和银相互作用生成不黏合的氧化物，造成表面被逐渐剥蚀；和铝、硅等材料相互作用形成黏合的氧化物，附着在航天器表面，改变航天器表面的光学特性。原子氧剥蚀程度取决于原子氧积分通量和材料特性。如对未填充的有机材料在 STS-5 飞行时剥蚀厚度为 1.8μm，而在 STS-8 试验时达 12μm，达到与太阳电池涂层厚度相近。

原子氧积分通量与航天器运行高度原子氧数密度、飞行攻角和暴露时间有关。剥蚀厚度随太阳活动水平和航天器飞行高度变化。如对500km轨道高度而言，太阳活动最大和最小相比原子氧剥蚀效应相差50倍，而迎风面又比日照面大约5倍。由于不同材料的反应效率相差近两个量级，使其剥蚀厚度在相同轨道高度和运行时间的情况下，相差达4个量级以上[10]。

§4.9　微流星体与空间碎片对航天器的影响

微流星体与**空间碎片**环境常常一起考虑，因为它们都是快速运动的物体，其特性像是炮弹，很容易穿透各种材料。它们具有的能量很高，在与航天器撞击时本身可蒸发，可产生碎片，在航天器表面留下坑或洞，如图4.9.1所示。微流星体与空间碎片对地球轨道飞船带来严重的危害，特别是对于在空间站外工作的宇航员，可有生命危险。

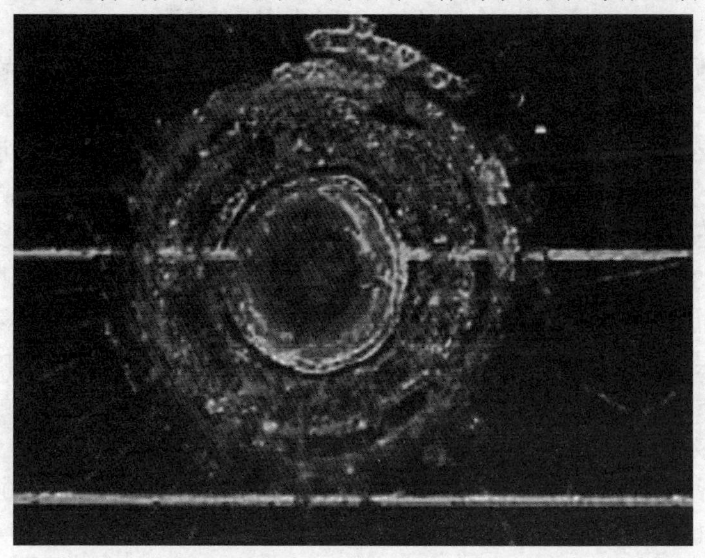

图4.9.1　微流星体或空间碎片在航天器表面产生的坑

4.9.1　微流星体

微流星体一般来自太阳轨道的彗星及小行星的分裂和破碎，它们以大约16km/s的速度通过地球轨道空间。来自狮子星座的流星通常发生在11月中旬，每小时大约有20个。但每33年观测到的流星率将大大增加，因为Tempel-Tuttle(T-T)彗星接近近日点，地球与它们带来的粒子云相碰。在1966年测量的流星率是150000，是正常通量的7000倍。流星率达到这种水平需满足两个条件：一是地球必须在几百天内通过

(T-T)彗星的结点线;二是由彗星抛射的粒子束必须非常靠近。

图 4.9.2 给出(T-T)彗星在 1998 年的轨道。当地球处于彗星扫过的位置时,就会观测到流星雨。

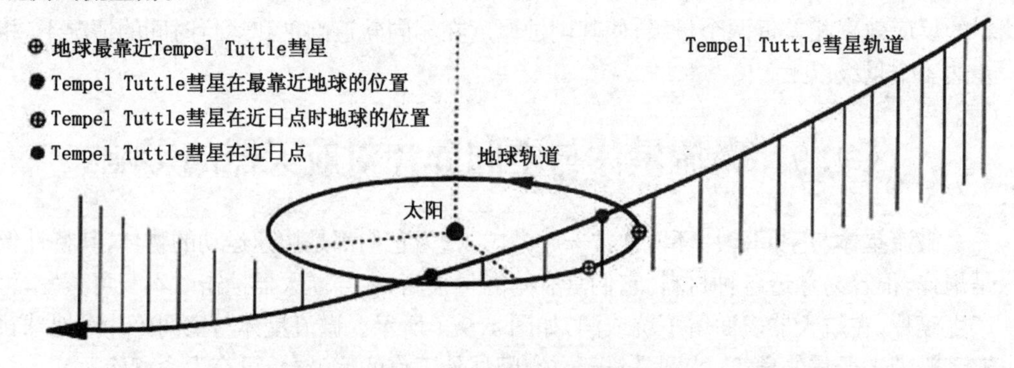

图 4.9.2 Tempel-Tuttle 彗星的轨道

较大的流星具有各种不规则的外形,一般重量只有几百毫克或几毫克,超过几十吨的流星极少。它们按各自的轨道绕太阳运行。当地球公转经过某些流星体轨道时,流星会以 11~73km/s 的速度闯入地球大气,与大气分子剧烈撞击和摩擦,从而导致生热与发光。没有燃烧完的流星,落到地面上来的叫做**"陨星"**。陨星可根据化学成分分为**陨石**、**陨铁**和**陨铁石**三种。

1976 年 3 月 8 日落入我国吉林的陨石重达 1770kg,是世界上最重的陨石。世界上最重的陨铁重约 60t,在纳米比亚境内。我国新疆大陨铁重 30t,名列世界第三。每天坠入地球大气层内的流星数量之多简直令人难以置信。重量在 1g 以上的有 2 万多颗。重量大到足以发出人眼可看到光的流星近 2 亿多颗,更小的流星有几十亿颗。能落到地面的陨星每年多达 500 颗,人们一般只能找到 20 几颗。

目前世界上已发现的陨星共约 1700 颗。卫星测量表明,每天约有 3000t 硫星物质进入地球大气层。

4.9.2 空间碎片

据统计,目前在太空中约有 3000 吨的空间垃圾,这些垃圾中差不多 95%以上是空间碎片。主要由运载火箭箭体、废弃的航天器和因卫星老化或热应力而与主体分离的碎片组成。其尺寸大到数米的箭体,小到用雷达和光学望远镜都探测不到的微粒。据估计,这些碎片每年以 10%的速度递增,到 2010 年,这种垃圾至少可达 10000t,仅大的碎片(直径 10m 以上)就会有 7500t。

目前,美国空间指挥部一直跟踪着约 8000 件空间碎片,主要是在低轨道上有效截面直径大于 10cm(相对于地球同步轨道上的约 1m)的目标。下面是 1995 年 11 月 1 日发布的空间碎片目标分类和分布情况。

表 4.9.1 所示为空间碎片分类与分布情况，表 4.9.2 所示为空间碎片数量的分布情况。

表 4.9.1　空间碎片分类与分布

碎片分类	航天器	火箭	破碎的碎片	合　计
LEO	1292	712	3743	5747
中轨道	107	24	3	134
GEO	465	133	3	601
转移轨道	75	276	147	498
其它	359	361	229	949
合计	2298	1506	4125	7929

表 4.9.2　空间碎片数量的分布

尺寸(cm)	目标数量(件)	占总数百分比(%)	质量(t)
>10	8000	0.02	1998.6
1～10	110000	0.31	0.7
0.1～1	35000000	99.67	0.7
合计	35118000	100.00	2000.0

对小于 10cm、大于 1mm 的空间碎片是难于跟踪观测的，而这些物体的数量是巨大的。图 4.9.3 给出了≥7cm 碎片的累积通量与轨道高度的关系。

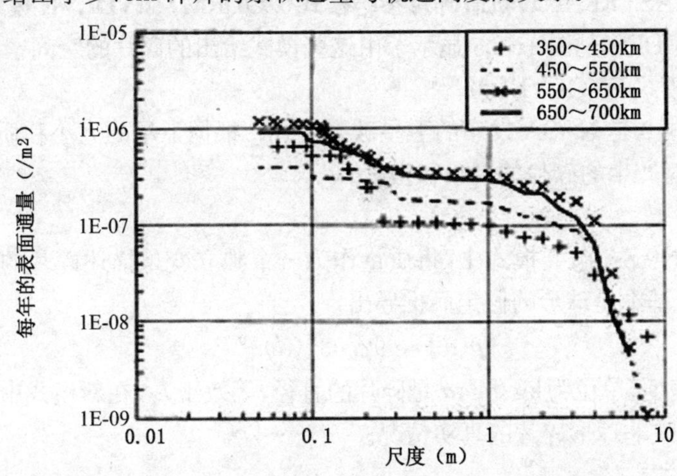

图 4.9.3　≥7cm 碎片的累积通量与轨道高度的关系[11]

(1997 年 10 月前到 1999 年 11 月)

图 4.9.4 给出上述参数与轨道倾角的关系。

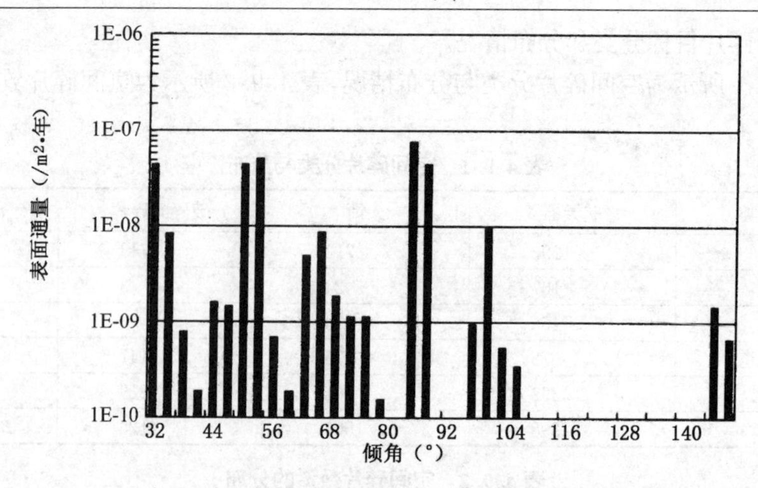

图 4.9.4 ≥7cm 碎片的累积通量与轨道倾角的关系
(1997 年 10 月前到 1998 年 12 月，高度为 350～450km)

4.9.3 微流星体及空间碎片建模

为了给航天器设计部门提供依据，国际上许多研究机构根据近年来的观测数据，建立了一些关于微流星体及空间碎片的模式。这些模式包括，**微流星体及空间碎片地球环境参考模式**(MASTER-97)、**轨道碎片参考模式**(CODRM)、**EVOLVE 模式**和**集成碎片演变序列模式**(IDES)。图 4.9.5 显示了由这些模式给出的碎片的空间密度。下面主要介绍卫星破裂模式 EVOLVE4.0。

EVOLVE4.0 是 NASA 发布的卫星破裂模式。根据卫星的大小和质量，该模式可给出发生破裂时产生的碎片的大小和密度。

(1)大小分布

在以前的 NASA 破裂模式中，将质量作为一个独立变量描述碎片的数量，特征长度 Lc 根据粒子基本是球形的假定而推导出

$$\rho(d) = 92.937(d)^{-0.74} \tag{4.9.1}$$

这里 ρ 是碎片密度，单位为 kg/m^3，d 是碎片的直径，等效于 L_c。在新模式中，L_c 是独立变量，这样可以反映非球形碎片的真实情况。

(2)爆炸模式

由于结构和能量的自然变化，大小为 L_c 的爆炸碎片的数量由下面的方程支配：

$$N(L_c) = 6L_c^{-1.6} \tag{4.9.2}$$

根据一些卫星的观测数据，发现(4.9.2)式应增加一个标定因子 S，因此 EVOLVE4.0 最后采用的形式是

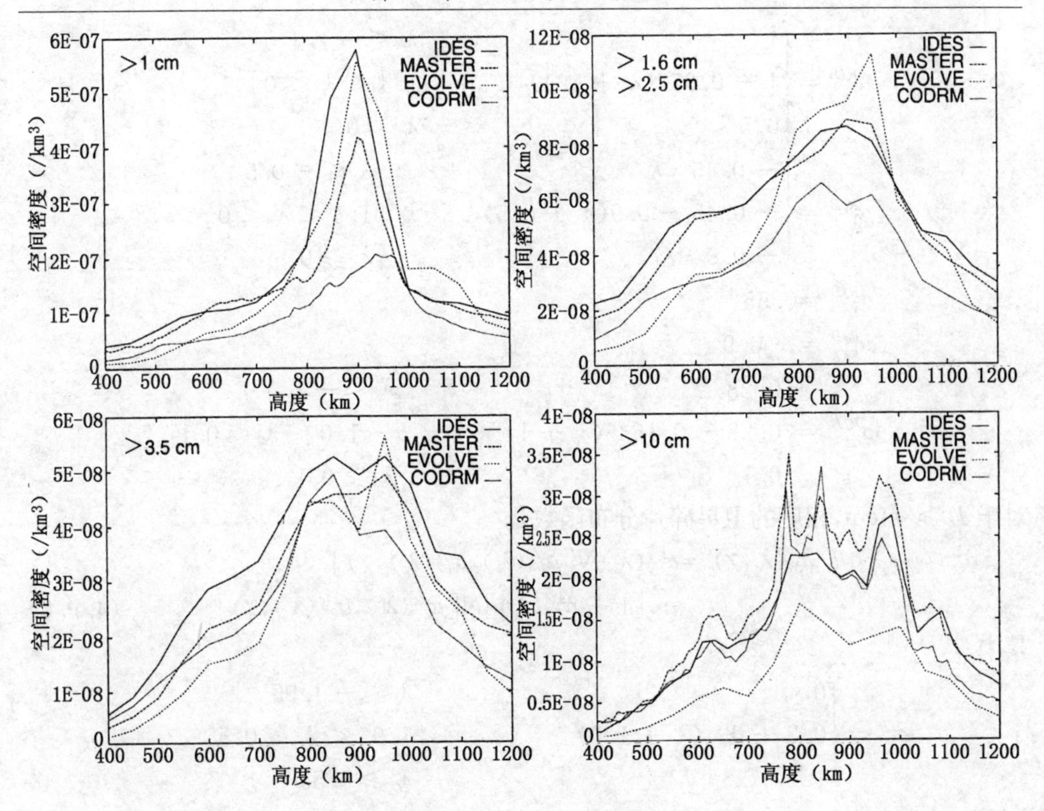

图 4.9.5　碎片的空间密度

$$N(L_c) = S6L_c^{-1.6} \tag{4.9.3}$$

这里 S 是与航天器类型有关的无量纲参数。

(3)碰撞

根据在地面实验室的超声速碰撞实验以及 Solwid 卫星在轨碰撞数据，碎片的数目为

$$N(L_c) = 0.1M^{0.75}L_c^{-1.71} \tag{4.9.4}$$

在上述方程中，L_c 的单位是 m，质量 M 的单位是 kg。

(4)面积-质量比 (A/M) 分布

对于 $L_c > 11\text{cm}$ 的碎片，在高层阶段碎片的分布函数为

$$\begin{aligned} D_{A/M}^{R/B}(\lambda_c,\chi) =& \alpha^{R/B}(\lambda_c)N[\mu_1^{R/B}(\lambda_c),\sigma_1^{R/B}(\lambda_c),\chi)] \\ &+ [1-\alpha^{R/B}(\lambda_c)]N[\mu_2^{R/B}(\lambda_c),\sigma_2^{R/B}(\lambda_c),\chi)] \end{aligned} \tag{4.9.5}$$

这里 $\lambda_c = \lg(L_c)$，$\chi = \lg(A/M)$，N 是正常分布函数，

$$N(\mu,\sigma,\chi) = \left[\frac{1}{\sigma(2\pi)^{0.5}}\right]e^{-(\chi-\mu)^2/2\sigma_z}$$

$$\alpha^{R/B}=\begin{cases}1 & \lambda_c\leqslant -1.4\\ 1-0.357(\lambda_c+1.4) & 1.4<\lambda_c<0\\ 0.5 & \lambda_c\geqslant 0\end{cases}$$

$$\mu_1^{R/B}=\begin{cases}-0.45 & \lambda_c\leqslant -0.5\\ -0.45-0.9(\lambda_c+0.5) & 1.4<\lambda_c<0\\ -0.9 & \lambda_c\geqslant 0\end{cases}$$

$$\sigma_1^{R/B}=0.55$$

$$\mu_1^{R/B}=-0.9$$

$$\sigma_2^{R/B}=\begin{cases}0.28 & \lambda_c\leqslant -1.0\\ 0.28-0.1636(\lambda_c+1) & -1.0<\lambda_c<0.1\\ 0.1 & \lambda_c\geqslant 0.1\end{cases}$$

对于 $L_c>11\text{cm}$,相应的卫星碎片分布函数是

$$\begin{aligned}D_{A/M}^{s/c}(\lambda_c,\chi)=&\alpha^{s/c}(\lambda_c)N[\mu_1^{s/c}(\lambda_c),\sigma_1^{s/c}(\lambda_c),\chi)]\\&+[1-\alpha^{s/c}(\lambda_c)]N[\mu_2^{s/c}(\lambda_c),\sigma_2^{s/c}(\lambda_c),\chi)]\end{aligned}\qquad(4.9.6)$$

其中

$$\sigma^{s/c}=\begin{cases}0 & \lambda_c\leqslant -1.95\\ 0.3+0.4(\lambda_c+1.2) & 1.95<\lambda_c<0.55\\ 1 & \lambda_c\geqslant 0.55\end{cases}$$

$$\mu_1^{s/c}=\begin{cases}-0.6 & \lambda_c\leqslant -1.1\\ -0.6-0.318(\lambda_c+1.1) & -1.1<\lambda_c<0\\ -0.95 & \lambda_c\geqslant 0\end{cases}$$

$$\sigma_1^{s/c}=\begin{cases}0.1 & \lambda_c\leqslant -1.3\\ 0.1+0.2(\lambda_c+1.3) & -1.3<\lambda_c<-0.3\\ 0.3 & \lambda_c\geqslant -0.3\end{cases}$$

$$\mu_2^{s/c}=\begin{cases}-1.2 & \lambda_c\leqslant -1.3\\ -0.12-1.333(\lambda_c+0.7) & -0.7<\lambda_c<-0.1\\ -2.0 & \lambda_c\geqslant -0.3\end{cases}$$

$$\sigma_2^{s/c}=\begin{cases}0.5 & \lambda_c\leqslant -1.75\\ 0.5-1.4(\lambda_c+1.75) & -1.75<\lambda_c<-1.25\\ 0.3 & \lambda_c\geqslant -0.3\end{cases}$$

图 4.9.6 描述了这个分布函数对 508 个编目的卫星破裂碎片的应用,这些碎片的特征长度在 11.2cm 和 35cm 之间。

对于 L_c 小于 8cm 的碎片,分布函数是

$$D_{A/M}^{SOC}(\lambda_c,\chi)=N[\mu^{SOC}(\lambda_c),\chi] \tag{4.9.7}$$

$$\mu^{SOC}=\begin{cases}-0.3 & \lambda_c\leqslant-1.75\\ -0.3-1.4(\lambda_c+1.75) & -1.75<\lambda_c<-1.25\\ -1.0 & \lambda_c\geqslant-1.25\end{cases}$$

$$\sigma^{SOC}=\begin{cases}0.2 & \lambda_c\leqslant-3.5\\ 0.2+0.1333(\lambda_c+3.5) & \lambda_c>-3.5\end{cases}$$

还有一个函数用在 8cm 和 11cm 之间。

平均截面面积 A_x 与 L_c 的关系为

$$A_x=0.54042L_c^2 \qquad L_c<0.00167\text{m} \tag{4.9.8}$$

$$A_x=0.556945L_c^{2.0047077} \qquad L_c\geqslant0.00167\text{m} \tag{4.9.9}$$

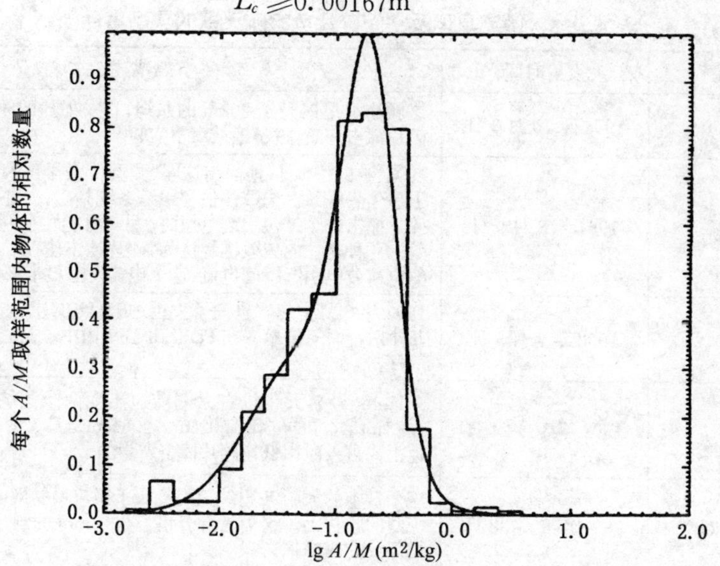

图 4.9.6 508 个编目的卫星破裂碎片的分布函数

4.9.4 微流星体及空间碎片对航天器的危害

微流星体及空间碎片对航天器的危害主要来自撞击作用。撞击危害可降低暴露的航天器材料的性能,在某些情况下,破坏航天器执行或完成发射的能力(例如大的粒子可穿透防护层)。具有相对速度为 10km/s、直径为~0.7mm 的铝碎片可穿透典型的 2.5mm 厚的铝屏蔽。这些撞击对航天器内部部件、电子学部件、电池、马达和机械部件等都是很危险的。

撞击危害一般用坑和洞的直径来表示 下面的方程表示了粒子直径与与坑直径的关系：

$$\frac{D_c}{D_p}=K\left(\frac{d_p}{d_t}\right)^{0.333}V^{0.333}$$

这里D_c是坑的直径,D_p是粒子直径d_p和d_t是粒子和靶的密度,K是通过实验确定的常数。

对飞船设计来说，一个很有用的参数是撞击概率(PC)，它是一个碎片与航天器系统碰撞的概率

$$PC=1-\exp(-SPD)\times AC\times T\times VREL$$

这里SPD是空间密度(每km^3的物体数)；AC是系统的截面面积；T是发射间隔；$VREL$是物体与系统间的相对速度。

表4.9.3给出微流星体及空间碎片危害航天器的典型事件。

表4.9.3　微流星体及空间碎片危害航天器的典型事件

卫　星	发射时间	异常描述
SEDS-2	1994年10月3日	这颗小卫星展开了20km的系绳，在发射后的第四天，系绳被碎片撞击切断，过早地结束了实验
MSTI-2	1994年8月5日	1994年9月5日，地面与这颗“微型传感器技术集成(MSTI)”卫星失去联系。失败评估和跟踪系统指出，一种可能性是空间碎片撞击一个线包引起电短路。另一可能性是卫星充电引起失效。一种建议的失效机制认为，碎片撞击使存贮在导线涂层中的电荷放电引起瞬间电流，这个电流使卫星带来危害
SAMPEX	1992年7月3日	1993年8月中旬，“重离子大望远镜(HILT)”仪器的门被关闭几小时。而卫星暴露在Perseidl流星雨中。卫星可能遇到流星的撞击
STS-45	1992年3月24日	Atlantis号航天飞机右上侧前边出现两个圆坑，尺寸分别是4.83cm×4.06cm和1.02cm×2.54cm。最大的可能性是在轨道上或再入时由低速碎片撞击产生的
Solar A(Yohkoh)	1991年8月30日	这个日本的太阳X射线卫星经历了微流星体撞击，打在光学系统薄的膜片上。这个撞击引起了0.05mm的洞，引起望远镜可见部分的成像损失
HST(STS-31)	1990年4月24日	HST在4年时间内遭受到5000到6000个微流星体的撞击
KOSMOS-1275	1981年6月4日	KOSMOS-1275卫星于1981年7月24日在977km的高度分裂成200多个可跟踪的碎片。据推测，这是卫星与超声速的空间碎片碰撞的结果。这个结论根据以下因素：这种卫星卫星没有任何机动能力，可能是重力梯度稳定飞船；似乎没有增压容器，星上的推进剂在这种类型的苏联卫星中是标准的；卫星处于碎片最密的高度；卫星是在高倾角轨道(83°)，在卫星和碎片之间有相对高的速度
ISEE-1	1977年10月22日	低能宇宙线实验探测器窗口因微流星体撞击而被击穿，使得25%的数据损失

§4.10　人工局部改变空间天气及其在军事上的应用

4.10.1　空间光学背景与航天器本身的发光现象

空间光学背景是现代战争中一个值得注意的问题，它涉及到军事侦察、战略导弹预警和对空间目标的监视与识别等许多方面。因此，我们必须对空间光学背景要有全面、定量的了解。空间光学背景是复杂多变的，这里有大自然的因素，也有人为的因素。但比较突出的自然光学现象有**气辉**、**极光**、**红闪**与**蓝急流**。

4.10.1.1　空间光学背景

(1)气辉

气辉是高层大气吸收了太阳电磁辐射能量后产生的一种微弱光辐射。出现在地球上空 50～500km 之间，其亮度比极光低得多，分布也均匀，因而不易被人们所察觉。

按照高层大气接受太阳照射情况的不同，气辉分为夜气辉、昼气辉和曙暮气辉三类。

夜气辉：高层大气在夜间，即没有太阳光照射时产生的光辐射。是高层大气成分在太阳紫外线、X 射线作用下离解和电离的结果，分子氧和含氢化合物的光致离解起主要作用。在这过程中被吸收的能量通过化学反应被释放出来。

昼气辉：高层大气在太阳光照射条件下产生的光辐射。主要的激发机制为共振散射、荧光散射和光电子碰撞。昼气辉的光谱成分最丰富，发射强度也高。在白昼观测时，由于有很强的散射太阳光，在地面观测需要分辨率很高的光谱仪。利用卫星观测是获得昼气辉资料的重要手段。

曙暮气辉：日出前和日落后，太阳天顶角在 90°和 110°之间时的光辐射。此时低层大气在地球阴影中，高层大气则接受到来自斜下方的太阳光照射。随着太阳天顶角的变化，有在某一地点观测到的气辉强度的变化，可获得发射成分的高度分布。它的激发机制主要是共振散射。

气辉在可见光、紫外和红外很宽的波段都有发射，光谱中含有许多原子、分子和离子的谱线或谱带，在可见光和近红外区还迭加有连续谱。目前观测到的波长最短的谱线在远紫外区，波长最长的谱线是氧原子的 63μm 辐射。在紫外和远紫外，有氢、氦、氮和氧的原子线，还有氧、氮分子和 NO 分子的谱带。在可见光波段中，有波长为 557.7nm 的氧原子绿线、波长为 630nm 和 636.4nm 的氧原子红线，钠原子黄线和氮分子离子的谱带为重要的光谱成分。羟基(—OH)和氧分子在近红外波段的辐射，是气辉光谱中最强的发射。此外，高层大气中的微量成分，如 NO、CO、CO_2、H_2O 和 O_3 在红外波段的某些谱带也出现在气辉中。

(2)极光

地球磁层中或直接来自太阳的高能粒子注入高层大气时撞击那里的原子和分子而激发的绚丽多彩的发光现象。

极光通常出现在高磁纬地区，在背阳侧主要在100～150km的高空，在向阳侧主要在200～450km范围内。

质子极光：高能质子注入地球高层大气时激发的极光。呈微弱的弥漫状光带，肉眼不易看见。质子极光的氢谱线较强。能量大于200keV的质子，主要与氮分子碰撞$H^+ + N_2 \rightarrow H^+ + N_2^+ + e$，导致强烈的391.4nm辐射。能量小于200keV的质子，主要参与电荷互换反应$H^+ + O \rightarrow H^* + O^+$，从而放出巴尔麦线Hα(656.3nm)和Hβ(486.1nm)。而激发态H^*又可参加碰撞电离反应$H^* + N_2 \rightarrow H^* + N_2^+ + e$(或$H^+ + N_2^+ + 2e$，若这样，又可重复到$H^+ + O \rightarrow H^* + O^+$，这过程可重复几百次，直到变成地球大气的氢原子)，也放出巴尔麦线。由于氢原子运动不受地磁场影响，初始较窄的光束倾向于沿横向扩展开来，形成漫射光带。

电子极光：电子注入地球高层大气时激发的极光。电子与氮分子、氧分子、氧原子等相撞时，导致后者电离，激发和离解。氮分子失去一个电子而变成激发态的正离子，跃迁回基态时，发出N_2^+第一负系(391.4nm，427.8nm，470.7nm)辐射，其他一些谱线在红外区。当被电离的氮分子跟电子复合时，使一些分子处在激发态，跃迁回基态时放出某些带，如N_2第一正系(580～680nm)，氧原子被低能电子激发产生普通极光谱线557.7nm。氧分子被带电粒子电离产生O_2^+第一负系(580～680nm)，表现为暗红色极光。当被电离的氧分子与电子复合时，分裂成两个氧原子，其中一个处于激发态，跃迁回基态时先产生谱线557.7nm，随后氧原子放出附加的谱线630nm。因此，在较强的帘状极光的较高部分往往是暗红色的。

X射线极光：一种韧致X射线辐射。因注入高层大气的电子与高层大气原子分子碰撞而产生。强X射线极光可以穿透到90km以下的高度。X射线极光也是一种电子极光。当均匀光弧发展为射线状极光时往往产生X射线暴；极光越活跃，X射线极光越强。它往往是当磁场开始减弱的时候，强度显著增加。

夜气辉与极光光谱的主要区别表现在以下几方面：

①N_2^+第一负系(蓝-紫外)在极光中非常强，而在夜气辉中一般不存在；

②N_2 Vegard-Kaplan带(蓝-紫外)在极光中非常弱，而在气辉中很强；

③OI 557.7nm在极光中非常强，而在夜气辉中相对弱；

④OI 630nm与636.4nm在高的极光中很强，而在夜气辉中相对弱；

⑤极光有N 1040nm线和OI 844.6及777.4nm线，但在气辉中不存在；

⑥Hα谱线在极光中很强，而在气辉中很弱或不强；

⑦气辉中有OH带，极光中不存在。

(3)红闪和蓝急流

红闪和**蓝急流**是伴随雷暴的高层大气光学现象，它是用灵敏的照相机在强雷暴顶(大约 15km)到低电离层(大约 95km)的高度范围观测到的。

第一个红闪的图像是在 1989 年偶然得到的，从那以后，到 1990 年初，从航天飞机上大约获得 20 个图像。从那以后，在夏季的雷暴区已获得大量的图像，包括来自地面和飞机的测量。

图 4.10.1 给出红闪和蓝急流的典型图像。

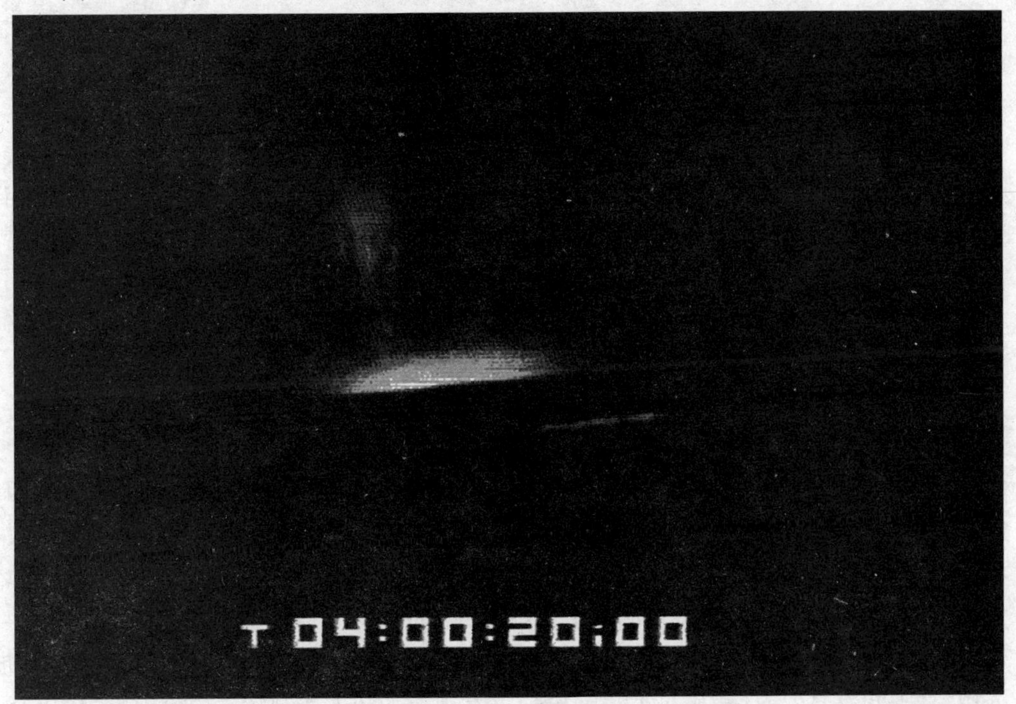

图 4.10.1　红闪和蓝急流

从飞机上也获得许多蓝急流的像，这也是以前没有记录到的雷暴上空光学活动形式。蓝急流似乎是直接从云顶形成的，通过平流层以一个窄锥向上射出。向上的速度大约 100km/s。

除了红闪和蓝急流外，最近从空间观测到两种没有料到的发射：

①短间隔(约 1ms)的 γ 射线(＞1MeV)暴，源于地球，由康普顿 γ 射线观测站在雷暴区检测到它们的源认为是位于 30km 以上的高度；

②极强的 VHF 脉冲对(瞬间电离层脉冲对 TIPPS)，源于雷暴区，比正常雷电活动产生的天电强 10000 倍，它是 ALEXIS 卫星观测到的。

关于“火箭样”的和其它雷暴区上面光学发射的报道可追溯到一个世纪以前，但 γ 射线暴和 TIPPS 是最近才报道的。所有这些事件表明，雷电对中、高层大气的影响超过了以前人们的预料。

红闪是大规模、弱亮度的闪，直接出现在雷暴系统中，与云－地及云内闪电同时发生。它们的空间结构从单个或多个垂直拉长的点、上下延伸很大的点到从云顶向 95km 高度扩展的亮群。红闪基本上是红色的。最亮的区域位于 65～75km 高度，在这个高度以上，常常有暗红的气辉或扩展到 90km 以上的模糊结构。在亮区以下，蓝的丝状结构常常向下扩展到 40km。红闪很少单个出现，通常以两个、三个或更多的簇发生。某些很大的事件(如图 4.7.1 所示)似乎是组合了许多个别的红闪。其它事件是更松散的组合，可能水平扩展到 50km 或更大的距离，占有大气层的体积超过 $10000km^3$。

高速光度计测量表明，红闪的持续时间仅几毫秒。当前的证据充分说明，红闪在雷暴衰减期以前发生，与大的正云地闪电相关。红闪簇的光学强度可与中等的极光弧相比。每个事件的光学能量大约 10～50kJ，相应的光学功率为 5～25MW。假定光学能量占事件总能量的 1/1000，能量和功率分别是 10～100MJ 和 5～50GW 的量级。

早期的研究报告称这些事件为“向上闪电”、“向上放电”、“云－平流层放电”和“云-电离层放电”。现在都简化为红闪。

蓝急流发生的高度比红闪低，是从雷暴电活动锥区顶发出的光学急流。蓝急流在雷暴云顶产生之后，在大约 15°全宽角的窄锥中以 100km/s 的速度向上传播，在大约 40～50km 的高度散开并消失。它们的强度在底部约 800km，在高端减少到约 10km。这些相应于发射的光学能量约 3kJ，总能量约 30MJ，能量密度为 $1～10mJ/m^3$。蓝急流不沿着本地磁场取向。

由于以下原因，红闪和蓝急流似乎是难以捉摸的：

①红闪仅发生在活动雷暴系统之上。为了看见它们，需要到接近看得见的暴上面的区域，且中间没有云阻碍，相对于暗的星际背景观察。在大多数位置，这些状态很少发生；

②红闪是暗淡的，仅适应了暗处的眼睛才能看见。平均来说，它们的亮度可与中等亮度的极光相比，10～50krad。对人的眼睛，这是视网膜能辨别的阈值。观测红闪必须在完全暗的情况，没有曙幕光；人眼必须完全适应暗的状态；

③来自产生红闪的云-地或云内闪电活动区的云的亮度常常高于红闪。因此，闪电活动容易干扰观察者注意；

④红闪仅持续 3～10ms，在这样短的时间内从捕捉到拍照是很困难的；

⑤仅 1%的雷暴活动产生红闪，因此，雷暴的发生不能作为红闪发生的指示。

现在人们正从实验和理论两方面进行努力，以便确定来自地球电环境的新现象。尽管光学成像是研究红闪的主要实验形式，但注意力开始移向其它诊断方法以获得更多的特殊信息,例如光学谱,包括高度剖面,来自红闪电磁发射的射电(ELF-HF)测量,伴随电离层加热效应的 VLF 测量以及对红闪的连续波雷达探测以确定电子密度。

通过研究还要确定它们是否在高层大气产生局地或全球长寿命的电化学剩余物。由 RF 电解和其它方法,电离或电激发物质的产生可能导致活性物质的产生。

4.10.1.2　航天器本身的发光现象

(1)运载火箭发射的光谱

发射大型运载火箭时,在大气层中会产生人工光学现象,通常称为**发光云**。对发光云进行光谱观测,可用于研究运载火箭与空间环境间的相互作用以及鉴别运载火箭的类型。为此,俄罗斯、瑞士和芬兰的科学家,在俄罗斯和斯堪的纳维亚的西北部对这种人工光学现象进行了长达 10 年的观测。他们所使用的仪器是观测极光的全天空照相机,在 10 年期间观测到 6 次火箭发射产生的发光云,亮度与极光亮度接近。这些发光云有如下特征:

①发光云的高度在 230～1080km 之间变化,但发光云仅在特殊的光照条件下才能观测到,也即当发光云出现在晨昏线上面、观测点在地球阴影深处时。

②云的亮度是由阳光对色散粒子的散射引起的,色散粒子是由火箭发射时喷出的气体和尘埃云产生的。

③发光云呈现快速水平膨胀的形式,主导的传播方向是沿着火箭的运行轨道。发光云前沿水平速度的平均值在 3km/s 和 5km/s 之间变化。测量到的最大速度为 7.5km/s。

④所有发光云的形态类似,云越高,云的体积越大。云的最大水平几何尺寸大于 1600km。垂直扩展的最大值大约 200～250km。

⑤可见发光云的寿命为几分钟到几十分钟。有时在主云消失后,还可以看到持续时间更长的尾云。

⑥以上描述的特征在很高的高度上可以覆盖巨大的区域。

(2)航天器发射的辉光

航天器辉光是航天器与高层大气相互作用的结果。虽然在 AE、DE 卫星的观测中都显示出"辉光"现象,但没有引起注意,直到航天飞机 STS-3 观测到辉光现象后,才开始了航天器表面辉光的观测和研究。观测数据表明,航天器辉光含有紫外、可见光和红外谱,但 UV 和 EUV 谱段的辉光是很弱的,这里主要介绍红外和可见光辉光。

①红外辉光:对航天飞机进行地基红外观测始于 1984 年,以后又在航天飞机上搭载了红外观测设备到目前为止,已经进行了大量观测,这里简要介绍 STS-39 的结果。

图 4.10.2 是航天飞机飞行平稳时观测到的辉光,此时观测仪器的视场与速度矢量成 3～40°角。辉光的特征列于表 4.10.1。其中 ν 是光子频率,$\Delta\nu$ 表示谱线振动量子数的变化。

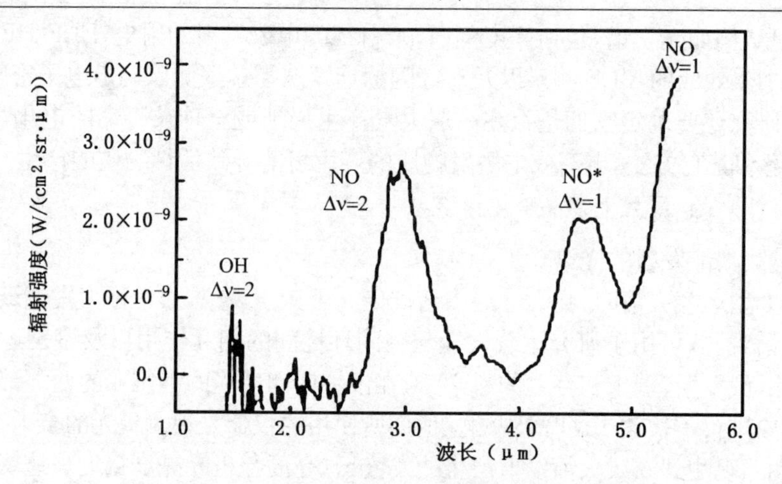

图 4.10.2　航天飞机飞行平稳时观测到的红外辉光

表 4.10.1　航天飞机飞行平稳时测得的辉光特征

λ,μ	5.3	2.9	4.5	1.5
种类	NO	NO	NO*	OH
$\Delta\nu$	1	2	1	2

图 4.10.3 是航天飞机推进器点火时观测到的辉光谱，此时攻角为 24.6°。将图 4.10.2与图 4.10.3 比较可以看出，平稳与加速时的辉光谱虽然整体上相似，但信号强度和谱含量不同。在平稳时，辉光亮度是 10^{-9}W/(cm^2 · sr · μm)的量级，而在加速时信号强度增加到 10^{-7}W/(cm^2 · sr · μm)。加速时的辉光谱至少含有 NO，NO* 和 OH。

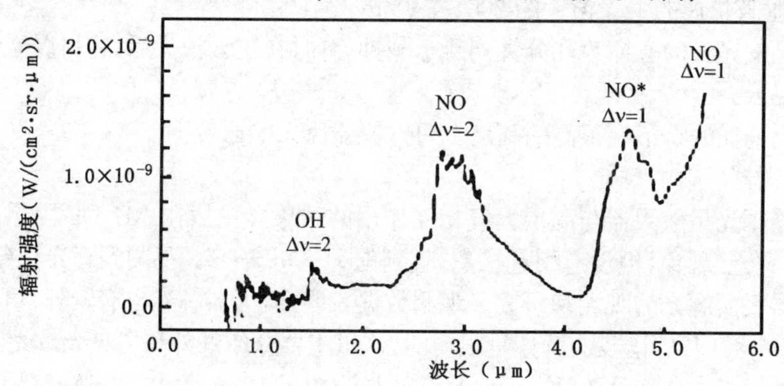

图 4.10.3　航天飞机加速时测量的辉光

图 4.10.4 给出航天飞机日/夜辉光的对比。谱特征类似，但日辉光比夜辉光强度高约 2.5 倍。

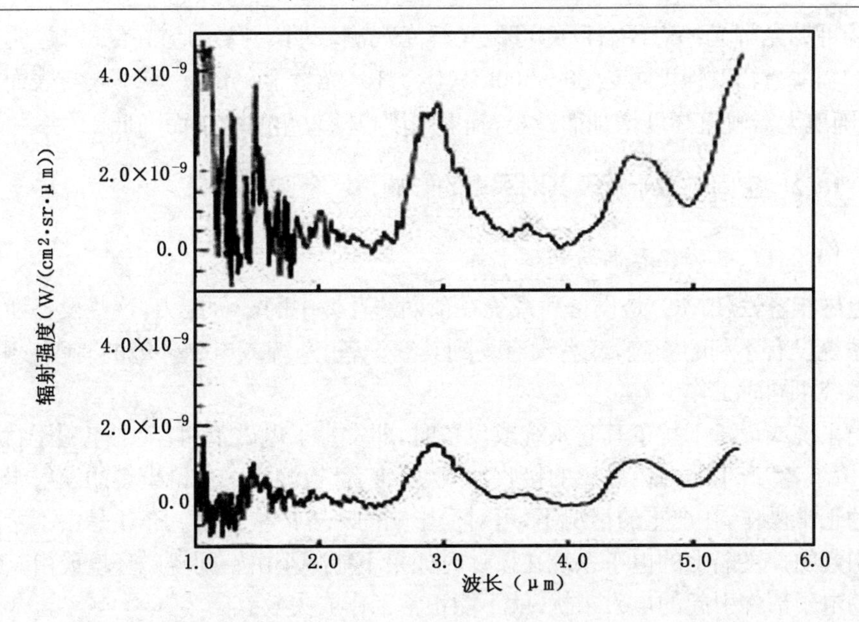

图 4.10.4　航天飞机日/夜辉光的对比

红外辉光的强度还与航天飞机的攻角有关。图 4.10.5 给出航天飞机平稳时辉光随攻角的变化。随着攻角增加，强度减小。

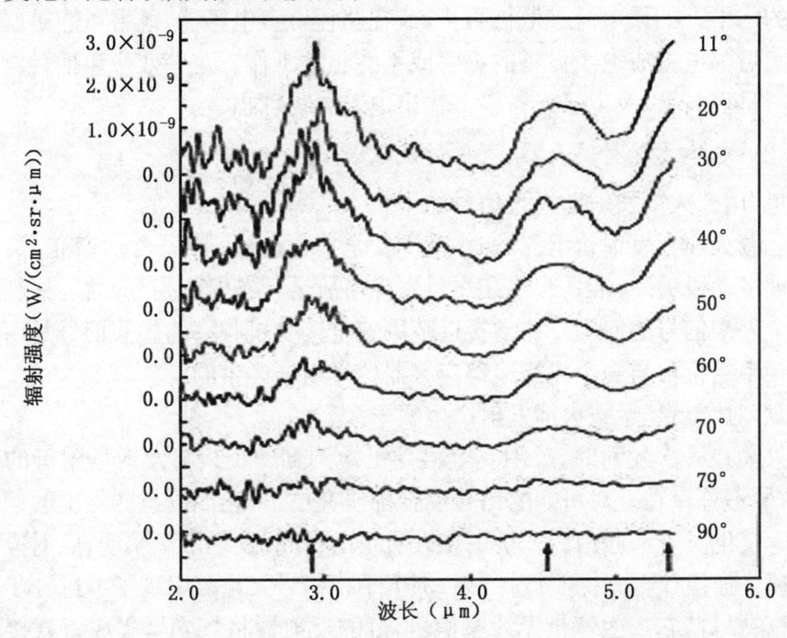

图 4.10.5　航天飞机平稳时辉光随攻角的变化

②可见光辉光：STS-41D 的可见光辉光观测表明，主要的谱在红端，且明显存在 NO_2 的辐射。辐射强度可达 30～300kR（$1R=10^6$ 光量子/cm^2）。它不仅与表面材料有关，且随航天器轨道高度增加而减小，辐射强度也随攻角的增加而降低。

4.10.2 空间电磁干扰及其对军事的影响

4.10.2.1 电磁相容性与电磁干扰

电磁相容性（EMC）是设备和系统在预期的环境中的一种能力，这些设备和系统对其它系统没有不利的影响，或者没有受到其它设备、系统或电磁环境的有害影响，各设备和系统可同时工作。

当系统或设备干扰了其它系统或设备时，即发生了电磁不相容性。**电磁干扰**（EMI）是由“肇事者”产生的并由敏感的接收器或“受害者”检测到。由肇事者的发射干扰了受害者的正常操作，在严重的情况下，可对受影响的一方产生危害。EMI 是由不希望的电磁场引起的。飞船上的电子系统在设计时如果不能减小由空间电磁环境或由其它同时操作的电子部件引起的电磁干扰，就不能正常工作或失效。

电磁干扰的另一种源是闪电。闪电有两种效应，即直接效应和间接效应。直接效应是燃烧、侵蚀、爆炸和结构畸变。结构危害效应典型地发生在闪电模式的最接近的地方，因为那里电流密度最高。当闪电电流进入导电结构时，它快速扩散，因而电流密度很快减少到无害的水平。如果电流扩散被阻止，或在路径上有电容器，危害可能扩展。间接效应指由于附近闪电造成电子设备的损害或不能正常工作。这些效应包括触发一个电路的开关、计算机翻转以及电子设备输入输出电路的物理损害。

10.4.2.2 电磁干扰对航天器、飞机的效应

(1)“土星”运载火箭发射时组合信号的干扰

“土星”运载火箭在发射台上测试时，范围安全接收机检测到一个外部信号。这些接受机开始处理发动机关断、准备起飞和一旦发生事故进行自毁的指令。后经仔细研究确定了产生这个外来信号的原因。非常接近范围安全接受机频率的虚假信号是由几个遥测发射机的频率组合再与一个火箭追踪应答器信号组合产生的。

(2)探照灯对“土星”运载火箭发射产生的干涉

“土星”火箭在一次发射时，范围安全接受机检测到一个来自发射场附近的干扰信号，但这个信号不总存在。对可能的信号混合都研究过了，它们没有产生虚假信号。工作人员忙活一夜也没查请原因。一个工作人员走出房间，发现已经黎明，照射火箭的探照灯已经关掉。他建议再开探照灯，结果，那个干扰信号又重复出现了。进一步研究揭示，探照灯是碳弧灯，它产生宽带无线电信号，灯的反射器将灯光聚集成束直接照到火箭的范围安全接收机天线。这个干扰信号就是来自这个宽带无线电信号。

(3)真空清洁器事故

在Spacelab发射期间,工作人员决定用中面板的真空清洁器代替实验室中使用的。接通这种清洁器后,电压下降,遥感获得单元(RAU)关断。在飞行前,这种清洁器没有经EMC测试,也没有在实验室中使用。这说明,处理EMC问题应仔细、认真。

(4)γ射线观测站(GRO)发射机应答器问题

1991年4月7日发射的GRO遇到发射机应答器锁定问题,阻止飞船接收指令信号。来自地面的EMI连同设计的问题是造成锁定的原因。卫星在1991年6月失去通讯13小时,8月损失13.5小时时,两次都是由于应答器锁定。

(5) NOAA-11的伪指令

NOAA-11是一颗气象卫星,1988年9月24日发射。在1991年9月,观测到一系列伪指令,最后确认是由于甚高频环境噪音引起的EMI造成的。

(6) VHF环境对NOAA-12的影响

1991年9月,NOAA-12飞跃欧洲时遇到伪指令。控制人员确定,这些指令是一由于卫星对欧洲严重的商业VHF环境敏感产生的。这些伪指令被地面控制系统消除了,没有造成严重后果。

(7)极紫外探索者(EUVE)数据损失

EUVE是1992年月7日发射的,在同年的10月和11月,EMI引起卫星发送到地面的数据损失。

(8)美国航空母舰上的大爆炸

1967年,美国海军一艘喷气式战斗机在Forrestal号航空母舰上着陆时,接收到一个投放弹药的伪指令,撞击到甲板上全付武装和充满燃料的战斗机,引起大爆炸,死亡134人,航空母舰也遭到严重损坏。这个事故是由于着陆飞机受到舰载雷达波束的照射,引起EMI,发送一个不希望的信号到战斗系统。

(9)遥控驾驶仪(RPV)引起的灾难

1987年1月,美国在Iowa战舰的测试飞行中试验遥控驾驶仪(RPV)。使用便携式遥控箱的导驶员,在他的遥控箱和由学生导驶员使用的另一个遥控箱间经历了一系列非指令控制传递。

这些非指令信号引起飞行失控和着陆时坠毁。研究发现,遥控箱接收了来自Iowa战舰HF通讯发射天线的EMI。

(10) F-117目标锁定

在F-117战斗机处于发展阶段,在目标锁定系统曾发生EMI问题,原因是屏蔽技术不佳,硬件设计落后。后经重新设计,这个问题得以解决。

(11) F-16战斗机在无线电发射机附近坠毁

一架F-16喷气战斗机在美国之音(VOA)无线电发射机附近坠毁,原因是飞机的可遥控自动驾驶系统对高频无线电发射灵敏。

(12)小型飞机突然熄火

一架小型飞机在 VOA 发射机附近飞行时，两个发动机突然失效。飞行员采取紧急措施，并成功地无动力着陆。经研究确定，点火系统失败是由于极强的 EMI。从此以后，小型飞机装配了点火系统防止 HF 发射装置。

(13)波音 747 ADF 天线对接收机的干扰

在波音 747 测试期间，通讯接收机不令人满意，而自动方向寻找(ADF)系统已投入使用。研究表明，问题是线-线间的耦合因为 ADF 天线与其它线没有分开足够的距离。

(14)雷达引起的军火库灾难

1984 年 5 月中，前苏联的一个军火库爆炸。事故的原因是超水平线雷达波束照射了军火库。

(15) F-111 坠毁

1986 年，在美国空军袭击利比亚时，几个导弹没有击中设计的目标，而且参加袭击的 F-111 战斗机坠毁。美国空军认为，这次事故是由于美国飞机发射信号的相互干扰引起的。

4.10.3　电离层人工变态及其在军事上应用[13]

4.10.3.1　电离层人工变态方法

①化学释放法。火箭发射所排出的废气会造成电离层空洞，释放高反应化学物质产生人造电离层，这些都属于化学释放法。美国天空实验室发射时，发现了与火箭排气有关的电离层电子密度耗空，出现空洞现象，后来发现航天飞机发动机排出的废气也产生电离层空洞。我国的 DF-5 火箭发射也发现有类似的现象。通常的火箭排气具有 H_2、H_2O 和 CO_2 等成分，会引起电离层 F 区电子密度大尺度的耗空。这些因为火箭排出的气体改变了 F 区等离子体状态，使其从通常的原子离子过程为主转换成分子离子过程为主，分子离子与周围电子的离解复合速率要比电子与自然产生的氮(N_2)和氧(O_2)分子的复合快 100～1000 倍，结果在 F 层形成所谓“电离层洞”。在较低的电离层区域，如 D 区和 E 区，由于中性密度高，分子离子化合又不占主要地位，故不会出现大尺度的电子耗空效应。

②用高能电子或离子束局部改变电离层特性。

③利用地面上人工产生的甚低频波(VLF)辐射去激励磁层等离子体的不稳定性，形成磁流体辐射，引起粒子沉降。

④人工核爆炸的效应。最典型的例子是一个代号“星鱼”的在电离层上方的高空核

爆炸实验,它不仅使空间辐射强度明显增加,造成地球辐射带的大尺度变化,而且发现这类增加持续了数年才衰变下去。低空核爆炸也会明显地影响到电离层,使其产生变化剧烈的不均匀性,严重的附加电离吸收,以及激励电离层行扰。

⑤用太阳能卫星传送电能的微波束与电离层等离子之间的相互作用。电离层会对微波束产生影响,如折射效应,法拉弟旋转,电离层闪烁,电离层吸收等。大功率微波束又对电离层有反作用,如引起加热作用产生非线性效应,形成电离层扰动,激励产生不均匀性的等离子体不稳定性,还会影响到 VLF-UHF 这样宽阔波段内的无线电波传播和有关的通讯系统。

⑥利用地面大功率无线电波照射电离层,习惯上称为加热实验,实际上并不只是涉及改变电子温度。通常,利用的 HF 无线电波,改变电离层特性,产生多种多样的非线形效应。

⑦电离层聚焦加热,它是方法①和方法⑥的结合。利用化学物质释放,首先在底部电离层中形成人工电离层洞,对于地面上发射的泵波,它的作用像一个凸透镜,使其能量聚焦于一点。理论计算表明,这样的聚焦加热技术可以使泵波的功率提高 20dB。

4.10.3.2 电离层变态的主要效应

(1)大尺度的人为不均匀性(扩展 F 层)

加热实验最激动人心的发现和立即能观测到的现象,是在电离层上出现的人工形成的扩展 F 层。在加热发射机开启后数秒钟便出现扩展 F 的扩散回波,但通常要一分钟才真正发展,人工扩展 F 层完全地发展起来需数分钟,而在发射机关机后,完全发展起来的扩展 F 层也需数分钟才能消失。

(2)小尺度的场向电子密度条片

在早期的电离层变态实验中,就意外地发现了电子密度小尺度场向条片,其横向尺度只有米的量级。这种密度条片可以用于 VHF 和 UHF 路径上的远距离通讯,因而激起了理解其形成机制的广泛的实验活动,但至今对它还没有完善的理解。

(3)产生 ELF/VLF 波和 ULF 脉动

HF 加热波及其调制波在电离层等离子体中的非线性相互作用,会造成电离层发电机电流系的调制,从而产生调制频率及其谐波频率上的电磁波,这种现象称为电离层非线性效应,或称电离层检波效应。检波效应是载波和边带场未消失时,由有质动力引起的,还有可能是存在自然直流电场时引起的。电子气体调制性加热会引起相应的电导率张量的调制,从而形成相应频率的交变电流,这种交变电流的强度正比于直流电流强度。电离层电导率,或者说电流体系的调制有效地产生 ULF、ELF 和 VLF 波。

(4)电子加速和气辉的增强

电离层大功率高频加热变态最惊人的效应之一是,在 250～300km 高度上观测到了 630nm 原子氧气辉红线有明显增强,这种增强的典型值为 20R,这么大的值特别能观测到是在加热发射机工作在电子磁旋频率二次谐波附近时。气辉增强只发生在加热波为寻常波的极化情况下，有时也观测到亚稳态氧 557.7nm 气辉绿线的增强。通常认为，这些气辉的增强是由少量的非 Maxwell 分布的电子所引起的。

4.10.3.3　电离层变态效应的可能应用

发展一种有效的可靠的坚不可摧的防御系统，在很大程度上取决于我们对各种扰动条件下的大气和电离层特性的预报能力。大气和电离层的某些状态，可以有效地用于现代军事电子对抗，对它们的有关过程的理解也是战略防御系统早期设计的基础。

(1)通讯和无线电干扰

在人工电离层变态期间，会产生各种各样的电离层不均匀性。不均匀性的尺度从等离子体湍流的厘米量级，直到受加热体区域和等离子体扩散性所限的数百里。这是电离层变态实验的最重要的发现之一。变态区对于 HF-UHF 波段的无线电信号而言，提供了一个大的雷达截面积，对于高频为 10^9m^2，对于 VHF 为 10^6m^2，天空中有这么大的一个反射器，散射无线电波，完全可以用来实现可靠的高质量的远距离(超视距)通讯。

通常，观测到三种散射：

第一种是**场向散射**(FAS)，来自于场向电子密度结构的镜面反射。

第二种是**等离子体线散射**(PLS)，能接收到相对于发射频率的具有上下源移的两个信号，其数值几乎等于电离层变态所用的频率，其频移范围为电离层最大等离子体频率的 0.5～1.0 倍。这些频移信号与差不多沿地磁力线传播的等离子体振荡有关。

上述的两种散射模具有不同的特性，相对于磁场方向，FAS 具有高度的方向敏感性，而 PLS 的方向敏感性要低得多。散射截面积随探测频率的变化对于两种散射模式也是不一样的，FAS 的截面积在 VHF 频段要大于 UHF 频段，而 PLS 则正好相反。

第三种是**离子声波散射**，是由离子声波的 Bragg 散射造成的，几乎沿着地磁场线传播，其接收信号差不多等于发射信号，在频率上只差数 kHz，这取决于离子声波的频移。

以上三种散射中的前两种(FAS，PLS)均能用于 HF-VHF-UHF 波段的通讯。加热层成了巨大的无线电散射体，用来进行电话、电传和传真等多种调制形式的无线电通讯，地面站之间的距离可达数千公里。而且创造大散射体的电离层变态可以利用相当低的功率和简单的天线就可以，例如，功率可以仅有数百千瓦，无线可以用偶极子。由于利用场问散射，这种通讯的优点是，只有有限的接收区，避免可能的干扰，利用其走向传输能量的能力，对别人进行干扰。再有一个优点是能扩展 VHF 以上频率的通讯距离，且能在一天内的任何时候都可以建立这样的电路。这要求电路有恰当的几何图形，加热发射机的频率调整到在路径几何图形适当高度上形成的电子密度不均匀性。在 VHF 低段，散射信号的多径和衰落特性限制了系统的工作，只能作低速率的信息传输。在 VHF 高段和 UHF 上，信号频谱扩展很窄，因此对于 FAS 和 PLS 均可用于较高的信息速率传输。利用大功率射频波束增加电离度的概念，可用于增加流星余迹通讯讯道的持续时间和容量，也可以用于屏蔽保护对于微波武器和电磁脉冲敏感的设备。

电离层变态区会对无线电产生幅度和相位起伏、频谱展宽、非线性混调、增加衰减等效应。对于穿越电离层传播的射电星和卫星信号产生明显的闪烁，就是一例。大功率无线电波能加速电离层等离子体，在较低频带上产生电离层噪声。由于变态电离层的作用能造成无线电波束的聚焦和散焦、粒子加速、等离子体湍流和电离层不均匀性，以及非线性过程，它们与电离层的相互作用，不仅会造成传播的无线电波的失真畸变，也会产生很强的频谱覆盖范围很大的射频附加噪声，这类无线电噪声辐射可用于电子对抗和干扰。

电离层加热产生的闪烁，在白天中纬地区较自然的电离层闪烁强两倍，它会引起雷达探测和跟踪的误差，增加地空卫星通讯的误码率。

(2)产生ELF-LF波段的波和电磁脉冲效应，也可以用来实现全球通讯

电离层变态中的非线性效应能产生ELF/ULF/VLF/LF波。这些低频波有各种各样的形成机制，如导电率调制、拍频激励、发电机机制，还有微波产生的人工电离层中的空气击穿也会形成ULF波。用HF加热系统产生低频波的办法可以是运用分布式小HF系统实行分散激励，其所产生的ULF波波长可以与地球相比拟，可以保持精确的相位同步。这种分布系统的优点是可生存性，以及通过感应场的全球覆盖。更值得注意的是，由变态造成的电子密度调制所产生的ELF波会触发磁层亚暴，反过来又会影响到通讯介质。

(3)增加可见光、红外光和紫外光等辐射，从而干扰空间光学传感器

在电离层变态中，见到可见光、红外和紫外等光学辐射的明显增加。电离层中大的辐射频场会激励荷能电子，并通过感应场效应对它们加速，进而电离周围气体，有时会形成红外、可见光和紫外辐射。这些辐射明显地影响到战略防御系统，因为这些辐射足够强时，会使空间光学传感器失明，至少会形成明显的杂乱干扰，影响到有关目标的检测、跟踪和识别。值得指出的是，当变态设备的功率密度增加时，这种光学辐射也以同样的数量级增强。精心地设计地面天线，可以在电离层中构成不同形状和大小的辐射体，还可以通过波束扫描，在电离层中形成动态的辐射体，从而构成非常有用的假目标(诱饵)，这在隐身和反隐身技术中是十分有用的手段。

(4)其它的可能应用

电离层变态可以形成所谓“稠团”和“空洞”，也就是说，它不仅形成电离层不均匀性，也可以消除已存在的电离层及其不均匀性，这样可以建立或阻断散射通讯电路。还可以形成有控的不均匀性，造成空间雷达的电离层杂乱干扰，控制其有效性。

还有一个新概念“**定向能量**”，这可能有广泛的应用前景。基本概念是这样的，在高频非线性加热中，拍频技术是一种激励机制，在波与粒子相互作用中会产生高能电子，由于拍波的相速度近乎等于光速，所以能给粒子无限的荷能，其中所需的电子预加速是

由通常的波粒相互作用和"冲浪"加速来实现的。高能电子束可以造成等离子体的击穿，可以在电离层中引发"闪电栓"。由于电离层相对于地球的电压能保持在40kV左右，因而在电离层内可以无限地积能。利用某些技术实现定向的闪电，形成能量隧道，是完全可能的。

产生电离层等离子体不稳定性的四波相互作用具有可以通过相位共轭进行自适应修正的可能性，通常传播介质引起的扰动也可以由相位共轭波加以修正。而受到严重扰动的电离层和大气（如人工变态情况下），恰恰提供了相位共轭所需的非线性条件。因此，这种新概念可用于通过扰动大气的传播效应的修正，以及其它形式能量的"定向"。

参考文献

[1] Garrett, H. B., and Whittlesey, A. C., Spacecraft Charging, An Update, 1996, AIAA 96－0143.

[2] Haastings, D. E., A review of plasma interactions with spacecraft in low Earth orbit, *J. Geophysical Research*, **100**(8), 14457－14483, 1995.

[3] Baker, D. N., Allen, J. H., Kanekal, S. G. and Reeves, G. D., Disturbed space environment may have been related to Page satellite failture, EOS Trans, *AGU*, **79**(40), 477, 1998.

[4] Baker, D. N., Kanekal, S. G., Blake, J. B. and Rostoker, G. R., Satellite anomalies linked to electron increase in the magnetosphere, EOS Trans, *AGU*, **75**(35): 401, 1994.

[5] Love, D. P., Penetrating electron fluctuation associated with GEO spacecraft anomalies, IEEE Trans, Plasma Physics, **28**(6), 2075－2084, 2000.

[6] 焦维新、濮祖荫，飞船内部带电的物理机制，中国科学（A），**30**（增刊），136－139，2000。

[7] Pickel, J. C., Single-event effects rate prediction, IEEE, Trans, Nucl Sci., **43**(2), 483－495, 1996.

[8] 曹冲，电离层在现代无线电系统中的作用和影响，电波科学学报，**8**(4)，52－61，1993。

[9] Bernhard P. A., et al., New systems for space based moitoring of ionospheric irregularities and radio wave scintillation, In: Geophysical Mongraph 125, 431－440, 2000.

[10] 王英鉴，中高层大气对卫星系统的影响，中国科学（A），**30**（增刊），17－20，2000。

[11] Hebert T. J., et al., Optical observations of the orbital debris environment at NASA, *Adv. Space Res.*, **28**(9), 1283－1290, 2001.

[12] Ahmadjian M., Analysis of STS-39 space shuttle glow measurements, *Journal of Spacecraft and Rockets*, **32**(3), 507－513, 1995.

[13] 曹冲、吴键，电离层的人工变态效应的可能应用，电波与天线，4，1－14，1993。

第五章　空间天气建模与预报

§5.1　空间天气建模

5.1.1　空间天气建模概况

5.1.1.1　空间天气建模及其类型

所谓建模，就是利用相对少量的观测作为输入，根据一定的理论模型，获得对感兴趣区域的中性粒子、带电粒子和电磁场的整体图像以及预测对技术系统可能产生的效应。

空间天气所涉及的空间区域是无比巨大的，无论是实地探测，还是遥感方法，都不可能覆盖所有的空间天气范围。对于已经探测的区域，往往也只有某一特定时间间隔内的数据。而空间天气的状态是随时间、太阳活动和地磁活动高度变化的。

因此，没有高质量的空间天气模式，就不能从整体上掌握空间天气变化的规律，更谈不上预报。

空间天气建模的基础是物理研究与观测，为了提高空间天气建模的水平，必须深入研究所关注问题的物理机制，尽可能多的获得关键区域的探测数据。

将太阳、太阳风、磁层、电离层和高层大气联系在一起的"大联合"模型，目前还难以实现。然而，对所有这些区域，已经有了大量的模式，许多模式也强调了各区域间的耦合。长于1小时的预报要求有关于太阳活动的好模式。扩展到1～2天的预报要使用太阳耀斑及日冕物质抛射产生和传播模式，涉及到它们在行星际介质中的传播以及与磁层的相互作用。太阳风－磁层间的相互作用是磁层动力学关键问题之一，同时也是日地物理学最困难的问题之一。

为了防止技术系统遭受空间天气事件的危害，需要有磁层活动增强期间的警报系统和捕获辐射粒子模型。对航天器设计和发射计划，应事先有理论和经验模式，而对航天器操作，要求模式使用实时数据并实时运行。

磁层与极光区电离层电磁耦合的模式，可用于解决空间天气影响通讯问题，并提供对地面系统感应电流效应的警报。与中性大气的耦合也是重要问题。在太阳活动期间，高能粒子通量的增加，增强了大气层加热，导致大气拽力大大增加，可能对低轨卫星或再入载人飞船的轨道产生影响。

另外，最近的研究表明，高能粒子沉降到大气层，可能改变大气成分，并进而影响臭氧含量。

空间天气的模式很多，概括起来，有以下主要类型：

(1)经验模式

经验模式是以统计数据为基础的空间分布模式。这类模式数量大，涉及的问题可大可小，应用比较广泛。但对同类问题，由于获得数据的方法不同、数据量不同以及所采用公式不同，因此，不同的模式往往会给出不同的结果。

(2)物理模式

物理模式是以理论分析为基础的空间分布模式。这类模式以物理规律为依据，以一定的观测数据为基础，一般都能够描述或解释一定的物理现象。但是，由于获得观测数据手段的不同和数据量的限制，对同一问题往往有不同的模式，典型的例子是亚暴膨胀相触发模式。

(3)静态模式

静态模式给出空间分布的平均状态。这些模式虽然不能反映空间天气的实际情况，不能用于预报，但可以方便地了解空间天气的平均背景，如国际电离层参考模式(IRI系列)。

(4)动态模式

动态模式是包括源和汇对空间影响的空间分布模式。空间天气状态是不断变化的，所谓动态模式，就是能及时地反映变化的状态。由于许多区域的空间天气受太阳活动的直接影响，因此，目前比较成熟的动态模式，一般都以实时或接近实时的太阳风观测数据作为输入条件，当这些条件变化时，空间天气状态随之而变。

(5)研究级模式

研究级模式具有预报功能，但目前尚不能在预报中实际应用。

(6)业务级模式

业务级模式能在实际预报中使用。

(7)效应模式

效应模式描述空间天气与航天器以及其它技术系统相互作用产生的效应。这些效应与空间天气条件和航天器特性(如轨道、材料、屏蔽方法和厚度)有关。

5.1.1.2　空间天气建模进展(http://www.ofcm.gov/)

当前，空间天气建模工作在各个领域全面展开，表5.1.1、表5.1.2和表5.1.3列举了在太阳、太阳风、磁层、电离层等方面建模的基本情况。

有些建模进展很快，基本达到预期目标，模式比较成熟(表中标为M)；有些模式能够提供输出结果，是可使用的，但仍在发展和改进中(表中标为UD)；有些模式既未成熟，也未达到可使用程度，仍在发展中(表中标为D)；另有一些模式比较成熟，但须继续改进，表中标为MD。

表 5.1.1　太阳和太阳风研究模式

序号	模式名称/符号	联系信息	类型和目的	状态
S1	SOLAR 2000	W. Kent Tobiska Kent. tobiska@jpl. nasa. gov	从X射线到可见光波长的太阳辐照度	UD
S2	演变的PFSS日冕模式	Janel Luhmann Jgluhman@ssl. berkeley. edu	根据光球层磁场观测得到日冕磁场	UD
S3	3D MHD日冕和太阳风模式	Jon Linker and Zoran Mikic Linker@iris023. saic. com	用观测到的光球层磁场作为边界条件的日冕和太阳风3D MHD模拟	UD
S4	太阳活动区演变和不稳定性模式	Stephen Keil skeil@sunspot. noao. edu	太阳活动区演变的3D MHD模拟	D
S5	太阳大气的磁爆发模式(MagBrst)	Spiro Aniochos Spiro@zeus. nrl. navy. mil	太阳电磁辐射通量抛射	UD
S6	Wang and Sheeley矢量展开模式Ⅰ(WS Model)	Yi－Ming Wang Ywang@yucca. nrl. navy. mil	根据光球层磁场观测预报到达地球的太阳风速度	M
S7	3D行星际传播模式(3D IPP)	Victor pizzo Vpizzo@sec. noaa. gov	MHD模拟全球、随时间变化的太阳风流	UD
S8	激波到达时间/激波传播模式(STOA/ISPM)	Murray Dryer Murraydryer@msn. com	经验和2D MHD行星际弓激波	UD
S9	3D MHD/运动学、时间有关的激波传播－太阳风混杂模式(HSEM)	Murray Dryer Murraydryer@msn. com	运动学和3D MHD程序，追踪来自源表面的太阳磁场和风速	D
S10	全球双峰日冕和太阳风模式(GBMCSW)	Shi Tsan Wu Wus@cspar. uah. edu	盔形束和冕洞的准稳态2D MHD模式	UD
S11	束和通量绳相互作用模式(SFRI)	Shi Tsan Wu Wus@cspar. uah. edu	盔形束和通量绳的2D MHD模式	UD
S12	模拟太阳风动力和磁扰动行星际全球模式	Marek Vandas vandas@ig. cas. cz	从太阳到1AU的2.5D和3D MHD太阳风结构模拟	D
S13	行星际激波的3D MHD模式，行星际全球矢量化模式(IGMV)	Tom Detman Tdetman@sec. noaa. gov Tdet@noaasel. sel. bldrdoc. gov	18个太阳半径以外的3D模式，与时间有关的MHD模拟	MD
S14	Bats R Us	Tamas Gambosi Tamas@umich. edu	3D MHD模拟	UD
S15	暗条和日冕螺旋特性模式	Sara Martin Sara@helioresearch. org	根据图形识别的统计事件预报	UD
S16	晕CME模式	David Webb Webb@phl. af. mil	根据图形识别的统计事件预报	UD
S17	日冕发射图形模式(Sigmoids)	Richard Canfield Canfield @helicity. physics. montana. edu	根据图形识别的统计事件预报	UD
S18	太阳风模式	Syun－Ichi Akasofu Sakasofu@dino. gi. alaska. edu	根据太阳条件模拟太阳风	
S19	太阳风模式	Arcadi Usmanov usmanov@snoopy. niif. spb. su	根据太阳条件模拟太阳风	
S20	太阳风模式	Y. Q. Hu	根据太阳条件模拟太阳风	
S21	磁通量绳模式	Peter Cargill p. cargill@ic. ac. uk	太阳风MHD模拟	

表 5. 1. 2　磁层研究模式

序号	名称和符号	联系信息	类型和目的	状态
M1	Shue 等,磁场顶大小和形状模式	J—H. Shue and J. K. Chao	磁层顶大小和形状的经验模式	M
M2	Petrinec and Russell (1995) 磁场顶大小和形状模式	S. Petrinec	磁层顶大小和形状的经验模式	M
M3	Roelof and Sibeck 磁场顶大小和形状模式	E. Roelof Ed. Roelof@jhuapl. edu D. Sibeck David. Sibeck@jhuapl. edu	磁层顶大小和形状的经验模式	M
M4	磁场顶位置	J. K. Chao T272362@twncu865. ncu. edu. tw	用给定的 IMF 和太阳风动力压力预报磁层顶位置	D
M5	Tsyganenko 磁场模式(T96-01)	N. Tsyganenko Kolya@ndadsb—f. gsfc. nasa. gov	基于 IMF、太阳风动力压力、Dst 指数和偶极倾角的经验磁场模式	MD
M6	Ogino/Walker 进入磁层的太阳风粒子全球 MHD 大尺度动力模式	R. Walker Rwalker@igpp. ucla. edu	计算附加的进入磁层顶的粒子的动力学,进行全球 MHD 模拟	MD
M7	平衡磁尾模式	J. Birn	半自恰的磁尾(10Re 以外)磁场和各向同性压力模式。有 2D 和 3D 版本	UD
M8	随时间变化的 MHD 模式	J. Birn	与时间有关的电阻性 MHD 模式	UD
M9	3D 电磁和粒子模式(EMPM)	K. —I. Nishikawa Kenichi@rouge. phys. lsu. edu	磁层的全球电磁和粒子模拟	D
M10	Rice 场模式(RFM),也称 Toffoletto-Hill (1993)模式(TH93)	F. Toffoletto Toffo@alfven. rice. edu T. Hill Hill@alfven. rice. edu URL http://rigel. rice. edu/~ding/rfm. html	磁层电磁场理论模式	UD
M11	Rice 对流模式(RCM)	R. Wolf:　Wolf@alfven. rice. edu	内磁层模式	UD
M12	磁层规范模式	R. Wolf:　Wolf@alfven. rice. edu	RCM 的运行版本	M
M13	相对论电子全寝渐模式	A. Chan Aac@landau. rice. edu	物理基础的辐射带通量模式	UD
M14	亚暴电子投射模式	A. Chan:　Aac@landau. rice. edu	能量电子计算模式	UD
M15	磁流体波相互作用模式	A. Chan Aac@landau. rice. edu	内磁层波—粒子相互作用计算	UD
M16	同步轨道相对论电子通量线形滤波器模式(LPF)	Dan Baker Baker@lynx. colorado. edu	预报同步轨道"killer"电子,给出在 1AU 处太阳风速度	M
M17	UCLA 全球尺度地球空间循环模式(UCLA-GGCM)	J. Raeder Jraeder@pallas. igpp. ucla. edu URL http://www—ggcm. igpp. ucla. edu/gem—ggcm—phasel	用太阳风速度和密度、IMF 和 F10. 7 通量数据作为输入进行全球 MHD 模拟	UD
M18	Ogino 太阳风-磁层耦合模式	T. Ogino Ogino@stnetl. stelab. nagoya—u. ac. jp	磁层全球 MHD 模拟	UD
M19	Dartmouth-NRL-UMDMHD 模式	J. Lyon, J. Fedder	用太阳风速度、密度和 IMF 作为输入,磁层全球 MHD 模拟	UD
M20	BATS-R-US 磁层模拟模式	T. Gombosi	用太阳风速度、密度和 IMF 作为输入,磁层全球 MHD 模拟	UD
M21	集成的空间天气预报模式(ISM)	Bill White Bwhite@mrcnh. com	与电离层-热层物理模式偶合的集成双流 MHD 磁层模式	UD

表 5.1.3　电离层研究模式

序号	模式名称或符号	联系信息	类型和目的	状态
I1	极盖电位降模式(1981)	P. H. Reiff	根据太阳风速度和 IMF 的极盖电位降经验模式	M
I2	Heppner－Maynard－Rich 对流模式	F. Rich Rich@plh. af. mil	基于 IMF 的电离层对流经验模式	M
I3	Izmiran 电动模式(IZMEM)	V. Papitashvili Papita@pitts. sprl. umich. edu	基于 IMF 和太阳风速度与密度的电离层对流经验模式	MD
I4	IZMEM/DMSP	V. Papitashvili Papita@pitts. sprl. umich. edu F. Rich Rich@plh. af. mil	基于 IMF 和太阳风速度与密度的电离层对流经验模式	D
I5	Weimer 电位模式(W96)	D. Weimer Dweimer@mrcnh. com	基于 IMF 的电离层对流经验模式	MD
I6	空间天气电离层预报技术(SWIFT)	N. Maynard Nmaynard@mrcnh. com	根据 L1 太阳风数据得到的电离层电位图形、电流和焦耳加热经验预报模式	D
I7	APL 电离层对流模式	J. M. Ruohoniemi Mike. Ruohoniemi@jhuapl. edu	基于 IMF 的电离层对流经验模式	UD
I8	Kamide － Richmond － Matsushita(KRM)模式	Y. Kamide Kamide @stnetl. stelab. nagoya－u. ac. jp	由磁强计数据和电导率模式得到的电离层对流和电流	M
I9	电离层电动力学绘图(AMIE)	A. Richmond	由磁强计数据和电导率模式以及磁场和电场测量得到的电离层对流和电流	MD
I10	极盖电位的 APL 球谐展开	J. M. Ruohoniemi Mike. Ruohoniemi@jhuapl. edu K. Baker Kile. Baker@jhuapl. edu	由雷达电场测量得到全球极盖电位和电离层电导率	UD
I11	Weimer 场向电流模式	D. Weimer Dweimer@mrcnh. com	场向电流的经验模式	D
I12	Millstone Hill 电场模式	J. Foster Jcf@haystack. mit. edu	由非相干散射雷达测量得到的经验电场模式	MD
I13	Fejer－Scherliess 暴时纬向电场模式	B. Fejer Bfejer@cc. usus. edu	经验低纬电场模式	UD
I14	Scherliess－ Fejer 静日赤道垂直漂移模式	B. Fejer Bfejer@cc. usus. edu	垂直等离子体漂移的经验赤道模式	UD
I15	国际参考电离层(1995)(IRI95)	B. Bilitza Bilitza@nssdc. nasa. gov	电离层电子密度、电子温度、离子温度和离子成分的经验模式	M
I16	热层质谱仪相干散射雷达模式(MSIS)		以时间、F10.7 通量和磁活动为函数的热层温度、成分和质量密度经验模式	M
I17	热层－电离层－中层电动力学一般循环模式(TIE－GCM)	R. Roble	热层、电离层和中层物理基础的模拟	UD

续表 5.1.3

序号	模式名称或符号	联系信息	类型和目的	状态
I18	三维电离层模式(TDIM)	Bob Schunk and J. Sojka	用 MHD 磁层模式作为输入的电离层物理基础的模拟	UD
I19	热层-电离层嵌套网格模式(TING)	T. killeen	在高的高度上耦合的热层电离层物理和半经验模式	UD
I20	耦合的热层电离层(CTIM),耦合的热层、电离层、等离子体层(CTIP)和半自恰的耦合的热层、电离层、等离子体层(CTIPE)	T. Fuller—Rowell Tjfr@sec. noaa. gov	热层、电离层和等离子体层全球分层物理模式	MD
I21	Sheffield 大学等离子体层—电离层模式(SUPIM)	G. Bailey	物理模式	M
I22	场线、内半球等离子体模式(FLIP)	P. Richards	电离层和等离子体层与时间有关的一维物理模式	M
I23	电离层不规则性模式	J. Sojka	电离层等离子体密度不规则性物理模式	D
I24	耦合的电离层闪烁模式(CISM)	S. Basu	赤道闪烁物理模式	D
I25	宽带闪烁模式(WBMOD)	A. J. Coster and S. Basu	电离层闪烁的气候模式	UD
I26	Hardy 等电离层电导率模式	D. A. Hardy	极光区粒子沉降和电导率统计模式	M
I27	Wallis and Budzinski 高度积分电导率模式	D. D. Wallis	电离层高度积分电导率经验模式	M
I28	Spiro, Reiff and Maher 极光电导率模式	R. W. Spiro	沉降电子能量通量和极光区电导率经验模式	M
I29	Fuller—Rowell and Evans 高度积分的 Pedersen 和 Hall 电导率模式	T. Fuller—Rowell Devans@sec. noaa. gov	由 NOAA 粒子沉降数据得到的电离层电导率经验模式	M
I30	电离层沉降电子模式(PEM)	H. Kroehl	粒子沉降和电离层电导率统计模式	U
I31	Ahn 等,电离层电导率模式	B. —H. Ahn	根据地基磁场扰动数据的电离层电导率经验模式	UD

5.1.2 太阳活动建模

太阳活动是空间天气的驱动源。因此,预报 CME、耀斑和太阳能量粒子事件(SEP)是非常重要的。从建模的角度看,CME、耀斑和 SEP 是互相紧密联系的,因为能量在 10~100MeV 的质子的加速伴随着 CME 和/或 X 射线耀斑,尽管详细过程还不清楚。从预报和警报的角度看,这些现象是不同的,因为它们以相差很大的时间尺度到达地球轨道。例如,一个 50MeV 的质子可以在 25 分钟时间内沿磁通量管到达 1AU 处,而等离子体和 CME 的磁云需要 3~4 天才能到达地球。于是,根据耀斑观测警报 SEP 的时间是很短的。CME 的直接效应是对磁层的强烈扰动，现在的主要问题是，在 L1 点直接测量到 CME 之前，不能确切预报观测到的 CME 是否会撞击地球以及会产生怎样的地球效应。CME 从 L1 点到磁层顶需要 1 小时的时间。

5.1.2.1　CME 模式

CME 的物理模式仍处于初级阶段。到目前为止，有关 CME 的建模和理论收集在 AGU Geophysical Monograph，99"Coronal Mass Ejections"(1997)一书中。目前的模式主要是了解 CME 的产生，还没有向空间天气应用方向转变，但正朝这方面努力。对 CME 效应的预报仍是相当不确定的，因为只有一部分 CME 撞击地球，而撞击地球的 CME 只有约 1/6 产生大磁暴[1]。

CME 在太阳风中产生剧烈的影响，因此必须用精确的日冕物质抛射模式来预报 1AU 处太阳风扰动(等离子体、磁场和能量粒子属性，包括伴随激波的强度、能量粒子事件的密度、流动速度、密度、磁场大小与方向)的起始时间及其随时间的分布。这种预测将逐渐地在各种时间尺度上(从不足一小时到大于几天)成为可能。达到这一目标的最佳手段是将观测和模式结合起来。不但需要用观测来检验模式，而且需要用观测提供模式预报时所需要的边界条件。下面列出了模拟日冕物质抛射对空间天气影响的预报中几个有特别价值的模式：

①背景太阳风的三维 MHD 模式(见 5.1.3 节)；

②从太阳到地球轨道以外的由日冕物质抛射产生的扰动在太阳风中传播的三维 MHD 模式。这些模式应该尽量去模拟日冕物质抛射结构本身以及日冕物质抛射在周围行星际介质中所引起的扰动。采用实际的背景太阳风初始条件以及实际日冕物质抛射扰动本身的边界条件，它们应该能够最终描述扰动的起源和从日冕底部到 1AU 之间的传播；

③由日冕物质抛射驱动的与激波相关的射电辐射过程模式。这些模式需要合理地利用射电噪声作为遥感装置并且用来作为日冕物质抛射到来的诊断手段；

④日冕物质抛射初始过程模式。该模式采用太阳上的实际观测边界条件来对日冕物质抛射的"注入"速度、质量和喷射物内部磁场进行预测；

⑤日冕物质抛射驱动行星际激波加速粒子的三维模式。考虑一个实际的扰动传播的模式，这些模式应该能够预测与日冕物质抛射相关的高能粒子事件在 1AU 处的强度和时间变化。

5.1.2.2　耀斑模式

磁场在产生耀斑的过程中扮演了一个非常重要的角色，并且它在耀斑模式涉及的几个方面都是必不可少的。首先，因为日冕磁场不能被直接观测，而现在唯一确定磁场的方法是通过光球层的磁场观测并利用数学模式对光球层的磁场进行外推到日冕中。

这种方法在与现有磁图和 Yohkoh 卫星的配合观测方面获得了相当大的成功。因为在今后几年中，将会获得更高质量的数据，所以磁场外推模式必须扩展到非常高的数值分辨率上。其次，日冕磁场自由能释放的基本过程被认为是磁场重联。最近，关于磁场重联的 2.5 维模式在解释色球爆发时与磁场能量释放相关的质量加速和加热观测方面获得了很大的成功。然而，太阳耀斑重联的实质是三维的。因此，要很好理解太阳耀斑的物理过程、获得能对太阳耀斑进行预报并基于物理的预报模式，必须建立严格的三维磁重联模式。与此相联系，确定特定磁场位型中的磁场重联位置的小尺度物理过程的研究对于评估重联发生的可能性来说是非常有用的。这些过程通常可以在 MHD 模式中被参数化，以便控制最大电阻率所处的位置，并因此最大地减小纯数值的发散影响。

相关的耀斑产生的瞬变紫外、极紫外和 X 射线暴过程模式对于耀斑效应预测来说具有潜在的价值，因为它们能够告诉我们一些关于耀斑产生的能量，特别是耀斑产生的太阳高能粒子的情况。同样地，模式中关于耀斑粒子的加速过程和逃逸过程对建立 SEP 这一具体成分的预报模式将起重要作用。

因此，对耀斑预报进行模式设计的关键目标如下：

①发展活动区中磁场重联的 3D 模式，同时考虑确定电阻率大小和分布的物理过程；

②完善基于光球磁场测量的磁场外推模式，并实现有着预期的高分辨率磁场观测以及最终的高灵敏的全矢量磁场数据。

5.1.2.3 太阳 UV、EUV 和软 X 射线模式

(1)太阳 UV、EUV 和软 X 射线模式概述

地球的电离层和高层大气模式依赖于太阳 10.7cm 射电通量，该通量经常用来作为太阳短波辐射输入的表示。10.7cm 射电通量的变化起源于太阳活动区。近来的研究表明，来自活动区的弥散磁场和弱的网状组织对短波辐射水平有相当大的贡献。但 10.7cm 射电通量却并不能很好反映这方面的太阳活动。而 Ca Ⅱ线的 K 指数和 1083nm 的 He Ⅰ线的等效宽度可以反映活动区和分布于整个太阳表面的弱磁场的贡献。因此，为了更好的估计太阳短波辐射，应该利用不同太阳活动结构，如黑子、谱斑、活动区以及网状组织等的太阳大气模式来实现。此外，要充分认识这种变化的物理基础并增加短波辐射的表征量的可靠性。

对这一问题的最有希望的研究，应该将半经验太阳大气模式、由局域热力学平衡和非局域热力学平衡计算出来的谱(包括线谱和连续谱)数据库、以及对分布于太阳表面的特定活动区的特性分析以适当的方式结合起来。这样可得到一个合成的日面图像、全日面谱以及一定谱段范围内的全日辐射。目前的太阳模式仅能得出温度小于 10^5K 形成的谱线，这就是说，该模式仅适用色球层到过渡区的低边界处。例如，计算所得的 Ly-α 辐射和高层大气研究卫星(UARS)所观测到的 Ly-α 辐射之间的比较，表明两者之间

在约10%之内一致的，这说明这种分析方法的潜力。

对太阳短波辐射建模所面临的任务包括以下几方面：

①发展包括过渡区和温度更高区域(形成比目前模式得出的温度更高的的日冕线谱)的太阳大气三维模式；

②通过在大约 5×10^7 条线谱(大部分属于紫外谱线)以及来自原子、离子和分子的其它线谱和连续谱中加入谱线透光度来改进对太阳光谱的计算。改进对金属连续线、金属连续谱、夫朗和费线谱以及光学薄的过渡区和日冕线谱的非局域热力学平衡的计算。

③发展附加模式(例如半影模式)，此模式具有更细微差别的模式化结构，此外，还要发展动态模式，该模式必须包括流动和湍动扩散效应，以便能更好地与观测到的太阳特征和它们的光谱特性相比较。

(2) SOLAR2000 模式[2]

SOLAR2000 是在统计近年来大量观测数据和继承原有太阳辐射模式的基础上发展起来的太阳辐照度经验模式，谱范围是 $1\sim10^6$nm，即从 X 射线到红外波长。SOLAR2000 具有一定的预报功能，可用来预报和规范输入到行星大气层的电磁辐射能量。有五个预报时间尺度：

①对 1～72 小时的预报，使用中性网络方法估计辐照度，用于确定热层密度；

②3～14 天的预报，通过太阳成像处理可得到辐照度信息，以便确定热层密度和预报电离层状态；

③14～28 天预报，利用 SOHO 飞船 SWAN 仪器的行星际氢后向散射测量，提供太阳远边的 Ly-α 辐射，可用于预报太阳辐照度。这些预报可用来确定近期热层密度和电离层状态；

④1～6 个月的预报，使用 FFT 非稳定周期方法，提供太阳辐照度的变化，以确定热层密度的长期变化；

⑤1/2～11 年预报，用统计方法估计太阳 10.7cm 射电通量，用于估算热层密度变化，这对于确定卫星发射计划、估算卫星寿命等是有帮助的。

5.1.3　太阳风建模

日冕和太阳风的建模是紧密地联系在一起的。关键问题是行星际电流片和磁螺旋线的形状，因为它们决定了来自太阳表面的能量粒子暴是否能沿着磁通量管传播到指定的位置。另一个重要问题是太阳风电流片的形状和扇区边界的位置。

现在也需要更详细的、靠近地球的太阳风模式。从许多方面看，最佳的太阳监测点是L1，这个监测点的优点是稳定，并可提供大约提前 1 小时的警报时间。缺点是从单点观测不能得到太阳风的三维结构。行星际激波前不断变化取向，磁通量管与平均状态有很不同的局地方向。这些都使得从 L1 点到地球的建模变得困难重重。为了发展这类模式,需要有多飞船在地球附近观测,例如在 $30R_e$ 到 $40R_e$ 的轨道。

在过去 20 年,已发展了许多完善程度不同的太阳风数值模式,其中最简单的是运动学模式,它假定了太阳的磁场和速度,并将其投影到 1AU。在计算上要求更高而且在物理上更加严格的是 2D 和 3D 的 MHD 模式,它们在理论上可以更准确的模拟流的结构。太阳观测,特别是光球层磁场观测,可用于确定在"源表面"的边条件,尽管需要进行理论上的外推或近似来将这些条件影射到约 20 个太阳半径(R_s)处,在那里流变成是完全径向的并且速度被认为已经是完全确定的。从太阳风预报的角度看,建模努力应逐渐地能预报局地太阳风条件,这些条件可用于与太阳风特性有关的磁层和高层大气模式,也可用于预报 CME 对周围行星际介质的效应。由于这些模式依赖太阳观测作为它们的边界条件,所以超前时间不短于从太阳对流到观察点的时间,并且,如果太阳磁场位型是稳定或变化缓慢的,则超前时间应与太阳的自转周期一样长。在这一领域感兴趣的一些建模包括:

①开发采用真实磁场位形的太阳风日冕加速区 3D MHD 模式;

②发展太阳风膨胀到行星际空间的 3D MHD 模式,使用真实的内边界条件,这些条件包括使用等离子体速度和密度、矢量磁场等关键的"地磁效应"参数。

耦合以上两个模式,从而确定在太阳风自由膨胀到行星际空间以前的最佳速度值。

在预报地磁扰动中的一个关键因素是来自拉格朗日点(L1)的太阳风和 IMF 数据的可用性。因为拉格朗日点在太阳风上游距地球大约 $200R_e$ 处,并且很少处在太阳风与磁层相交的流线上,因此需要通过 L1 数据来预测磁层处太阳风和 IMF 的条件。现有模式采用纯平移的方法来进行这种预测,这需要假设所有梯度方向都平行于日地连线。如果梯度方向是通过 L1 处数据计算得到的,而且将该结果和相对于太阳风的梯度的传播部考虑到模式中,则预报精度可以得到提高。

5.1.4 磁层建模

磁层模式可分为四类:经验模式、模块模式、单粒子模式和磁流体力学(MHD)模式。"磁层模式" 最初的含意是给出磁层内磁场的定性信息。随着磁层建模的进展,现在的含意是给出磁层结构和动力学任一方面的定性信息。磁层建模已经有 70 多年的历史。首先我们先概括了解磁层建模的情况,然后对几个模式作些较详细的介绍。

5.1.4.1 *磁层建模概况*

(1) C-F 课题

早在 20 世纪 30 年代,Chapman-Ferraro 就提出了一个解释磁暴突始的磁层模式。此后,他们为磁层建摸提出了一个明确的课题(简称 C-F 课题):确定磁层边界的大小和形状。磁层边界应满足两个条件,一是在边界外面没有地磁场,二是磁层里面的磁压强应与外面的动力压强平衡。

磁层建模概况如图 5.1.1 所示。

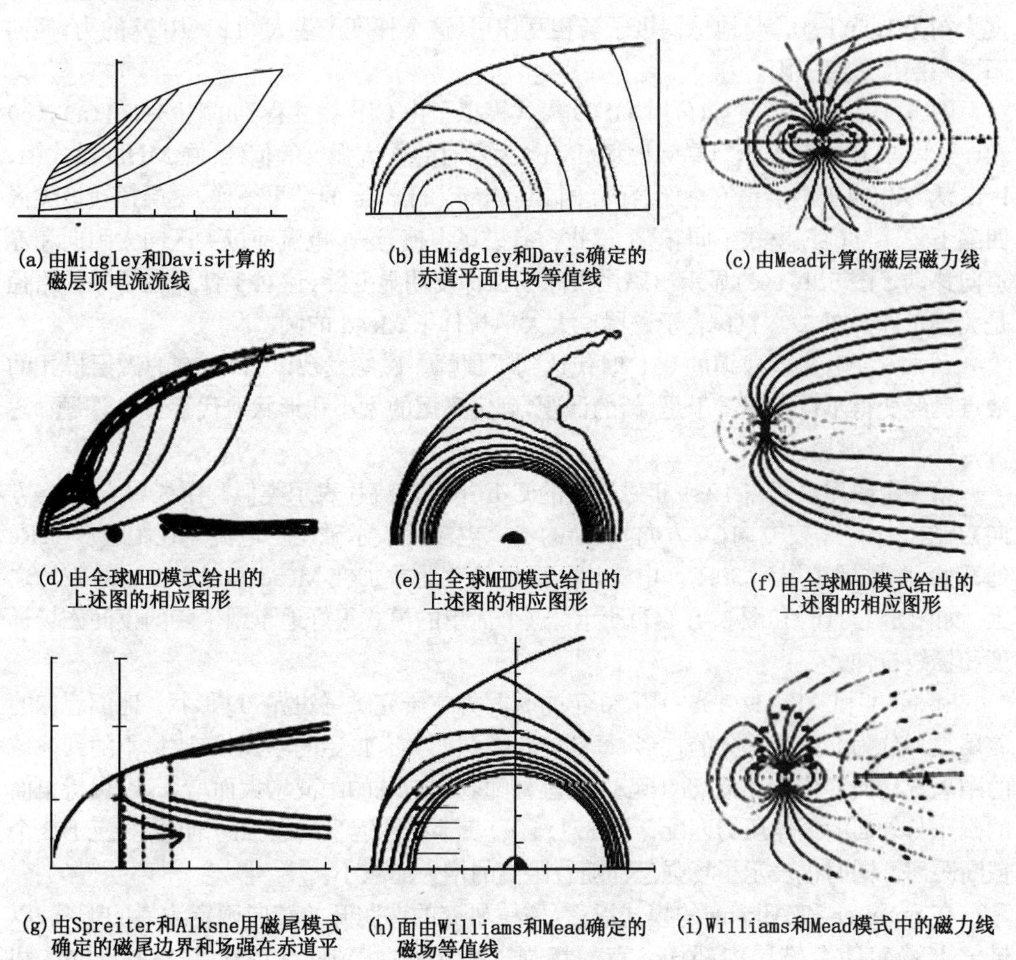

图 5.1.1　磁层建模计算概况图

Midgley 和 Davis(1963)第一个给出了这个问题的解。图 5.1.1(a)回答了 C-F 课题的形状问题,即磁层顶在中午—午夜子午面上的形状。他们得到的大小是,磁层顶距地球 8.9R_e,这个结果比 C-F 给出的 5R_e 大,但比现在的观测值 10～11R_e 小。图 5.1.1(a)中的曲线表示磁层顶电流的流线,凹陷处表示极尖区。这个 C-F 电流产生的磁场抵消了磁层顶外的地球偶极子场,增加了磁层顶内的磁场。图 5.1.1(b)是计算的磁层场强的等值线图。

Mead(1964)用四阶球谐函数拟合了 C-F 课题的解,并给出 3D 磁层场线的图,如图 5.1.1(c)所示。Mead 试图回答这个问题,与偶极子场相比,C-F 腔里面的场线应是什么形状。他的回答是，越靠前，场线越平，越靠后，场线越圆。在向阳面磁层顶，压力梯度大约是1.5nT/R_e。与地球偶极子场相互作用，这个梯度产生大约2×10^7N的力，使向阳面磁层顶远离太阳。

图5.1.1的(d)，(e)，(f)用MHD模式模拟了由C-F模式得到的图5.1.1(a)，(b)和(c)。图5.1.1(d)表示行星际磁场(IMF)为零时的电流强度等值线。在MHD模式中，IMF为零相应于磁层是完全闭合的。同Midgley和Davis的结果一样，磁层顶在极尖区凹陷下去。与C-F模式不同，这个模式含有磁尾电流，这个电流使极尖区向太阳向和赤道向移动。图5.1.1(e)显示出磁尾夜间场强梯度明显变陡，这对于计算粒子漂移路径是关键条件。图5.1.1(f)表示磁尾也大大地拉伸了Mead的圆。

到1965年，磁层建摸的C-F时代达到了顶峰。磁尾发现以后，原有的磁层模式的缺点已经变得不可忽视。于是，新的课题，确定磁尾的大小和形状取代了C-F课题。

(2)闭合磁尾建摸

第一个**磁尾模式**与1931年磁层顶的C-F平面电流片表示类似。用晨昏方向(y方向)有限、中午-午夜方向(X方向)截断的赤道电流片表示磁尾。电流片在距地球10Re处开始，向磁尾扩展到30R_e。电流片的磁场简化为叠加在Mead-Beard磁层的磁场之上。如图5.1.1(h)和图5.1.1(I)所示。这个简单的模式很好地重现了陡的夜间磁场梯度和场线拉伸。

Spreiter和Alksne(1969)用20年的时间集中研究磁尾边界3D形状。他们想像的磁尾是划分为北南两部分的柱形，每部分跨越截面具有恒定的场强，磁通量不随到地球的距离变化而变化。在他们的模式中，圆柱随着到地球的距离增大而增长，以保持里面的磁压与外面的气体压力匹配。图5.1.1(g)表示在赤道平面场强的剖面，对应于3个截断距离。同时也表示了场强怎样随着距离的增大而减小。

在Spreiter和Alksne的模式以后，磁尾研究的课题开始转向确定边界的形状，以进一步确定闭合磁层内部任一点的场强。在这方面，Voigt(1981，1984)、Schulz和McNab(1987，1996)的研究成果具有代表性。

Voigt选择了最简单的形状：一个半球形的头连接一个圆柱形的尾。Schulz和McNab用解析表达式拟合C-F问题Mead-Beard解的赤道剖面。产生边界的解析表达式给出场线在尾部的形状，于是保证尾边界是场线表面(即磁闭合的)。在磁尾内，场线从表示磁层和磁尾之间过渡区的表面尾向扩展，他们将这个表面称为“源表面”，整个模式称为**源表面模式**(SSM)。图5.1.2给出Voigt和Schulz-McNab模式有代表性的结果。

图5.1.2(a)是根据Voigt的半球+圆柱模式，在中午-午夜子午面的场线。半球和圆柱的半径为20R_e，它们的交界处位于地球尾向的9R_e处。底图表示这种方法也可以处理有偶极倾角的情况，在这种情况中，倾角是35°。图5.1.2(b)给出地球后面15R_e处一个截面上的电流流线。模式显示电流片接近侧面时展宽，倾角引起了电流片的弯曲。

图 5.1.2(c)为根据 SSM 模式给出的中午-午夜子午面场线。SSM 也可以处理有倾角情况(底图)。图 5.1.2(d)表明,SSM 给出极盖确定的大小和位置(约 15°半径,尾向移动约 5°)。

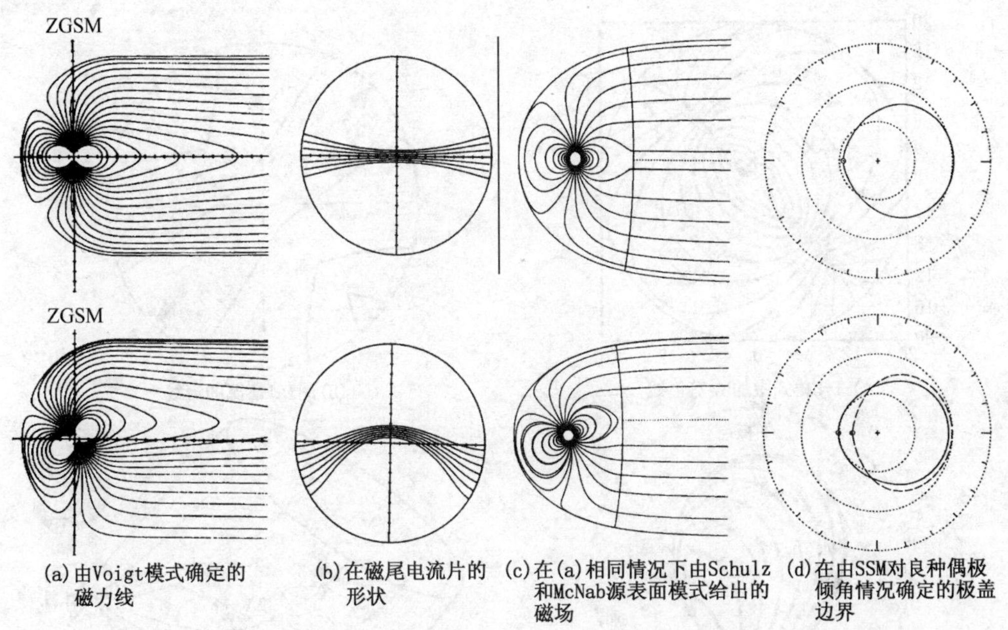

图 5.1.2　Voigt 和 Schulz-McNab 模式有代表性的结果

上述两个模式的不足表现在以下几方面:

①由于规定了磁层顶的形状,不能调节它的形状以取得和太阳风的压力平衡;

②由于边界是磁闭合的,不能访问伴随着与太阳风电动耦合的现象;

③模式不能很好地取得受压力状态的磁场和等离子体间的力平衡。

(3)开磁尾建模:**Stern 奇点问题**

经过多次演变后,Voigt 模式发展成 Toffoletto-Hill(T-H)模式,Schulz-McNab 模式发展成 Peroomian-Lyons-Schulz(PLS)模式。T-H 模式克服了一系列困难,特别是开模块模式所固有的 Stern 奇点问题。

通过指定边界上任一点的磁场法向分量(Bn),T-H 模式将开磁通量溶入到 Voigt 模式,Bn 则变成 Neumann 边值问题的源,这个边值问题的解,即磁层+磁尾区域里外的场,它们称其为“互联场”。将这个互联场叠加到 Voigt 场上,给出开磁层磁场的组合模式。

图 5.1.3 给出 1989 年 T-H 模式的结果,相应于 IMF 是晨向(纯的 IMF By)。图 5.1.3(a)描述了恒定的 Bn 线。很明显,45°的对角特征是重联线,它表示了分量重联

的假说。图 5.1.3(b)表示典型的磁鞘流的流线。可以看出,磁鞘流的通量有朝向左上和右下象限的明显趋势。这个趋势反映了磁力的效应,磁力拉着磁鞘流沿着磁层顶垂直于重联线的方向。

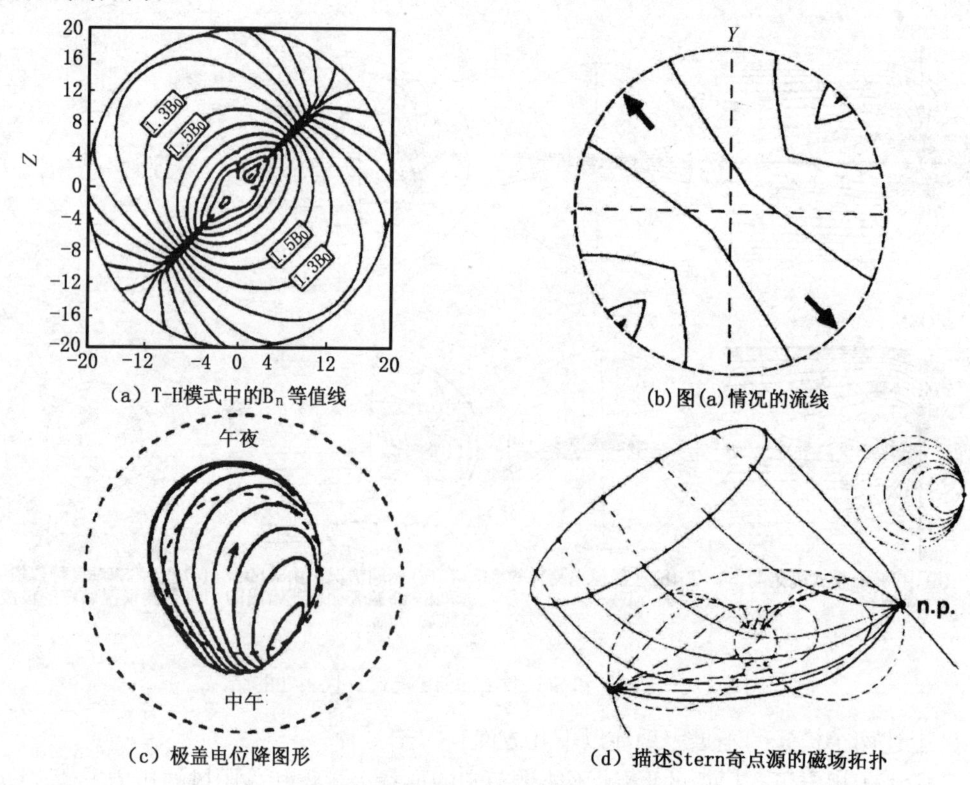

图 5.1.3　1989 年 T-H 模式的计算结果

根据在边界指定的 B_n,模式产生了边界里外任一点 B。穿透边界的整个磁通量可跟随太阳风到电离层,从开磁力线外面影射到极盖。根据这个影射,在磁力线是等位线的理想 MHD 假设下,模式可使人们确定太阳风的动生电场($\boldsymbol{v}\times\boldsymbol{B}$)。图 5.1.3(c)表示在纯 IMF ***By*** 情况下的等位线。由图可见,等位线形成一组接近闭合的线,这些线趋向于共同来自极盖边界围绕 15LT 的一点。由于这不是实际等位线的特征状态,这个模块模式有一个严重的问题,称为 Stern 奇点问题。正如图 5.1.3(c)所显示的,因为电离层电位趋向于在一个点接触,在这个点的电场趋向于变得无限大。Stern 于 1973 年首先指出了这种叠加模式的特点。对于 IMF 与地球偶极场取向完全一致的情况,太阳风均匀的动生电场在极盖边界上的一点影射到一个(Stern 奇点)无限大的电场。

图 5.1.3(d)揭示了奇点产生的原因。对于一个均匀电场叠加在一个偶极场的情况,一些表面分开了场线与 IMF 断开、开场线及闭合场线的区域。这些表面是拓扑分界

面,也是场线的表面。外面,柱形表面将未与 IMF 连接的场线与开场线(尾瓣)分开;内部,链形表面将开场线与闭合场线分开。跨过开场线流动的太阳风提供了动生电场,并影射到极盖。开场线柱形面内的虚线表示动生电场的等位线。由来自近地和地球表面极盖数据推断,跨过开场线柱形面的电位降为 60kV 的量级。现在可以看到 Stern 奇点的源。产生开场线柱形面的场线都影射到一个点(标为 n. p,即无效点),这意味着,全部 60kV 的电压都加在这个点上。在一个半球,这个无效点与电离层沿一条场线联结,该场线在边界插入到极盖。这个点变成一个拓扑"节点",在该点,极盖的所有等位线都切向接触。Stern 奇点对等位线的作用像是一个黑洞,防止它们从极盖逃逸。

1993 年版的 T-H 模式克服了 Stern 奇点问题,办法是将拓扑节点吞并到电流片,然后分界面场线(代替的失效点的会聚)穿透电流片并保持分离。

图 5.1.4(a)和(b)给出 T-H 磁场扩展变换应用到互联场前后的侧视。在膨胀扇形地球向边缘的电流片,由一个间断标志。这个间断从磁层的扇形凸出部分穿过,朝着尾轴倾斜。图 5.1.4(c)和图 5.1.4(d)显示了相同外部条件下的极盖电位降,是用 SSM 模式计算的。图 5.1.4(c)仍然有 Stern 奇点问题,但等位线限制在极盖的单对流元范围。图 5.1.4(d)的等位线作为双对流元跨越极盖边界,进入闭合线区。

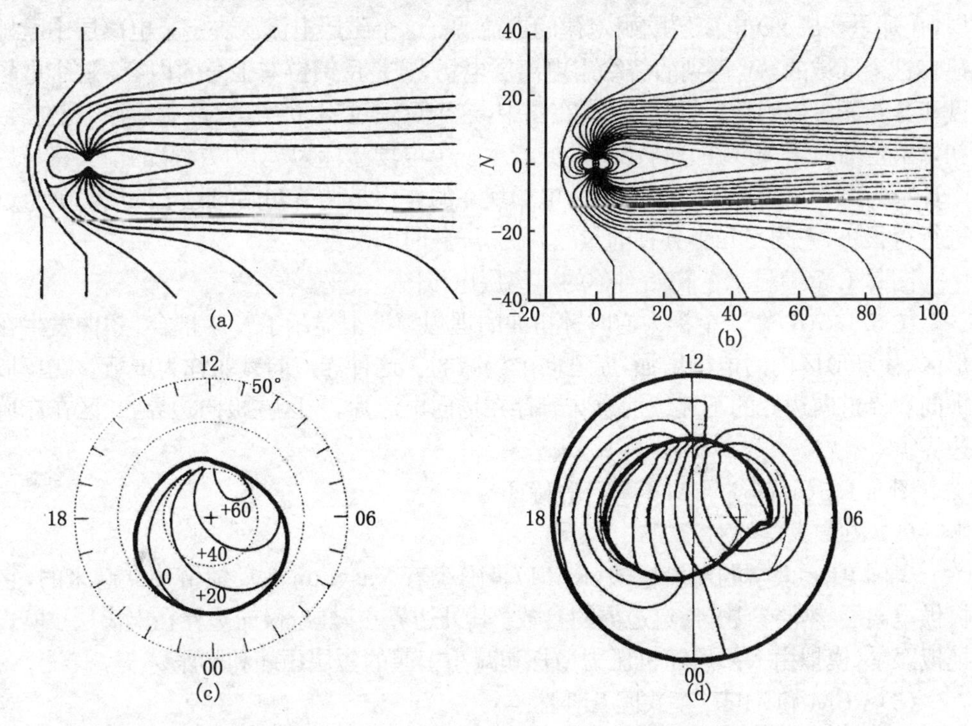

图 5.1.4 T-H 模式中的场线(a);在 1993 年模式中显示了膨胀扇形的存在(b);1989 模式中的极盖电位降,仍存在 Stern 奇点(c);与 1993 模式相同,没有 Stern 奇点(d)

模块模式演变的下一阶段是考虑了大尺度场向电流(FAC),即沿着磁力线,在磁层和电离层之间流动的电流。磁层状态不仅受太阳风影响,同时也受与其相联系的电离层状态的制约。FAC 将具有不同性质的磁层和电离层两个区域电动耦合起来,由此发展起**磁层-电离层(M-I)偶合模式**。

(4)磁层-电离层耦合模式

图 5.1.5 所示的五个部分描述了与建模有关的 M-I 耦合问题。

在图 5.1.5(a)中,矢量和阴影表示由全球 MHD 模式得到的在晨昏子午面上的电流矢量和强度,且对应于 IMF 强度为零的情况。位于中心的圆形阴影是地球。沿着磁层顶上下从黄昏到早晨流动的电流是 C-F 电流系的一部分,也是一区场向电流系的一部分,在低纬,与一区场向电流方向相反的二区场向电流出现在磁层的内部区域。

图 5.1.5(b)给出磁层与电离层间著名的 Vasyliunas 反馈链。从左下角开始,从某个边界源(通常是等离子体片)给定磁层粒子浓度。这个浓度在**动量守恒**或**力平衡**的物理机制支配下,为了获得与磁层压力平衡,产生一个垂直于磁场的电流。然后来到链的右下角。一般来说,这个垂直电流不是无散度的,肯定存在平行电流(即场向电流),使得整个电流的散度为零。下一步是链右边的中间环节。场向电流肯定是沿磁场流向电离层,在那里变成 2D 电离层欧姆定律的电流源。这个磁层电流源决定了电离层中欧姆定律在这个区域的解。得到的解给出电离层电场,这是反馈链右上角的内容。这个电场强度和分布又沿磁力线反馈到磁层。在图中,这个反馈过程标为广义欧姆定律。现在看到,初始给定的粒子浓度在它自己的区域产生一个电场。标为“动力方程”的箭头将最后一个环节与第一个相连,它告诉我们,电场现在的作用是调节初始的粒子浓度。整个过程进行得很快,大约是几十分钟的量级,称为屏蔽时间尺度。

图 5.1.5(c)显示了初始对称的电离层电位图。

图 5.1.5(d)在一个标为逆时针扭曲的理想模型上显示了 M-I 耦合。扭曲发生在环形区,使环形区内的电场增强,赤道向电场减弱。这种赤道向减弱称为屏蔽。在环形区极向和赤道向边界的不连续性意味着存在场向电流片,一区在极向边界,二区在赤道向边界。

图 5.1.5(e)描述了 M-I 耦合的特征。

(5) Rice 大学的对流模式

美国 **Rice 大学的对流模式**(RCM)是围绕着 Vasyliunas 反馈链建立起来的,它能提供电离层-热层参数,指定边界的参数。其外边界在磁层,极向边界在电离层。模式能模拟亚暴,模拟由太阳风随机压力增加和减小引起的磁层压缩和膨胀。

(6) RCM 和 MHD 模式间互补性

磁层规范模式(MSM)是高度参数化模式,它比 RCM 模式运行快,但缺少灵活性。MSM 以实时太阳风和磁层数据作为输入,输出是内磁层 1～100keV 的电子和离子通量。

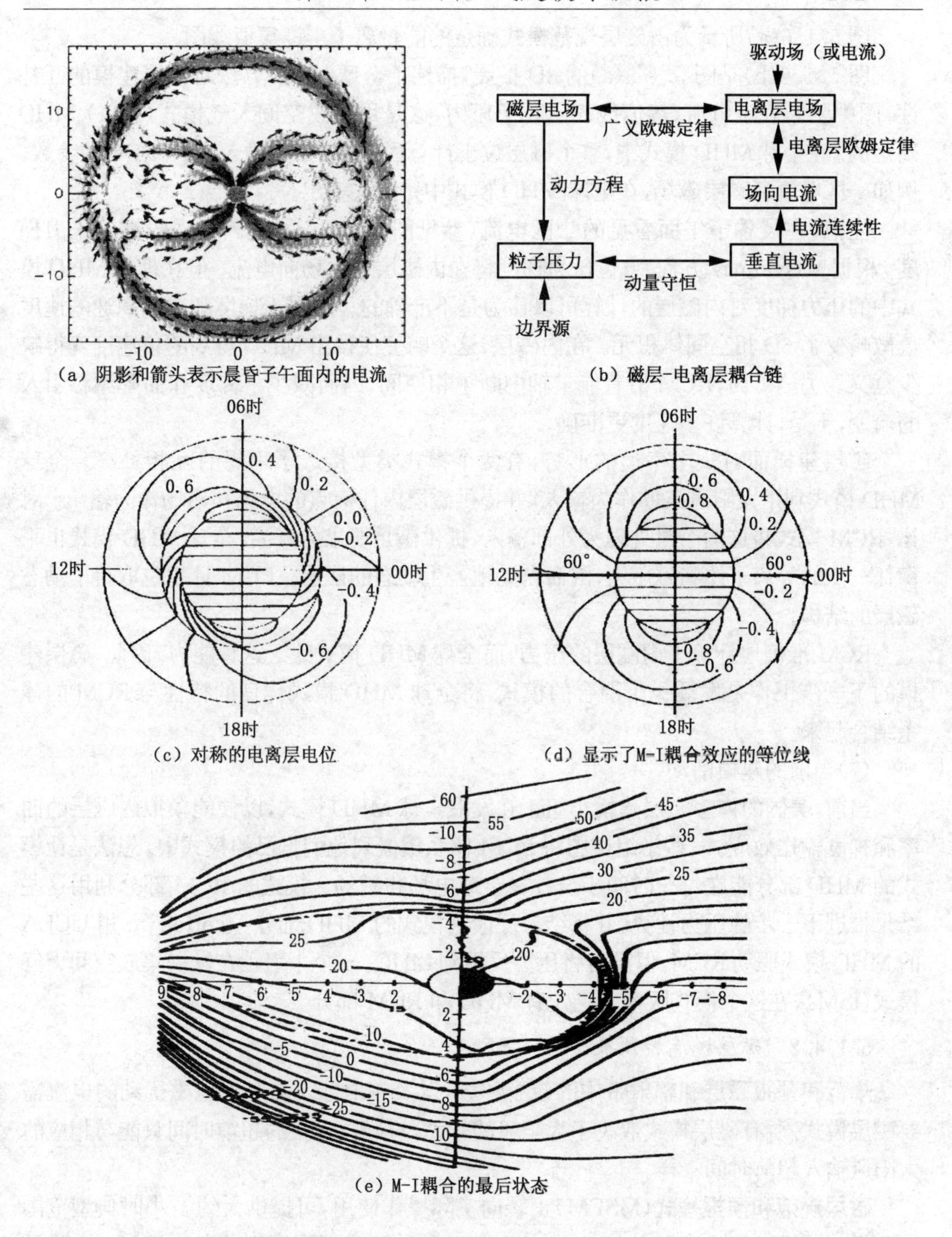

（a）阴影和箭头表示晨昏子午面内的电流　（b）磁层-电离层耦合链

（c）对称的电离层电位　（d）显示了M-I耦合效应的等位线

（e）M-I耦合的最后状态

图 5.1.5　与建模有关的 M-I 耦合问题

图 5.1.6(a)所示为由磁层规范模式确定的能量离子丰度等值线图。

图 5.1.6(b)是图 5.1.5(a)的 3D 扩展，描述了全球 MHD 方法对磁层建模的互补性，图中阴影表示电流，等值线表示粒子压力，这是用集成空间天气模式(ISM) MHD 确定的。在全球 MHD 模式中，整个磁层位于计算区。通常必须输入到 RCM 中的参数，例如一区电流和磁层磁场，在全球 MHD 模式中是模式输出。

注意，在晨昏子午面看见的二区电流(参见图 5.1.5(a))起因于强的方位压力梯度。根据 Vasyliunas 方程，方位压力梯度将在内磁层产生场向电流。但在理想 MHD 模式中的压力梯度对内磁层的计算可以认为是不准确的。起因于梯度和曲率飘逸的速度色散畸变了 6D 相空间体积元。在内磁层，这个畸变使得由 MHD 得到的单速度变得缺少意义。另一方面，RCM 沿着能量轴中断了相空间，因而减少了梯度和曲率漂移引入的畸变，于是，计算许多速度更准确。

磁层建模面对一个幸运的形势，有两个模式类型接近于理想的互相补充。全球 MHD 模式利用太阳风条件作为输入，并提供磁层内任何点的电场和磁场作为输出。对比，RCM 模式将这两个量处理为外部输入，提供满足要求的产品。全球 MHD 模式也平衡任一点的等离子体和磁压力，因而自动地产生动态的磁层。RCM 计划也取得了动态磁层的结构。

RCM 准确地计算了内磁层的压力，而全球 MHD 模式缺乏这种能力。因此，磁层建模的下一步工作是发展一个混合的模式，将全球 MHD 模式优良的特性与 RCM 的体系结合起来。

(7)当前的建模活动

当前，美国的许多磁层建模小组正在发展全球 MHD 模式，以便能模拟内磁层的曲率和梯度输送效应。一些小组试图将 RCM 体系镶嵌到他们自己的模式中。想法是让模式的 MHD 部分能在每一时间步长计算全球电场和磁场。模式的 RCM 部分利用这些结果推进下一步的压力计算，并将结果反馈到模式的 MHD 部分。Toffolrtto 用 UCLA 的 MHD 模式驱动 RCM，但没有将压力反馈到 MHD。一个小组正在发展集成空间天气模式(ISM)，在这个模式版本中也含有 MHD 和 RCM 部分。

5.1.4.2　*磁层规范和预报模式*(MSFM)

规范和预报磁层和辐射带中的粒子和场，以及在地球表面产生地磁扰动的电流需要磁层模式。所有磁层模式取决于太阳风的知识，对磁层预报的超前时间只能与相应的太阳风输入超前时间一样。

磁层规范和预报模式(MSFM)正转向实际操作使用，可提供大约 1 小时典型范围的预报。该模式是建立在来自 L1 点的太阳风和 IMF 数据的基础上的。图 5.1.7 是该模式的简化流程图。

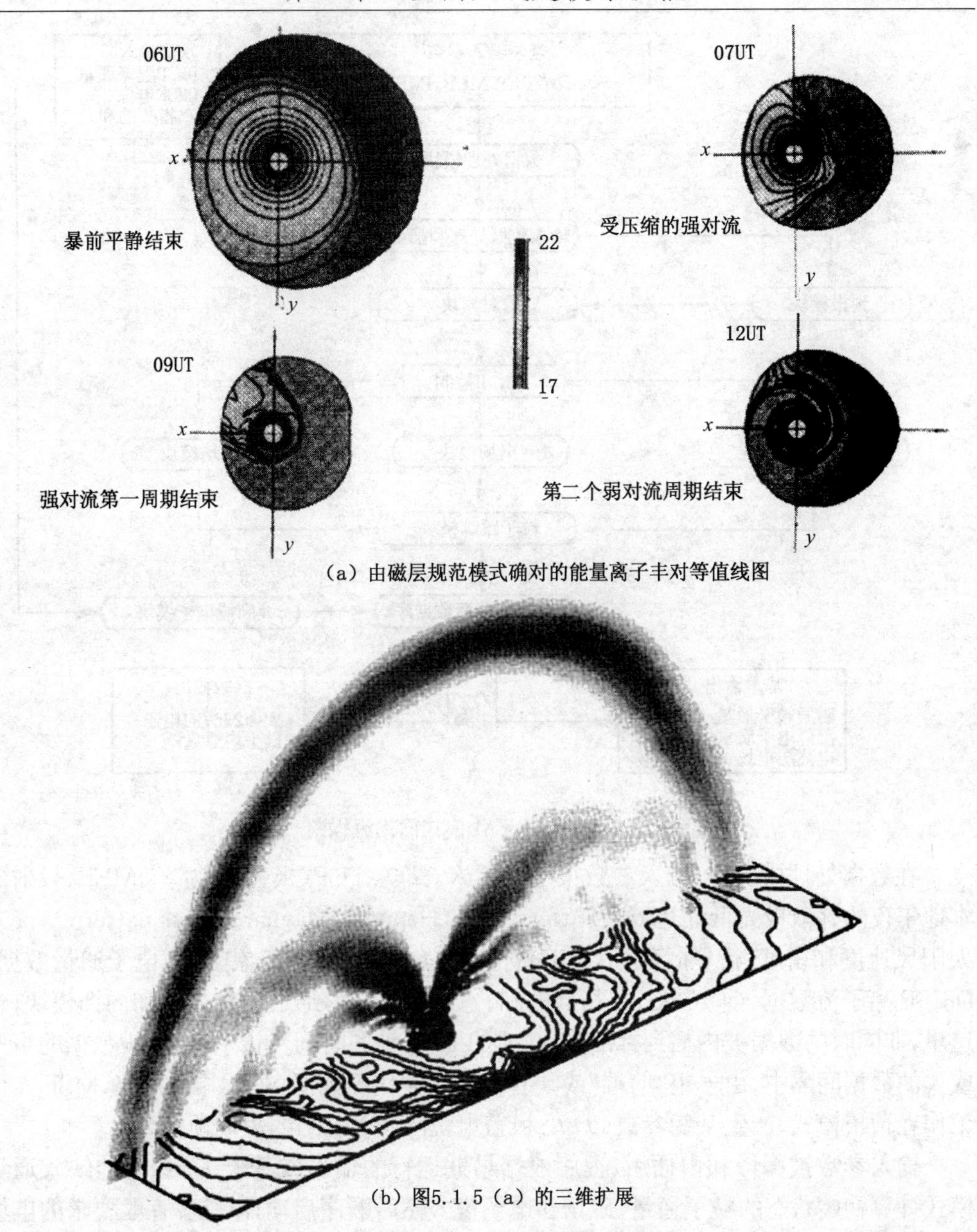

(a) 由磁层规范模式确对的能量离子丰对等值线图

(b) 图5.1.5 (a) 的三维扩展

图 5.1.6　全球 MHD 方法对磁层建模的互补性

基本输出数据有粒子通量，包括电子、H^+和O^+，能量范围是 0.1～100keV；沉降电子通量，能量范围是 30～100eV，0.1～5keV，5～15keV 和大于 15keV；还有电离层电场、磁层电场和磁场。次级输出参数为 E＞2MeV 电子的日平均值。

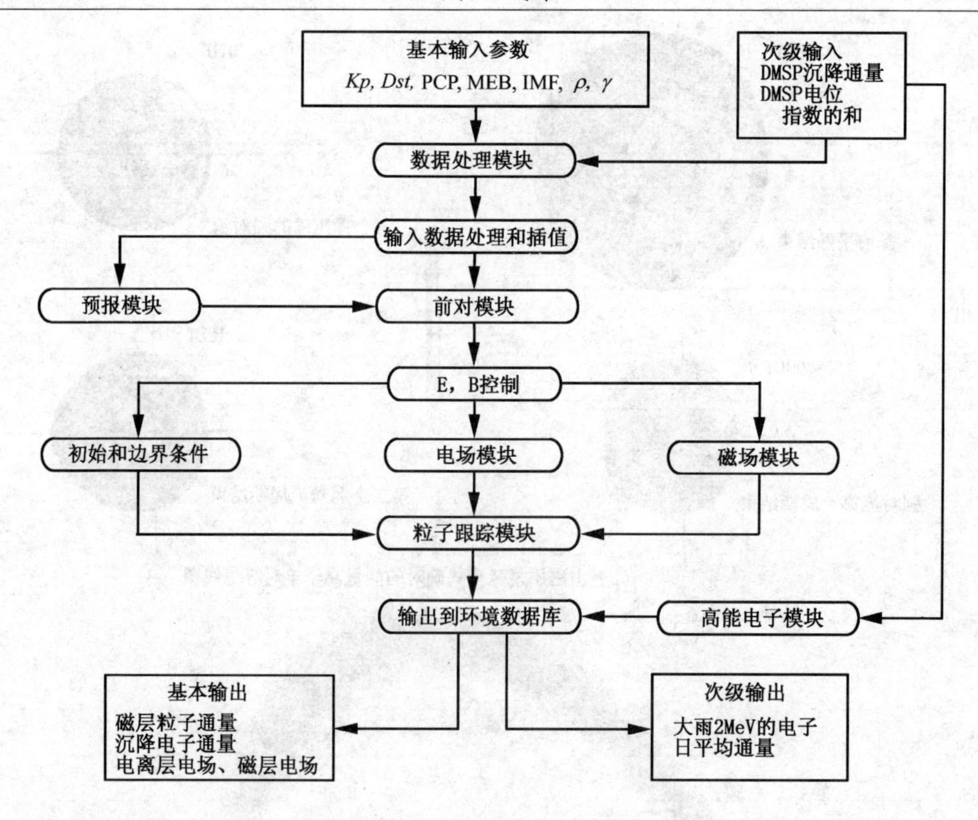

图 5.1.7　MSFM 模式简化流程图

在数据处理模块中，输入参数报考包括 K_p、*Dst*、PCP（极盖电位降）、MEB（投射到本地午夜的弥散极光低纬边界）、Pattern type（Heppner-Maynard polar pattern type）、太阳风速度和密度、行星际磁场（IMF）各分量、DMSP（国防气象卫星）电子通量数据、DMSP 离子流数据、前 10 天 K_p 指数的和。数据输入后，通过数据处理和内插模块，在这里，非同时的数据被内插到标准 MSFM 的 15 分钟的时间步长中。在缺少数据的事件或大的数据间隔中，由一组"前端"或缺省模式产生代理数据。使用中性网络，MSFM 可工作在预报模式，产生某些参数（*Dst*、极盖电位降和 MEB）的短期预报。

输入参数被编译和内插后，程序根据早期运行的输出或基于 K_p 经验的缺省通量模式计算初始状态的粒子通量。磁场和电场模式然后顺序启动，以计算存贮要求的电场和磁场信息。现在，MSFM 计算电离层电场、电位和电流使用半经验得到的电位图，电位图受调整以拟合极光边界。更真实的方法是将 MSFM 与电离层电动力学模式相耦合，后者吸收了来自地基磁强计、雷达以及极轨卫星的数据。许多定量的半经验和理论磁层磁场模式当前正在发展。半经验的磁场模式部分根据观测，但一般也考虑磁通量守恒和满足麦克斯韦方程。但是，它们不明确电流、磁场与等离子体压力、密度或速度的关系。包括了附加的动量守恒理论限制的理论模型可以更好地表示动力学过程。

MSFM 的主要缺点是缺乏定量的、详细的粒子浓度间的自恰。在等离子体和磁场间的半自恰是全球 MHD 模拟的强处，它代表了数值磁层预报的另一个可供选择的方法。全球 MHD 模拟的主要缺点是它们忽略了热漂移，在场梯度强的地方这是重要的。热漂移在 MSFM 中是显然计算的。很清楚，将 MSFM 类型的模式与全球磁层 MHD 模式合并将大大地提高数值空间天气预报的能力。这种努力已经进行了，这个计划称为定量磁层预报计划(QMPP)。

5.1.4.3 地磁扰动模式

目前，许多统计方法正在发展以确定和预报地磁扰动。这些方法包括一个输入状态 AE 的和多于一个输入状态的中性网络方法。统计的极光电急流预报方法也正在发展中以用于做地磁感应电流(GIC)的警报。这些以及类似的统计技术在非线性动力学和人工智能领域已得到发展并用于预报地磁扰动指数。而长期预报最好使用具有物理基础的数值模式。新技术正在发展，局部地应用线性预报过滤(非线性现象)和确定性的混沌理论以表征磁层响应。这项技术的发展能够提供通过预报 *AE* 指数而预报亚暴活动的另外方法。提高统计方法预报可靠性的关键是使用实时的指数值，有些需要实时的上游太阳风数据。

5.1.4.4 极光模式

电离层和磁层模式的重要功能是确定和预报极光沉降的位置和强度的能力。MSFM 模式提供了第一个跟随磁层粒子通量、确定极光区的沉降和估计随时间变化电场的数值能力。用太阳风数据作为输入，作出提前 1 小时的预报是可能的。然而，这些模式缺乏好的磁层-电离层耦合及引起粒子加速和场向电流的描述。

全球 MHD 模式开始给磁层-电离层系统动力学带来希望；然而，这些技术需要将粒子与磁层－电离层耦合的准确动力学描述结合起来。可以跟随磁层与电离层耦合、准确、全耦合的全球尺度模式应当充分地提高预报能力。这些模式可建立运行更详细的中尺度区域模式的框架。由于在耦合的 MHD 模式中从磁层到电离层影射以相差很大的变化尺度，在电离层中达到需要的分辨率要求使用自适应和可变网格等高技术。

5.1.4.5 辐射带建模

(1)辐射带建模概况

目前广泛使用的辐射带模式是由 NASA 提供的经验模式 AP-8(质子)和 AE-8(电子)。这些模式是根据 1990 年以前获得的数据建立的。所有静态模式都有许多不准确性，特别是在南大西洋异常区和外区。即使在比较稳定的内区，也缺乏对＞100MeV 的质子和＞10MeV 的电子的规范。

CREES 和 SAMPEX 卫星的探测数据证实了辐射带急剧变化的特征。外区相对论电子表现出与太阳活动周、太阳旋转和太阳风速度相关的强的变化。内区的质子在磁暴期间可发生突然的变化，这些变化可持续几个月。

显然，现存静态模式已远不能满足科学研究和工程设计方面的需要。因此，近年来许多国家的研究机构一直致力于建立辐射带动态模式和标准。在欧洲，比利时的空间和高层大气物理研究所(BIRA/IASB)负责建立了TREND(捕获的辐射环境模式发展)系列模式(TREND、TREND-2和TREND-3)。TREND研究的一个重要部分是引入了俄罗斯辐射带建模的成果，这些成果利用了前苏联和俄罗斯的卫星探测数据。

作为美国空军空间辐射效应计划的一部分，CREES卫星在1990年到1991年间的14个月里检验了内磁层辐射带。根据CREES卫星数据产生的模式反映了在卫星工作期间的辐射带动态变化。共编制了5个模式：CREESRAD计算经不同厚度的铝半球屏蔽后的卫星剂量积累；CREESPRO计算质子全向流量；PROSPEC给出质子微分通量；CREESELE提供外带电子全向流量；CHIME计算所有稳定元素的微分能量通量。图5.1.8和图5.1.9给出AP8和AE8模式与上述模式的比较。

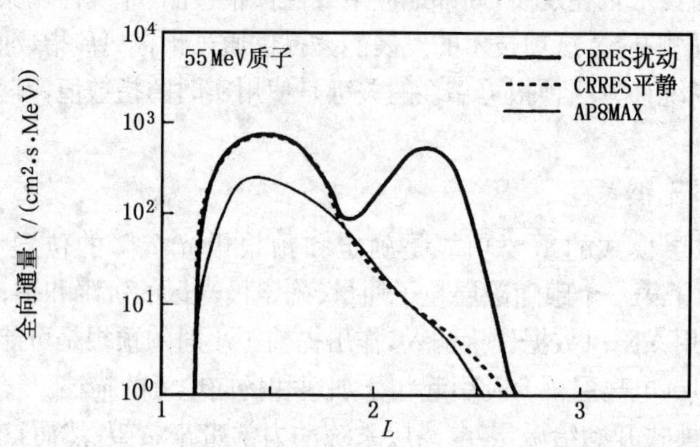

图5.1.8　AP8模式与CREES模式质子输出比较

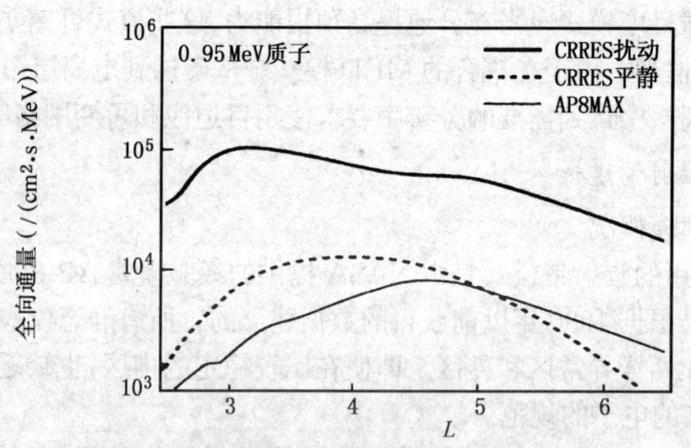

图5.1.9　AE8模式与CRRES模式电子输出比较

(2)外带相对论电子经验模式[3]

卫星内部电荷沉积主要取决于电子能量,因此,估算入射电子的能谱是很重要的。理想的经验模式要求在 200keV 和 5MeV 之间进行多点谱测量,并至少覆盖一个完整的太阳活动周期。但目前还没有进行这样测量,简单的办法是采用指数形式拟合观测到的数据。

假定

$$F_E = F_0 \exp\left(-\frac{E}{E_0}\right) \tag{5.1.1}$$

这里 F_E 是能量大于 E 的积分通量,E_0 是电子折合能量。

给定两个积分通量 F_1 和 F_2,则可由(5.1.1)式得到 E_0

$$E_0 = (E_2 - E_1)\ln\left(\frac{F_1}{F_2}\right) \tag{5.1.2}$$

引入参考能量 E_R 可得到更方便的表达式:

$$F_E(E, FSC, FYR, L) = a(L) \cdot F_R(FSC, FYR) \cdot \exp\left[\frac{E_r - E}{b(L) \cdot E_0(FSC)}\right) \tag{5.1.3}$$

(5.1.3)式的单位为 $m^{-2} \cdot s^{-1} \cdot sr^{-1}$。这里年($FYR$)的系数在冬至时是零,在夏至线性升高到 1;太阳周期系数($FSC = SSP/20$)在太阳最小时为零,在最大时是 1。根据 GOES 卫星观测的数据,取 $E_R = 2\text{MeV}$。

出现在(5.1.3)式中的函数由下面的方程模拟:

$$\log[F_R] = \{8.8 + 0.5\sin[2(FSC - 0.55)]\} \cdot [1 - 0.0435\cos(4FYR) - 0.0326\cos(2FYR)] \tag{5.1.4}$$

$$a(L) = 42(L - 2.8)^2 \exp[-0.39(L - 2.8)^2] \tag{5.1.5}$$

$$E_0 = \begin{cases} 0.39 + 0.14FSC & FSC \leqslant 0.8 \\ 0.39 + 0.56(1 - FSC) & FSC > 0.8 \end{cases} \tag{5.1.6}$$

$$b(L) = 1.73 - 0.106L \tag{5.1.7}$$

通量标定因子 $a(L)$ 和 $b(L)$ 对 $GEO(L = 6.9)$ 标定为 1。

方程(5.1.4)和(5.1.5)得到最大通量的包络,而方程(5.1.6)和(5.1.7)给出通量增加时的平均谱硬度。

上述通量模式称为 **FLUMIC 模式**,是 ESA 的高能电子效应模式 DICTAT 的组成部分。

图 5.1.10 是 1989 年 9 月 22 日至 1998 年 10 月 22 日观测的谱硬度与 FLUMIC 模式的比较,图中的 F 表示大于 1.8MeV 的电子的通量。

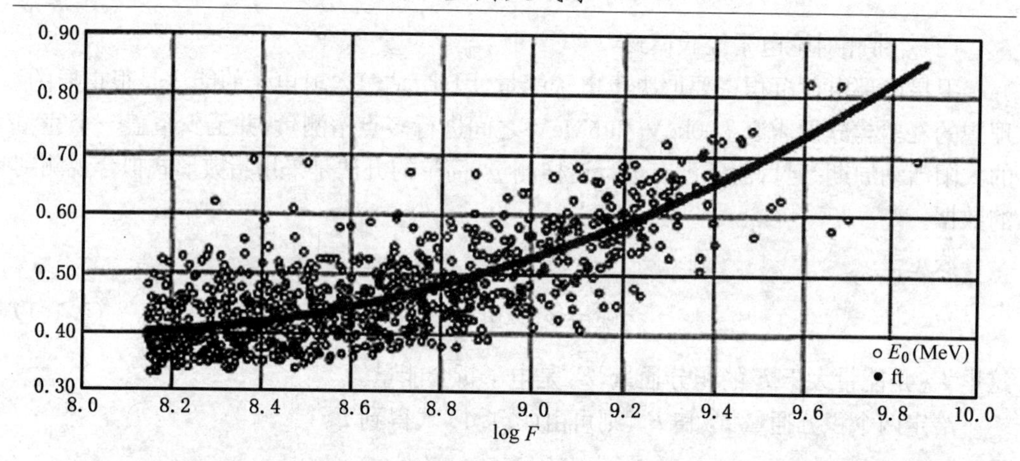

图 5.1.10　在地球同步轨道观测的大于 1.8MeV 电子的谱硬度散射图

5.1.5　电离层建模

5.1.5.1　电离层建模概况

由于电离层的复杂性，在过去的一些年中有许多方法用于对电离层建模，这些方法包括：

①根据世界范围的数据而建立的经验模式；

②限制电离层参量数目的简单模式；

③包括半自恰的、与其它日-地区域耦合的三维、随时间变化的物理模式；

④根据正交函数拟合到数值模式输出的模式；

⑤由实时磁层输入驱动的模式。

在致力于简单性过程中，一些模式限制了某些高度或纬度区域，而另一些则限制了一些电离层参数，如 NmF2 和 hmF2。大多数模式描述了电离层的气候学，这些模式在描述电离层特征和它们随世界时、季节、太阳周期和地磁活动变化方面取得了成功。近来，模式发展集中在以半自恰方式的大尺度和中尺度密度结构全球模拟。同时，也一直努力直接对磁暴和亚暴建模。

电离层天气和气候的全球性的模式包括热层-电离层电动力学综合运行模式(TIEGCM)、随时间变化的电离层模式和场线积分等离子体模式。当前，**参数化的实时电离层规范模式**(PRISM)正用于提供接近实时的全球电离层规范。PRISM 由美国空军气象局第 50 空间天气中队运行，它提供全球范围的高 90～1600km、经度每隔 5°、纬度每隔 2°的电子密度剖面分布。

没有一个是精确的基本原理模式，因为它们在一定程度上依赖于经验指定的输入条件，包括规范太阳辐射、等离子体层通量、极光粒子、磁层引入的电场、化学作用率，在某些情况下还有伴随着潮汐和发电机电场的热层风。当前，最完全和广泛检验的电离层气候学规范是由经验得到的模式提供的，即国际参考电离层。它提供了仅由季节和太阳黑子数驱动的日变化分层电离层的月平均。继续做的工作是改进等离子体温度、离子成分及全球和中等尺度电子密度分布顶外区域的规范。

在利用测量或模式改进电离层预报的过程中，关键的参数必须是有效的。在高纬地区，必须知道对流电场和粒子沉降图形。然而，在动态模拟中，这些模式必须是随时间变化的二维模式。因此，至今大部分电离层模式属于气候学，因为"经验"或"统计"电场和沉降模式在这种情况下是适当的。这里，经验对流和沉降图形 24 小时内是不变的，并可计算出每日可生成的电子密度。在最初的少数对随时间变化现象的建模工作中，也采用经验对流和沉降图形，但它们根据 Kp 的变化而随时间变化。更近的工作，随时间变化的对流和沉降图形通过由磁强计、雷达和卫星数据驱动的电离层电动力学模式得到。关于其它电离层区域，在中纬子午风是关键参数，在低纬发电机电场是关键。这些参数可通过 hmF2 的测量得到，也可用耦合的电离层-热层电动力学模式半自恰地计算。

在基本模式中，在电离层的顶外和底部区域存在缺陷。在顶外，主要问题在夜间，涉及到等离子体层 H^+ 通量和 F 区高度及密度控制。现在还不能精确确定这个通量在预报夜间 F 区密度时将引起的主要误差(约>100%)。在这个问题解决之前，热层风和电场在维持夜间 F 区的相对作用将一直是一个有待解决的问题。

在底部，必须确定向上传播的潮汐和引力波的三维分布，而这一般是不知道的。在基本模式中的主要缺陷也包括了不能准确地确定 E 和 F1 区(包括中间层、下降层和偶现 F 层的分布)。这些层一直引起注意，因为它们与发电机电场有关、与热层风有动力相互作用、能引起电导增强并对 E 区电流系有控制作用。此外，它们作为风剪切节点和潮汐分量的指示具有潜在的应用价值。在确定这些层的模式时，所存在的缺陷来自不能准确指定 NO、NO^+ 和金属离子浓度。

发展嵌套的网格、自适应的网格和嵌套的模式方法是很重要的，这样，各种尺度的密度结构可半自恰地包含在全球模拟中。在短期，要求根据新的数据不断地改进经验电子密度模式。长期，进一步发展耦合的物理模式。此外，为了发展实时的预报能力，将逐渐需要计算上快的经验-数值混合网络模式。作为这项努力的一部分，需吸收取自多点的实时数据。

以下列举了现存的几个模式。

(1) Real-Time UAF Eulerian Polar Ionosphere Model

(dac3. pfrr. alaska. edu/～sergei/)

这是一个高分辨率的实时电离层预报模式。UAF (University of Alaska Fairbanks)模式使用当前的太阳和地磁活动指数，并由自动 FTP 过程更新，太阳活动每天更新一次，地磁活动每 1 小时一次。来自 WIND 卫星的实时行星际磁场(IMF)数据每5分钟一次，根据“统计电场模式”确定电离层漂移图形。这个统计模式对行星际磁场和可变的地磁偶极倾角连续地响应。

当模式网格元的尺寸是110km×110km×10km，时间步长是5分钟时，UAF Eulerian Polar Ionosphere Model能以高分辨率实时运行。模式覆盖从50°N以北的整个极区，高度范围是80～500km。由此模式还可看电离层变化的动画。

(2) Phillips Laboratory PIM Ionosphere Model

(www.plh.af.mil/gpi/gpia/spec/pim.html)

PIM是一个比较快的全球电离层模式。运行时，使用者指定一组地球物理条件(如一年中的天数、太阳活动指数F10.7、地磁活动指数Kp等)、位置(纬度、经度和高度)，PIM可产生电离层E层及F2层的临界频率和高度以及90～1600km高度之间的垂直电子密度抛面(EDPs)、垂直总电子含量(TEC)。

(3) Prediction of the Auroral Electrojet Indices

(lepgst.gsfc.nasa.gov/people/vassiliadis/htmls/alprediction.html)

极光电急流指数描述了60°～70°N高纬区域的大尺度地磁活动。它们受与对流有关的极光电急流以及亚暴电流楔的强烈影响。极盖指数(PC)是高纬磁场线对流的测量，是由HALL电流的地磁效应检测的。PC指数对场向电流敏感，与AE指数相关。该模式根据输入的PC指数和来自WIND飞船的太阳风数据，预报AL/AE指数。

(4) IZMEM Electric Potential and Global Ionospheric Convection Model

(www.sprl.umich.edu/space—weather/izmem.html)

该模式的输入参量有IMF和太阳风速度及密度参数，感应的地面地磁扰动作为输出参数，可获得电位和电离层对流图形。

(5) SuperDARN Real－Time Ionospheric Convection

(sd－www.jhuapl.edu/RADAR/real－time/global—convection.html)

根据SuperDARN雷达的实时数据，可得到全球对流图形。如果使用Netcape2.0或更高的版本得到的图形每2分钟自动更新。

5.1.5.2 电离层电场模式

在高纬地区确定全球电位分布的能力依赖于四个方面：由行星际参数驱动的解析模式或半解析模式、由观测数据驱动的自适应数值模式、由观测数据驱动的数据拟合技术以及由行星际参数驱动的全球磁层模式。显然，高纬区电位分布的预报能力依赖于对解析的和半解析的模式的完善以及对全球磁层模式的细化。当前电场预报能力的直接改善可以通过数据拟合技术的提高和自适应模式的完善来完成。从数据拟合过程所获得的结果需要被定量化，以便能够更直接与解析模式比较和结合的方式量化。

在中低纬区，从分布在全球非相干散射雷达站获得的数据组的统计分析所确定的电场基本可用。现在还没有将这些最新的数据和全球电场模式结合起来。高纬现象对低纬电离层的作用的研究仍在继续，预期对穿透和扰动效应的定量化估算将会在近期过渡为预报模式。精确地确定电场经度变化需要分布在更广范围的测量，这在目前是不可能的。F区峰值密度的高度和离子浓度在赤道附近的分布对等离子体 $\boldsymbol{E}\times\boldsymbol{B}$ 漂移运动是非常敏感的。因此这些等离子体特性的描述能充当 $\boldsymbol{E}\times\boldsymbol{B}$ 漂移运动的代表。总之，在这一领域的进展当前受到了缺少连续的观测数据的限制，这样也就不可能精确确定电场的每日变化以及变化之源。

目前，用每种高纬电位分布的确定方法使其达到某种集中的目的应该在不远的将来得到实现。现在我们可以从全球数值模式得到的结果与观测进行比较，能预料模式将会因此而得到逐步完善。作为长期的目标，预期在所有这些确定电场方法中有一集中，预期使全球数值模式效率上有一提高，使它们能得到更频繁的使用。现在的模式可以利用相当粗糙的行星际参数分布得出高纬电位的分布。现在具有挑战的问题是要提供一种更连续的即时预报和预报的能力，并将一种状态演化到下一个状态的合适的分类研究方法。

5.1.5.3　电离层扰动模式

在当前的电离层模式中，并没有包含进电离层的扰动，而电离层扰动对无线电波的传播和发射有影响。这些扰动与诸如扩展F区、偶现E层、极盖碎片、中间层和下降层以及进行性电离层扰动等相联系。电离层扰动可能起源于诸如等离子体不稳定性、极光沉降、流星、地磁暴和亚暴、热层风以及重力波等过程。这就需要一个基于物理的模式计入这些扰动的发生和演化，以获得一种全面的预报的能力。在这种模式被建立好以后，它们必被归并到大尺度电离层模式中，这样大尺度模式就会为小尺度扰动发展设定条件。这些耦合的模式将能够对给定空间和时间的电离层扰动作预报。

5.1.5.4　电离层闪烁模式

现在可用的全球闪烁的气候模式为WBMOD。该模式最初是由宽带卫星观测和散射的相位点阵理论得出的电离层闪烁而发展起来的。人们发现最初的模式存在着很差的时间覆盖所致的缺陷。这些限制来自宽带卫星的太阳同步轨道以及有限的观测站数量。WBMOD模式最近得到了改进，它在系统输入中加了来自地球同步卫星的连续的赤道闪烁数据以及在极光/极盖区的HiLat和Polar Bear卫星的闪烁数据。升级了的WBMOD(UWBMOD)模式可以确定地面和1000km高度以上卫星之间频率在100MHz以上的无线电波的传播的闪烁。该模式的输入数据为天数、世界时、太阳黑子数、磁指数、接受机的和卫星的位置、卫星发射频率、相位反向间隔。模式的输出为幅度的闪烁指数(密度起伏标准偏差与平均信号强度的比)、相闪烁指数(相位起伏在一个确定的反向间隔内的标准偏差)以及相位谱强度和相位谱斜率(它决定着闪烁信号的相空间的结构)。

UWBMOD 是一个气候模式，它不能够重现闪烁的极端的起伏日变化。因此，它对于实时运行支持系统来说用处是有限的，只对长期的计划是有用的。为了提高它的可用性，该模式需要靠来自于观测站网络的闪烁数据来推动。因为闪烁强度能被外推的频率范围一般被限制在弱散射区域，所以 UWBMOD 模式需要多频率的数据。从实际操作的观点来看，该模式需要提供对从甚高频率(VHF)到 GHz 频率范围的系统支持，能利用通讯卫星发射的 250MHz 频率以及由 GPS 卫星发射的 1.2～1.6GHz 频率的信息。探测器的最佳数量是由闪烁结构的空间尺度以及其运动和寿命所决定。同时开发的实时的、数据驱动的 UWBMOD 模式将对闪烁提供即时预报能力。

以后的目标是发展一个预报闪烁的基本的物理模式。这种模式将建立在现有的基本的电子密度模式基础上，电子密度模式是对引起一系列空间结构的物理过程和用于计算卫星信号通过湍动介质传播时产生闪烁的电波散射理论的结合，这些空间结构，包括大尺度(几百千米)结构(极盖斑和赤道等离子体泡)，由等离子体不稳定性产生的中小尺度(几千米到几十米)结构。这样的物理模式应该分阶段发展起来。它需要集中在赤道地区，因为那里的闪烁最强。下一个应该注意的区域是极区，最后再将精力移到中纬区域。等离子体不稳定性的计算将会需要物理量的输入。最重要的要求是 F 区电场成分的测量以及在中性参考系中的等离子体漂移。现在在地面上以及 DMSP 卫星上已经有了一些这样的探测器可用。

5.1.6　中性大气建模

大气层模式在空间天气建模中有几个不同的作用：

①它们为辐射带和内磁层模式形成一个重要的边界条件；

②在航天器发射和再入时，需要考虑空间天气扰动时增加的大气层温度；

③空间天气的长期效应和空间气候对地球的气候有长期的后果。

目前广泛使用的模式是 COSPAR 国际参考大气层(CIRA)，现在已经发展到第三个版本 CIRA-86。在 20 世纪 70 年代，结合质谱仪的实地测量和地面的非相干散射雷达测量，建立了“质谱仪非相干散射雷达”(MSIS)模式，目前使用的版本 MSIS-90 利用了航天飞机和近年来非相干散射雷达的数据。

大气对航天器的拽力取决于磁暴期间的粒子沉降和与 UV 电离有关的太阳周期。在 400km 高的平均中性气体密度从太阳活动最小到最大增加大约 10 倍。这可使初始高度为 400km 的航天器的寿命从太阳活动最小时的 4 年减为太阳活动最大时的 6 个月。

在磁暴和亚暴期间能量粒子沉降对大气层物理学和化学有重要影响。粒子产生的电离导致紧密结合的 N_2 分子的离解和活性氮化合物 NO 和 NO_2 的形成。这些化合物从它们形成区向下输送。

研究大气密度结构的合适的模式化工具是数值的 TIEGCMs，它可以利用物理原理自洽计算全球的三维的时变条件下的密度扰动和中性风系统。

现有的数值模式的最重要限制是用作大气层上下边界条件的时变参数化的精度。例如,高纬区电场的分布是确定热层响应大小对地磁活动的关键因素。

当前有三种方法来解决这些限制:

第一,人们尝试着将 TIEGCM 下边界降低到中层以下的高度,这样可使重要的动态结构计算更加自洽;

第二,在上边界参量(热流、电流等)的计算中,使用了更加严格的条件,其最终目的是建立一个耦合的磁层-热层-电离层模式;

第三、采用更加系统的方法来改进边界的经验表示,正如在电离层电动力学模式中吸收映射那样,采用不同的数据源来获得改善电场的分布。

正在发展的、用于现报和预报的、完全耦合的热层-电离层模式,将使用基于地球物理和太阳指数的规则和参数,来描述热层能量的输入,求解前面所讨论的耦合控制方程。在全球时变的网格上计算所有的热层状态变量(温度、密度、成分和风)。这些模式正在被付诸实施,并且它们的结果也是令人鼓舞的,特别是在 F 区高度,人们可以利用已经获得的动力学探险者(DE)卫星的数据对该模式进行限定和验证。

在工程应用中,现已有一些高层大气模式。但能反映高层大气状态随太阳变化的模式,目前主要有美国密执安大学的高层大气响应模式——Space Weather Aeronomical Responses Models SWARM(www.gandalf.engin.umich.edu:80/)。

图 5.1.11 是 SWARM 运行图。

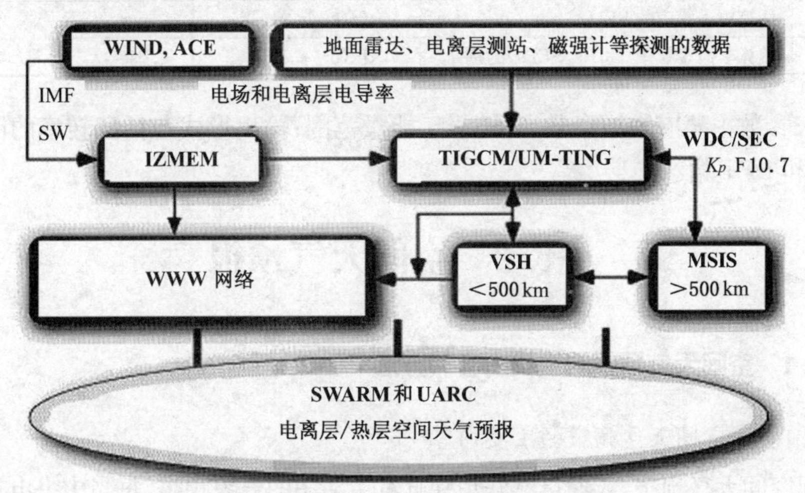

图 5.1.11　SWARM 运行图

(www.si.umich.edu/UARC/UARCmanual/UARC51software.html)

图中:VSH——矢量球谐模式Ⅰ;　TIGCM——热层-电离层嵌套网络模式Ⅰ;

IZMEM——IZMIRAN 电动力学模式;　UARC——高层大气研究合作 5.1 版本

5.1.7 效应模式

目前，国际上已经开发出一些空间天气效应模式，典型模式有宇宙线对微电子的效应模式(CREME96)、航天器内部带电模式以及航天器表面带电模式等。下面简要介绍 CREME96(www.msfc.nasa.gov/see/ire/model—creme.html)。

CREME 96 是由 4 个程序(SPEC、LET、BENDEL 和 UPSET)组成的，其功能是：产生近地轨道电离辐射环境的数字模式；计算在飞船和高高度飞机上对电子系统的辐射效应；估算在载人飞船上的高 LET 辐射环境。

CREME 96 程序组由 8 个基本模块组成，但不是每次计算全部使用。这些模块的名字和功能以及输入输出文件列于表 5.1.4。

表 5.1.4 CREME96 的基本模块

模 块	作 用	输入文件	输出文件
GTRN	估算地磁屏蔽	无	*.gtf；*.gt#，#=1−X
TRP	估算捕获的质子通量	无	*.trp；*.tr#，#=1−X
FLUX	估算航天器外表面电离辐射环境	*.gtf (or *.gt#)；*.trp;all optional	*.flx
TRANS	通过航天器屏蔽输送核通量	*.flx(or *.tfx)；*.shd(optional)	*.tfx
LETSPEC	计算线性能量输送 LET	*.tfx(or *.flx)	*.let；(*.dlt optional)
HUP	估算直接电离(重离子感应的 SEU	*.let	*.hup
PUP	估算质子感应的 SEU	*.tfx(or *.flx)	*.pup
DOSE	估算非捕获粒子(GCRs,SEPs)的剂量	*.tfx(or *.flx)	*.dse

输入参数主要有轨道参数、环境、年、能量范围；输出形式包括翻转率的图形或表格、能谱和 LET 谱。

§5.2 空间天气预报

5.2.1 空间天气预报的主要内容和方法

5.2.1.1 空间天气预报的主要内容

提起空间天气预报，人们自然联想到日常生活中的气象预报。每当中央电视台的新闻联播过后，都要播送当前晚上及第二天的温度、风力、降雨(雪)和阴晴等信息，这些信息是日常气象预报的主要内容，不论是对生产、生活和军事活动，还是对老百姓的居家旅游，都是必要的。

空间天气预报比起气象预报来要复杂得多，因为日常的天气预报仅涉及对流层范围内的中性大气的状态，而空间天气涉及的空间区域从地球表面几十千米一直到太阳表面这一广阔的区域，研究的对象不仅包括中性大气，还包括等离子体、电磁辐射和粒子辐射，不仅涉及空间天气本身的变化，还要关心空间天气的各种效应。

从目前国内外对空间天气研究的情况看，空间天气预报的主要包括以下内容：

①太阳活动预报，包括周期性活动和爆发性的活动，如太阳黑子数、耀斑、CME、高速太阳风、太阳射电通量和太阳质子事件等；

②行星际空间天气预报，包括太阳风状态、行星际磁场的大小和方向、行星际激波演变情况；

③地球空间天气预报，涉及磁暴、亚暴、高能电子暴、辐射带动态变化、地磁活动、极光现象、电离层暴、突发电离层骚扰、电离层闪烁、电离层电场、最大可用频率、电离层吸收、大气层参量等。

5.2.1.2　空间天气预报的基本方法

(1)经验预报法

经验预报法是以统计关系和经验为主的传统预报方法。

一般说来，在不同时间的空间天气形势和空间天气过程是没有完全相同的，如在同一个月不同日期所发生的磁暴肯定有许多区别。但是，如果只考虑其主要方面，忽略次要方面，总可以归纳出若干有代表性的磁暴发生的规律，以此作为预报的根据。这种方法可以称为**相似形势法**。

对大量的历史资料用统计的方法，统计出各种空间天气系统发生的频率、强度分布，甚至还有一些经验公式。依这些统计资料和经验公式作为预报时参考的方法称为**统计资料法**。

许多空间天气系统的发生都是有前兆的，如太阳活动和地磁活动，在大的扰动事件发生之前，总是有一些迹象可被发现，并以此作为预报的参考。这种方法称为**前兆法**。

(2)人工神经网络方法[4]

人工神经网络是对生物神经网络进行仿真研究的结果，或者说，**人工神经网络方法**是根据所掌握的生物神经网络机理的基本知识，按照控制工程的思路和数学描述方法，建立相应的数学模型，并采用适当算法，有针对性地确定数学模型的参数，以便获得某个特定问题的解。

人体神经网络是人工神经网络仿真的对象，也是它的内容的源泉。

人体神经网络具有巧妙的递阶、分布、并行结构，生物电化学信息传输网络，复杂的传输、转换、整合以至高级整合——综合功能，分布式记忆存储网络，严密的生物母生物时钟与子生物时钟系统。特别是它还可根据外部刺激、内部动机的作用，进行生长重构，可谓巧夺天工。

人工神经网络最早是由一名心理学家和一名数学家于1943年提出来的，称为B-P神经元模型：

$$Y_i = f\Big(\sum_{i=1}^{N} W_{i,j} X_j - \theta_i\Big)$$

式中 Y_i 为输出，X_j 为第 j 个输入，θ_i 为神经元 i 的阈值，f 为相应的函数，$W_{i,j}$ 为连接权值。

1957年，美国学者提出感知机模型。此模型类似于B-P模型，但连接权值 $W_{i,j}$ 是可变的，因而使神经网络具有学习功能。

1974年，美国哈佛大学一名学者提出了误差逆传播算法——B-P网络。以后B-P算法得到发展，实现了多层网络设想。

B-P网络算法假定为三层网络结构，算法分两个阶段进行：

第一阶段，给定样本输入，通过现有连接权值，将样本正向传播，计算各个神经元的实际输出；

第二阶段，先计算输出层的实际输出与所要求的输出之差即误差，将这些误差逐层向输入层方向传播，计算出各个神经元连接权与阈值的修正值，如此反复多次进行，使误差逐次减小到满足要求为止。

人工神经网络方法模仿神经系统对外界反应的过程。尽管人们并不十分了解神经系统反应的机理，但可以模仿它的综合感觉与知识而得到相应的比较正确的结论。

人工神经网络把知识表示为隐式的数学关系，网络结点间的关系用网络拓扑结构来体现。网络中任一点的输入都作为该点输出内容的证据，而每一点的输出则是输入到该结点的所有证据被合成的结果。

表示各结点间相互联系状态的数学关系，代表了它们相互影响的强弱。这种相互影响的强弱可以通过训练网络来确定或修改。当训练或学习完成之后，网络的结构关系就被确定下来而形成一种可以应用的由输入预报因子与输出预报结果构成的预报模型。

近年来，人工神经网络方法被大量用于日地扰动预报，如太阳质子事件和磁暴等。

(3)物理方法

物理方法是以物理过程为基础的预报(或称数值预报)方法。

表5.1.1、表5.1.2和表5.1.3所列举的模式，有些已开始用于预报，有些需进一步完善，才能用于预报。这种方法的基础是对日-地空间的物理过程有比较清楚的了解，建立了能反映日地空间变化的动态模式，同时，需要在关键点上有实时的观测数据，作为求解方程的边界条件。

5.2.1.3 当前的空间天气预报能力

表5.2.1概括了美国NOAA空间环境中心当前的空间天气预报能力。

表 5.2.1　NOAA 空间环境中心当前的空间天气预报能力

参　数	输入或技术(例子)	效应或用户(例子)
F10.7 太阳射电通量	持续性;重现性;气候;太阳活动区观测	卫星拽力;电离层模式
太阳黑子数	气候;统计;前兆;中性网络	哈勃望远镜;国际空间站;轨道碎片
耀斑可能性和质子事件	持续性;磁结构;黑子分类;太阳成像;气候	辐射水平;白天的 LORAN;单粒子翻转;极盖吸收
A 指数和磁暴的可能性	太阳事件;太阳成像(SOHO);II 型、IV 型射电暴;X 射线和 He1083nm 成像;太阳风(ACE);重现性;气候;持续性	感应电流(电源设备);卫星运行;导航系统
赤道辐射环境	利用 ACE 提供的太阳风数据,使用中性网络预报 Kp	卫星表面带电
Kp	太阳风数据和中性网络	模式;电源设备;卫星拽力
MeV 电子	太阳风数据(ACE)	卫星深层带电

5.2.2　太阳活动预报

5.2.2.1　太阳耀斑和 CME 的预报方法

从空间天气预报的角度来看,太阳活动预报最关心的问题是什么时候会发生大耀斑和大的 CME。尽管这两个问题到目前为止还没有完全解决,但已经发展了一些预报方法和预报模式。其预报方法可分为三种[5]:

(1)先兆法

在耀斑发生之前,常可在光波波段、射电波段或 X 射线波段观测到该区的某些异常现象,这些现象超前于耀斑发生的时间是不同的,因此可利用它们做不同提前量的预报。常用的先兆现象有色球的暗条活动及纤维规整排列、不同层次预热现象——Hα、UV 或 X 射线亮点及射电先兆爆发或短波辐射增强、黑子群呈特强活动类型、黑子群有特殊运动或变化、活动区纵磁场中性线的变化等。

(2)经验公式法

此法使用活动区参量与耀斑产率的统计关系做预报,大量的工作在于定出统计公式。这类预报的时间提前量一般为 1～3 天。其提前量、预报水平都与导出经验公式时所依据的资料和预报时使用的资料有关。

(3)物理预报法

用物理方法做太阳活动短期预报主要是基于对耀斑储能过程的认识而逐渐发展起来的,现在还没有达到应用的阶段。有相当多的工作试图通过无力磁场能量和无力因子的研究来做耀斑预报。观测表明,耀斑的位置与活动区速度场视向分量的反变线有关,理论上认为活动区速度场与磁场的相互作用的观测和研究会有助于对耀斑物理过程的了解。近期发现,由磁场观测所确定的电流核的位置与耀斑亮核的位置相符,因而由磁场的观测所推算出的电流核来预报耀斑可能是一种耀斑物理预报的途径。虽然物理预报尚不能给出常规方法和投入常规应用，作为一种潜在有力的预报方法正日益受到重视。

5.2.2.2 太阳能量粒子事件的经验预报模式[6]

SEP的短期预报可估计在今后几小时到几天内事件发生的可能性、预期的峰值通量、峰值发生的时间、总流量和事件持续的时间。目前的主要预报方法是根据太阳黑子群的磁型、射电缓变辐射频谱、光学耀斑频次等先兆、卫星观测的太阳X射线流量与太阳成像等。另外一种方法是人工神经网络。

目前还没有能力做提前1到几天的SEP预报，因为现在没有能力预报CME的启始或CME的特征。即使SEP已经发生，峰值通量的预报也只能准确到一个量级之内。目前美国主要有两个经验预报模式，一是由NOAA空间环境中心发展的预报模式PROTONS，另一个是由美国空军发展的质子预报模式(PPS)。这两个模式固有的缺陷是它们基本上是用X射线耀斑代表SEP，主要弱点是不能预报激波对质子通量的增加。

PROTONS的输出包括：发生SEP的可能性、开始时间和最大通量时间以及峰值通量的大小。

PROTONS的输入是实时或准实时的观测，包括：

①来自NOAA GOES飞船的10到80nm时间积分的太阳X射线；

②来自GOES飞船10～80nm的X射线的峰值通量；

③耀斑的辨别和位置(由美国空军太阳光学观测网络观测到的日球纬度和经度)；

④来自美国空军射电太阳望远镜网络观测的太阳射电暴数据；

⑤地磁活动的测量，A_p 指数；

⑥在NOAA SEC编制的最近的太阳活动水平(基本上是以前的10～80nm的X射线积分通量)。

如果观测到足够强的X射线事件(10～80nm的X射线的峰值通量大于10^{-5} W/m^2)或者有相当大的射电暴，NOAA供应适当的数据给PROTONS以产生定量的预报。主要步骤的流程图示于图5.2.1。模式将给出观测到的太阳活动导致或包含SPE的可能性、质子能量大于1MeV、5MeV、10MeV、15MeV、30MeV、50MeV和100MeV的峰值通量以及时间起始和最大通量时间的高低边界。

PROTONS的主要功能是估计能量大于10MeV的质子的峰值通量 f_{10}(粒子数/(s · sr · cm^2))。初始的估计要由两个因素的修正：

①伴随的X射线事件的位置，它和已经连接到行星际磁力线 (C_1) 的估计的位置有关；

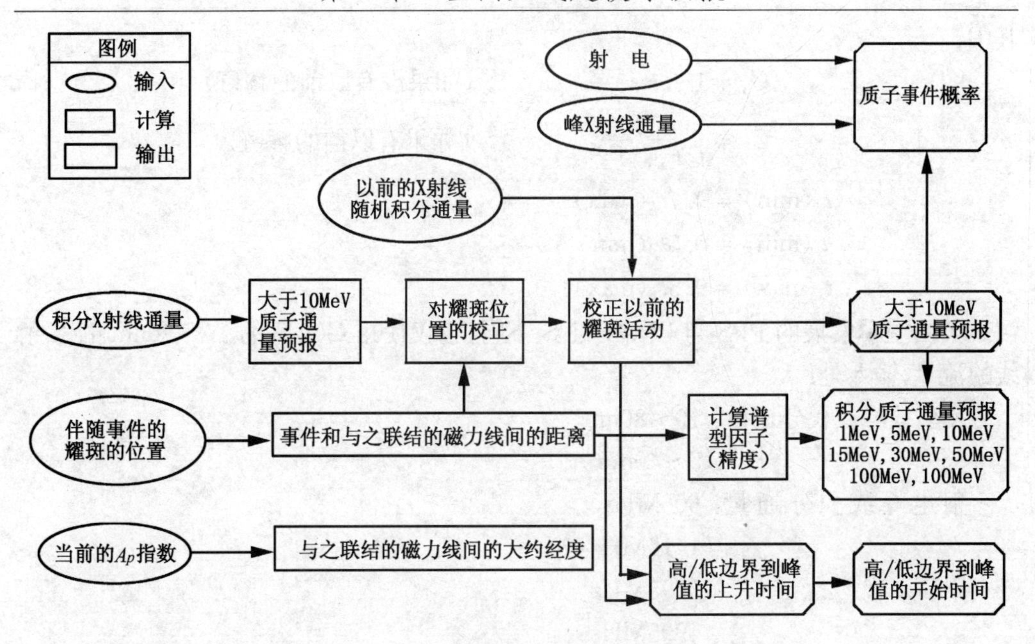

图 5.2.1　PROTONS 预报流程图[6]

②以前在相同或附近活动区 (C_2) X 射线活动的发生。

$$f_{10} = C_1 \cdot C_2 \cdot 10^3 \cdot (F_{\text{x-ray}})^{3/4} \tag{5.2.1}$$

连接行星际磁力线根的位置由地磁活动指数 A_p 确定。X 射线耀斑的位置由观测太阳的光学望远镜确定，并假定该位置与粒子加速区的位置相关。加速区与磁力线根的角分离近似由以下关系表示：

$$\theta = [(\text{Lati})^2 + (\text{Longi-IMF footpointLongi})^2]^{1/2} \tag{5.2.2}$$

这里 Lati 是耀斑纬度，Longi 是耀斑经度，IMF footpoint Longi 是行星际磁力线根的经度。起因于这个分离角的校正因子假定是

$$C_1 = \frac{\left(\dfrac{\theta}{\sin\theta}\right)^{1/2}}{\left(1 + \dfrac{\theta^2}{1.96}\right)^{2.5}} \tag{5.2.3}$$

流量为 ${}_2F_{\text{x-ray}}$ (J/m²) 的以前耀斑的校正因子假定是

$$C_2 = 2.22 \times ({}_2F_{\text{x-ray}})^{1/3} \tag{5.2.4}$$

启始时间的范围 t_s，峰值通量时间 t_p（小时）假定是 θ 的函数，以前 X 射线活动有一个校正因子

$$t_p(\max) = C_3 \times (9 + 6 \times \theta^2) \tag{5.2.5}$$

其中：

$$C_3 = 1 \qquad \text{（如果没有以前的耀斑）}$$

$$C_3 = \frac{0.64}{({}_2F_{\text{x-ray}})^{0.2}} \qquad \text{（如果有以前的耀斑）}$$

$$t_p(\min) = 0.7t_p(\max)$$

$$t_s(\min) = 0.5t_p(\min)$$

$$t_s(\max) = 0.5t_p(\max)$$

美国空军发展的 PPS 与 PROTONS 不同，它仅使用 GOES 的 10～80nm 的 X 射线的流量，输入是：

X 射线峰或积分通量：10～80nm

5～40nm

射电峰或积分通量：606MHz

1415MHz

2695MHz

4995MHz

8800MHz

2.8GHz（仅用积分通量）

5.2.2.3 用神经网络方法作太阳质子事件警报[7]

近年来，神经网络方法被大量用于日地扰动预报。神经网络方法模仿神经系统对外界反应的过程，尽管我们不十分了解神经系统反应的机理，但人们可以模仿它的综合感觉与知识而得到相应的比较正确的结论。神经网络把知识表示为隐式的数学关系，网络结点间的关系用网络的拓朴结构来体现。网络中任一结点的输入都作为该点输出内容的证据，而每一结点的输出则是输入到该结点的所有证据被合成的结果。表示各结点间相互联系状态的数学关系，代表了它们相互影响的强弱。这种相互影响的强弱可以通过训练网络来确定或修改。当训练或学习完成之后，网络的结构关系就被确定下来而形成一种可以应用的由输入预报因子与输出预报结果构成的预报模型。

考虑到人们还不清楚太阳质子事件形成的机理，更不清楚太阳质子流在日冕与行星际的传播过程。同时，由于质子事件总的数量不多，不适合作大量的统计工作，而神经网络方法又具有避免大量人工繁琐的统计工作的优点。

(1)方法、警报因子和资料

通常采用常用前馈神经网络和 BP 算法，这是一种单向传播的多层前向网络，它由输入层、隐含层和输出层相互连接构成，前后相邻层的各结点均相连接，非相邻层的结点间无连接，同层的结点间也无连接，如图 5.2.2 所示。

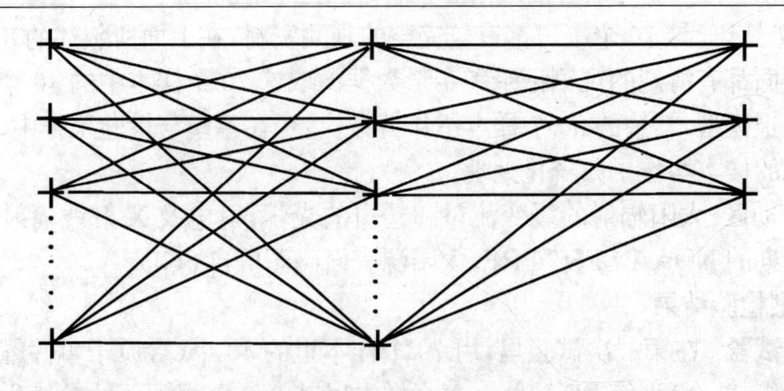

图 5.2.2　B-P 神经网络建模过程

每个结点作为一个神经元，它的传递函数采用

$$f(x)=\frac{1}{1+e^{\alpha x}}$$

的形式，其中 α 为常数。建模过程包括，从输入层开始的正向传播的计算过程和从输出层开始的反向逐层逐点计算各连接数值的修改量，直到使网络的输出层的输出值与期望值之差在一定的范围之内。

现在使用的网络具体为 3 层。输入层含有 8 个选择的与太阳质子事件警报有关的太阳活动区和爆发的参量。第一次建模试验，在输出层仅取一个结点输出一个量，给出有或无质子事件的警报。第二次建模试验，在输出层设 3 个输出元，分别给出有/无质子事件、质子事件流量强度级别和质子事件的迟至时间。建模后再作检验。

根据已有的太阳质子事件警报预报与警报的经验，可选取如下的 8 个因子作为输入层的输入元，分别反映太阳质子事件源耀斑的背景条件、活动区状态以及耀斑的参量情况。

①耀斑前一天或当天(视耀斑发生的时间而定)的太阳 10.7cm 和软 X 射线日流量密度，按数值大小综合分为 4 级，以反映太阳活动的缓变情况和热状态背景；

②耀斑的光学与软 X 射线爆发的等级，综合分为 3 级，反映爆发的强弱；

③闪耀斑在 2800MHz 的爆发峰值流量及米波爆发类型，综合分为 5 级，反映爆发的非热状态及射电源的运动；

④耀斑所在活动区的黑子群面积和分类，综合分为 5 级，反映活动区的活动能力；

⑤黑子群的磁分类，分为 5 级，反映不稳定性和相关的磁场情况；

⑥前一天或当天已有的小爆发活动情况，分为 4 级，反映先兆状态；

⑦耀斑的日面位置，分为 4 级，反映质子事件耀斑的东西不对称性。

⑧耀斑与日面中心相对源表面上磁中性线的位置，分为 3 级，反映行星际状态。

从 NOAA SESC PRF 858 及 SWO PRF 1052 的质子事件表中选取了发生在 1988～1992 年期间的 36 个质子耀斑，又在同期发生的比较大的耀斑中任选了与质子事件无关的 34 个耀斑。这 70 个耀斑都有较完整的观测资料，在上面所叙述的 8 个警报因子所要求的方面都有清楚的观测记录和定量数据。取这 70 个样本中的 40 个进行网络训练以建立警报模型，其余的 30 个样本留作警报检验。在建模与检验工作中，对每个输入元和输出元的样本均作了归一化处理。

太阳活动区、太阳辐射的缓变流量和耀斑的光学、射电及 X 射线辐射级别与类型取自相应时期的 NOAA SESC PRF，太阳源表面磁图取自 SGD。

(2)模型检验结果

第一次试验：在第一次试验里，用 70 个样本里的 40 个(含质子事件耀斑 20 个，无质子事件耀斑 20 个)训练 BP 网络。每个样本以其 8 个警报因子的数值化后的归一化数值，分别从网络输入层的 8 个输入元向前传播。输入层的 8 个元分别称为 $X_1, X_2, \cdots, X_s$。在输出层仅设 1 个输出元 Y_1 与"有"或"无"质子事件对应。当有质子事件时，取 $Y_1 = 0.9$。当无质子事件时，取 $Y_1 = 0.1$。根据网络计算出的输出值与所期望输出的值(0.9 或 0.1)的误差，对网络进行修改，完成一个只作有 / 无质子事件警报的模型。

然后，用另外 30 个样本(含 16 次质子事件和 14 次非质子事件耀斑)的警报因子的同样方法的归一化数值，从建好的模型的网络输入层作为 $X_1, X_2, \cdots, X_s$ 分别输入，用模型计算出的输出值 Y_1 与样本的实际输出值($Y_1 = 0.9$ 为有，$Y_1 = 0.1$ 为无) 比较。比较的结果是：当取输出值 $Y_1 \leqslant 0.5$ 为无质子事件，取 $Y_1 > 0.5$ 为有质子事件来判定作出有或无的警报时，报准率为 87%。有 2 次质子事件漏报，2 次非质子事件被报高为质子事件，即误报率为 13%。

第二次试验：第二次试验的方法、原理及样本与输入元情况与第一次试验相同，所不同的是在输出层设立 3 个神经元输出。3 个输出分别称为 Y_1、Y_2 和 Y_3。Y_1 仍给出有 / 无质子事件的警报，Y_2 给出质子事件的峰值通量，Y_3 给出质子事件峰值时刻与源耀斑开始时刻的时间差。用 40 个样本训练网络，建立警报模型。

然后仍用其余 30 个样本进行检验。模型对检验的样本给出的输出值 Y_1 与实测有/无质子事件的比较结果表明，无质子事件样本全部被报准，而有质子事件的检验样本中漏报 3 个事件。也就是说，第二次试验仍有很高的有/无报准率，约为 90%，误报率为 10%。因为对无质子事件的判断显然已可达到相当高的准确程度，下面只叙述有质子事件的警报检验情况。

表 5.2.1 中列出对检验用的 16 个质子事件样本由警报模型给出的输出值 $Y'_1 Y'_2 Y'_3$，和实测的 Y_1、Y_2、Y_3，Y_1 给出表示有 / 无质子事件，Y_2 和 Y_3 分别为流量峰值和质子事件迟至时间。

试验的检验样本共 30 个，其中质子事件 16 个，非质子事件 14 个，模型给出的警报漏掉质子事件 3 次，无虚报。因此模型的总体警报能力或水平为报准率 27/30=90%。当我们不考虑无质子事件样本，仅计及质子事件时，该警报模型的质子事件报准率为

13/16=81%。模型并作出有质子事件的警报13次，全部报对，即有报准本领13/13=100%，预报的偏低率为3/16=19%。这些结果可以从表5.2.1中看出。同时，还可从表5.2.1看出，如果把质子事件按其峰值分为三类或三级，即峰值$>10^3$，$10^2<$峰值$<10^3$和峰值$<10^2$(pfu)，则在13个报准发生的质子事件中，有7个事件的峰值流量等级被正确预测，约占7/13≈54%(见表5.2.1第7行)。从表中第8、9行可知，时间差的预测是不成功的，是必须作出大的改进的方面。

表5.2.1　用BP模型对16个质子事件作的警报与实测的比较

事件序号	实测有/无 Y_1	预测有/无 Y'_1	实测峰流量 Y_2	预测峰流量 Y'_2	预测流量峰范围 (pfu)	预测范围判断+	实测时间差* Y_3	预测时间差 Y'_1
1	√	√	40	2968	$>10^3$	F	31.5	2.0
2	√	√	94	1741	$>10^3$	F	1.2	1.6
3	√	√	78	1668	$<10^2$	R	21.5	11.7
4	√	√	9200	34466	$>10^3$	R	1.5	0.6
5	√	√	44	12	$<10^2$	R	11.2	32.6
6	√	√	4500	435	$10^2\sim10^3$	F	0.5	3.8
7	√	√	40000	8619	$>10^3$	R	0.1	10.7
8	√	√	71	10668	$>10^3$	F	0.6	21.9
9	√	√	380	16	$<10^2$	F	44.1	15.0
10	√	√	92	71	$<10^2$	R	2.5	5.6
11	√	×						
12	√	√	12	1137	$>10^3$	F	4.1	0.6
13	√	×						
14	√	×						
15	√	√	18	16	$<10^2$	R	49.0	50.0
16	√	√	29	30	$<10^2$	R	36.0	51.0

*：以时间为单位；+：R表示报对，F表示报错

(3)总结和讨论

①太阳质子事件是相对稀少的事件，从1993～1996年的4年间列为质子事件的只有5次，因而无论从统计角度或观测分析角度来看都有缺少事件的问题，预报和警报质子事件也被公认为难题之一。该项试验表明，用神经网络方法作太阳质子事件有/无的警报，计及有无事件时，总的报准率可大于85%甚至达90%。如果仅讨论有质子事件的的事件警报，则报准率为81%，但报准本领高达100%，可成功地用于实际警报工作。错误警报的原因主要由于，对小活动区产生的较弱的射电爆发相伴的质子事件以及对大活动区无质子事件的高射电爆发作了偏低或偏高的警报。警报因子定量的改进和新警报因子的使用可能有助于减低误报。

②在第二个试验中，质子事件流量峰值的等级或范围预报的报准率虽然只有54%，但相对于有/无警报，它带有根本的重要性。其较大的误差来源于对质子耀斑定量机制不够了解，某些警报因子数值化的误差，数据的时间跨度问题以及模型结构问题。

可能作的改进似应集中了警报因子的重新考虑与警报模型的重新设置方面。

③该试验对于质子事件的迟至时间的警报是不成功的，其主要原因在于对太阳爆发产生的质子流通过日冕的过程和通过行星际空间的过程的物理定量关系知之甚少，缺乏地球轨道上不同点对同一次事件的测量数据。进行大量理论研究和在行星空间布置大量卫星或行星，应是解决问题的根本之途，但不是短期可完成的工作。从警报的实用角度考虑，改变或设置新的警报因子，适当反映太阳外层大气和行星际状态对太阳质子流传播的影响，改换模型的设置可能会对迟至时间的警报问题的解决有所推进。

5.2.2.4　中期预报[5]

中期预报内容以太阳耀斑为主。中期预报实质上是要预报新太阳活动区的产生及其活动性，预报已有的日面上的活动区将在什么时候有多大幅度的活动。因为缺乏对活动区演化的物理过程和规律的了解，中期预报是目前最困难的太阳活劝预报。

现在的中期预报方法是综合经验预报法，该方法主要根据以下几个方面的考虑做出预报：

①长期预报所提示的活动水平和位相；

②活动经度的分布特征；

③各活动经度的统计性质；

④黑子群的类型在时间-经度图上的分布；

⑤活动回转能力及活动能力的估计；

⑥活动的周期性，如三个自转周或 80 天左右的周期；

⑦行星位置的考虑；

⑧日冕增强辐射区的出现等等。如果要直接预报地球物理效应，还应该考虑冕洞的存在及回转以及质子事件的东西不对称性。

中期预报的经验数值化无疑是中期预报的改进方向之一。在用单指标数学模型做中期预报这方面也有进展。今后的中期预报工作，在继续积累和总结经验方法的同时，应该在较明确的物理思想指导下研究活动区的产生和演化规律。太阳大尺度磁场的剪切、挤压及太阳大气较差自转的监测及其与活动区关系的研究，是个有希望的领域。对活动区做适合于预报工作的分类是中期预报一项基础性工作。总之，需要从经验知识的数值化和活动区演化的物理研究诸方面向客观预报改进。

5.2.2.5　长期预报

长期预报内容是指提前一个或几个太阳周的太阳活动预报。预报内容集中于太阳黑子数和 $F_{10.7}$cm 射电辐射流量、太阳黑子数月均平滑值的峰值、峰期，上升期平均值等。黑子数或称黑子相对数虽然是一个缺乏物理意义的统计量，但是由于它已有二百多年的观测历史，积累的资料多而完整，作为一个统计量它能清楚地表征太阳活动的周期

性,受到了广泛的重视。太阳黑子周或更长期的黑子活动的预报方法可分以下六种:

(1)时间序列法

这种方法将历史上长期记录的黑子相对数 R 的变化曲线用周期函数叠加拟合表示为数学公式,再作外推。这种方法的基础是认为太阳黑子相对数的变化遵从统计规律,采用的方法易于操作。从历史上的预报效果看,并不太准确,显示太阳活动具有偏离统计规律的特征。

(2)活动周参量法

此法是利用不同活动周或活动周内部各参量,如极值、上升或下降段的时间长度之间的经验关系做预报。主要预测未来太阳周黑子相对数极大值及其时间位置。这种预报所使用的经验公式,多是由概率统计法和相关分析法所得到的。从预报效果来看,与方法 1 差不多,大部分预报值与实际结果可相差 20%以上。

(3)太阳活动先兆法

此方法的思想基础是认为太阳活动实际上主要是磁活动,强的中低纬磁场活动必然是由太阳周开始时出现在极区或高纬的弱磁场或弱磁场的某种活动形式演化来的。因此,根据极小期的某种测量,如极区光斑的数目、新周黑子的纬度、极区磁场强度等,应能预报极大期黑子活动情况。

(4)地球物理现象先兆法

此法利用极小期或太阳周下降期的地球物理量的测量来预报下一个太阳周黑子数极大值。这种预报法在物理上是说得通的,它把极小期地磁场的活动状况,通过极小期的太阳磁场与极大期太阳的磁活动状况联系起来了。

(5)行星位置法

行星或其集体在太阳上的潮汐力对太阳活动的影响究竟有多强,能否用行星的作用来预报太阳活动等等,是一直在争论的问题。当前,用行星位置预报太阳活动还处于研究多于应用的阶段。

(6)人工神经网络法

可用于预报太阳黑子数和太阳活动。

前述各种太阳活动长期预报方法具有不同的指导思想。时间序列法及第二种方法的第一部分的基本假设是未来的太阳黑子数的变化遵从以往太阳黑子数的变化所显示出的统计规律。这类方法比较简便,受到广泛的应用。但是给出的预报,就第 21 太阳周来看,普遍偏低。大部分预报值与实测值相差 20%以上。这类方法的优点是既能预报幅度又能预报时间位相。急待改进的是提高预报值。太阳活动现象先兆法和地球物理现象先兆法虽然也是用统计公式,但其物理思想比较明确。先兆法对第 21 太阳周黑子数极大值的预报比较正确,预报值非常接近实测值 165。这类方法一般是在极小期出现后才能做预报,时间提前量较小,至于能否预报位相还有待研究。

行星位置预报法的主要问题是其物理机制尚需明确。应该肯定,行星(特别是大行星)的位置通过引力机制对太阳会有影响,而且行星的位置适于做预报因子。但是从效果上看。用这种方法对第22周黑子数极大值及其时间位置所做的预报与实际情况相差甚远。

5.2.3 行星际磁场南向分量预报

强的南向IMF B_z 有两种类型的源,首先是固有的太阳源。南向IMF B_z 事件是从太阳喷射出的等离子体磁场的一部分,这些喷射出的等离子体可被辨别为太阳喷发现象之一:CME、耀斑喷射物、喷发的暗条或日饵等,这些都可以称为"喷射物"。"喷射物"这个词适用于来自太阳瞬变事件的、具有不寻常特征的太阳风的一部分。另一种类型的源是行星际源,太阳风中的几个物理过程已被证实可产生南向IMF B_z。被褶皱的行星际磁场、弯曲的日球电流片、在共旋相互作用区等离子体的压缩和和磁场起伏是这种类型的例子。在共旋相互作用区阿尔芬脉动的时间演变可变得不稳定,并产生大的IMF B_z。

5.2.3.1 大的南向IMF B_z 的太阳源[8]

在稳态太阳风模式中,太阳风速度和日冕区的磁场全都是在径向方向。磁场径向方向的偏离大都是源于大尺度日冕结构,如磁环、CME和暗条等。这些抛射的结构被称为"太阳瞬变"。于是,在过去,大多数研究者假定,瞬变IMF Bz分量伴随着"磁舌"或"磁云"(MC)。

利用1965～1993年近地太阳风数据对MC结构的研究发现,MC磁结构与太阳活动的位相有关。从1981年太阳黑子最大以来,大多数MC北向场超前南向场(NS型),而对下一个太阳黑子最大(1991年),南向场超前北向场(SN型)。总的SN型MC数目与总的NS型MC数目相等,右旋磁场数目与左旋磁场数目相等。同时还发现,伴随MC的静止暗条消失。将MC的磁结构与暗条结构比较,发现27个中有24个旋转方向一致。这意味着MC的磁场SN-NS有太阳周期变化。这个结果对空间天气预报是重要的。

通过对12个磁云的轴场方向与9个伴随的消失暗条(DSF)比较发现,MC轴的取向一般与伴随的DSF的取向一致。进一步分析26个伴随着强南向IMF B_z 的MC(称为"B_s 事件")发现:

①MC的中心轴场方向几乎逐渐地在黄道纬度－90°和90°之间扰动,经度分布的峰稍微在围绕东和西;

②B_s 事件的间隔和强度与云中心轴场方向线性相关;

③云中心轴场方向与伴随的消失暗条中心轴场方向相关。

在图5.2.3表示了MC中心轴场方向的黄道纬度与DSF中心轴场取向的关系,也显示了最小二乘法拟合及标准偏差。该结果表明，MC 在行星际空间传播时，轴场方向仅有一点点变化。这支持了根据太阳的 DSF 和光球层磁场观测预报 MC 轴场方向的可能性，这本质上就是预报南向 IMF B_z。

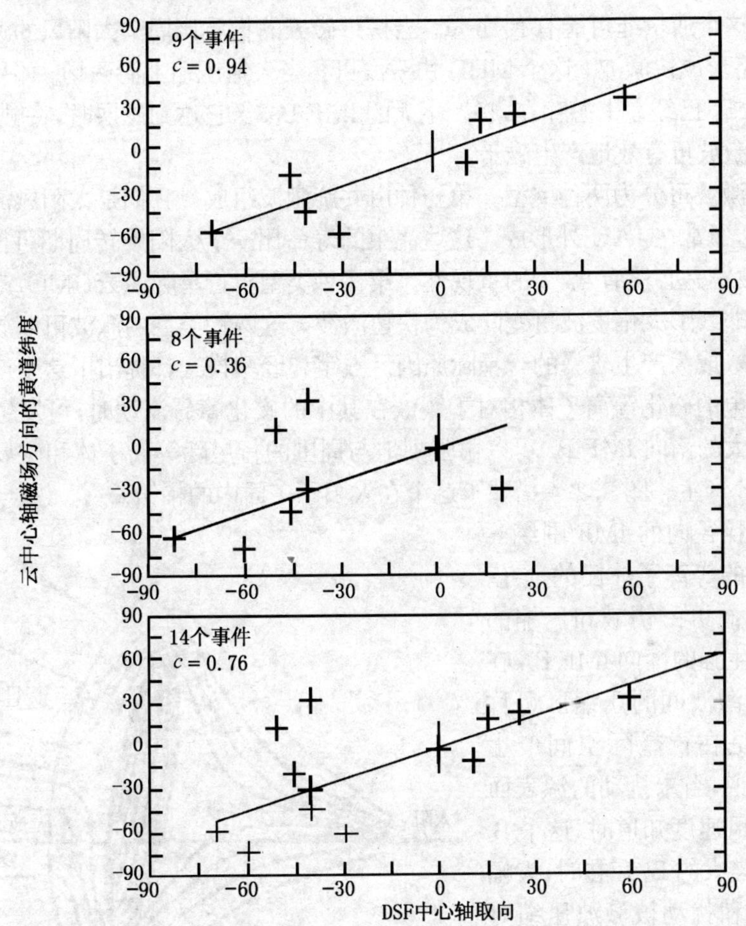

图 5.2.3　MC 中心轴场方向的黄道纬度与 DSF 中心轴场取向的关系(图中 c 指相关系数)

但是，预报 MC 里面(驱动气体)的 IMF 仍有不一致，需要进行更多的统计研究。在理论方面，用三维 MHD 模式研究日冕束和从太阳到 1AU 通量绳间相互作用的动力演变，并将这个模式应用到 1997 年 1 月 6～12 日事件的物理过程。预报的 IMF B 和 MC 里面的太阳风参数是与 WIND 观测数据定性一致的。

5.2.3.2　大的南向 IMF B_z 的行星际源

由于太阳旋转，进入行星际空间的太阳风和扰动将与来自太阳表面不同经度的周围太阳风相互作用。这个相互作用可对磁暴产生附加源。因为引起磁暴的直接因素是大的南向 IMF B_z,因此需要寻找可能产生那个分量的过程。

CME 一般是由一个亮环、一个暗区和一个靠近太阳的暗条或日饵组成。进入行星际空间(IPS)以后,CME 物质称为驱动气体。大约有 1/3 或 1/6 的 CME 有磁云或通量绳的形式。这个通量绳可能有 B_z 分量。当携带磁云的物质比周围太阳风的速度高出快的波速时,将形成快激波。这个 MHD 快激波可相当大地压缩上游磁场。如果一个中等的南向 IMF B_z 已经在上游存在,将产生大的 IMF B_z。当它达到磁层时,将触发大磁暴。快速 MHD 激波可有效地产生磁暴。

行星际激波可分为两种类型。第一种由共旋激波组成。它们是太阳风流束的相互作用产生的,通常在 1AU 外形成。这些流束的寿命比一个太阳旋转周期可长可短。因此,共旋激波不是必然有 27 天的重现性。第二种类型由行星际磁云(IMC)产生的瞬时激波组成。非线形大幅度波可变陡成为快速激波。这两种类型的激波可以放大周围的南向 IMF Bz,成为产生磁暴的行星际原因。数字和经验模式都提出了这个产生机制。

当高导电的磁化等离子体相对于镶嵌在其中的磁化障碍流动时,可发生行星际磁场的褶皱。大的南向 IMF Bz 可以由强烈地与周围的行星际等离子体和磁场相互作用的快速 CME 产生。图 5.2.4 描述了这个在太阳子午面内的褶皱。

一个纯粹径向的 IMF 围绕一个快速移动的等离子体团的北-南褶皱在黄道面可由褶皱和压缩的组合效应产生强的南向 IMF B_z。在驱动气体和激波间的压缩区可称为鞘区,它是在行星际空间产生的。原理上说,当未扰动的源表面磁场和太阳风速度知道时,这个 B_z 可以预报。当大的 B_z 存在时,大幅度阿尔芬波和扰动被激波压缩时也可以是磁暴的源。大的南向 Bz 的产生有 6 种可能性:

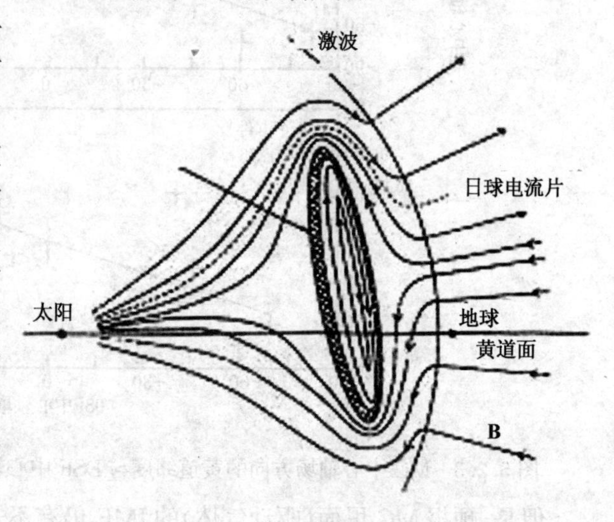

图 5.2.4　行星际磁场在太阳子午面上的褶皱

①激波南向场;
②日球电流片(HCS)弯曲;
③阿尔芬波和扰动放大;
④在剪切区的褶皱场;
⑤二分点 B_y 效应;
⑥快的流束-HCS 相互作用。

5.2.3.3　根据 IMF 褶皱预报 IMF B_z

McComas 等(1989)首先使用褶皱情况寻找快速 MC 前磁场褶皱的证据以根据他们的褶皱模式预报 IMF B_z 扰动。他们认为,IMF B_z 原理上可用 CME 运动方向和周围 IMF 取向的知识预报,如图 5.2.4 所示。MC 在黄道面的北向传播,在扰动前由 MC 产生的黄道面的径向场在太阳向。在鞘部分褶皱的 Bz 扰动是南向的。如果黄道面场的径向分量向外,B_z 扰动将是北向的。对于在黄道面指向南的 MC,扰动是反转的。使用这个方法,他们正确地预报了 26 个情况中的 13 个,表明他们的想法对于实时预报是有限的。Wu 等(1987)采用了与 Gosling 等(1987)相同的概念计算 B_z,他们的结果证实了由 McComas 等(1989)提出的模式。

在这两种模式中,IMF B_z 的预报取决于初始 IMF 位型和相对于初始平面日球电流片的太阳扰动的位置。这些初始条件不可能是准确到足以反映实际的 B_z。使用他们由 3-D MHD 模拟得到的方法,5 个独立的数据组用于研究在太阳最大期间(1978～1982 年)B_z 的转向。他们发现,预报准确性是 62/73(约 83%)。

5.2.4　地磁活动预报[9]

地磁活动预报的主要内容包括:描述地磁活动水平的地磁指数,如 K_p、A_p 和 Dst 指数;地磁扰动事件的预报,如磁暴、磁层亚暴的预报。主要的预报方法有统计预报、物理预报和利用人工神经网络方法预报。本节主要介绍基于物理模式的预报。

日地关系的研究推动了四个学科的发展,即太阳物理学、行星际物理学、磁层物理学和电离层(高层大气)物理学。在 20 世纪,尽管还有一些没有解决的、具有挑战性的问题,但这四个学科的研究都分别取得了很大进展,同时还开展了许多关于空间天气学方面的研究。需要注意的是,“天气”这个词本身就意味着,空间天气研究的目的就是预报,包括磁暴的预报。所谓预报磁暴,就是预报地磁指数 Dst 和 AE 随时间的变化规律。

为了成功地预报空间天气,需要建立一个新的、综合和集成上述四个学科及其分支学科的新学科。磁暴的预报就涉及这四个学科的集合。具体来说,需要以下 8 方面的知识[8]:

①背景太阳风流的建模;

②在源表面参数化的太阳事件;

③激波传播建模;

④由 IPS、彗星和其它方法探测激波;

⑤计算太阳风的速度、密度和到达地球附近时的 IMF;

⑥表征磁暴;

⑦预报极光卵的大小;

⑧检验磁暴对输电系统和地下管线系统的效应。

5.2.4.1　*磁暴预报模式描述*

(1)背景太阳风流的建模

即使没有发生特殊的事件,太阳风也表现出相当大的变化性。因此在建模时要作简化假定。源表面的状态对行星际空间状态的建模是很重要的。现在假设源是半径为 2.5R_s 的球形表面。源表面最重要的方面之一是磁赤道(或叫做中性线)。在太阳 11 年周期变化期间,源表面偶极场的轴从 0°到 180°(或从 180°到 0°)旋转。假定太阳风速度在正弦变化的磁赤道最小并随着纬度升高而增大,如图 5.2.5 所示。

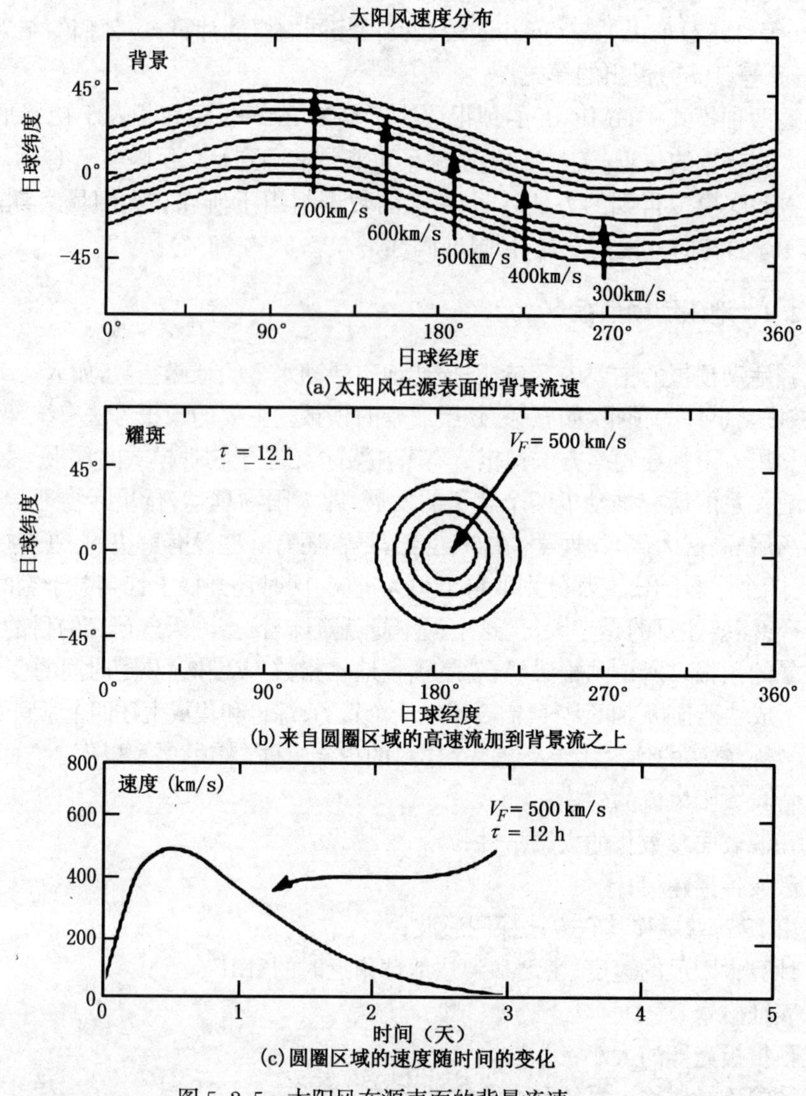

(a)太阳风在源表面的背景流速

(b)来自圆圈区域的高速流加到背景流之上

(c)圆圈区域的速度随时间的变化

图 5.2.5　太阳风在源表面的背景流速

这样就可以重现太阳黑子最小时，在地球或相对于 2AU 处任一点太阳风变化的许多主要特征。

由于太阳以 25 天的周期旋转，在 $2.5R_s$ 的空间固定点(不在源表面)沿着日球纬度线水平扫描速度场，从太阳经度 360°到 0°。太阳风粒子以不同的速度一个接一个地径向离开这个特殊点；在一个太阳自旋周内，这个点描绘出太阳风粒子速度的正弦变化。

起源于源表面磁力线可由离开源表面特殊点的粒子追踪。引起的行星际磁场结构类似 Parker 螺旋。图 5.2.6 给出了这种例子(图中源表面的磁赤道假定是正弦的)。计算的速度 (v)、密度(n) 和 IMF 的大小 B 与观测结果一致。

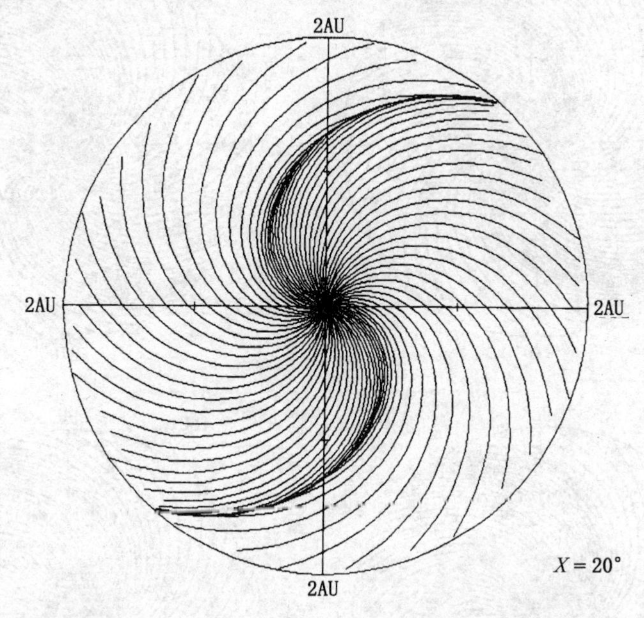

图 5.2.6　赤道面上的行星际磁力线的螺旋结构

(2)参数化太阳事件

假定太阳事件由源表面的高速源区表示，它叠加在背景结构之上。源的面积由圆圈(或椭圆)面积表示；在中心速度最高，速度分布是高斯分布。中心速度随时间的变化是由

$$\tau_F\left(v_F\frac{t}{\tau_F}\right)\cdot\exp\left(1-\frac{t}{\tau_F}\right)$$

参数化的。于是，一个太阳事件是由事件中心的最大速度 v_F、面积 σ_F，时间变化 τ_F，连同事件的经度 λ_F、纬度 φ_F 和起始时间 T_F 表征的。图 5.2.5 表示了采用的参数，$\lambda_F=180°$，$v_F=500\text{km/s}$，$\varphi_F=0°$，$\sigma_F=30°$，$\tau_F=12$ 小时。

假定事件发生在 12 月 8 日 12 时 UT 太阳盘的中心，在这特殊的情况下，在太阳事

件的起始，事件和地球的位置几乎在相同的太阳径线上。如果考虑 CME 或突然的暗条消失，需要用另一组参数描述它们。

(3)建模激波的传播

图 5.2.7 给出了激波在 12 月 10 日 00 时、06 时、12 时和 18 时 UT 在赤道面上的传播，也即在假想的 12 月 8 日事件发生 36 小时、42 小时、48 小时和 54 小时以后。地球的位置由星号标出。因为事件假定发生在盘的中心，激波中心大约沿着日地联线传播。

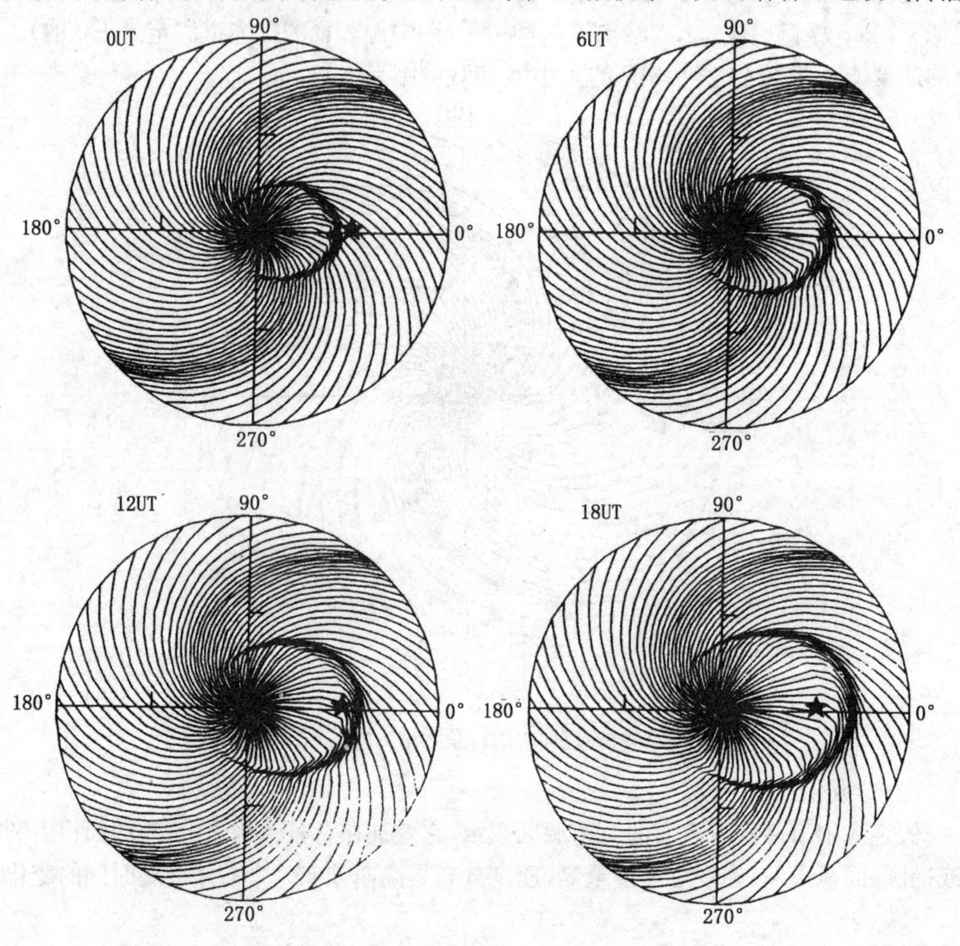

图 5.2.7　激波在赤道面上的传播

(4)由 IPS 探测激波

为了预报在特定太阳事件后的磁暴，要求探测在太阳和地球之间前进的激波。理想情况是在中间点设置一个探测器，但实际上这是不可行的。因此，可利用行星际闪烁(IPS)。

为了证实这个方法，现在构造了一个激波的3-D表面，并将其投影在一个“天空图”上，即中心在太阳方向的天空图，如图5.2.8所示。在事件期间可利用的IPS观测在天空图的左上方用强的IPS区域表示(图5.2.9)，与投影一致。

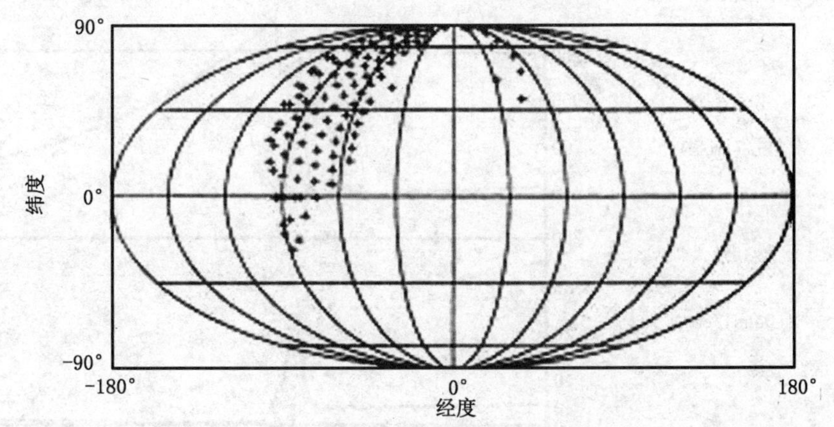

图5.2.8　三维激波前沿在天空图上的投影

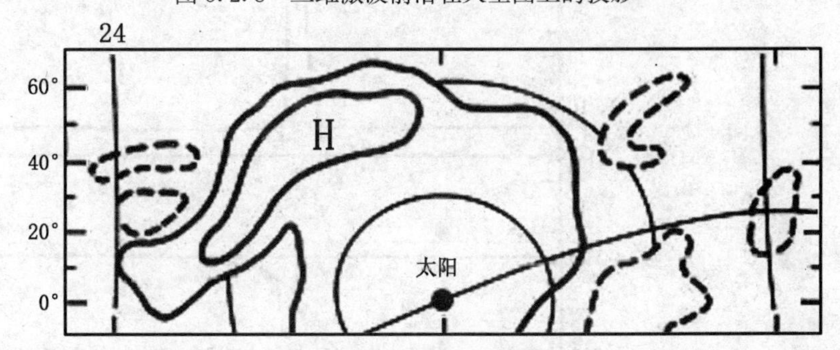

图5.2.9　观测到的行星际闪烁

图中高IPS区在天空图西北部分，大约在激波所处的位置

(5)计算太阳风的速度、密度和到达地球附近时的IMF

这些模式能预报太阳风性质，如速度、密度和在2AU内任何位置的IMF。图5.2.10给出了1990年12月8～12日在激波传播部分讨论的假想的太阳事件在地球的这些量。

(6)表征磁暴

预报磁暴要求预报作为时间函数的Dst和AE指数。下一步是是辨别产生暴及暴场的电功率表达式。一个例子是

$$(MW) = 20v(\mathrm{km/s})B^2(\mathrm{nT})\sin^4\left(\frac{\theta}{2}\right)$$

这里 θ 指 IMF 极角。

在预报磁暴时采用的第一重要检验是看 ε 是否能表征各种磁暴，是否能根据 ε(t) 推导出地磁指数 $AE(t)$ 和 $Dst(t)$。

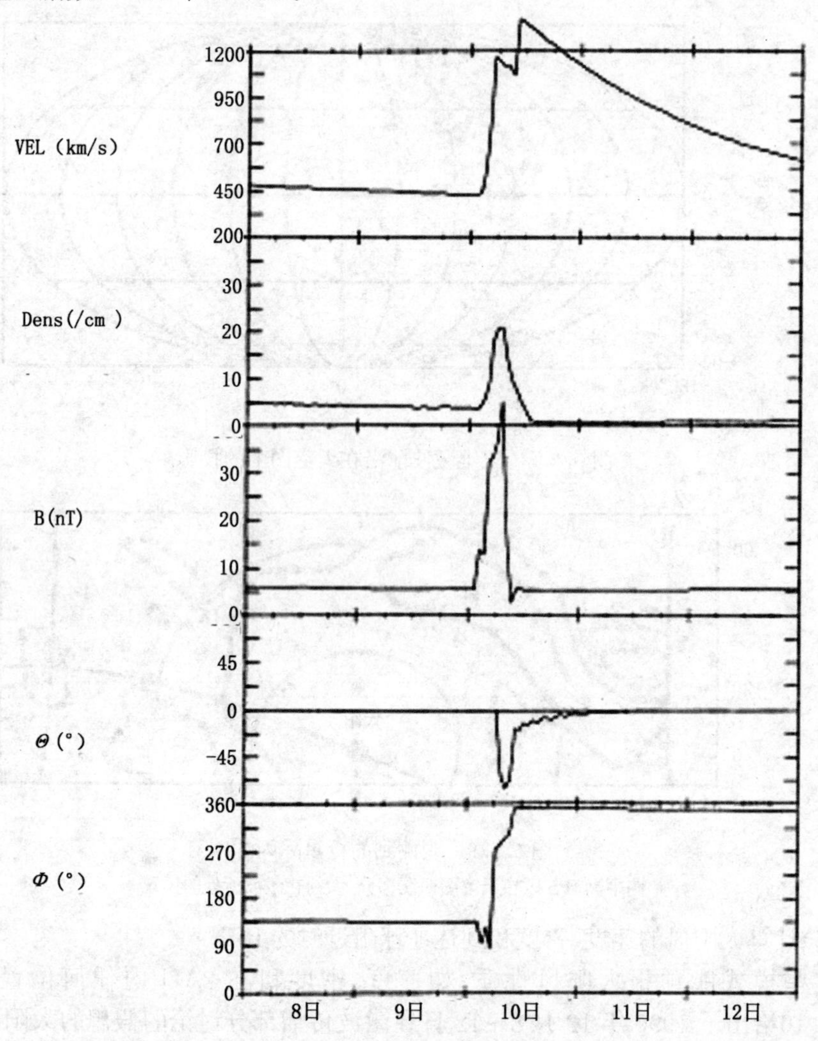

图 5.2.10　由图 5.2.7 假定的事件计算的太阳风速度、密度、IMF 大小 B 和 IMF 的 Φ 和 φ 角

图 5.2.11 表示了 ε、计算的 Dst、计算的 AE 和 1973 年 3 月磁暴时观测的 AE。Dst 是与环电流粒子的总动能成正比的，可由下面的公式计算 Dst：

$$\frac{\mathrm{d}Dst}{\mathrm{d}t}=\alpha\varepsilon-\frac{Dst}{\tau_R}$$

假定 70% 的功率耗散在环电流中，因而 α 是 0.7；τ_R 是环电流粒子的寿命(约 7 小时)。在

ε项中，磁暴的强度可粗略地划分为以下几种：

弱暴：ε约0.25MW（例如 v =500km/s，B =5nT）；

中暴：ε约1.4MW（例如 v =700km/s，B =10nT）；

强暴：ε>8.0MW（例如 v =1000km/s，B =20nT）。

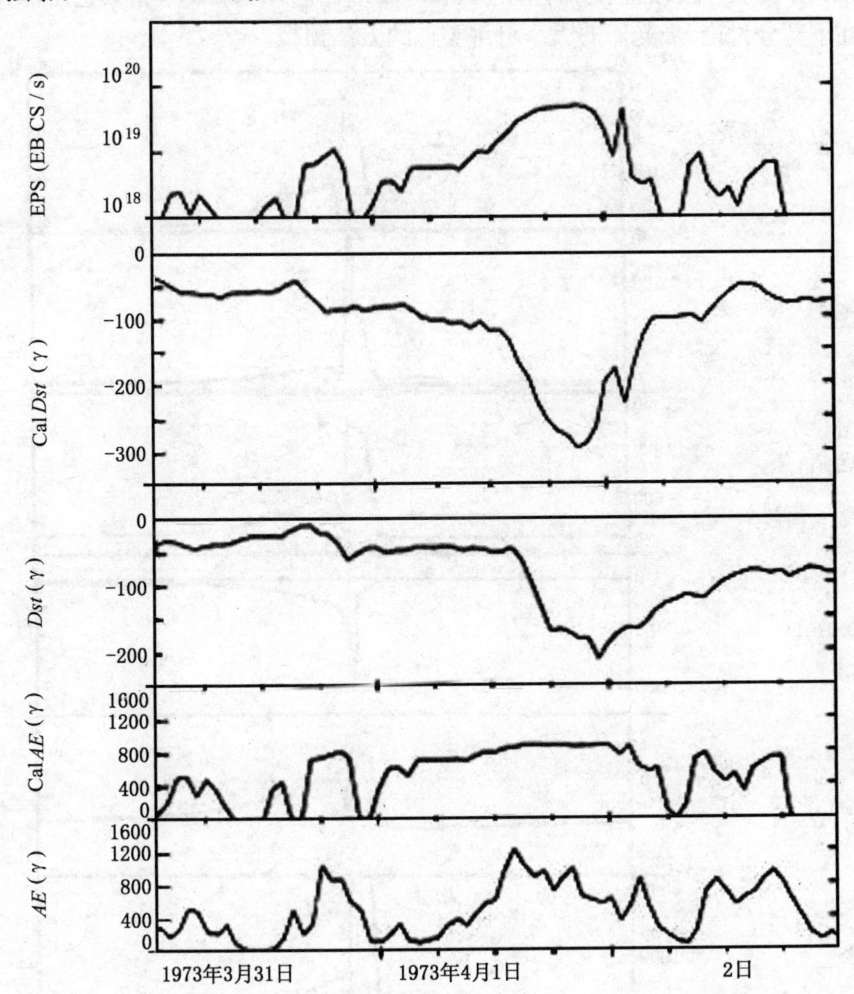

图5.2.11　根据太阳风观测计算的(参数，计算的Dst指数(CAL，*Dst*)，观测的Dst指数，计算的 *AE* 指数(CAL，*AE*)和观测的AE指数(1973年3月的磁暴)

到目前为止，还没有理论研究可以确定ε和 *AE* 指数的关系。这是因为磁层对增加的ε的响应有两种形式，直接驱动和卸载过程。直接驱动与ε相关得很好，但卸载过程相关得不好，因此在这时不能预报。*AE* 指数包括了这两个分量。所以，必须建立ε和 *AE* 间的经验公式

$$AE(\mathrm{nT}) = -300(\log\varepsilon)^2 + 11700\log\varepsilon - 113200$$

从图 5.2.11 可以看出，根据 ε 计算的 *Dst* 变化可以重现相当好，不管是观测特征还是时间变化。然而，ε 和 *AE* 间的经验关系明显地需要改进。

图 5.2.12 表示对假想的事件计算的 ε，*AE*(CAE) 和 *Dst*(CDST) 指数也是计算的。量 φ_{pc} 将在下部分讨论，极光卵的大小可用类似的方法预报。

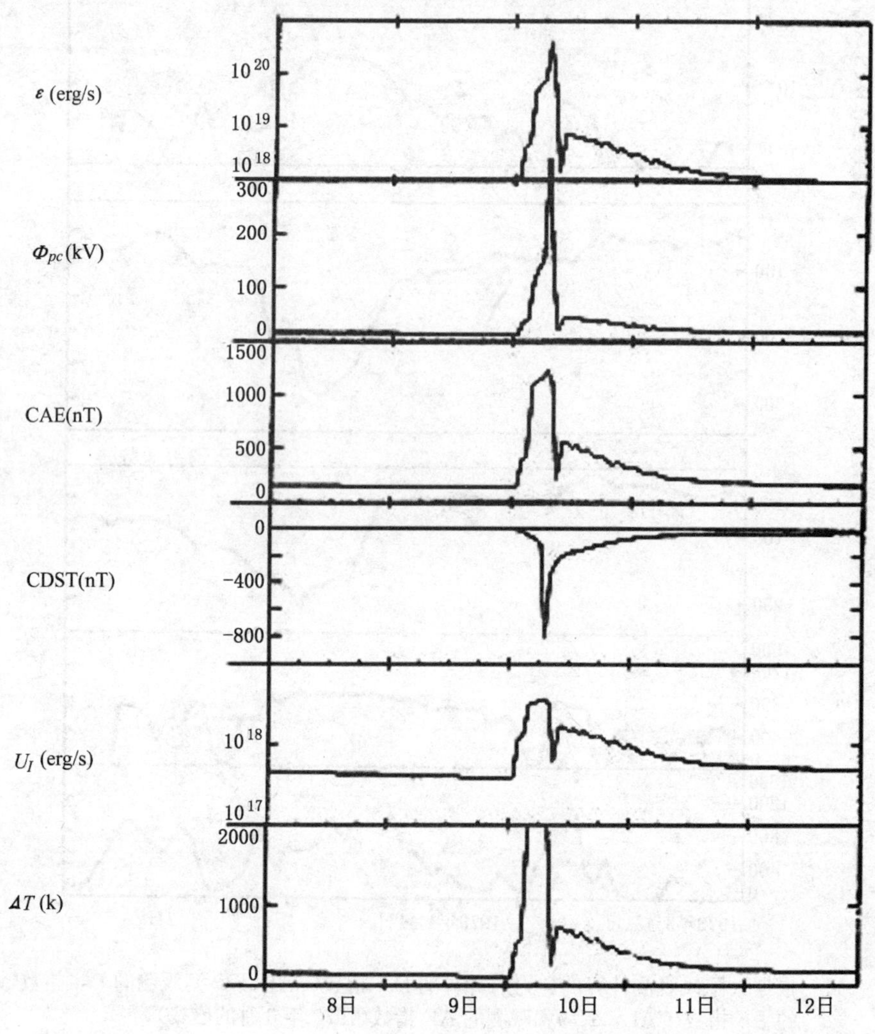

图 5.2.12　对于图 5.2.10 描述的假想事件计算的 ε 参数、极盖电位降 φ_{pc}、*AE*(CAE) 和 *Dst*(CDST) 指数

(7)预报电离层效应

ε 参数与极盖电位降有很好的相关

$$\Phi_{pc} = (0.93 - 3.19)^{1/2}$$

正是极盖电位降驱动了电离层等离子体从白天半球向极盖区流动。

5.2.4.2　待解决的问题

目前之所以还不能成功地预报磁暴，是因为我们还不能找到一种方法预报 $\theta(t)$。于是，在太阳事件以后的 $\theta(t)$ 预报对磁暴预报是很关键的。在 5.2.3 节中讨论了 IMF B_z 的预报问题，如果能预报 IMF 极角随时间的变化，这对于磁暴预报是很重要的。另外，在大磁暴期间，IMF 方位角常常发生急剧的变化，这表明，有时电流片存在大尺度的移动。

图 5.2.13 表示伴随着南半球的一个太阳事件的激波怎样上推电流片，因而地球相对于电流片（激波通过以前在上边）的位置可以变化（激波通过以后在下边）。θ 角某些变化与电流片变平有关。进一步，激波的通过可以增加 IMF 的大小，因此如果 $\theta > 90°$，ε 可以增加。

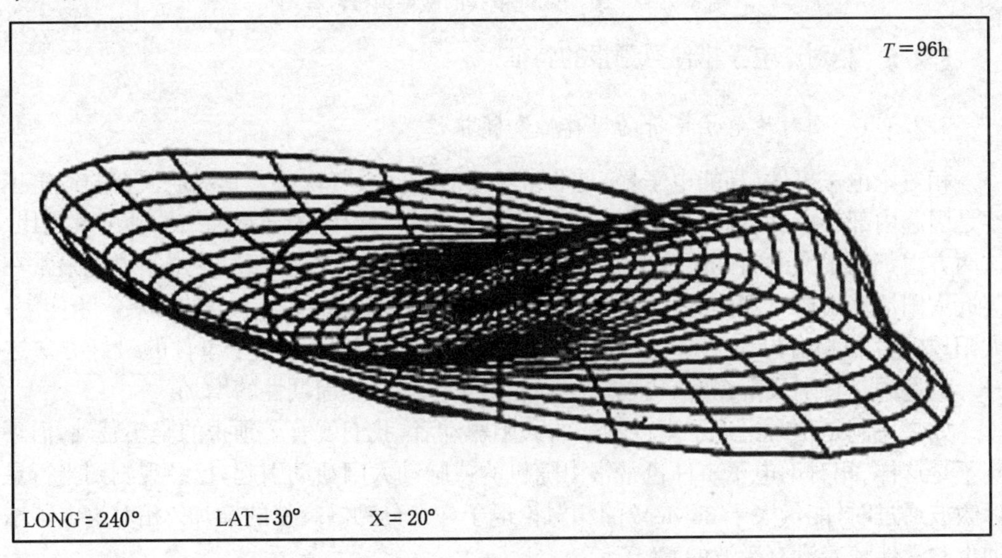

图 5.2.13　南半球太阳事件前和 96 小时后的电流片

在检验太阳风速度 v、IMF 大小 B 和 IMF 极角 θ 的变化时，最大变化的量是 θ。为了使 ε 大于 1MW，对于 $v = 500 \sim 1000$km/s 和 B 约 10nT，要求 θ 大于约 90°。这种情形称为 IMF 的南向转变。

5.2.4.3　总结

作为一个总结，图 5.2.14 给出了磁暴预报的流程图。由此看出，磁暴预报需要太阳物理学、行星际物理学和磁层物理学等多学科共同努力。

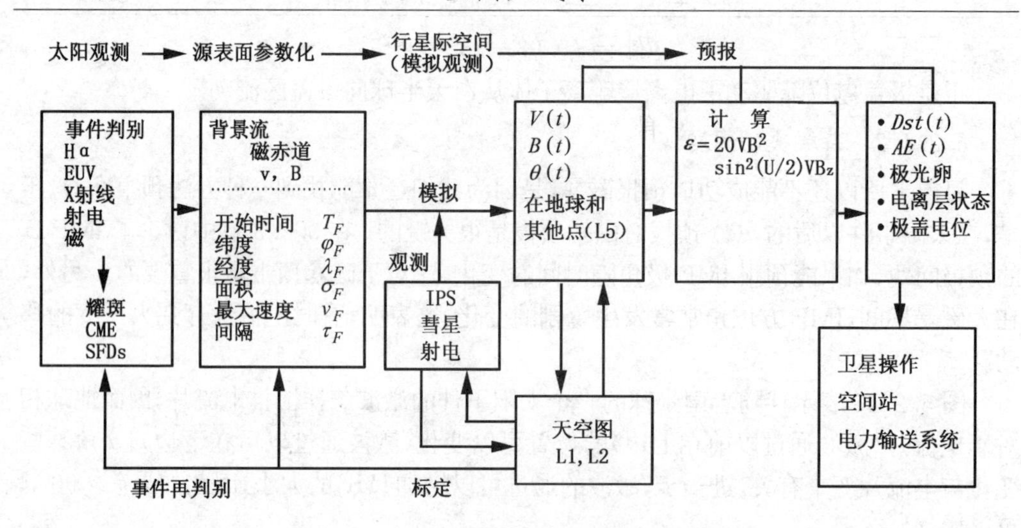

图 5.2.14　基于物理模式的磁暴预报流程图

5.2.5　相对论电子事件可预报的特征

5.2.5.1　相对论电子事件的规律性和随机性[10]

相对论电子事件(高能电子暴)是非常重要的空间天气现象。它对航天器的危害主要是引起内部带电。而内部带电引起的危害程度与相对论电子通量和谱的硬度成正比。这两方面都以很宽的时间尺度变化,从几分钟到太阳活动周期。相对论电子增加最常在接近太阳活动最小时观测到,这时来自日冕洞的高速太阳风撞击地球的磁层。事实上,太阳风速度和相对论电子通量之间强的相关性是预报相对论电子事件的最好方法之一。当冕洞是特别长寿命时,可以观测到相对论电子通量周期性的增加。

如果冕洞是相对论电子事件唯一的太阳驱动者,我们就有了预报的坚实基础。但事实不是这样。相对论电子事件也常常由随机的或脉动太阳活动引起,已经观测到当行星际激波通过时,能量大于 25MeV 的相对论电子在几分钟内突然的增加。相对论电子增加也常常伴随着没有激波的 CME。

虽然太阳风驱动和相对论电子响应间有好的联系,但这种关系是不能定量预报的。另外,不是所有的 CME 都引起相对论电子通量增加。南向 IMF B_z 在产生约 100eV 的“萌芽粒子”方面可能起一定作用,但 IMF B_z 和高太阳风速度是积累暴时环电流的要素,在 1994 年,90%的磁暴伴随着相对论电子增加,峰值间的相关小于 60%。而太阳风驱动和环电流间有强的联系。

由于驱动相对论电子增加的太阳风条件有相当大的变化,每个事件也都有很大差别,因此,找到一个普遍适用的预报方法是很困难的,但可以从具体事件的分析中,找出一些可预报的特征。

5.2.5.2　四个磁暴期间相对论电子分布特征

基于以上考虑，美国“地球空间建模”(GEM)计划对4个磁暴以及磁暴期间测量的相对论电子增加进行了仔细分析，目的是找出相对论电子事件中一些有规律的迹象，以便进行预报。

所选的四个磁暴的地球物理条件示于图5.2.15。从上到下显示了*Dst*指数、*Kp*指数、IMF B_z分量、太阳风离子密度和太阳风速度。对于这四个磁暴，*Dst*最小的范围从−85到−228，最大太阳风速度从1997年5月的500km/s到1998年9月的930km/s，而其它参数也显示了相当大的变化。所有这四个暴都是由CME产生的磁云驱动的。

相对论电子数据来自POLAR、GOES-8、GOES-9、GPS NS-24、GPS NS-33和SAMPEX等9个卫星。

通过对上述数据分析发现，具有普遍性的特征包括在L≈4.2和L≈6.6处电子通量的时间变化、在L≈4.2和L≈6.6处能谱的时间演变和在L≈4.2与L≈6.6之间相空间密度梯度。

5.2.5.3　相对论电子事件可预报的特征

根据对上述数据的分析，相对论电子事件有几个特征在不同磁暴中是一致的。分析集中在同步轨道和L≈4.2，接近于外带的心脏，重要的是GPS卫星在那里穿过磁赤道。

根据对1997年1月磁暴的研究，一个有趣的现象之一是在L≈4.2相对论电子通量急剧增加，在开始上升后12小时达到峰值，在以后的10天内几乎恒定。这个特性对所有四个暴都是普遍的。在每个事件中，相对论电子通量有一个初始的减小，这归因于环电流的寝渐响应，也叫*Dst*效应。在下降之后是通量快速的增加。对所有情形，在$L\approx 4.2$增加到最大用半天的时间。在$L\approx 4.2$达到最大值后，保持恒定或稍微减小。在暴起始和峰相对论电子通量之间3～4天的延迟似乎是电子带外边缘的特征，接近地球同步轨道。

在四个磁暴中，相对论电子谱也有共同的特征。在两个L壳谱的变化甚至比通量变化更陡。将GPS在$L\approx 4.2$和LANL同步轨道卫星在$L\approx 6.5$测量的通量拟合成简单的指数形式

$$j(E)=C\exp\left(-\frac{E}{E_0}\right)$$

这里C是能量大于200keV的电子数(密度)，E_0是谱斜率(或温度)。一个有趣的特征是C和E_0比大于2MeV的电子通量变化得更快。

谱突然变化以后，在两个L壳的“密度”开始减小(C减小)，在$L\approx 4.2$的谱变硬(E_0增加)。在$L\approx 4.2$的变化与粒子的突然“投射”和谱的低能分量损失一致。在同步轨道，“密度”的增加是与在$L\approx 4.2$看到的同时发生的，随时间的减小粗略来说是以相同的速率。在同步轨道的谱斜率似乎恒定。

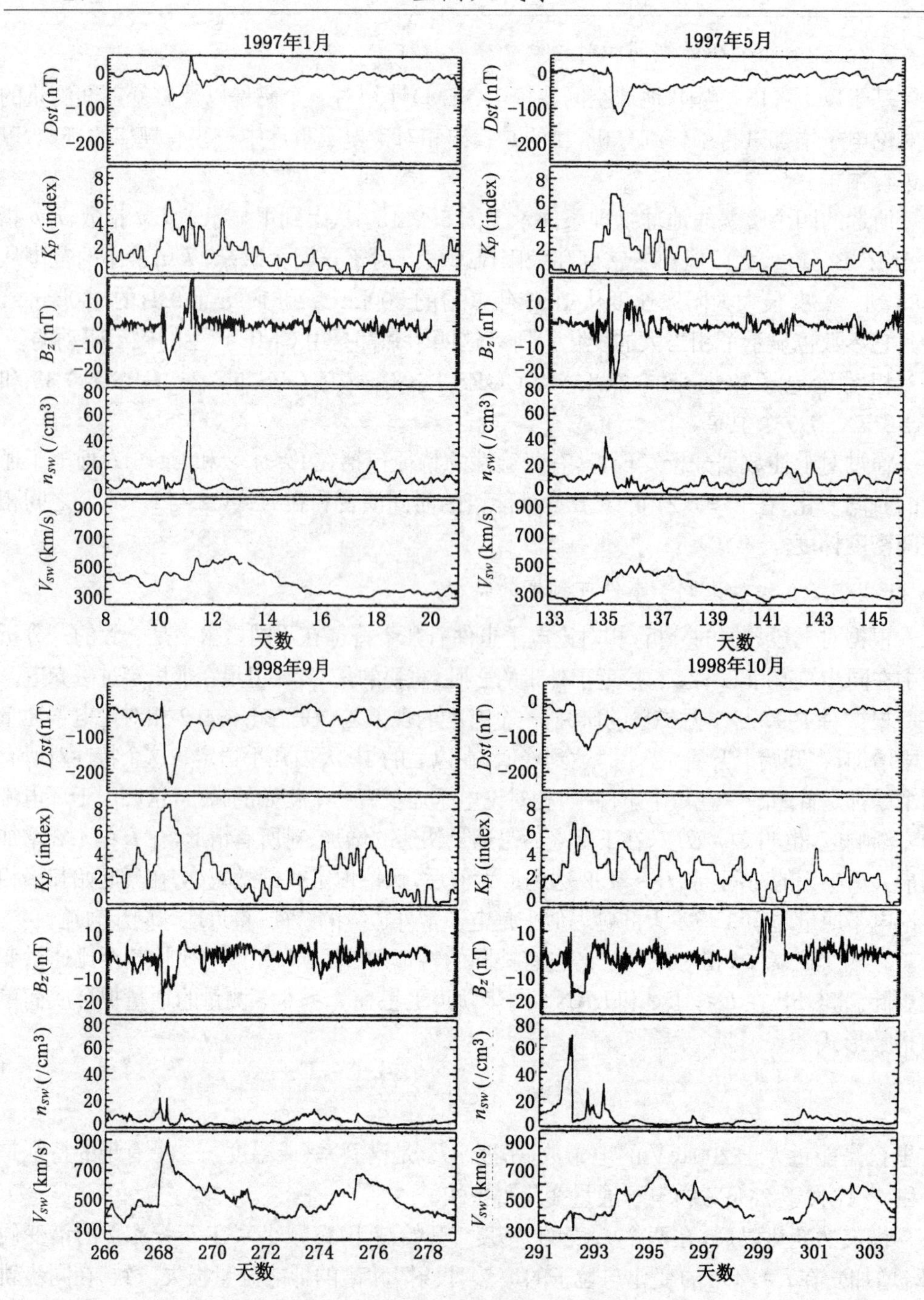

图 5.2.15　四个磁暴的地球物理条件

使用谱拟合并用假定的磁场计算相空间密度，比固定能量的通量显示出更一致的特性。对这里考虑的所有 μ 值（μ 值是第一寝渐不变量），在同步轨道的相空间密度比在 $L \approx 4.2$ 处的高，但是梯度随 μ 的增加而减小。

在 $L \approx 4.2$，低 μ 值的相空间密度缓慢地随时间减小，而在高 μ 值它们增加。

在 $L \approx 6.6$，在低和高 μ 值间的差别不那样强，而在低 μ 值，相空间密度梯度保持接近恒定，在高 μ 值，梯度随时间减小，10 天后几乎消失。

这些特征对所有相对论电子事件可能是共同的。对这四个磁暴他们是共同的这一事实已经提供了评估各种空间天气预报模式的重要框架。

5.2.6　电离层活动预报

电离层的扰动现象包括突发电离层骚扰（SID）、极盖吸收（PCA）、电离层暴、电离层行扰（TID）、电离层闪烁等，目前主要开展了对 SID、电离层暴和电离层闪烁的预报工作。

5.2.6.1　突发电离层骚扰预报

目前对 SID 的预报主要是针对通讯条件进行的，包括 F_2 层临界频率、F_2 层中间频率和最大可用频率的预报，一般提供提前半天、2 天、5 天和 30 天的预报。预报方法是根据太阳活动特征，特别是以太阳耀斑爆发为代表的活动特征，通过统计方法，加上预报人员的经验来进行。

电离层临界频率与太阳黑子数 R 有关，见图 5.2.16。由图可看出，E 层和 F_1 层的临界频率随太阳天顶角 χ 以 $(\cos\chi)^{1/4}$ 规律变化。太阳黑子数与临界频率变化的关系为[10]：

$$f_0\mathrm{E} = 3.3[(1 + 0.008R)\cos\chi]^{1/4}\mathrm{MHz}$$

$$f_0\mathrm{F}_1 = 4.25[(1 + 0.015R)\cos\chi]^{1/4}\mathrm{MHz}$$

F 层临界频率对太阳黑子的灵敏度几乎是 E 层的 2 倍。

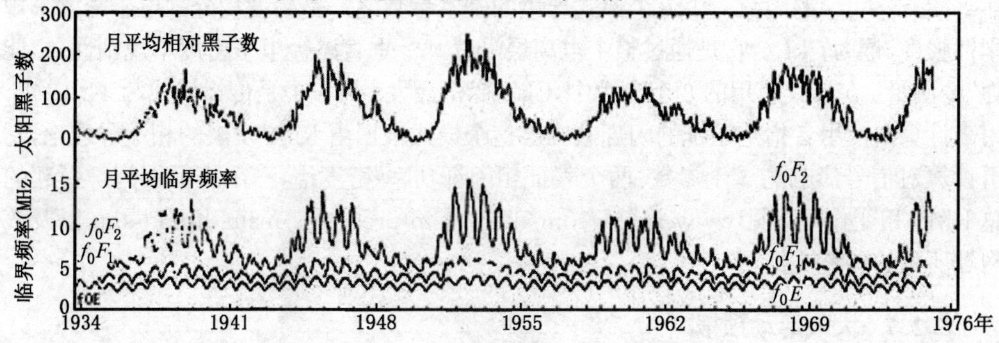

图 5.2.16　临界频率随太阳黑子的变化

如果排除季节异常，F 层临界频率与太阳黑子数的关系为

$$f_0F_2 \propto (1 + 0.02R)^{1/2}\text{MHz}$$

5.2.6.2　电离层暴预报

电离层暴预报包括月出现概率预报、提前 2～3 天出现概率预报和磁暴发生后半天或数天电离层暴特性的短期实时预报。对于月出现概率预报，主要基于一部分磁暴及相关联电离层暴有大约 27 天太阳自转周的重现性，可以提前一个月作出电离层暴出现概率的预测。对于提前 2～3 天出现概率预报，主要根据伴随耀斑的太阳能量粒子到达地球具有 1～2 天的延时效应，利用耀斑活动及其相关的太阳扰动参量提前 2～3 天对电离层暴出现概率作出预测。另外，还可以根据位于 L1 点的太阳观测卫星所观测到的 CME 事件，预测磁暴，进而预测电离层暴。对于磁暴发生后的电离层暴特性的预报，主要根据实时探测数据与形态统计规律作预报。

由于磁层-电离层-热层间的相互作用过程非常复杂，对电离层暴机制和形态规律的认识还不够清楚，因此，目前大都处于用统计规律及经验模式作预报，预报的准确率不高。

5.2.6.3　电离层闪烁预报

目前的电离层闪烁预报主要有两种方法，一种是根据卫星实时的探测数据，预报电离层不规则性发生的位置和变化趋势，进而对闪烁作出接近实时的预报。现在，国外已经开展这方面的工作，进一步的探测和预报计划正在实施过程中。另一种方法是根据经验模式作预报。但这种方法目前还只是电离层气候预报。

挪威发展了一个电离层闪烁预报模式 WBMOD。这个模式可用于计算用户指定系统和区域闪烁效应的严重程度。WBMOD 由两部分组成，一个是电子密度不规则模式(EDIM)，它汇集了一些经验模式，描述了不规则性的几何、取向、强度和运动，作为位置(纬度和经度)、日期、时间、太阳活动水平(太阳黑子数 SSN)和地磁活动水平(行星际 K 指数，Kp)的函数。由这个模式产生的基本参数之一是高度积分的电子密度不规则性强度，记为 CkL。它是通过整个电离层沿着一个垂直路径电子密度不规则性总“能力”的测量。在模式使用的 8 个参数中，CkL 变化最大。另一个是传播模式 SCNPROP，用来计算由使用者指定系统的闪烁效应。这个模式根据由 Rino 发展的相－屏理论，它可计算对信号影响的 3 个参数：两个表征相闪烁功率-密度谱，一个表征因闪烁引起的总 RMS 相变化。参见 www.nwra.com/nwra/scintpred/sp_main.html#top 以及该网址所列的参考文献。

5.2.7　大气活动预报

大气活动预报的主要内容是预报大气成分、密度和温度的长期、中期和短期变化。

目前的主要预报方法是利用大气模式。目前已经发展了几个高层大气 3-D 模式，用于研究热层和电离层的过程，特别是对太阳和极光变化的响应。这里简单介绍美国国家大气研究中心发展的“热层－电离层电动力学一般循环模式”(TIE-GCM)。

TIE-GCM 适用于 95～800km 的空间范围，不包括中层，因此必须在 95km 处指定边界条件。它可用于研究热层-电离层系统对太阳 EUV 和 UV 辐射、极光粒子沉降和在磁暴与亚暴期间离子对流变化的响应。

TIE-GCM 包括半自恰电离层电动力学，即计算由电离层发电机产生的电场和电流，并考虑它们对中性和电离层动力学的效应。它可用于研究热层与电离层和磁层的耦合。热层-电离层电动力学相互作用的示意图见图 5.2.17。这些相互作用在每个网点和时间步长计算。

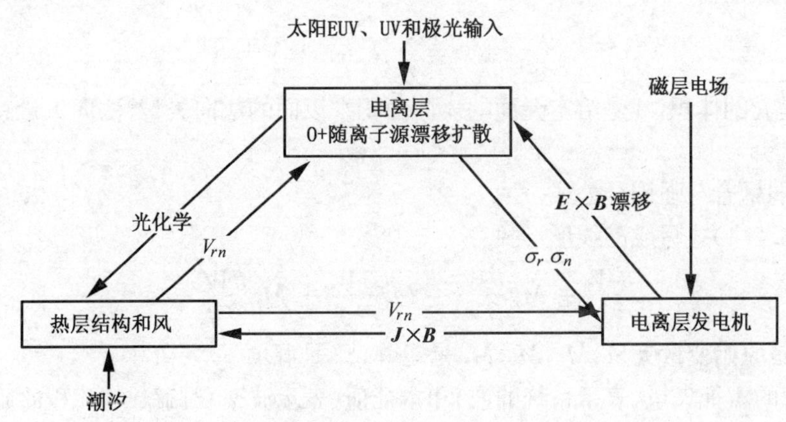

图 5.2.17　在 TIE-GCM 模式中耦合的物理和化学过程[12]

TIE-GCM 的输出包括中性气体温度、中性风(纬向、子午圈和垂直分量)、主要中性成分(N_2、O_2、O)和少量成分(NO、N(^{4}S)、N(^{2}D)、O(^{1}D)、O(^{1}S)、He 和 Ar)、中性密度、电子密度(Ne)、离子成分(O^+(^{2}D)、O^+(^{2}P)、N^+、H^+)、电子和离子温度、电场和电流、电导率和气辉发射。

目前，该模式已经成功地模拟 1998 年 3 月 15 日和 5 月 15 日的空间天气。

5.2.8　全球空间天气预报的自适应 MHD 方法[13]

覆盖了从太阳表面一直到地球的高层大气，并以物理规律为依据的高性能日地系统模式，可以根据太阳观测和上游太阳风数据预报近地空间乃至整个日地系统的空间天气。

这样的模式经过许多人的努力，加上计算技术的发展，目前已经用于日地系统的空间天气预报。BATS-R-US 就是这些模式之中的一个[12]。

5.2.8.1　BATS-R-US 模式描述

BATS-R-US 模式解磁流气动力学支配方程。

(1)耦合系统守恒定律方程

$$\frac{\partial U}{\partial t} + \nabla \cdot F_{\mathrm{CONV}} = S \tag{5.2.1}$$

这里 U 是守恒量的矢量，F_{CONV} 是守恒通量，S 是模式扩散、化学作用和其它效应的源项。计算区域划分为“元”，典型的元是六面体或四面体，在(5.2.1)式中给出的偏微分方程对每个元积分，这导致一组随时间变化的常微分方程。守恒物理量的变化率是所有通过元表面的通量简单的求和，再加上元项的体积分。这就产生了下面对守恒物理量 $\overline{U}$ 的常微分方程：

$$\frac{\mathrm{d}\overline{U}}{\mathrm{d}t} = -\frac{1}{V}\sum_{\mathrm{face}} F_{\mathrm{CONV}} \cdot A + \overline{S} \tag{5.2.2}$$

这里 V 是元的体积，A 是给定元面的表面面积乘以面的法向矢量(法向矢量总是从元指向外)。

(2)弱耦合与强耦合公式

将(5.2.1)式写成准线形形式

$$\frac{\partial W}{\partial t} + M_x \frac{\partial W}{\partial x} + M_y \frac{\partial W}{\partial y} + M_z \frac{\partial W}{\partial z} = S' \tag{5.2.3}$$

这里 W 是原始变量矢量，M_x, M_y, M_z 是矩阵，S' 是源项。

相应的本征矢量(表示系统的波)和本征值(表示波速)对解数字流程的质量和强度有重要效应。这可以通过理想 MHD(忽略外源项)公式证实：

$$\frac{\partial \rho}{\partial t} + (u \cdot \nabla)\rho + \rho(\nabla \cdot u) = 0 \tag{5.2.4}$$

$$\frac{\partial u}{\partial t} + (u \cdot \nabla)u + \frac{1}{\rho}\nabla \rho = \frac{1}{\mu_0 \rho}(\nabla \times B) \times B \tag{5.2.5}$$

$$\frac{3}{2}\frac{\partial p}{\partial t} + \frac{3}{2}(u \cdot \nabla)p + \frac{5}{2}p(\nabla \cdot u) = 0 \tag{5.2.6}$$

$$\frac{\partial B}{\partial t} + (u \cdot \nabla)B = (B \cdot \nabla)u - B(\nabla \cdot u) \tag{5.2.7}$$

这里 ρ、u 和 p 分别是等离子体质量密度、群速度和总压力。B 是磁场矢量，μ_0 是真空磁导率。由(5.2.4)到(5.2.7)式可看出，流体和电磁方程通过源项耦合。任何相应的特征矩阵 $M_i(i=x,y,z)$ 仅有一个非零波速，即离子声速($a_s^2 = 5p/3\rho$)。这个 MHD 方程相应于弱电磁耦合，因为方程系统的特征结构与单独的流体方程相同。

改变(5.2.4)到(5.2.7)式的写法，将所有项移到左边，这个公式引起电磁和流体效应强耦合的特征波结构，矩阵 M_i 描述了快慢磁声波和阿尔芬波。这个公式称为强电磁耦合。用在 BATS-R-US 中的数字框架是基于强耦合公式。

(3)对称公式

现代数字方法充分利用基本守恒定律的数学结构。某些守恒定律的特殊性质是对称性。对称性意味着人们可以找到一个合适的变换,使得特征矩阵 M_x、M_y、M_z 都变成对称的。对称系统形式上是伽利略不变量。法拉第定律的伽利略不变量形式是

$$\frac{\partial B}{\partial t}=-\nabla\times E-(\nabla\cdot B)u \tag{5.2.8}$$

这个方程保证初始的 $\nabla\cdot B$ 值在以后任何时候都不变。这可以从对(5.2.8)式取散度看出:

$$\frac{\partial(\nabla\cdot B)}{\partial t}+\nabla\cdot[(\nabla\cdot B)u]=0 \tag{5.2.9}$$

引入标量

$$\Psi=\frac{\nabla\cdot B}{\rho}$$

(5.2.9)式可写成

$$\frac{\partial\rho\Psi}{\partial t}+\nabla\cdot(\rho u\Psi)=0 \tag{5.2.10}$$

方程(5.2.10)表示,Ψ 是无源对流标量。

(4)高分辨率上风流程

解对流居主要地位的问题时,最成功的流程是用对流方向“偏置”差分的数字表示。这些偏置流程称为上风流程,因为用在矫正步的数据是在上风方向朝前偏置。对于对流方程

$$\frac{\partial u}{\partial t}+a\frac{\partial u}{\partial x}=0 \tag{5.2.11}$$

最简单的上风流程是

$$\frac{u_i^{n+1}-u_i^n}{\Delta t}=\begin{cases}-a\dfrac{u_i^n-u_{i-1}^n}{\Delta x} & a>0\\ -a\dfrac{u_{i+1}^n-u_i^n}{\Delta x} & a<0\end{cases} \tag{5.2.12}$$

这里 i 是表示空间位置的指数,n 是时间位置的指数。

用在 BATS-R-US 方法中的基本数据结构是自适应数据块。自适应数据块将空间划分为区域,每个区域是规则的网格,称为块。如果区域需要细化,则块被 8 个子块代替。

5.2.8.2 *应用*

BATS-R-US 已成功地应用于模拟广泛的空间等离子体范围,从日冕膨胀到日球与星际介质、水星磁层、金星磁层、地球磁层、火星和土星的相互作用。此外,还成功地模拟了彗星与太阳风的相互作用,包括彗星 X 射线发射,与 Io、Europa 和 Titan 高速磁层等离子体相互作用。

参考文献

[1] Gosling J. T., Coronal mass ejections: An overview, in Coronal Mass Ejections, AGU monograph, 99, Crooker N, Jooselyn J. A. and Feynman J. (eds), 9—16, 1997.

[2] Tobiska W. K. et al., The SOLAR2000 empirical solar irradiance model and forecast tool, *Journal of Atmospheric and Solar-Terrestrial Physics*, **62**, 1233—1250, 2000.

[3] Wrenn G. L. and Rodgers D. J., Modeling the belt enhancements of penetrating electrons, *J. Spacecraft and Rockets*, **37**(3), 408—415, 2000.

[4] 文传源,人工神经网络及其应用,计算机仿真,**14**(2),10—12,1997。

[5] 王家龙、张柏荣,太阳活动预报简论,天文学进展,**8**(2),89—95,1990。

[6] Turner R., Solar particle events from a risk management perspective, IEEE Transactions on Plasma Science, **28**(6), 2103—2113, 2000.

[7] 王家龙、张训械、黄泽荣,神经网络方法用于太阳质子事件警报,天体物理学报,**19**(3),318—323,1999。

[8] Chao J. K. and Chen H. H., Prediction of southward IMF B_z, in Space Weather, AGU monograph, 125, Song P., Singer H. J. and Sisco G. L. (eds), 183—190, 2001.

[9] Akasofu S. I., Predicting geomagnetic storms as a space weather project, AGU monograph, 125, Song P., Singer H. J. and Sisco G. L. (eds), 329—338, 2001.

[10] Reeves G. D., McAdms K. L., Friedel R. H. W. and Cayton T. E., The search for predictable features of relativistic electron events: Results from the GEM storms campaign, AGU monograph, 125, Song P., Singer H. J. and Sisco G. L. (eds), 305—312, 2001.

[11] Hargreaves J. K., The solar-terrestrial environment, Cambridge University Press, 1992.

[12] Roble R. G., On forecasting thermerspheric and ionospheric disturbances in space weather events, AGU monograph, 125, Song P., Singer H. J. and Sisco G. L. (eds), 369—376, 2001.

[13] Darren L., Zeeuw D., et al., An adaptive MHD method for global space weather simulations, IEEE Transactions on Plasma Science, **28**(6), 1956—1965, 2000.

英文缩写与中文意义对照

ACR	异常宇宙线
AE	极光带电集流
AGW	声重波
AU	日地平均距离
AE8	辐射带模式(电子)
AP8	辐射带模式(质子)
C^3I	指挥、控制、通讯和情报
CIR	共转相互作用区
CISM	耦合的电离层闪烁模式
CLUSTER	团星
CME	日冕物质抛射
CODRM	轨道碎片参考模式
CRC	循环冗余码校验
CREESELE	电子全向流量模型
CREESPRO	质子全向流量模型
CREESRAD	卫星剂量积累模型
DSF	消失的暗条
EDAC	误差检验与校正编码
EDIM	电子密度不规则模式
EHF	极高频
ENA	能量中性原子
ERB	地球辐射收支
ERBE	地球辐射收支实验
ESA	欧洲空间局
ESD	静电放电
ESP	地球表面电位
EST	东部标准时间
EUV	极紫外
EVOLVE	卫星破裂模式

f_0F_2	临界频率
FAC	场向电流
FGM	磁通门磁强计
FLUMIC	电子通量模式
GCR	银河宇宙线
GBMCSW	全球双峰日冕和太阳风模式
GEO	地球同步轨道
GIC	地磁感应电流
GPS	全球定位系统
HF	高频
HmF2	F2 层峰值高度
IDES	集成碎片演变序列模式
IGMV	行星际全球矢量化模式
IGRF	国际地磁参考场
IMAGE	磁层顶到极光区全球探测成像器
IMF	行星际磁场
IPM	行星际介质
IR	红外
IRI95	国际参考电离层模式(1995)
ISES	国际空间环境服务
ISM	集成空间天气模式
LDE	长间隔事件
LEO	低地球轨道
LET	线形能量输送
LF	低频
LSEP	大的太阳能量粒子事件
MASTER-97	微流星及空间碎片地球环境参考模式
MATE	磁成像二维电子谱仪
MBU	多位翻转
MC	磁云
MF	中频
MHD	磁流体力学
MSIS	质谱仪非相干雷达模式
MSFM	磁层规范与预报模式

MSM	磁层规范模式
MUF	最大可用频率
NASA	美国航空与航天局
NOAA	美国海洋与大气局
NOAA/SEC	美国海洋与大气局的空间环境中心
PCA	极盖吸收
PEM	电离层沉降电子模式
PROTONS	质子预报模式
PSE	暴后效应
QMPP	定量磁层预报计划
RCM	Rice 大学的对流模式
RIC	辐射感应的电导率
RWC	区域警报中心
SAID	低极光纬度离子漂移
SAMPEX	太阳异常粒子和磁层粒子探测器
SCNA	突然宇宙噪声吸收
SDA	激波漂移加速
SEA	大气层密度突然增加
SEB	单粒子烧毁
SEE	单粒子事件
SEFI	单粒子功能中断
SEGR	单粒子门击穿
SEL	单粒子锁定
SEP	太阳能量粒子事件
SEU	单粒子翻转
SFD	突然频率偏移
SFRI	束和通量绳相互作用模式
SID	突发电离层骚扰
SIRA	COSPA 国际参考大气层模式
Skylab	空间实验室
SOHO	太阳和日球观测站
SOVA	太阳可变性实验
SPA	突然相位异常
SSM	太阳峰年卫星

SSN	平均太阳黑子数
STEC	电子密度突然增加
SWARM	空间天气高层大气响应模式
SWF	短波衰落
TAD	行进式大气层扰动
TDIM	三维电离层模式
TEC	总电子含量
TESP	二维电子谱仪
TICS	三维离子成分谱仪
TID	电离层行扰
TIEGCM	热层-电离层电动力学综合运行模式
TING	热层-电离层嵌套网络模式
TRACE	过渡区和日冕探测器
TREND	捕获的辐射环境模型
UHF	超高频
UT	世界时
UV	紫外
UWBMOD	改进的全球闪烁气候模式
VHF	甚高频
VLF	甚低频
WBMOD	全球闪烁气候模式

主题词索引

（按汉语拼音音序排列）

E

F

Y

Z

其他